杭州园林植物

吴玲 主编

中国建筑工业出版社

图书在版编目（CIP）数据

杭州园林植物／吴玲主编．—北京：中国建筑工业出版社，2016.11

ISBN 978-7-112-20001-6

Ⅰ.①杭… Ⅱ.①吴… Ⅲ.①园林植物-介绍-杭州 Ⅳ.①S68

中国版本图书馆CIP数据核字（2016）第247642号

本书以杭州露地栽培应用的园林植物为对象，推荐了极具园林价值的995 种(含品种)，其中乔木260种（含品种），灌木212种（含品种），藤本95种(含品种)，草本305种（含品种），水生植物71种（含品种），竹类植物52种（含品种）。介绍了每个种的形态特征、分布习性、繁殖方法及园林用途，每个种（或品种）都配有彩图以便识别和直观地了解其在城市大环境绿化与园林造景中的作用。本书适合园林绿化工作者、大专院校学生及广大植物爱好者阅读。

责任编辑：杜　洁　兰丽婷

责任校对：焦　乐　李欣慰

杭州园林植物

吴　玲　主编

*

中国建筑工业出版社出版、发行（北京海淀三里河路9号）

各地新华书店、建筑书店经销

北京锋尚制版有限公司制版

北京方嘉彩色印刷有限责任公司印刷

*

开本：787×1092毫米　1/16　印张：24　字数：719千字

2017年1月第一版　　2017年1月第一次印刷

定价：189.00元

ISBN 978-7-112-20001-6

（29395）

编委会

主　　编：吴　玲

副 主 编：包志毅　周　为　余金良　赵可新

参编人员：高亚红　张巧玲　吴纪杭　章丹峰　曾新宇
　　　　　杨　倩　何加宜　邵　峰　蔡建国　杨　帆

摄　　影：吴　玲　高亚红　张巧玲　曾新宇　王　挺　章丹峰

前言

园林植物是园林景观的主体素材，城市园林景观能否达到实用、经济、美观的效果，很大程度上取决于园林植物的选择和配置。英国造园家克劳斯顿（Brian Clouston）提出：园林设计归根结底是植物材料的设计，其他的内容只有在有植物的环境中发挥作用。当前许多园林景观规划设计师和园林施工人员对许多园林植物的生物学特性和生态习性缺乏了解，不知道如何科学有效地进行植物景观规划设计和植物景观营造。不解决园林植物选择和配置的科学性，风景园林规划设计的科学性就难以体现。

新中国成立以来，杭州西湖风景名胜区公园绿地的建设取得了很大成效，形成了具有地方特色的植物景观。20世纪70年代末期，曾经有一批国内知名的园林植物工作者对新中国成立以来的杭州植物景观进行了总结。几十年过去了，杭州西湖风景区园林植物群落发生了很大的变化，花港观鱼、柳浪闻莺等公园一些典范的植物群落更趋稳定；太子湾、灵峰探梅、茶叶博物馆等景点的植物群落基本成型；西湖综合保护工程、西溪湿地公园等新建绿地植物景观的内涵也有了新的发展。同时，在生态城市建设中，结合景点的整合、新建，应用大量的地被植物和水生植物，丰富了园林植物景观。杭州西湖风景区的许多公园在植物景观规划设计和营造方面都达到国内领先水平，得到了国内外专家和广大人民群众的高度评价。

多年来笔者一直从事园林植物研究，直接参与了西湖综合保护工程等重点工程及西湖风景区地被植物的应用，特别是2008年始以杭州西湖园林植物为中心，结合其他公共绿地园林绿化，对杭州园林植物进行了系统的研究。通过多年的实地调查，定期观察，资料记载，图片拍摄，一些不易辨别的植物种类通过查询资料和专家咨询进行学名确定，探究杭州园林植物物种组成，力求为提高园林植物景观营造的科学性提供可靠的依据。经过多年的实际工作，积累了大量的资料，想通过本书的出版将自己的体会与广大读者分享。

本书以杭州露地栽培应用的园林植物为对象，推荐了极具园林价值的995 种(含品种)，其中乔木260种（含品种），灌木212种（含品种），藤本95种(含品种)，草本305种（含品种），水生植物71种（含品种），竹类植物52种（含品种）。介绍了每个种的形态特征、分布习性、繁殖方法及园林用途，每个种（或品种）都配有彩图以便识别和直观地了解其在城市大环境绿化与园林造景中的作用。本书适合园林绿化工作者、大专院校学生及广大植物爱好者阅读。

本书得到杭州西湖风景名胜区管委会（园文局）科技计划支持，是“杭州园林植物景观的研究”课题（2008-002）研究成果。

目录

一 乔 木

二 灌 木

三
藤本

四
草本

五 水生植物

六 竹 类

一 乔木

1 苏铁

Cycas revoluta

/ 苏铁科苏铁属 /

形态特征 常绿乔木。树高约2m，茎圆柱形，密生宿存木质叶基。鳞叶三角状卵形；羽状叶长75～200cm，羽状裂片条形，达100对以上，初生时内卷，后向上斜展，厚革质，坚硬，有光泽，先端锐尖，边缘明显向下反卷。雌雄异株；雄球花圆柱形，黄色；雌球花扁球形，上部羽状分裂，下部两侧着生2～4个裸露的胚球。种子大，倒卵圆形或卵圆形，熟时红褐色或橘红色。花期6～8月；种子10月成熟。

分布习性 我国福建、广东等省有分布，长三角地区有栽培。喜温暖通风良好的环境，喜光，稍耐阴，耐干旱，不耐寒，在肥沃、湿润、微酸性土壤中生长最佳。原产地10年左右植株能连年开花。长三角地区露地越冬需采取一定的保暖措施。

繁殖栽培 播种、分蘖或扦插繁殖。

园林应用 树形优美，四季苍翠，颇具热带风情。孤植、丛植于草坪，列植于庭前、阶旁，点缀山石，布置庭院，也是室内常用的盆栽观叶植物。杭州地区应用逐步增加，一些大型标志性建筑物周围和分车带常见种植。西湖风景区应用比较少，湖滨、花圃有种植。

2 银杏

Ginkgo biloba

/ 银杏科银杏属 /

形态特征 落叶乔木。树高达40m；幼树圆锥形，老树广卵形；老树树皮深纵裂；小枝有长短枝之分。叶互生；一年生长枝上螺旋状散生，短枝上3～8枚簇生；叶扇形，具长柄。雌雄异株；雄球花葇荑花序状；雌球花有长梗，梗端常分两叉，叉端生一具有盘状珠托的胚珠，常1个胚珠发育成种子。种子核果状，椭圆形，径2cm；假种皮肉质，被白粉，成熟时淡黄色或橙黄色。花期3～4月；种子9～10月成熟。

分布习性 我国沈阳以南、广州以北各地有栽培，江南一带种植较多。我国特有植物，国家一级重点保护植物。喜光，耐寒，耐旱，耐高温，不耐涝，在湿润排水良好的中性或微酸性壤土中生长较好。深根性树种，寿命长，生长比较缓慢。

繁殖栽培 播种繁殖。种胚有休眠现象，冬季层积后翌年早春播种。

园林应用 树姿雄伟，树干端直苍劲，叶形奇特，秋叶金黄，晚秋果实累累。我国许多名山大川、古刹寺庵、旅游胜地都有种植。宜作庭荫树、行道树或独景树；群植时常以雪松、香樟等高大常绿树为背景。可在银杏树周围配置一些其他秋色叶树种；亦可与柿树、山楂、海棠等观果类植物混和种植，形成硕果累累的秋景。杭州园林中常作行道树。西湖风景区应用广泛，植物园、曲院风荷、花圃均有成片种植，湖滨、柳浪闻莺、花港观鱼、太子湾、茅家埠、学士公园、植物园等有种植；生长良好，景观效果好。

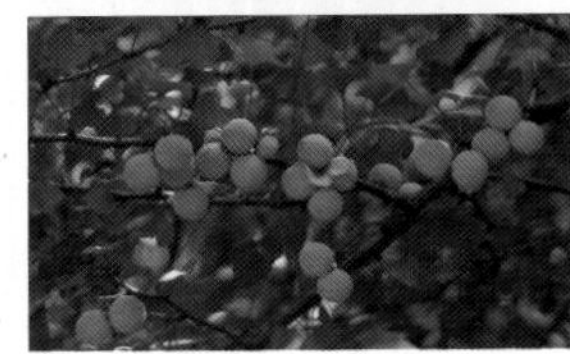

3 白皮松
Pinus bungeana

/ 松科松属 /

形态特征 常绿乔木。树高达30m；树冠宽塔形或阔圆锥形；树皮灰绿色或灰白色，呈不规则块状脱落；小枝淡黄绿色，冬芽卵形，红褐色。叶3针1束，长5～10cm，针叶短而粗硬，边缘有细锯齿，叶背有气孔线，叶鞘早落。雄花序长约1cm，鲜黄色。球果圆锥状卵形，熟时淡黄褐色，径约5cm；种鳞鳞脐背生，边缘肥厚，鳞盾近菱形，先端有刺。花期4～5月；果实翌年9～11月成熟。

分布习性 我国甘肃、陕西、山西、河北、河南、四川等省有分布，南北各地均有栽培。喜光，幼时略耐阴，耐旱，耐瘠薄，抗寒，对二氧化硫有较强的抗性。在钙质黄土及轻度盐碱土中都能生长。深根性树种，生长速度中等，寿命长。

繁殖栽培 播种繁殖。冬季层积催芽。

园林应用 树皮斑白相间，针叶四季青翠葱郁。孤植、丛植于草坪、开阔地；列植于道路旁；对植于堂前。与山石、假山、岩洞搭配，营造典雅的松石景观；与竹、梅、蜡梅、海棠等配置时常作背景树。杭州园林中应用较少，花港观鱼、花圃、茅家埠、植物园等有零星种植。

同属中常见应用的有：

日本五针松 | *Pinus parviflora*

常绿乔木。原产地树高达25m；树冠圆锥形；树皮灰褐色，不规则鳞片状剥落，内皮赤褐色；小枝有密毛；冬芽长椭圆形，黄褐色。叶5针1束，长3.5～5.5cm，叶鞘早落，内侧两面有白色气孔线，在枝上生存3～4年。球果卵圆形或卵状椭圆形，长5～7cm，径4～6cm，种子具宽翅，翅与种子近等长。

原产日本，我国长江流域及青岛等地有栽培。喜光，稍耐阴。在土壤深厚、排水良好处生长最佳；阴湿处生长不良。生长速度较慢。

树形优美，枝叶茂盛，翠冠如伞。常用于点缀岩石园，台地、山坡，或作盆景观赏。

西湖风景区应用普遍，花圃、湖滨、太子湾、花港观鱼、植物园等有种植。其中花港观鱼牡丹亭周围日本五针松与牡丹等植物的搭配成为植物配置的典范。

马尾松 | *Pinus massoniana*

常绿乔木。树高40～45m；树冠宽塔形或伞状；树皮红褐色，不规则鳞片状开裂；一年生小枝淡黄褐色，轮生；冬芽赤褐色。叶2针1束，长10～20cm，细柔。球果长卵形，有短柄，成熟时栗褐色，种鳞鳞背扁平，鳞脐凹陷，无刺。花期4月；果翌年10～12月成熟。

我国东自台湾，南至广东，西至四川中部及贵州，北自河南及山东南部有分布。喜温暖湿润气候，喜光，耐干旱，耐贫瘠，不耐盐碱，忌涝，不耐寒，不择土壤，在微酸性土壤中生长较好。深根树种。

树形刚劲挺拔，树冠如云，干枝古拙。点缀岩石园、假山，丛植或片植于山涧、路旁、山谷中。杭州园林中普遍应用，曲院风荷、太子湾、乌龟潭、花圃、植物园等地有种植，其中九里松是最著名的种植点。

黑松 | *Pinus thunbergii*

常绿乔木。树高达30m；树冠幼时狭圆锥形，老时伞形；树皮灰黑色；冬芽银白色，圆柱状椭圆形或圆柱形。叶2针1束，较粗硬。球果圆锥状卵圆形，有短梗，鳞盾隆起，鳞脐有尖刺。花期4月；球果翌年10月成熟。

原产日本及朝鲜，我国山东、江苏、浙江、福建等沿海地区有栽培。喜温暖湿润的海洋性气候，喜光，耐旱，耐盐碱，耐湿，不耐寒，不择土壤，但在土层深厚、土质疏松、排水良好、富含腐殖质的中性土壤中生长较好。抗风力强。病虫害少。生长慢，寿命长。

树姿雄伟壮观，为著名海岸绿化树种。作防风、防潮、防沙林带及海滨浴场附近的风景林，或常三五成群种植或列植于建筑物、广场、堤岸、溪畔、道路两旁，亦可制作盆景观赏。西湖风景区应用较普遍，曲院风荷、柳浪闻莺、花圃、花港观鱼、植物园等处有栽植。

湿地松 | *Pinus elliottii*

常绿大乔木。树高30m；树干通直，树冠卵状圆锥形；树皮灰褐色，纵裂呈鳞状块片剥落；小枝灰色，被白粉；冬芽圆柱状，红褐色，粗壮，无树脂。叶2针1束或3针1束，长16~28cm，较粗硬，叶鞘宿存。球果长圆锥形，2~4个聚生，成熟时种鳞张开；种子黑色，有灰色斑点，种翅长。花期3~4月；果翌年10~11月成熟。

原产美国东南部，我国长江以南各省广泛栽培。喜夏雨冬旱的亚热带气候，喜光，不耐阴，耐寒，耐旱，耐湿，耐高温。在中性及强酸性红壤中生长较好。速生，根系发达，抗风力强。适应性强。

树姿挺秀，叶四季葱翠。孤植、丛植作庭院树；列植、群植于河岸池边。西湖风景区应用普遍，曲院风荷、湖滨、花圃、花港观鱼、太子湾、植物园、西溪湿地公园等地有种植。

长叶松 | *Pinus palustris*

常绿乔木。树高达40m，树冠阔长圆形，小枝橙褐色；冬芽长圆形，银白色。叶3针1束，针叶长20~45cm。一年生小球果生于近枝顶，球果长15~20cm；种鳞隆起呈锥状三角形，先端具尖刺。

原产美国东南沿海一带。我国杭州、上海、无锡、福建、南京等地有栽培。喜温暖湿润的海洋性气候。

植物园分类区有种植。

乔松 | *Pinus wallichiana*

常绿乔木。树高30~50m，小枝无毛，微被白粉。针叶长10~20cm，下垂。球果圆锥形或窄圆柱形，长8~25cm。

我国西藏南部、云南南部有分布。喜光，稍耐阴，在酸性土壤中生长良好。

植物园分类区有种植。

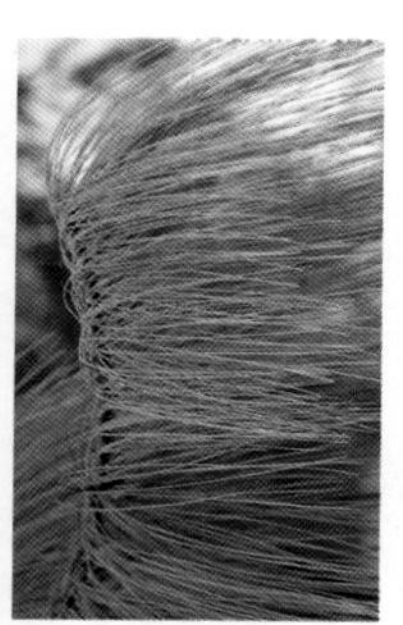

4 雪松
Cedrus deodara

/ 松科雪松属 /

形态特征 常绿乔木。树高达50m；树冠尖塔形，大枝平展，小枝略下垂；树皮灰褐色，裂成鳞状块片，老时剥落；冬芽小，卵形。叶针状，质硬，常具3棱，或背腹面明显而呈四棱状针形，先端尖细，淡绿至蓝绿；长枝上叶螺旋状散生，短枝上簇生。球果椭圆状卵形，长7～12cm，径5～9cm，成熟后红褐色；种鳞宽倒三角形，下面密生锈色柔毛；种子具翅。花期10～11月；球果翌年10月成熟。

分布习性 原产阿富汗、印度、喜马拉雅山西部，我国长江流域各大城市广为栽培。喜温暖湿润，喜光，幼时稍耐阴；抗寒性较强，大树可耐-25℃的短期低温；耐旱，不耐湿；不择土壤，酸性及微碱性土壤中都能生长。空气中二氧化硫浓度较高时易造成植株枯梢，尤其在发新叶时。浅根性树种，生长较快。

繁殖栽培 播种或扦插繁殖。

园林应用 树姿挺拔苍劲，叶青翠洁雅。孤植、丛植、群植于草坪中央、广场中心或空旷处；列植于建筑物和园路两旁、园门入口处等。花港观鱼、柳浪闻莺、曲院风荷、植物园等都有成片种植。花港观鱼雪松大草坪中，雪松与樱花形成了良好的景观效果。

5 金钱松
Pseudolarix amabilis

/ 松科金钱松属 /

形态特征 落叶大乔木。树高达40m，胸径1m，树冠阔圆锥形；树皮深褐色，深裂呈狭长鳞片状；枝轮生，平展，小枝有长短之分。叶条形，长枝上呈螺旋状散生，短枝上15～30枚轮状簇生，秋季呈金黄色。雌雄同株，雄球花簇生于短枝顶端，黄色；雌球花单生于短枝顶端，紫红色。种鳞木质，成熟后脱落，种子有翅。花期4月；球果10月成熟。

分布习性 我国长江流域有分布，浙西西天目山天然林中有大树留存。国家二级重点保护植物。喜温凉湿润气候，喜光，耐寒，不耐旱，不耐涝。不择土壤，但在肥沃、排水良好的中性或酸性沙质壤土中生长较好。萌芽力强。

繁殖栽培 播种或扦插繁殖。

园林应用 树姿挺拔，树干通直，春夏叶青翠，秋叶金黄，簇生叶似金钱，片植十分壮观。孤植、丛植、片植于草坪、瀑口、池旁；列植作行道树；可用于山地、丘陵造林，亦常制作盆景观赏。常与红枫等色叶树种配置。花圃、植物园、曲院风荷等有种植。

6 江南油杉
Keteleeria fortunei var. cyclolepis

/ 松科油杉属 /

形态特征 常绿乔木。树高25～30m；树冠圆锥形；树皮灰褐色，纵裂；冬芽圆形或卵圆形；一年生枝红褐色，疏被褐色柔毛；二、三年生枝条无毛。叶线形，侧枝上排成二列，先端钝圆或微凹，边缘稍反卷，叶面光绿色，叶背浅绿色，沿中脉两侧各有1行气孔带。雄球花簇生于枝顶。球果圆柱形，长7～12m，中部种鳞斜方形或斜方状圆形。花期4月；种子10月成熟。

分布习性 我国浙江、江西、湖南、广东、广西、云南、贵州等省有分布。我国特有树种。喜温暖湿润气候，耐寒，不耐旱，在微酸性土壤中生长良好。

繁殖栽培 播种繁殖。

园林应用 树姿雄伟，枝叶繁茂浓绿，球果硕大。孤植、丛植于庭院绿地，群植营造风景林。曲院风荷、太子湾、植物园有零星种植。

7 日本冷杉

Abies firma

/ 松科冷杉属 /

形态特征 常绿乔木。原产地树高达50m；幼树尖塔形，老树广卵状圆锥形；树皮暗灰色或暗灰黑色，粗糙或裂成鳞片状；大枝轮生，平展，小枝对生，平滑；冬芽卵圆形。叶条形，先端二叉分裂，叶面亮绿色，叶背有2条灰白色气孔，树脂道4。球果着生于叶腋，直立，圆筒形，长12～15cm。花期4～5月；球果10月成熟。

分布习性 原产日本，我国北京、大连、青岛、南京、杭州、庐山、台湾等地有栽培。喜凉爽湿润气候，喜光，幼时耐阴。抗烟能力弱。

繁殖栽培 播种繁殖。

园林应用 树形优美，枝叶秀丽。列植于公园、陵园、广场甬道或建筑物周围，片植于草坪、空旷地、林缘。曲院风荷、浴鹄湾、植物园等有种植。

8 水杉

Metasequoia glyptostroboides

/ 杉科水杉属 /

形态特征 落叶大乔木。树高35m；幼树树冠尖塔形，老树广圆形，树干基部常凹凸不平，大枝近轮生，小枝对生并下垂；树皮灰褐色，裂成薄片状脱落。叶对生，线形，排列成二列而呈羽状。雌雄同株。球果近球形，下垂；能育种鳞有种子5～9粒；种子扁平，周围有翅。花期3月；球果当年10月成熟。

分布习性 我国湖北、湖南、四川等省有分布，北京以南各地有栽培，长江中下游地区广泛应用。我国特有树种，国家一级重点保护植物。喜温暖湿润气候，喜光，幼时稍耐阴，耐寒，耐湿，不耐旱。不择土壤，但在肥沃深厚的土壤中生长较好，也能在微碱性土壤中生长。深根树种。抗风力强。

繁殖栽培 播种或扦插繁殖。

园林应用 树形高大优美，春夏叶葱绿秀丽，秋叶红棕色。孤植于庭院，丛植、列植于广场、道路、高大建筑物旁，群植于草坪、空旷地、湖畔和池边。杭州普遍栽培应用。

9 水松
Glyptostrobus pensilis

/ 杉科水松属 /

形态特征 杭州地区为半常绿乔木。树高25m；树冠圆锥形，湿生环境中树干基部膨大呈槽状，并露出膝状呼吸根；树皮褐色或灰褐色，纵裂成不规则长条；枝稀疏平展，上部枝条伸展。叶二型：宿存枝上鳞形，螺旋状排列；脱落枝上线状钻形或条形，斜展成2～3列。球果倒卵形；种子椭圆形，基部有尾状长翅。花期2～3月；球果成熟9～10月。

分布习性 我国长江以南地区有分布。我国特有单种属植物，国家一级重点保护植物。喜温暖湿润气候，喜光，稍耐阴，耐湿，不耐寒，忌盐碱土。

繁殖栽培 播种或扦插繁殖。

园林应用 树形优美，秋叶黄褐色。片植于河边、湖畔、沼泽地，因根系强大，也是重要的防风护堤树种。植物园办公室周围成片种植，分类区红亭子边水松、水杉、柳杉混合种植效果良好。

10 柳杉
Cryptomeria japonica var. *sinensis*

/ 杉科柳杉属 /

形态特征 常绿大乔木。树高40～50m；树冠尖塔形或卵形；树皮红棕色，裂成长条状脱落；大枝近轮生，平展，小枝细长，下垂。叶螺旋状互生，钻形，先端尖，略内弯，四面有气孔线。雌雄异株，雄球花黄色，球果圆球形或扁球形，径1.5～2cm，深褐色，近无柄；种鳞盾形，木质，约20片，苞鳞的尖头和种鳞顶端的缺齿较短；能育种鳞有2颗种子。花期4月；球果10～11月成熟。

分布习性 我国浙江、江西、福建等省有分布，浙西西天目山柳杉林最为著名，长江以南地区有栽培。我国特有种。喜温暖湿润的凉爽气候，喜光、幼树稍耐阴，不耐寒，不耐高温干旱，忌积水，在肥沃深厚、排水良好的微酸性土中生长较好。对二氧化硫、氯气、氟化氢等有较好的抗性。浅根性树种。

繁殖栽培 播种或扦插繁殖。

园林应用 树形圆整高大，雄伟壮观，纤枝略垂，叶翠浓密。孤植于庭院，丛植、群植于草坪、广场、空旷地，对植、列植于高大建筑物前或入口处，亦作行道树或风景林。江南习俗亦作墓道树。花圃、太子湾、曲院风荷、学士公园、植物园有零星种植。

11 池杉

Taxodium distichum var. imbricatum

形态特征 落叶乔木。树高20m以上；树冠圆锥形或圆柱形；树干基部膨大，低湿处生长有膝状呼吸根；大枝向上伸展，树皮呈长条状剥落。叶钻形，螺旋状着生，下部多贴近小枝。球果圆球形。花期3～4月；球果当年10～11月成熟。

分布习性 原产北美东南部，我国河南鸡公山、湖北武汉、江苏南京和南通、浙江杭州等地有栽培。喜温暖湿润气候，喜光，耐旱，耐涝，不耐盐碱。在肥沃深厚、排水良好的微酸性土壤中生长较好，碱性土壤中易发生叶片黄化现象。深根树种，速生、萌芽力强、抗风力强、病虫害少。

繁殖栽培 播种或扦插繁殖。

园林应用 树姿雄伟，枝叶秀丽，春夏叶翠绿，秋叶赭黄色。丛植于草地、建筑物周围，群植于池边、滨河旁、沼泽地，或作游步道行道树，亦可用于防风固堤或水土保持。西湖风景区应用普遍，柳浪闻莺、曲院风荷、花圃、茅家埠、浴鹄湾、太子湾、植物园等有种植。

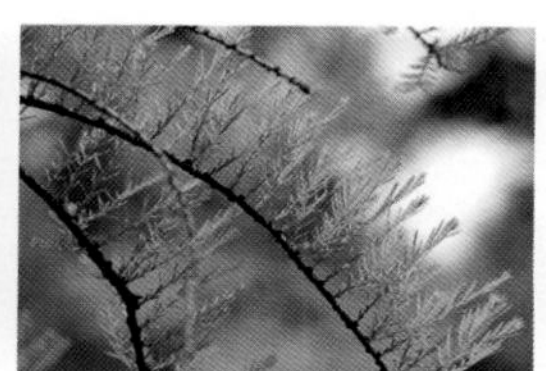

同属中有栽培应用的有：

落羽杉 | *Taxodium distichum*

落叶乔木。树高达50m；幼树树冠圆锥形，老树伞形；树干基部膨大，有膝状呼吸根；大枝水平开展。叶互生，线状扁平，长1～1.5cm，排列稀疏，侧生小枝上排列成二列。球果圆球形或卵圆形，径约2.5cm，熟时淡褐黄色。花期3～4月；球果10～11月成熟。

原产美国东南部，我国长江流域及以南地区广泛栽培。喜温暖湿润气候，喜光，极耐湿，抗风力强。

树形整齐，叶片羽毛状，秋叶古铜色。片植于沼泽地、池塘边。长桥公园、植物园山水园有成片种植。

12 北美红杉
Sequoia sempervirens

/ 杉科北美红杉属 /

形态特征 常绿大乔木。原产地树高达110m，为世界第一大树；树冠圆锥形，大枝平展；树皮红褐色，纵裂。叶二型：主枝上的叶卵状长圆形；侧枝上的叶线形，假二列排列，表面深绿色或亮绿色，背面有2条粉白色气孔带，中脉明显。雌雄同株；雄球花单生枝顶或叶腋；雌球花生于短枝顶端。球果卵状椭圆或卵形，淡红褐色；种鳞木质，盾形。花期4月；球果10月成熟。

分布习性 原产美国加利福尼亚州海岸，20世纪70年代初由杭州植物园引进，上海、南京、杭州等地有少量栽培。喜温暖湿润、阳光充足环境，耐半阴，耐湿，不耐寒，不耐干旱，生长适温18～25℃，冬季能耐－5℃低温，短期可耐－10℃低温。在土层深厚、肥沃、排水良好的壤土中生长较好。生长迅速。

繁殖栽培 播种或扦插繁殖。

园林应用 树姿雄伟，枝叶密生。丛植、群植于湖畔、水边、草坪中，列植于园路两侧。花港观鱼、植物园等有种植。

13 杉木
Cunninghamia lanceolata

/ 杉科杉木属 /

形态特征 常绿乔木。树高30～40m；树冠圆锥形，主干通直圆满；树皮灰褐色，大枝平展，小枝绿色；冬芽近球形，花芽圆球形。叶披针形，革质，先端急尖，边缘有细锯齿，叶面绿色。球果近球形或圆卵形，下垂；种子扁平。花期3～4月；球果10月成熟。

分布习性 我国河南、安徽及长江以南各地有分布。喜温暖湿润气候，喜光，幼时稍耐阴，不耐寒，不耐瘠薄，在板结及排水不畅的土壤中生长不良。根系强大，萌芽更新力强。

繁殖栽培 播种繁殖。

园林应用 树干端直，针叶四季常绿。主要作用材树种，园林中应用较少。群植于草坪、建筑物周围，列植于道路旁。花港观鱼、植物园等有种植。

14 福建柏

Fokienia hodginsii

/ 柏科福建柏属 /

形态特征 常绿乔木。树高达30m；树冠广展，树干尖削度大，树皮紫褐色，大枝横展。（鳞叶较大，二型：中央一对叶紧贴，交互对生，长4～7mm，宽1～2mm，先端三角状；）两侧叶长4～6mm，对折，覆瓦状贴着中央叶的边缘，先端成刺或尖。球果近球形，有6～8对种鳞；种子上部有1对大小不等的翅。花期3～4月；种子翌年10月成熟。

分布习性 我国长江以南各省有分布。国家二级重点保护植物。喜凉爽湿润气候，喜光，稍耐阴，较耐寒，在肥沃排水良好的土壤中生长较好。生长快，适应性强。

繁殖栽培 播种或扦插繁殖。

园林应用 树形优美，树干通直，叶四季翠绿。片植于草坪、建筑物旁，也可用于庭院绿化。植物园分类区有种植。

15 圆柏

Sabina chinensis

/ 柏科圆柏属 /

形态特征 常绿乔木。树高20m；树冠广圆形；树皮深灰色或淡红褐色，呈浅纵条片剥落，老枝常扭曲状，小枝直立或斜生，亦略有下垂；冬芽不显著。叶二型：幼树多为刺叶，老树为鳞叶，壮龄树兼有刺叶与鳞叶；刺叶披针形，交互轮生；鳞叶先端急尖，交叉对生或3叶轮生。雌雄异株，雄球花黄色，球果近圆球形，径0.6～0.8cm，暗褐色，被白粉。花期4月；果翌年10～11月成熟。

分布习性 我国各地广泛分布。喜温暖凉爽气候，喜光，耐旱，耐热，耐寒，稍耐湿，忌积水，不择土壤。深根性树种。抗氯气和氟化氢气体能力较强。耐修剪。

繁殖栽培 播种或扦插繁殖。

园林应用 树形挺拔，枝叶茂密，老树枝干扭曲，古朴苍劲。植于庭院、广场、寺庙、墓地等，配置假山，制作盆景，亦可用于工矿区绿化。杭州园林中应用较多，花圃、曲院风荷、乌龟潭、花港观鱼等有种植。

同属常见栽培应用的有：

龙柏 | *Sabina chinensis 'Kaizuka'*

常绿乔木。树高达4m；树皮深灰色，大枝扭转向上，小枝密集。鳞叶沿枝条紧密排列，幼叶淡黄绿色，后转变成翠绿色。球果蓝黑色，被白粉。

我国华北南部、华东地区常见栽培。喜光，耐旱，忌积水。在肥沃、排水良好的沙质壤土中生长较好。耐修剪。

树姿如蟠龙曲旋，生动别致。对植、列植、丛植于广场、草地、房侧、台阶前，配置于假山周围、湖石旁或池畔，亦可修剪成球形或作绿篱。杭州园林中应用普遍，湖滨、柳浪闻莺、曲院风荷、花圃、茅家埠、浴鹄湾、植物园、花港观鱼公园等有种植。

蜀桧 | *Sabina komarovii*

常绿小乔木。树高达8m；树冠塔形；树皮褐灰色，大枝向上或略向下弯曲，小枝长而直。鳞叶紧贴小枝上交互对生，偶见三叶轮生。

我国原产种，四川、甘肃等地有分布，黄河及长江流域有栽培。喜光，耐旱，耐热，耐寒，耐湿，不择土壤。

柳浪闻莺公园、花圃等有种植。

16 柏木 *Cupressus funebris*

/ 柏科柏木属 /

形态特征 常绿乔木。树高达30m；幼树树皮红褐色，老树则褐灰色，纵裂成窄长条片，着生鳞叶的小枝扁平，排成平面，细长下垂。鳞叶二型，偶有柔软线性刺叶，枝条中央叶背部有条状腺点，两侧叶对折，背部有棱脊。球果卵圆形，径8～12mm；种鳞4对，盾形，隆起，木质，熟时张开；能育种鳞有种子5～6；种子近圆形，两侧具窄翅。花期3～5月；球果翌年5～6月成熟。

分布习性 我国长江以南各地有分布。喜温暖湿润气候，喜光，耐阴，耐旱，稍耐湿；不择土壤，但在石灰质土壤中生长较好。病虫害少。主根浅，侧根发达，寿命长。钙质土指示植物。

繁殖栽培 种子繁殖。

园林应用 树干通直，枝叶扶疏。点缀岩石园、建筑物周围，片植于陵园、古迹、广场、草地、森林公园等。曲院风荷、乌龟潭、植物园、学士公园等有种植。

17 竹柏

Nageia nagi

形态特征 常绿乔木。树高20～30m；树冠圆锥形，树皮褐色，平滑。叶对生或近对生，革质，长卵形，平行脉，无中脉，长3.5～10cm，宽1.2～3cm，叶面深绿色，有光泽，叶背淡绿色。雌雄异株，雄球花穗状，常分枝状；雌球花单生叶腋，花后苞片不成肉质种托。种子核果状，圆球形，成熟时暗紫色，具白粉。花期3～4月；种子10～11月成熟。

分布习性 我国江西、福建、湖南、广东等省有分布。喜温暖湿润气候，耐阴。不择土壤，但在肥沃、排水良好的沙壤土中生长最佳。病虫害少。

繁殖栽培 播种或扦插繁殖。

园林应用 树姿秀丽，树干修直，叶形奇异，枝叶终年翠绿。丛植于建筑物周围、草坪中、溪河边，亦可用作行道树。花圃、花港观鱼、植物园杜鹃园等有种植。

同属中有栽培应用的有：

长叶竹柏 | *Nageia fleuryi*

与前种的区别：叶宽披针形至椭圆状披针形，长8～18cm，宽2.2～5cm。

我国广东、广西有分布。渐危种。

柳浪闻莺、植物园杜鹃园等有种植。

18 罗汉松
Podocarpus macrophyllus

/ 罗汉松科罗汉松属 /

形态特征 常绿乔木。树高达20m；树冠广卵形；树皮灰白色，薄片状脱落。叶条状披针形，长7～12cm，宽0.7～1.2cm，有明显中肋，无侧脉，叶面暗绿色，有光泽，叶背淡绿或粉绿色，螺旋状互生。雄球花穗状，3～5簇生于叶腋；雌球花单生于叶腋。种子卵形，熟时肉质假种皮黑色，被白粉，着生于膨大的肉质种托上，种托深红色，略有甜味，可食。花期4～5月；种熟期8～9月。

分布习性 我国长江流域及以南地区广泛栽培。喜温暖湿润气候，耐半阴，忌强光直射，不耐寒，忌涝。在肥沃、排水良好的沙质壤土中生长较好。对多种有毒气体有较强的抗性，病虫害少，耐修剪，寿命长。适应性强。

繁殖栽培 播种或扦插繁殖。

园林应用 树姿秀丽，枝叶婆娑，老树苍劲，种子生于肥大鲜红的种托上，使得满树紫红点点，颇富奇趣。孤植作庭荫树，对植于厅堂前，点缀墙垣一隅、假山、湖石，片植于寺庙、烈士墓、纪念馆周围或用于海岸绿化，亦可盆栽观赏。植物园山水园、玉泉鱼跃景点，花圃等地有种植。

栽培变种：

短叶罗汉松 | *Podocarpus macrophyllus* var. *maki*

叶较小，长2.5～7cm，宽3～7mm。原产日本。
常修剪成球形，也可制作盆景观赏。杭州园林中应用普遍。

19 南方红豆杉
Taxus wallichiana var. mairei / 红豆杉科红豆杉属 /

形态特征 常绿乔木。树高20m；树皮赤褐色或灰褐色，浅纵列，小枝互生。叶条形，长2～3.5cm，多呈镰状，边缘常不反卷，螺旋状着生，基部扭曲，排成二列，叶面中脉凸起，背面中脉带明晰可见，有两条黄绿色气孔带。雌雄异株。种子卵圆形，微扁，生于红色肉质杯状假种皮上。花期3～4月；果期9～11月。

分布习性 我国长江流域及以南各地有分布。国家一级重点保护植物。喜温暖湿润气候，耐阴湿，不耐干旱瘠薄，忌低洼积水。在肥沃、排水良好的微酸性土壤中生长较好。萌芽力较强，生长缓慢，寿命长。

繁殖栽培 播种或扦插繁殖。

园林应用 树形俊秀，四季常绿，秋季鲜红的假种皮装点着翠绿的枝叶，显得古朴典雅。孤植于庭院，丛植、群植于草坪、林缘，亦可作盆栽观赏。植物园、乌龟潭等有种植。

20 榧树
Torreya grandis / 红豆杉科榧树属 /

形态特征 常绿乔木。树高25～30m；树皮灰褐色纵裂，枝轮生，小枝近对生。叶线形，直而坚硬，螺旋状着生，基部扭转成二列，先端凸尖，成刺状短尖头，叶面亮绿色，叶背淡绿色，中脉不明显，气孔带与中脉带近等宽。雌雄异株，雄球花单生叶腋，有柄；雌球花无柄，成对着生于叶腋。种子椭圆形、倒卵形或长椭圆形，成熟时假种皮淡紫褐色，被白粉。花期4月；种子翌年10月成熟。

分布习性 我国江苏、浙江、福建、安徽等省有分布。国家二级重点保护植物。喜温暖湿润气候，喜光，耐阴，稍耐寒、忌积水。不择土壤。抗污染能力较强。病虫害少。

繁殖栽培 嫁接、扦插或播种繁殖。

园林应用 树姿优美，枝叶浓密，具经济价值的园林绿化树种。孤植作庭荫树，对植于大门入口处，片植于建筑物周围或空旷处。植物园、花港观鱼等有种植。

21 加拿大杨

Populus × canadensis

/ 杨柳科杨属 /

形态特征 落叶乔木。树高30m以上；树皮灰褐色，深纵条状裂，小枝较粗，圆柱形，具皮孔，髓心五角状，有顶芽；芽鳞多数。叶三角状卵形，先端渐尖，基部截形，边缘半透明，具钝齿，两面无毛；叶柄较长，长6～12cm，带红色。雌雄异株，葇荑花序下垂，先叶开放，雄花序长7～15cm，花序轴光滑，雌花序15～20朵；苞片先端有缺刻，有杯状花盘。花期4月；果熟期5月。

分布习性 19世纪引入我国，华北、东北及长江流域栽培较多。喜温暖湿润气候，喜光，耐旱，耐寒，耐涝，耐盐碱，耐瘠薄，对二氧化硫等有毒气体有吸收作用。萌蘖力强，生长快，寿命较短。

繁殖栽培 扦插繁殖。

园林应用 树形挺拔，树干通直，树冠宽阔，叶大有光泽。作行道树、庭荫树或用作防护林，亦常用于工矿区及四旁绿化。杭州城东公园带状种植作防护林，乌龟潭景点列植作行道树。

22 垂柳

Salix babylonica

/ 杨柳科柳属 /

形态特征 落叶乔木。树高12～18m，树冠倒广卵形，小枝细长，下垂，无顶芽。叶线状披针形，长9～16cm，宽5～15mm，最宽部在中部以下，叶长是叶宽的3倍以上，叶背灰绿色。雌雄异株，葇荑花序直立，先叶开放。蒴果，种子基部有白色丝状毛。花期3～4月；果期4～5月。

分布习性 我国长江、黄河流域有分布，南北各地栽培应用广泛。喜温暖湿润气候，喜光，耐旱，耐湿，较耐寒。抗有毒气体能力强。根系发达，萌芽力强。速生，寿命较短。

繁殖栽培 扦插繁殖。

园林应用 树姿飘逸，枝条柔软下垂，随风飘舞，早春叶片淡黄色，晚秋呈黄色。植于桥头、池畔、河流、湖泊沿岸处，可作庭荫树、行道树，或用于工厂绿化。与垂丝海棠、碧桃、红叶李、云南黄馨等早春开花的花木配置可形成富有生机的春景；与秋色叶树种或秋季开花植物配置可形成美丽的秋景。春季是最佳观赏期。杭州园林中普遍应用，著名的赏柳处有柳浪闻莺、白堤、苏堤和花港观鱼等。

同属中常见栽培应用的有：

南川柳 | *Salix rosthornii*

落叶乔木。树高15～20m，小枝红褐色。叶椭圆形，长4～8cm，宽1.5～3.5cm，叶长不到叶宽的3倍，叶背粉绿色，两面无毛；有2枚显著的半圆形托叶，叶柄先端有腺点。花叶同放，花期3～4月；果期5月。

我国长江中下游地区、黄河流域及东北各省有分布。喜光，耐湿，耐寒，耐涝。树姿俊秀，萌芽时叶黄绿色，与垂柳呈二柳争春的美景。常孤植、丛植、片植于湖畔、溪沟旁、堤岸边。早春是最佳观赏期。杭州园林中普遍应用。

旱柳 | *Salix matsudana*

落叶乔木。树高约18m；树冠卵圆形，小枝细长，直立或斜展。叶披针形，长5～10cm，宽1～1.5cm，先端长渐尖，最宽部在近基部，叶背苍白色；叶柄短，长5～8mm。花期3～4月；果期4～5月。

我国东北、华北、西北及长江流域各省区有分布。喜光，耐湿，耐寒，耐旱。根系发达，萌芽力强。

片植于河岸、低湿处或草地上，亦可作行道树、防护林及荒山造林树种。杭州园林中应用较少，花圃、乌龟潭、浴鹄湾、花港观鱼等有零星种植。

‘垂枝’黄花柳 | *Salix caprea* ‘Kilmarnock’

落叶小乔木。树高2m；伞状树冠；小枝红褐色。叶宽卵形，叶缘有细锯齿，叶面暗绿色，叶背灰绿色，有毛。先花后叶；雄葇荑花序黄色，被绒毛；雌葇荑花序柔软，银白色。花期4月下旬至5月上旬。

近年从欧洲引进。花圃有应用。

23 杨梅 *Myrica rubra*

/ 杨梅科杨梅属 /

形态特征 常绿小乔木。树高15m以上，树冠球形，小枝近无毛。树皮灰色。叶革质，倒卵形，常集生于枝顶，先端圆钝或急尖，基部楔形，全缘或近端部有浅齿，叶背淡绿色，密生金黄色腺鳞，长5～14cm。雌雄异株；雄花序穗状，单生或数条丛生于叶腋；雌花序单生于叶腋。核果球形，具小疣状突起，熟时深红色、紫红色或白色，味甜酸。花期3～4月；果期6～7月。

分布习性 我国长江以南各省有分布。喜温暖湿润气候，稍耐阴，耐瘠薄，对有害气体抗性较强。在排水良好的微酸性土壤中生长较好。根系与放线菌共生形成根瘤，能吸收天然氮素提高土壤肥力。适应性强。深根性树种。萌芽力强。

繁殖栽培 播种、嫁接或扦插繁殖。

园林应用 树姿优美，枝繁叶茂，初夏红果累累，是具有经济价值的园林绿化树种。孤植、丛植于庭院，片植于草坪、空旷地、厂矿区，列植于路边，群植作城市防尘隔声的绿墙。杭州园林中普遍应用。

24 枫杨

Pterocarya stenoptera

/ 胡桃科枫杨属 /

形态特征 落叶乔木。树高达30m；枝具片状髓；裸芽密被褐色毛。偶数羽状复叶，长20～30cm，叶轴有翼，小叶10～16枚，长椭圆形，缘有细锯齿。雌雄同株，葇荑花序下垂，雄花序生于去年生枝条叶痕腋部；雌花序生于新枝顶。果序下垂，长20～45cm，具2枚斜展的长圆形果翅。花期4～5月；果期8～9月。

分布习性 我国华北、华中、华南及西南各省有分布。喜温暖湿润气候，喜光，极耐湿，较耐寒。对烟尘、二氧化硫等有毒气体有抗性。适应性强。深根性，萌芽力强，生长快。

繁殖栽培 播种繁殖。

园林应用 树冠宽广，枝叶茂盛，果实成串。作庭荫树、行道树，或用于滨河护岸固堤及防风林建设，亦可用于工矿厂区绿化。杭州园林中普遍应用。柳浪闻莺、曲院风荷、花圃、茅家埠、乌龟潭、浴鹄湾、花港观鱼、学士公园等都有栽植。

25 薄壳山核桃

Carya illinoensis

/ 胡桃科山核桃属 /

形态特征 落叶乔木。原产地树高约55m；树皮灰色，纵裂，枝具实心髓；小枝初具灰色簇生毛，后无毛，有皮孔。奇数羽状复叶，长25～37.5cm，小叶11～17枚，长椭圆状披针形，微弯呈镰形，缘有不整齐锯齿，边缘和下面腋脉有簇毛，叶轴有簇毛。雄花序为下垂葇荑花序，雌花序直立短穗状。果3～10集生成穗状，长圆形，具4纵脊，果黄绿色，壳薄。花期5月；果期10～11月。

分布习性 原产北美密西西比河河谷及墨西哥，1900年引入我国，江苏、上海、浙江、福建等地广泛栽培。喜温暖湿润气候，喜光，耐湿，耐寒，在疏松、富含腐殖质的沙壤土中生长良好。深根性树种，萌芽力强，生长速度较快。

繁殖栽培 播种或嫁接繁殖。

园林应用 树姿高大挺拔，枝叶茂密，秋季叶片金黄，果实累累，是具经济价值的园林绿化树种。孤植、丛植于草坪、空旷地，列植作行道树，成片种植作风景林。柳浪闻莺、茅家埠、乌龟潭、浴鹄湾、太子湾、植物园、花港观鱼等有零星栽种。

26 华东野核桃

Juglans cathayensis var. *formosana*

/ 胡桃科核桃属 /

形态特征 落叶乔木。树高25m；树皮灰褐色浅纵裂；幼枝灰绿色，有腺毛。奇数羽状复叶，小叶9～17枚，对生或近对生，边缘有锯齿，无柄。雄葇荑花序长8.5～23cm，苞片及花被片有淡黄色毛，雌花序穗状。果核圆球状卵形或椭圆状卵形，具6～8条纵痕和钝脊，皱纹不明显，无刺状凸起及凹陷。

分布习性 我国长江以南各省有分布。喜温暖气候，喜光，耐寒，耐旱，不耐湿热，不择土壤，但在沙质壤土中生长较好。适应性强。

繁殖栽培 播种繁殖。

园林应用 树冠宽大，枝条繁茂。孤植、丛植于庭院、草地，成片种植于空旷地。植物园分类区有种植。

27 化香树

Platycarya strobilacea

/ 胡桃科化香属 /

形态特征 落叶小乔木。树高4～6m；树皮灰色，浅纵裂。奇数羽状复叶互生，长15～30cm；小叶7～9枚，卵状披针形，边缘有重锯齿，基部歪斜，无柄。雌雄同株，雌雄花序均为直立葇荑花序，于枝顶排成伞房状。果序球果状，苞片披针形，果苞宿存，小坚果扁平，两侧具窄翅。花期5～6月；果期8～10月。

分布习性 我国长江流域及西南各省有分布。喜温暖湿润气候，喜光，耐旱，不择土壤。深根性，萌芽力强。

繁殖栽培 播种繁殖。

园林应用 羽状复叶，穗状花序，球果状果序直立枝端经久不落。孤植、丛植于庭院绿地。植物园分类区有种植。

28 亮叶桦

Betula luminifera

/ 桦木科桦木属 /

形态特征 落叶乔木。树高达25m；树皮淡黄褐色，平滑不裂，树皮有香气；冬芽无柄。叶宽三角状卵形，长6～12cm，基部圆形或近心形，边缘有不规则刺毛状重锯齿。雄花序2～5枚，顶生。果序单生叶腋，长5～14cm，下垂；果苞较薄，3裂，常与果实同落。小坚果扁平，具翅。花期3～4月；果期5月。

分布习性 我国长江以南各地有分布。喜温暖湿润气候，喜光，耐旱，不择土壤，但在肥沃的微酸性壤土中生长较好。适应性强。

繁殖栽培 播种繁殖。种子随采随播。

园林应用 树形挺拔，树干修直，树皮有光泽，皮孔斑驳雅致，花序长垂。孤植作庭荫树，列植作行道树，丛植、群植于草坪、空旷地、溪畔等，亦可作山地造林树种。植物园分类区有种植。

29 短尾鹅耳枥
Carpinus londoniana

/ 桦木科鹅耳枥属 /

形态特征 落叶乔木。树高达13m；树皮深灰色，平滑不裂；小枝细，栗褐色，疏生黄褐色小皮孔。叶长圆形，边缘具密且浅的细锯齿，侧脉10～13对；叶柄长5～8mm。果序长4.5～8cm，果苞两侧不对称，3裂，裂片细长。小坚果扁卵形。花期3～4月。

分布习性 我国长江以南各省有分布。喜光，稍耐阴，耐湿，不择土壤。

繁殖栽培 播种繁殖。

园林应用 树形优美，花序长。片植于草坪、林缘或河岸边。植物园经济植物区有种植。

30 麻栎
Quercus acutissima

/ 壳斗科栎属 /

形态特征 落叶乔木。树高达25m；树皮灰黑色，不规则纵裂；芽卵形。叶纸质，椭圆状披针形，缘具芒状锯齿，下面淡绿色，无毛，宽2～6cm；叶柄长2～3cm。雄花序数个集生于当年生枝下部叶腋，有花1～3朵；壳斗碗状，径2.5～3.5cm，包围坚果1/2以上；苞片钻形，反卷。坚果近球形，果脐大，隆起。花期5月；果翌年10月成熟。

分布习性 我国黄河中下游及长江流域分布较多。喜光，耐寒，耐旱，不耐湿，不耐盐碱，在肥沃、排水良好的中性至微酸性的沙壤土中生长较好。对二氧化硫、氯气、氟化氢等气体有一定的吸收能力。深根性，萌芽力强。

繁殖栽培 播种繁殖。

园林应用 树形高大，树冠伸展，春叶嫩绿，秋叶橙褐色。作庭荫树、行道树，或与枫香、苦槠、青冈等混植成城市风景林，亦可营造防风林、防火林、水源涵养林。花圃、乌龟潭、浴鹄湾、花港观鱼、太子湾、植物园经济植物区等有种植。

同属中有应用的有：

白栎 *Quercus fabri*

落叶乔木。树高达20m；小枝密生灰褐色绒毛。叶倒卵形，基部楔形，边缘具波状钝齿，下面灰白色，密被星状毛，叶柄短。壳斗碗状；苞片卵状披针形，排列紧密，在口缘处微伸出，不外卷。坚果长椭圆形。花期5月；果期10月。

我国长江流域、华南、西南等地有分布。喜温暖气候，喜光，耐阴，耐旱，忌积水。不择土壤，但在肥沃、排水良好的壤土中生长较好。抗污染。萌芽力强。

花圃、茅家埠、乌龟潭、浴鹄湾、花港观鱼、太子湾、植物园等有种植。

31 板栗

Castanea mollissima

/ 壳斗科栗属 /

形态特征 落叶乔木。树高达20m；树皮灰褐色，不规则深纵裂，幼枝被灰褐色绒毛，无顶芽。叶椭圆形至椭圆状披针形，齿端有芒状尖头，下面具灰白色星状短绒毛；叶柄长1～2cm；托叶宽卵形。雄花为直立葇荑花序，雌花生于雄花序基部，常3朵集生于一总苞。壳斗球形，密被长刺，内有坚果2～3。花期6月下旬；果期9～10月。

分布习性 我国辽宁以南各省有分布，华北及长江流域广泛栽培。喜光，不耐阴，耐寒，耐旱，忌积水，不择土壤，但在肥沃、排水良好的沙壤土中生长较好。对有害气体抗性较强。深根性树种。萌芽力强，耐修剪，寿命长。

繁殖栽培 播种繁殖。

园林应用 树冠圆广、叶枝茂盛，花序典雅，秋季果实累累。孤植、群植于草坪、坡地，亦常用于山区绿化造林或水土保持，是广泛种植的山区经济树种。植物园经济植物区、分类区有种植。

32 苦槠

Castanopsis sclerophlla

形态特征 常绿乔木。树高25m；树冠卵圆形；树皮浅纵裂，小枝具棱，无毛。叶厚革质，长椭圆形，先端渐尖，基部宽楔形，中部以上疏生锐锯齿，下面银灰绿色，两面无毛。雌花单生于总苞内。壳斗深杯形，全包或3/5～4/5包坚果，成熟时不规则裂开，苞片鳞状三角形。花期4～5月；果期10～11月。

分布习性 我国长江以南省区有分布。喜温暖雨量充沛的气候，喜光，耐阴，耐旱，耐盐碱，不择土壤，但在肥沃湿润的土壤中生长较好。对二氧化碳等气体抗性强。深根性，萌芽力强。

繁殖栽培 播种繁殖。

园林应用 树形高大俊美，冠大荫浓，花繁叶茂。孤植于庭院，丛植、群植于广场、大草坪，混植作风景林、沿海防风林，亦可用于厂矿区绿化。花圃、茅家埠、乌龟潭、浴鹄湾、花港观鱼、太子湾、植物园等有零星栽种。

同属中具有应用的有：

米槠 *Castanosis carlesii*

常绿乔木。树高25m；树皮灰白色，老时浅纵裂。叶薄革质，卵状披针形，先端尾尖或长渐尖，基部楔形，偏斜，全缘或中部以上有2～3个锯齿，叶背幼时具灰棕色粉状鳞秕，老时苍灰色。雄花序单一或有分枝，雌花单生于总苞内。壳斗近球形，不规则瓣裂，苞片贴生，鳞片状，排列成间断的6～7环。花期3～4月；果期翌年10月。

我国长江以南各省区有分布。喜温暖湿润气候，耐阴，耐干旱，不择土壤，但在肥沃深厚的中性和微酸性土壤中生长良好。

孤植、丛植于庭院、绿地。植物园经济植物区有种植。

钩栗 | *Castanopsis tibetana*

常绿乔木。树高30m；树皮呈薄片状脱落，小枝粗壮，无毛。叶片厚革质，椭圆形，长15～30cm，宽5～10cm，侧脉15～22对，基部圆形或宽楔形，边缘中部以上有疏齿，叶面深绿色，叶背密被棕褐色鳞秕，渐变为银灰色；叶柄长1.5～3cm。壳斗球形，成熟时规则四瓣裂开，苞片针刺形，粗硬。花期4～5月；果翌年8～10月成熟。

我国长江以南各省有分布。植物园经济植物区有种植。

尖齿栲 | *Castanopsis jucunda*

常绿乔木。树高达20m；树皮暗灰色，长条状纵裂，幼枝被锈色毛及鳞秕。叶片倒卵状椭圆形，长7～12cm，宽3～5.5cm，侧脉8～13对，边缘有浅波状锯齿，幼叶叶背密生红棕色或灰白色鳞秕，老时变银灰色；叶柄长1～1.5cm。雄花序圆锥状，雌花序单生于总苞内。壳斗不规则裂开。花期4～5月。

我国长江以南各省有分布。植物园经济植物区有种植。

栲树 | *Castanopsis fargesii*

常绿乔木。树高达30m；幼枝有鳞秕或毛与鳞秕并存。叶长圆状披针形至椭圆状披针形，叶背密生深褐色至锈色鳞秕，无毛。总苞内有雌花1朵，发育成1枚坚果，壳斗之针刺中部以下分枝。花期4～5月；果期9～10月。

我国长江以南各省有分布。植物园分类区有种植。

33 亮叶水青冈

Fagus lucida

/ 壳斗科水青冈属 /

形态特征　落叶乔木。树高15m，树皮灰白色，小枝灰褐色，一年生小枝有灰白色皮孔。叶卵状椭圆形或椭圆状宽卵形，先端渐尖，基部宽楔形至平截，边缘波状，叶面绿色光滑，叶背绿色，沿中脉两面隆起。雄花15朵呈头状花序，集生于新枝基部或单生于新枝基部叶腋，雌花1朵生于总苞内。花期4～5月；果期9月。

分布习性　我国浙江、江西、福建、湖南、湖北、广东、广西、四川、贵州等省有分布。喜温暖湿润气候，较耐阴。在肥沃、微酸性壤土中生长良好。

繁殖栽培　播种繁殖。

园林应用　树形俊秀，秋叶金黄色。孤植、丛植于庭院，群植于草坪、坡地。植物园经济植物区有种植。

34 青冈

Cyclobalanopsis glauca

/ 壳斗科青冈属 /

形态特征 常绿乔木。树高约20m；树皮淡灰色，不开裂。叶椭圆形，顶端尖，基部楔形或圆形，中上部有锯齿，下面灰白色。雄花序为下垂的葇荑花序，雌花序为直立短穗状。壳斗碗状，包裹坚果1/3～1/2；苞片合生成5～8条同心环带；坚果卵形。花期4月；果熟9～10月。

分布习性 我国陕西和长江以南各省区有分布，常生于石灰岩山地。喜温暖多雨气候，较耐阴。

繁殖栽培 播种繁殖。

园林应用 树姿优美，枝叶繁茂。丛植、群植于草坪、坡地、高大建筑物周围。植物园经济植物区、茅家埠、学士公园、花港观鱼、太子湾等有零星种植。

同属中有栽培应用的有：

云山青冈 | *Cyclobalanopsis sessilifolia*

常绿乔木。树高25m。叶密集于枝顶，叶片长圆状椭圆形，长5～12cm，叶背绿色或淡绿色，全缘。花期4～5月；果期10～11月。

我国长江以南各省有分布。植物园杜鹃园有应用。

35 石栎

Lithocarpus glaber

/ 壳斗科石栎属 /

形态特征 常绿乔木。树高20m；树皮不裂，芽和小枝被灰黄色细绒毛。叶椭圆形，先端渐尖，基部楔形，全缘或先端有1～3个锯齿，叶面中脉微凸，叶背具灰白色蜡层。葇荑花序直立，单一或分枝。壳斗浅碗状，包围坚果基部，无刺；苞片三角形；坚果卵形或椭圆形，略被白粉。花期9～10月；果期翌年9～11月。

分布习性 我国长江以南各省有分布。喜温暖湿润气候，较耐阴，耐干旱贫瘠。

繁殖栽培 播种繁殖。

园林应用 枝叶茂密，绿荫深浓，花序长。群植于高大建筑物周围，或作城市绿化防护林。茅家埠、浴鹄湾、乌龟潭、太子湾公园等有种植。

36 朴树

Celtis sinensis

/ 榆科朴属 /

形态特征　落叶乔木。树高20m；树皮褐灰色，粗糙但不开裂，小枝密被毛。叶片宽卵形，基部偏斜，三出脉，边缘中部以上具疏而浅锯齿，叶面无毛，叶背叶脉及脉腋疏生毛，网脉隆起。核果单生或2~3个并生叶腋，近球形，熟时红褐色，果核有凹点及棱脊。花期4月；果期10月。

分布习性　我国西北、华北、华东、华中、华南、西南等地有分布。喜温暖湿润气候，喜光，耐水湿。抗烟尘及有毒气体。寿命长。

繁殖栽培　播种繁殖。

园林应用　树形挺拔，树冠宽广，秋叶黄色。孤植、列植作庭荫树、行道树，群植于溪边、河岸作防风护堤林。杭州地区应用普遍。

同属中有栽培应用的有：

珊瑚朴 *Celtis julianae*

落叶乔木。树高25m；一年生枝条、叶背及叶柄均密被黄褐色绒毛。叶厚纸质，宽卵形，长6~14cm，中部以上具钝锯齿；叶面稍粗糙。果单生叶腋，卵球形，橙红色，无毛。花期4月；果期10月。

我国黄河以南地区有分布。喜光，稍耐阴，耐寒，耐湿，耐干旱瘠薄；抗烟尘及有毒气体。不择土壤。适应性强。

树形高大，树姿优美，秋叶黄色。孤植、列植作庭荫树、行道树，群植于湖滨、池畔，亦可用于工厂矿区绿化。花圃、茅家埠、乌龟潭、浴鹄湾、花港观鱼、太子湾、学士公园等有种植。

37 榔榆

Ulmus parvifolia

/ 榆科榆属 /

形态特征　落叶乔木。树高达25m；树冠扁球形；树皮灰褐色，不规则薄鳞片状剥落。叶小，质厚，椭圆形，羽状脉，基部偏斜，叶缘有单锯齿。花簇生于当年生的叶腋，花被裂至基部或近基部。翅果椭圆形，无毛，果核位于翅果中央。花期9月；果期10月。

分布习性　我国除东北、西北、西藏、云南外都有分布。喜温暖气候，喜光，稍耐阴，耐寒，耐旱，不择土壤。对二氧化硫等有毒气体抗性较强。

繁殖栽培　播种繁殖。

园林应用　树形优美，树皮斑驳，枝叶细密，秋叶金黄色。孤植、丛植于庭院、亭榭旁、山石周围，亦可植于滨河岸、湿地，或用于厂矿区绿化。曲院风荷、茅家埠、花圃、浴鹄湾、乌龟潭、花港观鱼、植物园等有零星种植。

同属中常见栽培应用的有：

榆树 | ***Ulmus pumila***

落叶乔木。树高达20m；小枝有毛。叶椭圆状披针形，长2～8cm，先端短尖或渐尖，基部一侧楔形，一侧圆形，边缘有重锯齿或单锯齿，侧脉9～14对，叶柄无毛。翅果近圆形，果核位于翅果中央。花期3～4月；果期4月。

我国东北、华北、西北及华东等地有分布。喜光，耐寒，耐盐碱，耐干旱瘠薄，不耐湿。对烟尘及氟化氢等有毒气体抗性较强。萌芽力强，耐修剪。

树形高大，树干通直，绿荫较浓。作庭荫树、行道树，成片种植作防护林。浴鹄湾、西溪湿地有应用。

同属中值得推荐的有：

琅琊榆 | ***Ulmus chenmoui***

落叶乔木。树高达20m；树皮淡褐灰色，深纵裂。叶倒卵形，基部钝圆或阔楔形，稍偏斜，叶缘有重锯齿，叶背及叶柄密被柔毛。翅果倒卵状椭圆形，有长柔毛，果核接近缺口。花期3月；果期4月。

我国华北、华东、中南、西南地区有分布。喜光，耐干旱瘠薄。植物园分类区有种植。

38 青檀 *Pteroceltis tatarinowii*

/ 榆科青檀属 /

形态特征 落叶乔木。树高达20m，树皮暗灰色，具长片状剥落。叶互生，叶片卵形或椭圆状，长3.5～13cm，先端长尖或渐尖，基部近圆形或广楔形，基部全缘，三出脉，侧脉不直达齿端，背面脉腋有簇毛。花单生同株。小坚果有薄翅，翅果方形或近圆形，先端有凹缺。花期4月；果期8～9月。

分布习性 我国黄河以南各地有分布。喜光，稍耐阴，耐湿，耐干旱瘠薄。根系发达。萌芽力强。

繁殖栽培 播种繁殖。

园林应用 树形优美，树冠球形，秋叶金黄。孤植、丛植于庭院、绿地，列植作行道树，群植作石灰岩山地造林树种，亦可制作盆景观赏。植物园分类区有种植。

39 糙叶树
Aphananthe aspera

/ 榆科糙叶树属 /

形态特征 落叶乔木。树高20m；树皮黄褐色，老时纵裂，幼枝和叶柄疏生细状毛。叶卵形，先端渐尖，基部近圆形或宽楔形，单锯齿细尖，两面密生平伏硬毛，三出脉，侧脉直达齿端。花单性，雌雄同株；雄花伞房花序，生于新枝基部的叶腋；雌花单生新枝上部的叶腋。核果近球形，黑色。花期4～5月；果期8～10月。

分布习性 我国长江流域及以南地区有分布。喜温暖湿润气候，喜光，稍耐阴，不耐干旱瘠薄。在肥沃的沙质壤土中生长最佳。抗烟尘和有毒气体能力强。

繁殖栽培 播种繁殖。

园林应用 树形苍劲挺拔，树冠广展，枝叶茂密。孤植、丛植作庭荫树，片植于溪畔、谷地等。茅家埠、植物园等有种植。

40 榉树
Zelkova schneideriana

/ 榆科榉树属 /

形态特征 落叶乔木。树高约25m；当年生枝灰褐色，密被灰白色柔毛。叶厚纸质，长椭圆状卵形，缘有钝锯齿，羽状脉，侧脉8～14对，直伸齿尖，叶面被糙毛，叶背密生柔毛。花单性，雄花簇生于新枝下部叶腋，雌花单生于枝上部叶腋。坚果上部歪斜，几无柄。花期3～4月；果期10～11月。

分布习性 我国淮河流域、长江中下游及以南地区有分布。国家二级重点保护植物。喜温暖湿润气候，喜光，耐轻度盐碱，耐烟尘，不耐干旱，忌积水。不择土壤，在肥沃的酸性、中性及钙质土中生长较好。深根性树种。

繁殖栽培 播种繁殖。

园林应用 树形高大雄伟，树冠广阔，秋叶红褐色。孤植、丛植作庭荫树，列植作行道树，片植作风景林。学士公园、茅家埠、乌龟潭、浴鹄湾等处有零星种植。

41 构树
Broussonetia papyrifera

/ 桑科构树属 /

形态特征 落叶乔木。树高约16m；树皮浅灰色，平滑；小枝粗壮。叶宽卵形，不裂或不规则2～5裂，叶缘有锯齿，两面密生柔毛；叶柄长2.5～8cm。雌雄异株，雄花序为葇荑花序，雌花序头状。聚花果球形，径约3cm，熟时橙红色。花期4～5月；果期6～7月。

分布习性 我国黄河以南各地有分布。喜光，耐寒，耐湿，耐干旱瘠薄。萌芽力强，根系较浅。对烟尘及有毒气体抗性较强。速生树种。

繁殖栽培 播种、扦插或分株繁殖。

园林应用 树冠宽广，枝叶茂盛，红果鲜艳，秋叶黄色。孤植作庭荫树，丛植、片植于水缘、临水建筑旁，亦可用于工厂矿区、荒山坡地的绿化。杭州园林中应用普遍，学士公园、柳浪闻莺、花圃、茅家埠、乌龟潭、植物园等有种植。

42 桑树
Morus alba

/ 桑科桑属 /

形态特征　落叶乔木。树高约15m；树冠倒卵圆形，树皮灰白色，浅纵裂；幼枝有毛。叶卵形或宽卵形，长5～10cm，先端尖，基部心形或圆形，叶缘有粗锯齿，有时有缺裂，叶面光滑有光泽，叶背脉腋有簇毛。花单性，雌雄异株，葇荑花序。聚花果长1～2.5cm，熟时黑紫色或白色。花期4～5月；果期5～6月。

分布习性　原产我国中部和北部，南北各地有栽培，长江中下游区域广泛应用。喜阳光充足温暖湿润环境，耐寒，耐旱，耐湿，耐贫瘠，抗污染，抗风。在微酸性、中性、石灰质及轻盐碱土中均能生长。适应性强。深根性，萌芽力强，耐修剪，生长迅速。

繁殖栽培　播种、扦插或嫁接繁殖。

园林用途　树冠丰满，枝叶茂密，初夏果实累累，秋叶黄色，是良好的绿化及经济树种。丛植或与其他树种混植营造风景林，亦可用于工矿厂区的绿化，民间常将其种植于屋后。杭州园林中应用较普遍，曲院风荷、花圃、茅家埠、浴鹄湾、太子湾、植物园分类区等均有栽种。

43 柘
Maclura tricuspidata

/ 桑科柘属 /

形态特征　落叶小乔木。树高约10m；树冠扁圆形；树皮呈薄片状剥落；老枝叶痕常凸起，有枝刺。叶卵形或倒卵形，全缘或有时3裂，长2.5～11cm，宽2～7cm。花单生，雌雄异株，头状花序，单生或成对生于叶腋。聚花果近球形，肉质，直径约2.5cm，橘红色或橙黄色。花期6月；果期9～10月。

分布习性　我国山东、河南、河北、陕西及长江以南各省有分布。喜光亦耐阴，耐寒，耐干旱瘠薄。适生性强。喜钙树种，生长比较慢。

繁殖栽培　播种繁殖。

园林应用　树形优美，叶秀丽，果红艳。孤植作庭荫树，丛植于公园绿地的边角、背阴处，可作水土保持树种，亦可修剪后作绿篱。花港观鱼、植物园等有种植。

44 连香树
Cercidiphyllum japonicum

/ 连香树科连香树属 /

形态特征 落叶乔木。树高10～30m；树皮灰色，呈薄片剥落；具长枝和距状短枝，长枝上对生，短枝上单生。叶卵形或近圆形，先端圆或钝尖，基部心形，边缘具圆钝锯齿，齿端具腺体，叶面深绿色，叶背粉绿色，具5～7条掌状脉。雌雄异株，花先叶开放；每花有1苞片，无花瓣；雄花常4朵簇生叶腋，近无梗，雌花4～8朵簇生，具梗。聚合蓇葖果2～6个，微弯曲，荚果状，熟时紫褐色。花期4～5月；果熟期9～10月。

分布习性 我国浙江、安徽、江西、湖北、四川、陕西、甘肃、河南等省有分布。国家二级珍稀濒危保护植物。喜凉爽湿润气候，喜光亦耐阴，耐湿。在土层深厚的微酸性土壤中生长较好。萌蘖性强。生长速度较慢。

繁殖栽培 播种繁殖。

园林应用 树姿雄伟，树干通直，叶形奇特，秋叶黄色。孤植作庭荫树，丛植于公园绿地，片植成风景林。黄龙洞有种植。

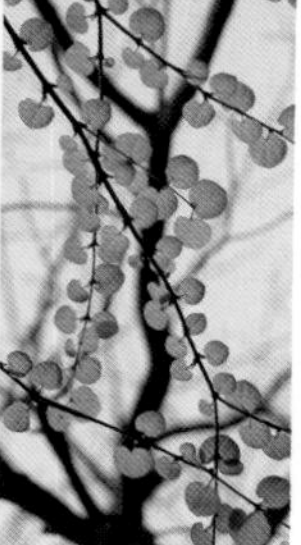

45 披针叶红茴香
Illicium lanceolatum

/ 木兰科八角属 /

形态特征 常绿小乔木。树高3～8m；小枝、叶等均具香气。叶革质，互生或集生于小枝上部，倒披针形或披针形，全缘，边缘微卷，叶面绿色有光泽，叶背淡绿色。花单生或2～3朵簇生叶腋，花被片10～15，轮状着生，外轮3片绿色，其余红色。聚合果顶端有长而弯曲的尖头。花期5～6月；果期8～10月。

分布习性 我国长江中下游及以南各省有分布。喜温暖湿润的环境，耐阴，耐湿。在肥沃微酸性的沙质壤土中生长较好。对二氧化硫等有毒气体抗性较强。

繁殖栽培 播种繁殖。

园林应用 树形优美，枝叶密集，叶片秀丽，花淡玫瑰红色。孤植、丛植于草坪，群植于林缘。果实和种子有剧毒，不宜在幼儿园、小学、居民区等种植。杭州园林中应用普遍。学士公园、曲院风荷、湖滨、柳浪闻莺、花圃、茅家埠、花港观鱼、太子湾、植物园等有栽植。

46 鹅掌楸
Liriodendron chinense

/ 木兰科鹅掌楸属 /

形态特征 落叶乔木。树高30～40m；树皮浅灰色，光滑，小枝灰色或灰褐色。叶互生，形似马褂，近基部具1对侧裂片，老叶叶背具乳头状白粉点。花杯状，单生于枝顶，径约5cm，花被片9枚，外轮3片萼状，绿色，内二轮花瓣状黄绿色。聚合果纺锤形，长4cm，小坚果顶端钝或钝尖。花期5月；果期9月。

分布习性 我国浙江、安徽、江西、四川、湖北、湖南、贵州、陕西等地有分布。国家二级重点保护植物。喜温暖湿润环境，喜光，耐半阴，耐寒，不耐旱，不耐湿。在肥沃、深厚、排水良好的微酸性土壤中生长较好。

繁殖栽培 播种繁殖。

园林应用 树形俊秀，叶形奇特，花大美丽，秋叶金黄。孤植、丛植作庭荫树，列植作行道树，群植作风景林。杭州园林中应用较多，植物园、太子湾、柳浪闻莺、花圃等有种植。

同属中常见栽培应用的有：

杂交鹅掌楸 | *Liriodendron chinense × tulipifera*

落叶大乔木。树高达40m；树皮灰色，一年生枝灰色或灰褐色，具环状托叶痕。单叶互生，两侧各有1裂，向中部凹，形似马褂。花单生枝顶，较大，鹅黄色。聚合果。花期4～5月；果期10月。

喜凉爽湿润气候，喜光，耐寒，不耐贫瘠和干燥，在肥沃排水良好的沙质酸性土壤中生长较好。适应性强。

湖滨、花圃、花港观鱼、太子湾、植物园等有栽植。

北美鹅掌楸 | *Liriodendron tulipifera*

落叶大乔木。树高达60m；树皮深褐色，条纵裂，小枝褐色或紫褐色。叶鹅掌形，长7～12cm，近基部具1～2对侧裂片，叶背无乳头状白粉点，主侧脉初时具毛。花较大，花瓣长4～5cm，浅黄色，内近基部有佛焰状橙黄色斑。聚合果，小坚果翅较宽，先端尖或突尖。花期5～6月；果期10月。

原产北美东南部。喜光，耐半阴，耐寒，不耐干旱，忌积水。病虫害少。植物园分类区有种植。

47 广玉兰
Magnolia grandiflora

形态特征　常绿大乔木。树高约30m；树冠圆锥形，树皮灰褐色，新枝、芽、叶背均密被锈色毛。叶卵状椭圆形，厚革质，叶面有光泽，边缘微反卷；叶柄上无托叶痕。花生于枝顶，白色，清香，直径15～20cm；花被片9～12，倒卵形；萼片花瓣状，3枚；花丝紫色。聚合果圆柱形，密被锈色毛，种子红色。花期5～7月；9～10月果熟。

分布习性　原产美洲东部，我国长江及珠江流域有栽培。喜温暖湿润气候，喜光，耐阴，耐寒，忌积水，在肥沃排水良好的微酸性土壤中生长较好。对烟尘和有毒气抗性较强。深根树种，根系发达，抗风力强。病虫害少。

繁殖栽培　播种繁殖。

园林应用　树干高大，枝丫密生，花大芳香，聚合果成熟后露出鲜红色种子。孤植、丛植作庭荫树，列植作行道树，群植作背景树。杭州园林中应用普遍。

同属中常见栽培应用的有：

玉兰 | *Magnolia denudata*

落叶乔木。树高约15m；小枝粗壮，淡灰褐色，被褐柔毛；冬芽密生柔毛。叶倒卵形或宽倒卵形，先端宽圆或平截，具短急尖头。花先叶开放，径约12～15cm，花被片9，纯白色，芳香，有时基部具红晕，外轮花被与内轮花被近等长。聚合果不规则圆柱形。花期3月；果期8～9月。

我国浙江、安徽、江西、湖南等地有分布。喜温暖湿润环境，喜光，稍耐阴，较耐寒，忌积水。在肥沃、排水良好的微酸性土壤中生长较好。对有害气体抗性较强。

花大，洁白，芳香，开花时节满树繁花。孤植、丛植于亭、台、楼、阁旁，点缀中庭，列植堂前或道路两侧。民间宅院“玉堂春富贵”，指玉兰、海棠、迎春、牡丹、桂花配置应用，寓意吉祥如意，富贵权重。杭州园林中应用普遍。

飞黄玉兰 | *Magnolia denudata* 'Fei Huang'

与原种区别：树高6～10m；花黄色；花期4月。

抗寒力较强，生长速度较快。

作庭荫树或行道树。湖滨和花圃等地有栽植。

二乔玉兰 | *Magnolia × soulangeana*

落叶小乔木。树高约6～10m；分枝点低，小枝粗，褐色，光滑。叶倒卵形，先端宽大，具短急尖；托叶长为叶柄的1/3。花被片6～9，浅红色至深红色，内侧白色；外轮花被片稍短或为内轮长的2/3。花期2～3月；果期9～10月。

耐旱，较耐寒。玉兰与辛夷的杂交种，杭州、广州、昆明有栽培。

花大美丽，盛开时满树皆花。杭州园林普遍栽培应用。

厚朴 | *Magnolia officinalis*

落叶乔木。树高约20m；树皮灰色，具突起圆形皮孔；小枝粗壮；顶芽大。叶大，常7～12枚集生于枝梢，叶片长圆状倒卵形，先端短急尖或圆钝，长20～30cm，叶背灰绿色，具白粉。花叶同时开放，

单生枝顶，花径约15cm，白色，芳香；花被片9～12，肉质，外轮3片淡绿色。聚合果长圆状卵形柱。花期4～5月；果期9～10月。

我国甘肃南部、陕西及长江流域有分布。国家二级重点保护植物。喜温暖湿润气候，喜光，幼时较耐阴，不耐严寒酷暑。在土层深厚、肥沃、疏松、腐殖质丰富、排水良好的微酸性或中性土壤中生长较好。

树形优美，花大美丽，叶大荫浓。孤植、丛植于庭院，列植作行道树。植物园经济植物区有种植。

凹叶厚朴 | *Magnolia officinalis* subsp. *biloba*

与原种区别：叶先端凹缺成2裂；聚合果基部较窄。

我国长江以南各省有分布。国家二级重点保护植物。植物园经济植物区有种植。

望春玉兰 | *Magnolia biondii*

落叶乔木。树高可达12m。叶椭圆状披针形，先端急尖或短渐尖，基部阔楔形或圆钝。花先叶开放，芳香，花被片9，外轮3片紫红色，近狭倒卵状条形，长约1cm，中内两轮近匙形，白色，外面基部常紫红色，长4～5cm，宽1.3～2.5cm，内轮花被片较狭小。花期3月；果熟期9月。

我国陕西、甘肃、河南、湖北、四川等省有分布。

花素雅，芳香，秋季聚合果开裂露出深红色的外种皮。湖滨公园有种植。

同属中值得推荐的有：

天目木兰 | *Magnolia amoena*

落叶乔木。树高约10m；小枝细，绿色无毛。叶倒披针形或椭圆状倒披针形，先端长渐尖或短尾尖，全缘；侧脉10～13对。花先叶开放，花被片9，粉红色，芳香。花期4月；果期9～10月。

我国江苏、安徽、浙江、江西等地有分布。较耐阴，耐寒，不耐旱，忌积水。在肥沃湿润排水良好的微酸性土壤中生长较好。

花粉红色，芳香，秋季聚合果开裂露出深红色的外种皮。植物园分类区有种植。

黄山木兰 | *Magnolia cylindrica*

落叶乔木。树高约10m；树皮淡灰褐色，平滑；幼枝及叶背被淡黄色平伏毛，二年生枝为紫褐色。叶倒卵形，先端钝尖或圆，叶背为灰绿色。花先叶开放，花被片9，外轮膜质，萼片状，内2轮白色，外基部均有不同程度的紫红色。花期4～5月；果期8～9月。

我国安徽、浙江、江西、福建等地有分布。

花大，色泽艳丽，芳香，秋季聚合果开裂露出深红色的外种皮。植物园分类区有种植。

48 乳源木莲
Manglietia yuyuanensis

/ 木兰科木莲属 /

形态特征 常绿乔木。树高约20m；树皮灰褐色，平滑；小枝黄褐色，除芽被锈黄色毛外，其余均无毛。叶革质，窄椭圆形，长8～14cm，宽2.5～4cm，先端渐尖，全缘，叶面深绿色，叶背淡灰绿色。花顶生，花被片9，外轮绿色，薄革质，中轮与内轮肉质，白色。雄蕊药隔伸出近半圆形，雌蕊群椭圆状卵形，下部心皮狭椭圆形，上部露出面具乳头状凸起。聚合果卵形，蓇葖果先端具短喙。花期5～6月；果期9～10月。

分布习性 我国浙江、安徽、江西、湖南、广东等省有分布。喜温暖湿润环境，耐阴。在土层深厚、湿润、肥沃及排水良好的微酸性黄壤土中生长较好。

繁殖栽培 播种繁殖；也可用玉兰作砧木嫁接繁殖。

园林应用 树姿端庄，树冠广展，花白色香，叶终年翠绿有光泽。孤植、丛植于庭院、建筑物旁，群植于草坪或林缘。花圃、曲院风荷、植物园等有种植。

49 乐昌含笑
Michelia chapensis

/ 木兰科含笑属 /

形态特征 常绿乔木。树高15～30m；树皮平滑，芽、小枝无毛。叶薄革质，倒卵形，长6～16cm，宽3.5～7cm，叶面有光泽，叶背淡绿色，柄上无托叶痕。花单生叶腋，淡黄色，花被片6，芳香。聚合果长圆形或卵圆形，种子卵形或长圆状卵形。花期3～4月；果熟8～9月。

分布习性 我国江西、湖南、广东、广西、贵州等地有分布。喜温暖湿润气候，喜光，耐高温，耐寒。在土壤深厚、疏松、肥沃、排水良好的酸性至微碱性土壤中生长较好。

繁殖栽培 播种繁殖。

园林应用 树形优美，树荫浓郁，花芳香美丽，叶终年翠绿有光泽。孤植、丛植庭院、绿地，列植作行道树，亦可作背景树。杭州园林中普遍应用。

同属中常见栽培应用的有：

深山含笑 | *Michelia maudiae*

常绿乔木。树高20m；树皮浅灰或灰褐色；芽、幼枝、叶背均被白粉。叶长卵状椭圆形，长7～18cm，中脉隆起，网脉明显。花白色，芳香，花径10～12cm，花被片9。聚合果，长7～15cm。花期2～3月；果期9～10月。

我国长江流域及以南省区有分布。喜温暖湿润气候，喜光，耐阴，耐寒，耐热。在疏松、肥沃、排水良好的微酸性土壤中生长较好。适应性强。病虫害少。

树形端正，枝叶婆娑，早春开花，花大芳香。孤植、丛植于庭前屋后，群植于建筑物阴面、林间、林缘。杭州园林中应用较多，湖滨、茅家埠、乌龟潭、浴鹄湾、太子湾、植物园等都有种植。

川含笑 | *Michelia wilsonii* subsp. *szechuanica*

常绿乔木。树高达25m；嫩枝被红褐色平伏柔毛。叶狭倒卵形，长9～15cm，宽3～6cm，两面绿色，边缘波状。花蕾卵圆形被红褐色柔毛，花冠狭长，花被片9，狭倒卵形，淡黄色。花期4月；果期9月。

我国湖北、四川、贵州、云南等地有分布。花港观鱼、太子湾、植物园等有栽植。植物园引种栽培多年，能开花，但不能结实。

醉香含笑 | *Michelia macclurei*

常绿乔木。树高35m；芽、幼枝、幼叶密被锈色毛。叶卵形或椭圆形，长7～14cm，宽5～7cm。花白色，花冠狭长，花被片9，倒卵形，芳香。花期3～4月；果期10月下旬。

我国长江以南各省有分布。花圃有种植。

金叶含笑 | *Michelia foveolata*

常绿乔木。树高约25m；树皮灰白色。叶厚革质，长圆状椭圆形，芽和新叶密被锈色绒毛。花淡黄色，花被片9，阔卵形或卵形，长6～7cm，内凹。花期3～5月；果实10月。

我国长江以南省区有分布。喜温暖湿润气候，喜光，耐寒，耐旱，耐瘠薄，忌积水，不耐盐碱。对二氧化硫等有毒气体抗性较强。在深厚、疏松、肥沃的酸性壤土中生长较好。适应性强。

树形秀美，花大芳香，叶色奇特。花圃、植物园、花港观鱼等有种植。

变种：

灰毛金叶含笑 | *Michelia foveolata* var.*cinerascens*

常绿乔木。树高15～30m，树皮灰色，枝上瘤孔明显。叶芽、幼枝、叶柄、花芽、花梗等均密被银白色短绒毛。叶厚革质，长椭圆形或卵状长圆形；叶面亮绿色，叶背被银灰色绒毛。花淡黄色或乳黄色。聚合果长7～12cm。花期4～5月；果熟期10～11月。

我国浙江、福建、湖北、湖南等地有分布。

树形优美，花乳黄色，芳香。学士公园、植物园、柳浪闻莺等有种植。

亮叶含笑 | *Michelia fulgens*

常绿乔木。树高约25m；芽、嫩枝、叶柄及花梗均被银灰色或红褐色短绒毛。叶革质，狭卵形或披针形，中上部渐尖，基部楔形或钝，叶面嫩时被红褐色绒毛，叶背被银灰色及红褐色短绒毛。花乳黄色，花被片9，椭圆形，长约3cm。花期3～4月；果期9～10月。

我国广西、广东、海南、云南等地有分布。花港观鱼、太子湾、植物园等有种植。

阔瓣含笑 | *Michelia cavaleriei* var. *platypetala*

常绿乔木。树高15～20m；侧枝发达，嫩枝、芽、幼叶被红褐色绢毛。叶薄革质，长椭圆形，叶背被灰白或杂有红褐色平伏毛。花白色，花被片9，花冠狭长，芳香。花期3～4月；果熟8～9月。

我国长江以南各省有分布。喜温暖湿润气候，喜光，耐半阴。在土层深厚、疏松、肥沃、排水良好、富含有机质的酸性至微碱性土壤中生长较好。

太子湾有应用。

同属中值得推荐的有：

平伐含笑 | *Michelia cavaleriei*

常绿乔木。树高约10m；树冠广卵形，芽被红褐色绢毛。叶披针形，长10～26 cm，宽3～7cm，叶面深绿色，叶背灰白色。花白色，花被片12～15，芳香。花期2月。

我国云南、贵州等有分布。含笑属中开花较早的种类。

植物园分类区有种植。

50 乐东拟单性木兰

Parakmeria lotungensis

/ 木兰科拟单性木兰属 /

形态特征 常绿乔木。树高约30m；树皮灰白色，一年生枝稍纤细，深褐色，二年生枝灰白色，全体无毛。叶革质，长圆形或长圆状披针形，长6～11cm，宽2.5～3.5cm，叶面深绿色，有光泽，边缘略反卷，中脉两面凸起，柄上无托叶痕。花白色，花被片12，外轮3～4片较薄，内轮肉质稍厚。聚合果长圆形或蒴果状，种皮红色。花期5月；果期10～11月。

分布习性 我国浙江、福建、湖南、广东、海南有分布。喜温暖湿润气候，喜光，耐阴，耐湿，耐旱，耐寒。对有毒气体有较强的抗性。在微酸性、中性和微碱性土壤中都能正常生长。

繁殖栽培 播种繁殖。

园林应用 树姿优美，春天新叶深红色，初夏开白花，秋季果实红色。孤植、丛植于庭院、绿地，列植作行道树。太子湾、植物园分类区有栽植。

51 香樟

Cinnamomum camphora

/ 樟科樟属 /

形态特征 常绿大乔木。树高约30m；树冠广卵形，树皮灰褐色或黄褐色，纵裂。叶薄革质，卵状椭圆形，先端急尖，基部宽楔形或近圆形，边缘微波状起伏，叶面绿色，有光泽，叶背灰绿色，被白粉，离基三出脉，脉腋有腺体，全缘。圆锥花序生于当年生枝叶腋，长3.5～7cm，花黄绿色。核果球形，熟时黑色。花期4～5月；果期9～11月。

分布习性 我国长江以南各地有分布。喜温暖湿润气候，喜光，稍耐阴，较耐湿，不耐寒，不耐干旱，不耐瘠薄和盐碱土。在深厚、肥沃、湿润的

微酸性黏质土中生长较好。对烟尘等有毒气体抗性较强。深根树种，抗风。萌芽力强，耐修剪。寿命长。

繁殖栽培 播种或扦插繁殖。

园林应用 树形高大，树姿婆娑，冠大荫浓，全株有香气，四季常青。孤植作庭荫树，列植作行道树，片植作风景林或防风林，平地、山坡、河边、池畔、高大建筑物周围都可种植，亦用于工厂矿区绿化。杭州市市树。杭州园林中应用普遍。

同属中常见栽培应用的有：

浙江樟 | *Cinnamomum japonicum* var. *chekiangense*

常绿乔木。树高10～16m；树冠卵状圆锥形，小枝暗绿色或绿色。叶长椭圆状披针形至狭卵形，长6～14cm，宽1.7～5cm，离基三出脉，侧脉两面隆起，网脉不明显。圆锥状聚伞花序生于去年生枝叶腋，花黄绿色。果卵形至长卵形，熟时蓝黑色，微被白粉。花期4～5月；果期10月。

我国浙江、安徽、湖南、江西等省有分布。喜温暖湿润气候，喜光，幼时耐阴，忌积水，在排水良好的微酸性土壤中生长较好。对二氧化硫等有毒气体抗性较强。深根性树种。

树干端直，绿叶荫浓。孤植、丛植于庭院、绿地，列植作行道树，群植作背景树，亦可用作工厂矿区绿化及防护林树种。杭州园林中应用较多，学士公园、曲院风荷、花圃、乌龟潭、花港观鱼、太子湾、植物园等有种植。

52 红楠
Machilus thunbergii

/ 樟科润楠属 /

形态特征 常绿乔木。树高约20m；树冠卵圆形；树皮黄褐色，浅纵裂至不规则鳞片状剥落；小枝绿色，无毛。叶革质，叶倒卵形或倒卵状披针形，长4.5～10cm，宽1.7～4cm，全缘，两面无毛，叶背被白粉；叶柄红色，长1～3cm。聚伞状圆锥花序生于新枝下部叶腋，长5～12cm，总花梗紫红色；花被片6。浆果球形，熟时紫黑色，宿存花被片反卷；果梗鲜红色。花期4月；果期6～7月。

分布习性 我国浙江、江苏、江西、福建、湖南、广西等地有分布。国家三级珍稀保护树种。喜温暖湿润气候，喜光，耐阴，耐湿，耐寒，忌积水。在肥沃湿润的中性、微酸性土壤中生长较好。

繁殖栽培 播种繁殖。

园林应用 树形优美，枝叶层次分明，新叶随生长期变化出现深红、粉红、金黄、嫩黄或嫩绿等不同颜色，夏季长长的红色果柄托着紫黑色果实，冬季顶芽微红缀满整个树冠。孤植、丛植于草坪绿地，列植作行道树，群植作背景树，亦可作防风林树种。曲院风荷、湖滨、植物园、浴鹄湾、植物园等有种植。

同属中栽培应用的有：

薄叶润楠 | *Machilus leptophylla*

常绿乔木。树高8～15m；树冠三角塔形；树皮灰褐色，平滑。叶坚纸质，集生枝端，叶倒卵状长圆形，长14～24cm，宽3.5～7cm，叶面深绿色，叶背苍白色，先端短急尖至钝，侧脉10～20对；叶柄较粗，长1～3cm。圆锥花序6～10，集生新枝基部。核果球形，熟时紫黑色，果梗鲜红色。花期4月；果期7月。

我国长江以南地区有分布。喜温暖湿润气候，喜光，稍耐阴，耐湿，耐寒，在肥沃湿润的微酸性沙壤土中生长较好。

树形优美，枝叶层次分明，果梗鲜红色。曲院风荷、植物园、柳浪闻莺等有种植。

53 紫楠

Phoebe sheareri

/ 樟科楠属 /

形态特征　常绿大乔木。树高达20m；树冠伞形，树皮灰褐色；小枝、芽、叶背及叶柄均被黄褐色柔毛。叶革质，倒卵状椭圆形或倒卵形，长12～18cm，最宽处在上部，先端突渐尖或尾突渐尖，叶背网脉显著。圆锥花序腋生，长7～18cm，花小，黄绿色；宿存花被松散地贴于果实基部。核果卵状椭圆形，蓝黑色，果熟时外面无白粉。花期4～5月；果期9～10月。

分布习性　我国长江以南各省有分布。喜温暖湿润气候，喜光，耐阴，较耐寒，在深厚、肥沃、湿润、排水良好的微酸性及中性土壤中生长较好。对二氧化硫等有毒气体抗性较强。适应性强。病虫害少。生长比较慢。深根性树种。萌芽力强。

繁殖栽培　播种繁殖。

园林应用　树形雄伟，枝叶浓密，四季常绿。孤植、丛植于庭院、草坪，列植于大型建筑物、广场、纪念性建筑物旁，群植建造风景林或防风、防火林，亦可用于工厂矿区绿化。杭州园林中应用较多，学士公园、植物园、曲院风荷、柳浪闻莺、花圃、浴鹄湾、花港观鱼等有种植。

同属常见栽培应用的有：

浙江楠 | *Phoebe chekiangensis*

常绿乔木。树高达20m。叶倒卵状椭圆形或倒卵状披针形，长8～13cm，叶背被灰褐色柔毛，网脉明显。圆锥花序腋生，花序长5～10cm，密被黄褐色柔毛。核果椭圆状卵圆形，熟时黑褐色，外被白粉，宿存花被片紧贴果基部。花期4～5月；果期9～10月。

我国浙江、江西、福建有分布。国家二级重点保护植物。喜温暖湿润气候，成年树喜光，幼年树耐阴。在微酸性的土壤中生长较好。深根性树种。

树体高大雄伟，枝叶繁茂，叶四季常绿有光泽。作庭荫树，行道树或建造风景林。曲院风荷、柳浪闻莺、花圃、茅家埠、花港观鱼、植物园等有种植。

54 檫木

Sassafras tzumu

/ 樟科檫木属 /

形态特征　落叶乔木。树高约35m；树冠卵圆形；小枝绿色。叶互生，常集生于枝顶，叶卵圆形或倒卵形，长9～20cm，宽6～12cm，全缘或3裂，羽状脉或离基三出脉；叶柄细长，常带红色。总状花序生于枝顶，花先叶开放，黄色，芳香。核果近球形，熟时由红色变为蓝黑色，外被白色蜡粉；果梗和果托均为鲜红色。花期2～3月；果期7～8月。

分布习性　我国长江流域及以南地区有分布。喜温暖湿润气候，喜光，不耐阴，耐湿。在土层深厚、疏松、排水良好的微酸性土壤中生长较好。对二氧化硫等有毒气体有较强抗性。生长快。深根性树种。萌芽力强。

繁殖栽培　播种或分根蘖繁殖。

园林应用　树姿优美，树干通直，早春满树黄花，芳香，深秋叶变红黄色。作庭荫树，行道树或建造风景林。杭州西湖自然风景林中常见成片分布，茅家埠、植物园等有零星种植。

55 豹皮樟

Litsea coreana* var.*sinensis

/ 樟科木姜子属 /

形态特征　常绿小乔木。树高可达6m；树皮灰棕色，有灰黄色不规则圆形块状剥落，露出浅色疤痕。叶互生，革质，卵状长圆形，长2.5～5.5cm，宽1～2.2cm，基部楔形或钝，全缘，叶面绿色有光泽，叶背绿灰白色，两面无毛，羽状脉。雌雄异株。伞形花序腋生，几无总梗。果实近球形，直径约6～8mm，果初时红色，熟时黑色。花期8～9月；果期翌年5月。

分布习性　我国江苏、浙江、安徽、江西、福建、河南、湖北等地有分布。喜温暖湿润气候，喜光，较耐阴，耐水湿。

繁殖栽培　播种繁殖。

园林应用　树皮斑驳，叶有光泽，四季常绿，果实满树镶嵌。丛植草坪绿地，群植林缘、空旷地。植物园分类区有种植。

56 舟山新木姜子

Neolitsea sericea

/ 樟科新木姜子属 /

形态特征　常绿乔木。树高达12m；树皮灰白色，平滑，当年生枝被棕黄色绢状毛。叶互生，革质，长椭圆形，宽3～5.5cm，离基三出脉，叶面深绿色，叶背粉白色且被棕黄色绢状毛，叶缘明显反

卷，叶柄长2～3.5cm。雌雄异株。伞形花序3～5簇生于新枝苞腋或叶腋，无总梗，密被黄褐色绢状毛；花被裂片4。核果球形，径1.3cm，熟时鲜红色，有光泽。花期9～11月；果实于翌年12月至第3年1～2月成熟。

分布习性 我国浙江普陀、上海崇明有分布。国家二级重点保护植物。喜冬暖夏凉气候，耐湿，耐阴，耐旱，耐盐碱。适应性强。深根性树种。萌发力较强。

繁殖栽培 播种繁殖。

园林应用 春天嫩梢和幼叶密被金黄色绢状柔毛，在阳光照耀下闪闪发光，有“佛光树”之称，冬季红果累累。孤植、丛植庭院、草坪，列植作行道树，群植林缘或空旷地。植物园分类区有种植。

同属中有应用潜力的有：

浙江新木姜子 | *Neolitsea aurata var. chekiangensis*

常绿小乔木。树高8～10m；树皮灰至深灰色，平滑不裂；小枝灰绿色，被锈色绢状毛。叶互生或近枝顶集生，薄革质，披针形至倒披针形，长6～13cm，宽6～2.5cm，离基三出脉，中脉以上有几对稀疏不明显的羽状侧脉。伞形花序位于二年生小枝叶腋；花黄绿色。果椭圆形，熟时为紫黑色。花期3～4月；果期10～11月。

我国浙江、江苏、江西、福建有分布。植物园分类区有种植。

57 月桂

Laurus nobilis / 樟科月桂属 /

形态特征 常绿小乔木。株高可达12m；冠卵圆形，小枝绿色，全株有香气。叶互生，革质，广披针形，边缘波状，叶面深绿色，叶背绿色；叶柄常带紫红色。单性花，雌雄异株，伞形花序簇生腋生，总梗7mm，总苞片4，小花淡黄色。核果椭圆状球形，熟时紫褐色。花期4月；果熟期9月。

分布习性 原产地中海一带，我国长江流域庭院中多有栽培。喜温暖湿润气候，喜光，耐阴，稍耐寒，耐旱，忌涝，不耐盐碱。在土层深厚，排水良好肥沃湿润的沙质壤土中生长较好。耐修剪。

繁殖栽培 扦插或播种繁殖。

园林应用 树姿优美，全株有香气，叶片四季常绿，春季满树黄花。对植、丛植于庭院、建筑物，片植于林缘，亦可修剪成绿篱。杭州城东公园及其植物园灵峰探梅景点有种植。

58 钟萼木

Bretschneidera sinensis / 钟萼木科钟萼木属 /

形态特征 落叶乔木。树高20～25m；小枝粗壮，无毛，具椭圆形叶痕。奇数羽状复叶，长50～70cm；小叶3～6对，对生，长圆状卵形，基部偏斜，全缘，叶面黄绿色，叶背粉白色，无毛，侧脉不明显，沿脉被锈色柔毛，中脉隆起，几无柄。总状花序顶生，长20～30cm，总花轴密被锈色柔毛，花粉红色；花萼钟状；花瓣5，着生于花萼筒上部。蒴果鲜红色，椭

圆球形，3～5瓣裂，果瓣木质；种子近球形。花期4～6月；果期9～10月。

分布习性 我国长江以南各省有分布。我国特有种，国家一级保护植物。喜温暖湿润气候，喜光，稍耐阴，耐寒，耐干旱贫瘠，不耐高温，忌涝。在疏松、肥沃、湿润的微酸性土壤中生长良好。适应性强。深根性树种。

繁殖栽培 播种繁殖。笔者曾做过大量播种试验，繁殖容易，生长迅速，3～4年即可出圃。

园林应用 树干挺直，冠大荫浓，开花时满树粉花，秋季红果挂枝。孤植、丛植于庭院绿地，片植于草坪、林缘。植物园、园林苗圃有种植。

59 枫香

Liquidambar formosana

/ 金缕梅科枫香属 /

形态特征 落叶乔木。树高可达40m；树冠广卵形或略扁平；树皮灰色，浅纵裂，老时不规则深裂。叶掌状3～5裂，基部心形，裂片先端尖，叶缘有锯齿；幼叶有毛，后渐脱落；托叶线形，早落。雄花序，短穗状，常多个排成总状；雌花序头状，有花24～43朵。头状果序圆球形，较大，径3～4cm，蒴果木质，有宿存花柱及刺状萼片。花期4～5月；果期7～10月。

分布习性 我国黄河以南各省区有分布。喜温暖湿润气候，喜光，幼树梢耐阴，耐旱，忌涝，不耐寒，不耐盐碱。在肥沃深厚、湿润的红黄壤土中生长良好。对有毒气体抗性较强。深根性树种。

繁殖栽培 播种繁殖。

园林应用 树形优美，深秋叶金黄色。孤植、丛植于庭院、草坪，列植作行道树，群植营造风景林，亦可用于工厂矿区绿化。与松柏类配置，形成“数树丹枫映苍桧”的景色。杭州园林中普遍应用。

60 细柄蕈树

Altingia gracilipes

/ 金缕梅科蕈树属 /

形态特征 常绿乔木。树高15～25m；树皮灰褐色，片状剥落，嫩枝及芽被柔毛。叶革质，卵状披针形，先端尾状渐尖，基部宽楔形，侧脉5～6对，全缘，叶柄细，长1.5～3.0cm，无托叶；叶面暗绿色，叶背灰绿色。雌雄同株，雄花头状花序近球形，常多个排成圆锥花序；雌花头状花序生于当年枝叶腋，单生或多个排成总状花序，有花5～6朵。头状果序倒圆柱形，径1.5～2.0cm。花期6～7月；果期7～10月。

分布习性 我国福建、广东等省有分布。喜温暖湿润气候条件，喜光，稍耐阴，忌积水，不择土壤。

繁殖栽培 播种或扦插繁殖。

园林应用 树形俊秀，叶有光泽，四季常绿，春季新叶红色。丛植、群植于草坪、空旷地，也可作背景树。植物园杜鹃园和槭树杜鹃园有应用。

61 金缕梅

Hamamelis mollis / 金缕梅科金缕梅属 /

形态特征 落叶小乔木或灌木。树高3～6m；小枝密生星状绒毛。叶厚纸质，宽倒卵圆形，先端短急尖，基部歪心形，叶缘有波状齿，叶面略粗糙，叶背密生绒毛。花先叶开放，数朵排成头状或短穗状花序，花瓣4片，狭长如带，长约1.5cm，黄色，芳香。蒴果卵圆形，密被黄褐色星状毛。花期2～3月；果期6～8月。

分布习性 我国浙江、江西、湖北、湖南、安徽、广西等地有分布。喜温暖湿润气候，喜光，耐半阴，较耐寒，不择土壤。

繁殖栽培 播种或扦插繁殖。

园林应用 树形开展，花奇特，芳香，细长的花瓣宛如金缕。孤植、丛植点缀庭院、角隅、溪畔、山石间，片植于林缘，亦可做切花材料。植物园分类区有种植。

62 水丝梨

Sycopsis sinensis / 金缕梅科水丝梨属 /

形态特征 常绿小乔木。树高约6m；树皮褐色或灰色，纵裂纹；幼枝灰色，被星状鳞片，顶芽裸露。叶革质，长卵形或披针形，先端渐尖，稀钝至短渐尖，无毛。雄花组成近头状的短穗状花序，具短柄，花药紫红色；雌花6～14朵组成短穗状；萼筒较大，不规则裂开，子房密被长硬刺毛，先端钩状。蒴果球形，为宿萼所包。花期4～5月。

分布习性 我国浙江、安徽、江西、福建、台湾、湖北、湖南、广东、广西等地有分布，生于溪边、路旁、林中。喜光，耐阴，耐湿，不择土壤。适应性强。

繁殖栽培 播种繁殖。

园林应用 叶四季常绿，花秀丽。宜植于溪畔、疏林下、林缘。植物园分类区有种植。

63 杜仲

Eucommia ulmoides / 杜仲科杜仲属 /

形态特征 落叶乔木。树高10～15m；树皮灰褐色，内含橡胶，折断拉开有多数细胶丝。叶椭圆形或长圆形，叶缘有锯齿；长6～16cm，宽4～9cm。花单性，雌雄异株，花叶同放或先花后叶，生于一年生枝基部苞片腋内，有花柄；雄花簇生，雌花单生；无花被。具翅小坚果扁平，长椭圆形，先端二裂。花期4～5月；果期9月。

分布习性 我国中部、西部有分布，四川、贵州、湖北最多。国家二级重点保护植物。喜阳光充足、温暖湿润气候，耐寒，耐盐碱，不择土壤。根系浅，侧根发达，萌蘖性强。

繁殖栽培 播种、扦插、压条、嫁接均可繁殖。

园林应用 树干端直，枝叶繁茂，叶有光泽。孤植、丛植于庭院绿地，片植于滨河、溪畔。浙江海宁滩涂有大量应用。杭州园林中应用较少，花圃、茅家埠、花港观鱼、植物园等有零星种植。

64 二球悬铃木

Platanus hispanica / 悬铃木科悬铃木属 /

形态特征 落叶乔木。树高达35m；树冠广阔，枝条开展，树皮片状剥落，灰绿带白，叶柄下芽。叶片广卵形或宽三角状卵形，长10~24cm，宽12~25cm，上部3~5裂，基部截形或浅心形；中央裂片宽三角形，全缘或具粗大的锯齿；托叶鞘状，长约1.5cm，早落。头状花序，雌雄花序同形，黄绿色。聚合果球形，常两个串生。花期4~5月；果期9~10月。

分布习性 三球悬铃木与一球悬铃木的杂交种，各地多有栽培。喜温暖气候，喜光，稍耐寒，耐热，耐旱，耐湿，耐瘠薄。对二氧化硫和氯气等有毒气体有较强抗性。适应性极强。速生，萌蘖力强。

繁殖栽培 播种或扦插繁殖。

园林应用 树冠宽广，树皮光洁，叶大荫浓，秋叶金黄色。孤植、丛植、列植于庭院、水滨、草坪、路旁。幼枝幼叶有大量星状毛，吸入呼吸道可引起人体不适，应选择性应用。杭州公园绿地广泛栽培。

65 垂丝海棠

Malus halliana / 蔷薇科苹果属 /

形态特征 落叶小乔木。树高约8m；树冠广卵形；树皮灰褐色、光滑，紫褐色小枝开张。叶互生，椭圆形至长椭圆形，先端渐尖，基部楔形至近圆形，叶缘有细钝锯齿，叶面深绿色有光泽，叶背灰绿色，叶柄紫色。伞形状花序具花5～7；花梗紫色，细弱，下垂；花萼紫色，光滑，先端圆钝；花瓣粉红色，5枚；花药黄色；花柱4～5枚。梨果倒卵形，黄中略带紫红色，直径6～8cm，萼片脱落后，果梗长25cm。花期3～4月；果期11月。有半重瓣和重瓣园艺品种。

分布习性 我国华东、中南、西南等地有分布。喜温暖湿润气候，喜光，不耐阴，忌涝，不耐寒。不择土壤，微酸或微碱性土壤中均可生长。对二氧化硫等有毒气体有较强的抗性。

繁殖栽培 扦插、分株、压条等均可繁殖。

园林应用 春季花繁色艳，花朵娇艳欲滴，秋季累累果实高悬枝间。皇家园林中常与玉兰、牡丹、桂花配植，形成“玉棠富贵”的意境。孤植、丛植于庭院、亭、台、楼阁周围，对植于门庭两侧，列植于园路两旁，或以常绿树为背景成片种植。杭州园林普遍应用，花港观鱼、湖滨、北山路等均有成片种植。

同属中常见栽培应用的有：

西府海棠 | *Malus × micromalus*

落叶乔木。树高达8m；枝直立，小枝紫红色或暗红色。叶椭圆形至长椭圆形，基部渐狭成楔形；叶柄长2～3.5cm。伞形状花序具花4～8朵；花直径4～5cm；萼筒外面无毛或有密柔毛；萼裂片三角状卵形，比萼筒短或近等长；花瓣卵形，基部具短爪，白色，初期为粉红色至红色。果实近球形，直径约2cm，红色，梗洼下陷。花期4～5月；果期9月。

我国辽宁、河北、山西、山东、陕西、甘肃、云南等省有分布。喜光，耐寒，耐旱，在肥沃的沙壤土中生长较好。

叶嫩绿，花艳丽，果实鲜美诱人。孤植、列植、丛植于水滨、庭院一隅，常以针叶树为背景。亦可作花篱。学士公园、湖滨、乌龟潭、花港观鱼、植物园等有种植。

海棠花 | *Malus spectabilis*

落叶小乔木。树高达8m；小枝粗壮，老时红褐色或紫褐色。叶椭圆形至长椭圆形，基部宽楔形或近圆形，叶柄长1.5～2cm。伞形状花序具4～6朵花；花瓣白色，蕾期外面粉红色，卵形。果黄色，基部梗洼隆起，萼片宿存。花期4～5月；果期8～9月。

我国陕西、河北、山东、安徽、浙江、江苏、云南等省有分布。我国特有植物。喜光，耐寒，耐旱，忌水湿。

花开似锦，花姿娇艳动人。杭州园林中普遍应用，学士公园、湖滨、花圃、乌龟潭、花港观鱼、植物园、西溪湿地等有种植。

三叶海棠 | *Malus sieboldii*

小乔木或灌木。树高2～6m；枝条开展，小枝暗紫色或紫褐色。叶卵形、椭圆形或长椭圆形，新枝上常3～5浅裂，边缘锯齿不规则尖锐。花4～8朵，集生于小枝顶端，花径2～3cm；萼片与萼筒等长或稍长；花瓣淡粉红色，蕾期色较深。果球形，直径6～8mm，红色或褐黄色，萼片脱落。花期4～5月；果期8～9月。

我国甘肃、辽宁、陕西、山东、长江流域及以南各地有分布。

曲院风荷、花圃、乌龟潭、杭州植物园等地有栽植应用。

美国海棠 | *Malus micromalus* 'American'

落叶小乔木。树高2.5～5m；树皮灰棕色，有光泽，小枝棕红色或黄绿色。叶长椭圆形或椭圆形，嫩叶被短柔毛，老时脱落；托叶膜质，线状披针形，早落。新叶绿色，后变成红色、紫色或先红后绿。总状花序，芳香，花4～7朵集生于小枝顶端；苞片膜质，线状披针形；萼片三角卵形至长卵形；花瓣近圆形或长椭圆形，重瓣，有白色、黄色、粉色、红色、紫红、桃红等花色。梨果肉质，绿色、紫红、桃红等。花期4～5月；果期8～12月。

近年从国外引进。喜光，耐寒，耐旱，耐瘠薄，忌渍水。

花、叶、果、枝条色彩丰富，春季观花，秋季观果。孤植、丛植于草坪，列植于道路两旁，点缀于岩石旁、河岸。曲院风荷有应用。

66 木瓜 *Chaenomeles sinensis*

/ 蔷薇科木瓜属 /

形态特征 落叶小乔木。树高可达7m；树皮片状脱落。叶椭圆形或椭圆状长圆形，先端急尖，基部楔形或近圆形，边缘具刺芒状细锯齿，齿端具腺体；叶柄有腺；托叶膜质，边缘有腺齿。花单生于叶腋；花梗粗短；萼筒钟状；萼片三角状披针形，反折，有齿；花瓣淡红色或红色。梨果长椭圆形，长10～15cm，暗黄色，木质，芳香，味微酸涩。花期4月；果期9～10月。

分布习性 我国山东、河南、陕西、安徽、江苏、浙江、江西、湖北、四川、广东、广西等地有分布。喜光，耐寒，不耐湿，不耐盐碱。排水良好的肥沃土壤中生长较好。

繁殖栽培 扦插或分株繁殖，也可压条繁殖。

园林应用 树形俊秀，春赏花，秋观果。丛植庭院墙隅，片植草坪、林缘。花圃、乌龟潭、花港观鱼、植物园等有零星栽植。

67 枇杷 *Eriobotrya japonica*

/ 蔷薇科枇杷属 /

形态特征 常绿小乔木。树高可达10m；小枝粗壮，密生锈色或灰棕色绒毛。叶革质，披针形、倒披针状或倒卵形，长12～30cm，顶端急尖或渐尖，基部楔形或渐狭成叶柄，上部边缘有疏锯齿，基部全缘，叶面皱，叶背密生锈色绒毛；侧脉直伸。圆锥花序疏生，长10～19cm；总花梗和花梗密生锈色绒毛；花白色，芳香，直径1.2～2cm。果实近球形或长圆形，黄色或橘黄色，萼片宿存。花期10～12月；果期翌年5～6月。

分布习性 我国陕西、甘肃、长江流域及以南地区有分布，浙江塘栖、江苏洞庭、福建莆田为著名的枇杷产地。喜温暖气候，喜光，稍耐阴，抗寒力强。不择土壤。速生。

繁殖栽培 播种繁殖或嫁接繁殖。

园林应用 树形美观，叶大荫浓，初夏黄果累累，冬日白花盛开，为著名观果树种。孤植、丛植、片植于草坪、湖畔、建筑物周围阳光充足处。杭州园林中有应用。学士公园、曲院风荷、茅家埠、乌龟潭、浴鹄湾、花港观鱼、植物园等有零星种植。居民区常见栽培。

68 梅花

Prunus mume

/ 蔷薇科李属 /

形态特征 落叶小乔木。树高5～10m；树干灰褐色，小枝绿色，无顶芽。叶广卵形至卵形，先端尾尖，基部宽楔形至圆形，边缘具小圆锐锯齿。花单生，先叶开放；花梗短或近无梗；花径2.5～4.5cm，芳香，花瓣5枚，白色至水红，也有重瓣品种。核果，果实黄色或绿白色，近球形，直径5～7cm，外被短柔毛，果味酸甜。花期2～3月；果期5～6月。原种花为淡粉红或白色，栽培品种则有紫、红、彩斑至淡黄等。根据陈俊愉先生研究，浙江有4类。

（1）直枝梅类：枝条直立或斜展。

1）江梅型（Single Flowered Form）：花单瓣，碟形，纯白、水红、肉红和桃红等色，花萼绛紫色，或绿底洒以紫晕。

2）宫粉型（Pink Double Form）：品种丰富。花复瓣或重瓣，碟形，粉红色，花萼绛紫色。

3）朱砂型（Cinneibar Purple Form）：枝内木质部暗紫色。花单瓣、复瓣或重瓣，碟形，紫红色，花萼绛紫色。

4）玉蝶型（Alboplena Form）：花复瓣或重瓣，碟形，白色，花萼绛紫色。

5）绿萼型（Green Calyx Form）：花单瓣至半重瓣，碟形，白色，花萼绿色。

（2）垂枝梅类：树形伞形，枝下垂。如‘垂枝’梅 *Prunus mume*‘Pendula’。

（3）龙游梅类：枝自然扭曲如游龙，花瓣碟形，白色。如‘龙游’梅 *Prunus mume*‘Contorted’。

（4）樱李梅类：枝和叶似山杏，花瓣重瓣，粉红色，花期较晚。如‘送春’梅*Prunus mume*‘Spring’。

分布习性 原产我国西南部，全国各地有栽培，长江以南较多。喜阳光充足，通风良好的环境，耐热，耐寒，不耐阴，忌积水，不择土壤，但在疏松肥沃的土壤中生长较好。

沃的土壤中生长较好。

繁殖栽培 嫁接繁殖。

园林应用 冰枝嫩绿，疏影清雅，花色秀美，幽香宜人。孤植、丛植于庭院、坡地、路边；房前屋后群植梅花可形成"梅花绕屋"的景观；亭台楼阁周围群植梅花可"登高观梅"体会梅林的壮美景色；在不同的地点群植梅花可形成梅岭、梅峰、梅园、梅溪、梅径、梅坞等；亦可用作盆景和切花。松、竹、梅配置形成"岁寒三友"。杭州园林绿化中应用普遍。植物园灵峰探梅和孤山为杭城赏梅胜地。

'美人'梅 | *Prunus × libreana* 'Meiren'

落叶小乔木。宫粉型梅花和紫叶李的杂交种。枝直立或斜伸，小枝细长，紫红色。叶卵圆形，先端渐尖，基部广楔形，长5~9cm，紫红色，边缘有细锯齿。花粉红色，重瓣，先叶开放；萼片5枚，萼筒宽钟状。花期3~4月中旬。

喜温暖湿润环境，喜光，不耐阴，耐寒，较耐盐碱，忌积水，不择土壤。

红色的叶片，紫红的枝条，早春粉红色花朵布满全株，是极具观赏性的色叶小乔木。建议大量应用。植物园灵峰探梅景点和玉古路分车带中有零星种植。

'垂枝'梅 | *Armeniaca mume* 'Pendula'

枝屈曲下垂，树冠华盖状。植物园灵峰景点品梅园有种植。

杏 | *Prunus armeniaca*

落叶乔木。树高5~8m，小枝红褐色，无顶芽，冬芽2~3枚簇生。叶宽卵形，长5~9cm，宽4~8cm，先端具短尖头，基部圆形或近心形，缘具圆钝锯齿，长2~3cm，近叶基处有1~6腺体。花单生，先叶开放，直径2~3cm；花梗短；萼筒圆筒形，萼片反折；花白色或粉红，雄蕊25~45枚，短于花瓣。果球形或卵形，熟时黄红色，微被毛。花期3~4月；果期6~7月。

原产我国新疆，秦岭、淮河以北地区广泛栽培，长江流域及以南地区也有少量应用。喜光，耐旱，耐寒，较抗盐碱。深根性，寿命较长。

早春先花后叶，春季满树粉花，夏季黄红色的果实挂满枝头。孤植、丛植于庭院、坡地等，片植于林缘、草地。孤山、学士公园有成片种植。

69 红叶李

Prunus cerasifera 'Newportii'

/ 蔷薇科李属 /

形态特征 落叶小乔木。树高4～8m，多分枝，开展，小枝暗紫红色，冬芽小，花淡紫红色。叶红紫色，椭圆形，叶缘具尖细锯齿。花单生，花叶同放，淡粉红色，径约2.5cm，萼筒钟状，无毛。核果近球形，直径2cm以内，果熟时紫红色，微被白粉。花期3～4月；果期5～6月。

分布习性 我国南北各地有栽培。喜温暖湿润气候，喜光，稍耐阴，耐寒，不耐盐碱，忌涝，对有害气体抗性较强。浅根性树种，萌蘖力强。

繁殖栽培 嫁接或扦插繁殖。

园林应用 生长期叶紫红色，春季满树粉花。丛植、片植于庭院绿地。杭州园林中应用普遍。

同属中常见栽培应用的有：

李 | *Prunus salicina*

落叶乔木。树高9～12m；树冠广圆形，树皮灰褐色，老枝紫褐色或红褐色，小枝黄红色。叶倒卵状椭圆形，先端渐尖、短尾尖或急尖，基部楔形，缘有细钝重锯齿。花白色，常3朵簇生。核果黄绿色至紫色，外被蜡粉，径3.5～7cm。花期3～4月；果期7月。

全国各地有分布。喜光，耐半阴，耐寒，不耐干旱，忌积水。在肥沃湿润的黏质壤土中生长良好。

早春满树繁花，夏季果实累累。孤植、丛植于庭院、草坪、溪畔。花圃、植物园等有种植。

70 桃

Prunus persica

/ 蔷薇科李属 /

形态特征 落叶小乔木。树高约3～8m；树冠开展；具顶芽，腋芽3，两侧为花芽，中间为叶芽。叶椭圆状披针形，边缘有粗锯齿。花单生，先叶开放，径2.5～4.5cm；花梗短；常粉红色，单瓣。核果绿白色至橙黄色，径5～7cm，被短柔毛；核大，椭圆形或近圆形，表面具纵横沟纹和孔穴。花期3～4月；果熟期6～9月。

分布习性 原产我国，南北各地广泛栽培。喜光，耐旱，较耐寒，忌积水，在肥沃、排水良好的沙质微酸性土壤中生长较好。浅根性树种，寿命较短。

繁殖栽培 嫁接繁殖。

园林应用 树形优美，花色艳丽，夏秋果实累累。孤植、丛植于庭院、绿地，列植于道路两侧，片植于山坡、空旷地。杭州市园林绿地中应用普遍。

同属中常见栽培应用的有：

碧桃 | ***Prunus persica* 'Duplex'**

花重瓣，淡红色。花期3~4月。杭州园林中常见应用。

白花碧桃 | ***Prunus persica* 'Alba'**

花复瓣或重瓣，白色。花期3~4月。花圃、居民小区有种植。

洒金碧桃 | ***Prunus persica* f. versicolor**

花红白相间或同一树开红白两色花。花期3~4月。白堤、苏堤等有种植。

绯桃 | ***Prunus persica* 'Magnifica'**

花重瓣，鲜红色。花期3~4月。苏堤、花港观鱼等有种植。

紫叶桃 | ***Prunus persica* 'Atropurpurea'**

幼叶鲜红色，后变为近绿色。花单瓣或重瓣，粉红或大红色。花期3~4月。茅家埠、浴鹄湾、花港观鱼、西溪湿地等有种植。

菊花桃 | ***Prunus persica* 'Kikumomo'**

花粉红色或红色，重瓣，花瓣较细，盛开时如菊花。花期3~4月。花型奇特，色泽艳丽。柳浪闻莺、西溪湿地等有种植。

寿星桃 | ***Prunus persica* 'Densa'**

植株较矮小，节间短。叶簇生。花芽密集，花红色、白色等。花期3～4月。

曲院风荷、柳浪闻莺公园有种植。

71 日本樱花

Prunus × yedoensis

/ 蔷薇科李属 /

形态特征 落叶乔木。树高4～6m，树皮暗褐色，平滑；小枝幼时有毛。叶卵状椭圆形至倒卵形，长5～12cm，先端急渐尖，基部圆形至广楔形，缘有渐尖重锯齿，齿端具长芒，叶背脉及叶柄有柔毛；叶脉7～10对，几平行，微弯。先花后叶或花叶同放；伞形总状花序有花3～4朵，花白色至淡粉红色，常为单瓣，微香；萼筒管状，萼片略短于萼筒；花梗长2～2.5cm，被毛。核果，近球形，黑色。花期4月；果期5月。

分布习性 原产日本，我国华北及长江流域多有栽培。喜空气湿度较大的环境，喜光，耐寒，不耐盐碱，忌积水，对烟尘和有害气体抗性较弱。在土壤肥厚、排水良好的微酸性土壤中生长较好。浅根性树种。

繁殖栽培 播种、扦插或嫁接繁殖。

园林应用 树形挺拔，花朵美丽，盛开时满树灿烂，为著名的早春观花树种，但花期较短。孤植、丛植于庭院，片植于草坪、广场等。在其周围成片布置日本海棠，花期一致，红白相映景观效果好。在日本，樱花被视为吉祥物，它寓意着光明与希望。西湖景区普遍栽培应用，最著名的观赏地点为太子湾公园。

同属中常见栽培应用的有：

山樱花 | ***Prunus serrulata***

落叶乔木。树高3～8m；树皮暗栗褐色，光滑并有光泽，具横纹，小枝无毛。叶卵形至卵状椭圆形，缘有芒状重锯齿，两面无毛。花叶同放，伞房总状花序或近伞形花序，有花2～3朵，花白色；花梗及萼片无毛，萼筒钟状，萼片全缘，直立或开张；花柱无毛。果球形，黑色。花期4～5月；果期6～7月。

我国东北、华北、华中、贵州等地有分布。

开花时繁花满树，成片种植极为壮观，是重要的春季观花树种。杭州园林常见应用，湖滨、曲院风荷、乌龟潭、太子湾、植物园等有种植。

日本晚樱 | *Prunus serrulata* var. *lannesiana*

嫩叶淡紫褐色，边缘具长刺芒状重锯齿。花叶同放，花重瓣，粉红色或白色，萼筒钟状。花期4月。

原产日本。

花大芳香，盛开时繁花似锦。太子湾公园、花圃、植物园、西溪湿地等有成片种植，观赏效果好。

樱桃 | *Prunus pseudocerasus*

落叶乔木。树高2～6m；树皮灰白色；小枝灰褐色。叶卵形或长圆状卵形，先端渐尖或尾状渐尖，基部圆形，缘有尖锐重锯齿，齿端有小腺体，叶背沿脉有疏柔毛。花先叶开放，花序伞房状或近伞形，有花3～6朵；总苞褐色，果期脱落；萼筒钟状，外被柔毛，萼片反折；花瓣淡红。核果近球形，红色。花期3～4月；果期5～6月。

我国辽宁以南各省区有分布。柳浪闻莺、曲院风荷、植物园、西溪湿地等有种植。

迎春樱 | *Prunus discoidea*

落叶小乔木。高2～3.5m；树皮灰白色，小枝紫褐色。叶倒卵状长圆形或长椭圆形，先端尾尖，基部楔形。伞形花序有花2朵；苞片绿色，近圆形，果期宿存；萼片紫红色，常反折；花瓣粉红色。核果成熟时红色，径约1cm。花期3～4月；果期5月。

我国浙江、安徽、江西等地有分布。

花朵美丽，花瓣脱落后紫红色的花萼和粉红色的雄蕊也具有极强的观赏价值。太子湾、植物园等有种植。

福建山樱花 | *Prunus campanulata*

落叶乔木或灌木。树高3～8m；树皮黑褐色，嫩枝绿色，无毛。叶纸质，卵形、卵状椭圆形或倒卵状椭圆形，先端渐尖，基部圆形，叶缘具单锯齿或重锯齿，两面无毛或脉腋有簇毛。花先叶开放；伞形花序有花2～5朵，花紫红色；萼筒钟状，萼片长圆形。核果卵球形，红色，果柄顶端膨大，萼片宿存。花期2～3月；果期4～5月。

我国福建、台湾、广东、广西等地有分布。

花瓣、萼筒、萼片紫红色，是一种观赏价值很高的早春观花树种。太子湾、植物园等有种植。

琉球寒绯樱 | *Prunus campanulata* 'Ryukyu-hizakura'

落叶乔木。树高3～8m；树皮灰褐色。花先叶开放，下垂，花径3.8～4.2cm；萼筒管形钟状，紫红色，萼片开张，全缘；花瓣粉红色，长卵圆形，红白相间，互相分离，呈飞舞状。花期3～4；果期4～5月。

花瓣、花萼、萼筒、雄蕊都有很强观赏性，观赏期长，是一种极具应用价值的早春观花小乔木。太子湾、植物园等有种植。

垂枝樱 | *Prunus subhirtella* var. *pendula*

落叶乔木。树高约20m；枝条横向生长，小枝下垂。花淡粉红色，花径2.5cm，单瓣。花期3～4月。

植物园桃花源景点有应用。

同属中值得推荐的有：

大叶早樱 | *Prunus subhirtella*

落叶乔木。树高3～10m；树皮灰褐色，嫩枝绿色，密被白色短柔毛。叶卵形至卵状长圆形，叶缘有细锐锯齿和重锯齿，叶背伏生白色疏柔毛，侧脉10～14对，直伸近平行。花叶同放，伞形花序，有花2～3朵，总苞片倒卵形；萼筒管状，萼片与萼筒近等长；花瓣白色，倒卵长圆形。核果卵球形，熟时黑色。花期4月；果期6月。

我国浙江、安徽、江西等地有分布。植物园有种植。

72 绢毛稠李

Prunus sericea

/ 蔷薇科稠李属 /

落叶乔木。树高10～30m；树皮灰褐色，小枝红褐色；冬芽宽卵形。叶椭圆形、长圆形或长圆状倒卵形，叶背密被白色或棕褐色有光泽的绢毛。总状花序，花梗果期显著增粗，具明显的浅色皮孔；花瓣白色；萼筒钟状或杯状；萼片三角状卵形。核果黑紫色，球形或卵球形。花期4～5月；果期6～10月。

我国西藏、陕西、长江流域及其以南地区有分布。植物园分类区有种植。

73 豆梨

Pyrus calleryana

/ 蔷薇科梨属 /

形态特征 落叶乔木。树高5～8m；小枝粗壮。叶阔卵形，长4～8cm，宽3.5～6cm，叶缘有圆钝锯齿；先端渐尖，基部圆形至宽楔形。伞房总状花序，有花6～12朵，花瓣白色，5枚，花径2～2.5cm；花药紫红色，花柱离生，常2枚，基部无毛。梨果球形，径约1cm，褐色，有斑点；果实常有多数石细胞。花期4月；果期9～10月。

分布习性 我国长江流域有分布。喜温暖湿润气候，喜光，耐旱，耐湿，不耐寒，不耐盐碱，不择土壤，但在肥沃的土壤中生长良好。深根性树种。

繁殖栽培 播种繁殖。

园林应用 春季满树白花，十分壮观。茅家埠、乌龟潭、植物园等有种植。

同属中常见栽培应用的有：

沙梨 | ***Pyrus pyrifolia***

落叶乔木。树高7～15m；叶椭圆形，长7～12cm，宽4～6.5cm，边缘具刺芒状锯齿。伞房花序，花白色，有花6～9朵，花径2.5～4.5cm，花药紫色，花柱5枚。果实近球形，浅褐色，有斑点。花期4月；果期7～9月。

我国长江流域、华南、西南有分布。喜温暖湿润气候。喜光，耐旱，耐涝，耐盐碱，耐寒力较差。

杭州园林中应用较多，学士公园、茅家埠、乌龟潭等景点有栽植。

74 山楂
Crateagus pinnatifida / 蔷薇科山楂属 /

形态特征 落叶乔木。树高5～6m；树皮粗糙，老枝灰褐色、小枝紫褐色，枝密生细刺。叶三角状卵形，基部截形或宽楔形，两侧各有3～5羽状深裂片，基部1对裂片分裂较深，边缘有不规则锐锯齿。伞房花序，花序梗、花柄有长柔毛；花白色；花柱约1.5cm。梨果深红色，近球形，直径1～1.5cm。花期5～6月；果期9～10月。

分布习性 我国山东、河南、山西、河北、辽宁等省有分布。喜光，稍耐阴，耐旱，耐瘠薄，在肥沃、湿润、排水良好的壤土中生长良好。根系发达，萌蘖性强。

繁殖栽培 播种或扦插繁殖。

园林应用 初夏白花朵朵，秋季红果累累，为优良观花观果树种。孤植、丛植于庭院，列植于道路两侧，成片种植于空旷地和林缘。西溪湿地有成片种植。

75 绵毛石楠
Photinia lanuginosa / 蔷薇科石楠属 /

形体特征 常绿小乔木。树高3～5m；幼枝密生灰白色棉毛，后渐脱落，老枝黑褐色，冬芽棕黑色。叶革质，长椭圆形，先端渐尖，基部宽楔形；叶柄长2.5～4cm。复伞房花序顶生，花多数，密集；总花梗和花梗密被灰白色棉毛；花瓣白色。花期4月；果期10～12月。

分布习性 我国江苏、浙江、江西、湖南、四川等省有分布。喜温暖湿润环境，喜光亦耐阴，耐寒，耐旱，较耐盐碱，不择土壤。适应性强。

繁殖栽培 播种繁殖。

园林应用 花繁叶茂，秋季果实累累。孤植、丛植于庭院，丛植、片植于路旁、草坪、林缘。植物园上林苑周围有种植。

同属中值得推荐的有：

光叶石楠 | *Photinia glabra*

常绿小乔木。树高3～5m；幼枝无毛。叶革质，幼时或老时呈红色，叶椭圆形，边缘疏生浅钝细锯齿；叶柄有腺齿。复伞房花序顶生，直径5～10cm；总花梗和花梗无毛；花瓣白色，倒卵形，反卷，有毛。果实红色，卵形。花期4～5月；果期10～12月。

我国长江流域及其以南地区有分布。植物园分类区有种植。

桃叶石楠 | *Photinia prunifolia*

常绿乔木。树高10～20m；小枝灰黑色，皮孔黄褐色。叶革质，长圆形或长圆状披针形，边缘密生细锯齿，叶面光亮，叶背密布黑色腺点。复伞房花序，直径12～16cm，花多数，密集；萼筒外面有柔毛，花瓣白色，倒卵形，基部有绒毛。果实红色，椭圆形。花期3～4月；果期10～12月。

我国长江流域及其以南地区有分布。植物园分类区有种植。

76 合欢 *Albizia julibrissin*

/ 豆科合欢属 /

形态特征 落叶乔木。树高达16m；树冠开展呈伞形。二回偶数羽状复叶，长30～50cm，羽片4～20对，小叶镰刀形，夜合昼展。头状花序多数，排成伞房状，花序轴常呈“之”字形曲折；雄蕊多数，花丝粉红色。荚果条形，扁平。花期6～7月；果期9～10月。

分布习性 我国黄河流域至珠江流域有分布。喜光，稍耐阴，耐旱；耐涝，较耐寒，不择土壤。浅根性树种，生长迅速。

繁殖栽培 播种繁殖。

园林应用 树姿优美，叶片雅致，盛夏满树绒花。孤植于庭院，列植于道路两侧，丛植或成片种植于草坪、林缘、空旷地，亦可在溪河边种植。杭州园林中应用普遍。

77 银荆 *Acacia dealbata*

/ 豆科金合欢属 /

形态特征 常绿乔木。树高约25m；树干较直，树皮灰绿，平滑。二回羽状复叶，羽片8～25对，小叶排列紧密，银灰色或浅蓝灰色；叶柄及每对羽片着生处有1腺体，小叶片长2.6～4mm，宽0.4～0.5mm。头状花序，径6～7mm，具小花30～40朵，花冠淡黄色至深黄色，芳香。荚果长带形，暗褐色，被灰白色蜡粉。花期1～4月；果期5～8月。

分布习性 原产澳大利亚东南部。喜凉爽湿润的气候，喜光，稍耐阴，耐旱，耐寒，忌积水。在土层深厚、疏松、湿润、排水良好的微酸性壤土或沙壤土中生长最佳。

繁殖栽培 播种或分株繁殖。

园林应用 花期正值寒冬，花序长而别致，叶雅致。孤植于庭院，列植于道路两侧，丛植、群植于草坪、林缘、空旷地。花圃、湖滨及一些新建绿地中有零星种植。

78 肥皂荚

Gymnocladus chinensis

/ 豆科肥皂荚属 /

形态特征 落叶乔木。树高5～12m；树皮灰褐色，具明显的白色皮孔；当年生小枝被锈色或白色短柔毛，叶柄下芽叠生。二回偶数羽状复叶，羽片3～10对，小叶16～24枚，矩圆形，先端微凹，全缘；两面被绢质柔毛。总状花序顶生，花杂性异株，白色或带紫色；花瓣5，长圆形，先端钝。荚果长椭圆形，肥厚肿胀，长7～14cm，宽3～4cm。花期4～5月；果期8～10月。

分布习性 我国长江流域及其以南省区有分布。喜温暖湿润气候，喜光，稍耐阴，耐旱，不择土壤。适应性强。深根性树种。

繁殖栽培 播种繁殖。

园林应用 树形优美，叶雅致，花美丽。孤植于庭院，丛植、群植于空旷地、草坪。植物园分类区有栽培。

79 花榈木

Ormosia henryi

/ 豆科红豆属 /

形态特征 常绿小乔木。树高13m；树皮青灰色，光滑，幼枝密被灰黄色绒毛，裸芽。奇数羽状复叶，小叶5～9枚，长圆形或长圆状卵形，长6～10cm，全缘，叶面无毛，叶背密被灰黄色绒毛；叶轴密被绒毛。圆锥花序顶生或腋生，花冠蝶形，黄白色，芳香。荚果木质，长7～11cm，有种子2～7粒，鲜红色。花期6～7月；果期10～11月。

分布习性 我国长江以南各省有分布。国家二级重点保护野生植物。喜温暖湿润气候，幼时耐阴，中龄后喜光，较耐寒，抗污染能力强，耐旱能力较差，不择土壤，在湿润肥沃的酸性土壤中生长良好。深根性树种，寿命长。

繁殖栽培 播种繁殖。

园林应用 树形优美，枝繁叶茂，果实开裂后种子鲜红色。孤植作庭荫树，列植作行道树，丛植、群植于林缘、草坪、空旷地。柳浪闻莺、太子湾、植物园等有种植。

同属中值得推荐的有：

红豆树 | *Ormosia hosiei*

常绿乔木。树高于20m；树冠伞形或卵形，树皮幼时绿色，老时灰色，幼枝初疏被毛，后脱落。奇数羽状复叶近革质，小叶5～7枚，叶轴、叶柄及小叶无毛，椭圆状卵形或长圆形，叶面绿色，叶背白绿色。圆锥花序顶生或腋生；花萼钟状，密生黄棕色短柔毛；花冠白色或淡红色，微有香气。荚果，长4～6.5cm，先端喙状，有种子1～2粒，鲜红色，有光泽。花期4～6月；果期9～10月。

我国长江以南各省区有分布。国家二级重点保护野生植物。深根性树种，根系发达，寿命长。植物园分类区有种植。

80 槐树

Sophora japonica

/ 豆科槐属 /

形态特征 落叶乔木。树高15～25m；树冠球形，老时扁球形或倒卵形。奇数羽状复叶，长15～25cm，小叶7～17枚，对生。圆锥花序顶生，长15～30cm，花乳白色，蝶形，翼瓣及龙骨瓣基部的耳圆钝，雌蕊长超过雄蕊的1/2，略芳香。荚果肉质，念珠状不开裂，长2.5～5cm，有种子1～6粒。花期7～9月；果期10～11月。

分布习性 我国辽宁以南各省有分布。喜光，稍耐阴，耐寒，耐旱，不择土壤，忌积水，对二氧化硫和烟尘等污染的抗性较强。深根性树种，根系发达，生长迅速，寿命长。

繁殖栽培 播种或扦插繁殖。

园林应用 树冠优美，叶片雅致，花繁多，芳香。孤植作庭荫树，列植作行道树，丛植、群植于林缘、草坪、空旷地。杭州园林中应用普遍，学士公园、柳浪闻莺、茅家埠、湖滨、乌龟潭、浴鹄湾、花港观鱼、植物园等有栽植。

主要的变种和品种有：

龙爪槐 | *Sophora japonica* 'Pendula'

落叶小乔木。树冠如伞，枝条屈曲下垂。

树姿优美，花叶观赏价值高。孤植于亭台山石旁，对植于门庭两侧，列植道路旁。公园绿地普遍应用。

金枝槐 | *Sophora japonica* 'Chrysoclada'

落叶小乔木。春秋冬三季节枝条均为金黄色，夏季渐转为浅绿色。秋季叶片黄色。

孤植庭院，丛植、群植草坪、空旷地，亦可在溪河畔成片种植，冬季在水面形成美丽的倒影。乌龟潭和浙大紫金港校区有成片种植。

81 红花刺槐

Robinia × *ambigua* 'Idahoensis'

/ 豆科刺槐属 /

形态特征 落叶乔木。树高5～10m；树干灰褐色，枝有托叶刺。奇数羽状复叶，有小叶7～19枚，小叶片椭圆形至卵长圆形。总状花序腋生，下垂，花蝶形，红色，芳香，盛开时多达200～500朵。荚果2瓣裂，腹缝线上有狭翅。花期4～5月，长达60天左右；果期7～8月。

分布习性 我国近年来引进，长三角地区多有栽培应用。喜凉爽干燥气候，喜光，耐寒，耐旱，耐盐碱，忌积水。不择土壤，但在土层深厚、肥沃、疏松的沙壤土中生长良好。根部有根瘤，可提高土壤肥力。浅根树性树种，侧根发达。

繁殖栽培 埋根繁殖为主。

园林应用 花色艳丽，芳香浓郁，花量多，花期长。孤植于庭院，列植于路旁，丛植、片植于草坪、林缘。茅家埠、西溪湿地有栽植。

同属中值得推荐的有：

刺槐 | *Robinia pseudoacacia*

落叶乔木。树高10～20m；树皮灰褐色，纵裂；枝有托叶刺。奇数羽状复叶，有7～19小叶；小叶片卵形或卵状长圆形，先端圆或微凹。总状花序腋生，下垂，长10～20cm；花蝶形，白色，芳香。荚果扁平，不开裂，长3～9cm，有3～10粒种子。花期4～5月；果期7～8月。

原产美国东部，我国现各地广泛栽培。根部有根瘤，可提高土壤肥力。

树冠高大，叶色鲜绿，花芳香，开花时绿白相映。宜作庭荫树，行道树，亦可用作固沙保土树种。植物园分类区有种植。

82 黄檀
Dalbergia hupeana

/ 豆科黄檀属 /

形态特征 落叶乔木。树高10～20m；树皮窄条状剥落。奇数羽状复叶互生，小叶9～11枚，卵状长椭圆形，先端钝而微凹。圆锥花序顶生或近枝顶腋生，长15～20cm，花冠蝶形，淡紫色或黄白色；子房无毛。荚果扁平，长圆形。花期5～6月；果期8～9月。

分布习性 我国长江流域及其以南地区有分布。喜温暖湿润气候，喜光，极耐水湿，耐旱。不择土壤，但在土层深厚、肥沃的微酸性土壤中生长较好。生长较慢。

繁殖栽培 播种繁殖。

园林应用 叶片鲜绿，花序长，花白色芳香。作庭荫树、风景树、行道树，常见在溪河边、沼泽地成片种植，亦常用于荒山荒地的绿化。花圃、浴鹄湾、乌龟潭、花港观鱼、太子湾公园等有零星种植。

同属中值得推荐的有：

南岭黄檀 | *Dalbergia balansae*

落叶乔木。树高3～15m。奇数羽状复叶，小叶13～21枚，矩圆形。圆锥花序腋生，总花梗有锈色疏毛或无毛；花冠白色；子房有毛。荚果椭圆形，扁平，有种子1～2粒。花期6月；果期10～11月。

我国浙江、福建、湖南、广东、广西、四川、贵州等地有分布。

树形高大，枝干曲折，叶雅致，花美丽。孤植于庭院，丛植、片植于草坪、空旷地。植物园分类区有种植。

83 巨紫荆
Cercis gigantea

/ 豆科紫荆属 /

形态特征 落叶乔木。树高15m；树皮黑褐色；幼枝暗紫绿色，密被皮孔。叶近圆形，长5～14cm，先端突尖，基部心形，脉腋有簇毛，叶背淡绿色；叶柄长1.8cm。花先叶开放，7～14朵簇生于老枝，花梗紫红色，花冠淡红色或淡紫红色。荚果暗红色，带状，扁平，长6.5～14cm。花期4～5月；果期7～10月。

分布习性 我国河南、浙江、湖北、贵州、广东等地有分布。喜光，耐寒，忌水湿。不择土壤，但在肥沃、排水良好的壤土中生长最佳。

繁殖栽培 播种或分株繁殖。

园林应用 先花后叶，花序密集、花量繁多，花艳丽，单花较大；春观花，夏观叶，秋观果，冬观干。宜孤植、丛植于庭院、草坪、空旷地。植物园分类区有种植。

84 柚
Citrus maxima

/ 芸香科柑橘属 /

形态特征 常绿乔木。树高5～10m；枝具短刺，嫩枝被毛。复叶，互生，革质；叶片长圆形或长椭圆形，长7～20cm，边缘有锯齿，叶背中脉被毛；叶柄具倒心形宽翅。花单生或簇生于叶腋或小枝顶端，花瓣5，肉质，白色，芳香。果熟时柠檬黄色，梨形，直径12～30cm，果皮芳香。花期4～5月；果期9～10月。

分布习性 原产印度，我国秦岭以南地区有分布。喜温暖湿润气候，喜光，不耐寒，忌干旱，在排水良好肥沃的壤土、沙壤、黏壤土中生长较好。

繁殖栽培 扦插或嫁接繁殖。

园林应用 树形高大，枝叶茂盛，叶四季常绿，花芳香怡人，果实硕大金黄。孤植于庭院，丛植、群植于草坪、空旷地。杭州园林中应用较多，湖滨、学士公园、浴鹄湾、乌龟潭、花港观鱼、茅家埠、花圃等有种植。

同属中常见栽培应用的有：

柑橘 | *Citrus reticulata*

常绿小乔木或灌木。树高约2m；多分枝。叶椭圆形至椭圆状披针形。花白色，单花腋生。果扁球形，径5～7cm，橙黄色或橙红色，果皮薄易剥离，果肉味甘甜。花期4～5月；果期10～12月。

我国秦岭、淮河以南省区有栽培。耐寒性较强。

花白色芳香，叶四季常绿，果实黄色。茅家埠、乌龟潭等有种植。

甜橙 | *Citrus sinensis*

常绿小乔木。复叶；叶柄有狭翅。总状花序。果实橙红色，直径约8cm，果皮薄不易剥离。

我国长江流域以南各省区有栽培。耐寒性较差。

花圃有成片种植。

85 臭椿

Ailanthus altissima

/ 苦木科臭椿属 /

形态特征 落叶乔木。树高达30m；树冠伞形或扁球形，树皮平滑，稍有浅裂纹。奇数羽状复叶互生，小叶13～25枚，卵状披针形，中上部全缘，近基部有1～2对粗锯齿，齿顶有腺点。圆锥花序顶生，花白色，微臭。翅果黄褐色，长椭圆形，有种子1粒。花期5～7月；果期8～10月。

分布习性 我国辽宁以南、甘肃以东、广东以北有分布。喜光，不耐阴，耐寒，耐旱，耐盐碱，忌积水。不择土壤，但在深厚、肥沃、湿润的沙质土壤中生长良好。对烟尘和二氧化硫等有较强的抗性。深根性树种，生长快，萌芽力强。

繁殖栽培 播种繁殖。

园林应用 树干挺拔，冠大荫浓，秋季满树红果。可作庭荫树、行道树，亦可用于工矿厂区的绿化。曲院风荷、植物园、太子湾有零星种植，九堡一带可见用作行道树。

86 楝树

Melia azedarach

/ 楝科楝属 /

形态特征 落叶乔木。树高15～20m；树皮暗褐色，纵裂；小枝粗壮，皮孔多而明显。二至三回奇数羽状复叶互生，小叶片卵形、椭圆状披针形至披针形，边缘有钝锯齿。圆锥花序腋生，与复叶近等长；花淡紫色，芳香；雄蕊10枚，花丝深紫色，合生成管。核果，近球形，径长1～2cm，黄色，经冬不调。花期5～6月；果期10～11月。

分布习性 我国河北以南各省有分布。喜温暖湿润气候，喜光，不耐阴，耐寒，耐旱，耐湿，不择土壤。对二氧化硫等有毒气体抗性较强。速生树种，萌芽力强。

繁殖栽培 播种繁殖。

园林应用 树形优美，叶秀丽，花美丽芬芳。作庭荫树、行道树，或用于工矿厂区绿化。学士公园、曲院风荷、湖滨、花圃、茅家埠、浴鹄湾、植物园、西溪湿地等有零星种植。

同属中值得推荐的有：

川楝 | ***Melia toosendan***

落叶乔木。树高达10m；树皮灰褐色。二回羽状复叶互生，小叶全缘或少有疏锯齿。圆锥花序腋生，长约为复叶的1/2；花瓣5～6，淡紫色，雄蕊10～12枚。核果圆形或长圆形，长约3cm，黄色或栗棕色。花期4～5月；果期10～12月。

我国甘肃、陕西、河南、浙江、湖北、湖南、四川、云南等地有分布。植物园分类区有种植。

87 香椿

Toona sinensis

/ 楝科香椿属 /

形态特征 落叶乔木。树高达25m；树皮灰褐色，浅纵裂。偶数羽状复叶互生，有特殊气味，小叶10～22枚，对生或近对生，卵状披针形至长椭圆形，稍偏斜；两面无毛；叶柄红色，基部肥大。圆锥花序顶生下垂，长约30cm，白色，芳香。蒴果狭椭圆形，褐色，果皮革质，开裂成钟形。花期5～6月；果期8～10月。

分布习性 我国长江南北各地广泛分布。喜温暖湿润气候，喜光，较耐湿，在肥沃湿润的沙壤土中生长良好。

繁殖栽培 播种繁殖为主。

园林应用 树干挺直，枝叶茂密，嫩叶红艳。作庭荫树、行道树等。杭州植物园、居民小区中常见应用。

88 重阳木

Bischofia polycarpa

/ 大戟科重阳木属 /

形态特征 落叶乔木。树高达8～15m；树皮棕褐或黑褐色，纵裂。三出复叶互生，小叶宽卵形或椭圆状卵形，先端短尾状尖，基部圆形或浅心形，边缘有钝锯齿。总状花序腋生；花小，淡绿色，有花萼无花瓣；雄花序多簇生，花梗短细，雌花序疏而长。果实球形浆果状，熟时红褐或蓝黑色。花期4～5月；果期10～11月。

分布习性 我国长江以南各省有分布。喜温暖湿润气候，喜光，稍耐阴，耐旱，耐湿，不耐寒，不择土壤，但在深厚肥沃的沙质土壤中生长良好。抗有毒气体。生长快。

繁殖栽培 播种繁殖。

园林应用 树姿优美，秋叶红色。作庭荫树和行道树。点缀堤岸、溪边、湖畔和草坪周围。苏堤、茅家埠、浴鹄湾等有零星栽种。

89 乌桕
Sapium sebiferum

/ 大戟科乌桕属 /

形态特征 落叶乔木。树高15m；树冠圆球形，树皮有深纵裂纹。单叶互生，纸质，菱状广卵形，全缘；叶柄长，先端有2腺体。雌雄同株，聚集成顶生总状花序，长5～15cm，黄绿色；雄花小，常10～15朵簇生于花序上部苞片内；雌花常生于花序轴最下部。蒴果梨状球形，成熟时黑色，内有3种子，外被白色、蜡质的假种皮。花期4～8月；果期10～11月。

分布习性 我国长江流域、华南、西南地区有分布。喜温暖湿润气候，喜光，耐旱，耐寒，不择土壤。对二氧化硫、氯化氢等有毒气体抗性强。深根性树种，主根发达，生长较快，寿命较长。

繁殖栽培 播种繁殖。

园林应用 树冠整齐，秋叶红艳，冬季果壳脱落，露出洁白的种子。作庭荫树或行道树。溪畔、坡谷、草坪均可种植，亦可用于工矿厂区的绿化。学士公园、曲院风荷、柳浪闻莺、花圃、茅家埠、乌龟潭、太子湾、植物园等有栽植。

90 油桐
Vernicia fordii

/ 大戟科油桐属 /

形态特征 落叶乔木。树高4～10m；小枝粗壮，无毛，植物体含乳汁。单叶互生，卵形或阔卵形，长10～20cm，基部心形，全缘或有时3浅裂，幼时两面被黄褐色短柔毛；叶柄长12cm，顶端有2枚红色腺体。圆锥状聚伞花序顶生，疏松，单性同株，花先叶开放，花瓣5枚，白色，有淡红色条纹，近基部有黄色斑点。核果球形，光滑。花期4～5月；果期7～10月。

分布习性 原产我国长江流域，现各地广泛栽培。喜阳光充足温暖环境，不耐阴，不耐寒，不耐湿，不耐干旱和贫瘠，在富含腐殖质、土层深厚、排水良好的沙质壤土中生长良好。生长迅速，寿命较短。

繁殖栽培 播种繁殖。

园林应用 树冠圆整，花大而美丽，开花时节满树白花。植物园分类区有栽种。

同属中值得推荐的有：

木油桐 | ***Vernicia montana***

落叶乔木。树高15m以上；小枝无毛，皮孔明显。叶宽卵形或近心形，3~5中裂；叶柄长5~15cm，先端有2枚杯状具柄腺体。花单性，雌雄异株或雌雄同株；雄花为顶生圆锥状聚伞花序，雌花为伞状总状花序；花瓣5，白色或基部带红色。核果近卵圆形，中间有网状皱纹。花期5~6月；果期8~10月。

我国长江以南各省区有分布。生长快，寿命较长。植物园有种植。

91 南酸枣

Choerospondias axillaris / 漆树科南酸枣属 /

形态特征　落叶乔木。树高10~20m；树冠广卵形至扁球形；树皮灰褐色，纵裂呈片状剥落；小枝带紫褐色，皮孔凸起。奇数羽状复叶互生，小叶对生，7~13枚，卵状披针形，基部偏斜，全缘。雌雄异株；雄花序长4~10cm，花瓣淡紫色；雌花单生于小枝上部叶腋。核果椭圆形，淡黄色，长2.5~3cm。花期4~5月；果期9~11月。

分布习性　我国长江以南各地有分布。喜温暖湿润气候，喜光，稍耐阴，忌积水，不耐盐碱。不择土壤，但在土层深厚、排水良好的中性或酸性土壤中生长良好。速生树种，根系较浅，萌蘖性强。

繁殖栽培　播种繁殖。

园林应用　主干通直，枝叶繁茂，秋季果实累累。作庭荫树、行道树及风景林。茅家埠、植物园等有种植。

92 黄连木

Pistacia chinensis / 漆树科黄连木属 /

形态特征　落叶乔木。树高约30m；树冠近圆球形；树皮薄片状剥落。偶数羽状复叶互生，小叶10~14枚，披针形或卵状披针形，长5~9cm，全缘。雌雄异株，圆锥花序腋生，先叶开放，雄花淡绿色，雌花紫红色。核果扁球形，紫红色，径约6mm。花期3~4月；果9~11月。

分布习性　我国从黄河流域至两广及西南各省有分布。喜温暖湿润气候，喜光，幼时稍耐阴，耐干旱，不耐寒，不择土壤，但在肥沃、湿润、排水良好的石灰岩山地土壤中生长最好。对二氧化硫、氯化氢和煤烟的抗性较强。深根性树种，萌芽力强，生长较慢。

繁殖栽培　播种繁殖。杭州地区黄连木结的种子多为中空。

园林应用　树冠优美，嫩叶红色，秋叶橙红色，红果累累，红色的雌花序也极具观赏价值。宜作庭荫树、行道树或山林风景林树种。曲院风荷、乌龟潭、浴鹄湾、太子湾、植物园等有栽植。

93 野漆

Toxicodendron succedaneum

/ 漆树科漆树属 /

形态特征 落叶乔木或灌木。树高约10m；小枝粗壮，全株无毛。奇数羽状复叶常集生于小枝顶端，小叶薄革质，长椭圆形至卵状披针形。圆锥花序腋生，花单生异株，花瓣黄绿色。果序下垂，核果斜菱状近球形，淡黄色。花期5～6月；果期8～10月。

分布习性 我国华北至长江以南各省区有分布。喜光，稍耐阴，耐贫瘠。

繁殖栽培 播种繁殖。

园林应用 树形端正，秋叶红色。部分人群接触野漆产生过敏现象，应引起注意。植物园、浙大紫金港校区等有种植。

94 冬青

Ilex chinensis

/ 冬青科冬青属 /

形态特征 常绿乔木。树高13m；树冠卵圆形；树皮暗灰色，小枝浅绿色，全体无毛。叶互生，长椭圆形，先端渐尖，基部宽楔形，边缘疏生浅锯齿，叶面深绿色，有光泽。花单性，雌雄异株，聚伞花序，单生枝端叶腋；花淡紫红色或紫红色。核果椭圆形，深红色，经冬不落。花期5月；果熟期11～12月。

分布习性 我国长江中下游地区有分布。喜温暖湿润气候，喜光，耐阴，耐寒性较差，耐旱，不择土壤，但在肥沃、排水良好的酸性壤土中生长良好。对二氧化硫等有毒气体抗性强。萌芽力强，耐修剪。

繁殖栽培 播种或扦插繁殖。

园林应用 叶片四季常青有光泽，枝繁叶茂，果实鲜红密集。孤植于草坪，列植于门庭、墙边、道路两侧，散植于山坡、叠石，成片种植于林缘、空旷地。杭州园林中普遍应用。

同属中有应用的有：

大叶冬青 | *Ilex latifolia*

常绿乔木。树高达20m；树冠阔卵形；树皮灰黑色，粗糙；小枝粗壮，有棱。叶大，厚革质，长圆形或卵状长圆形，长8～19cm，中脉凹陷；锯齿细，尖而硬；叶柄粗壮。雌雄花序簇生于二年生枝叶腋，花淡绿色。核果球形，熟时深红色。花期4～5月；果期6～11月。

我国长江以南各省有分布。生长比较快。

树形优美，叶大亮泽，红果艳丽。孤植于草坪、墙隅、道路转角，丛植或成片种植于滨河边、山坡、空旷地，亦可在建筑物北面种植。柳浪闻莺、花港观鱼、植物园等有栽植。

铁冬青 | *Ilex rotunda*

常绿乔木。树高20m；树皮淡灰色，小枝具棱，红褐色。叶薄革质，卵形或倒卵状椭圆形，全缘。聚伞花序或呈伞形状，单生叶腋，花小，黄白色。果小，球形，直径6～8cm，光亮，深红色。花期3～4月；果期翌年2～3月。

我国长江以南各省区有分布。

植物园、茅家埠等有种植。

大果冬青 | *Ilex macrocarpa*

落叶乔木。树高15m；树皮青灰色，平滑；有长枝和短枝之分。叶纸质，卵状椭圆形，先端短渐尖，基部圆形，边缘有疏细锯齿，两面无毛。花白色，雄花序有花2～5朵，簇生于二年生长枝、短枝或单生于长枝叶腋、基部鳞片内；雌花单生于叶腋。果实球形，成熟时黑色。花期5月；果熟期7～8月。

我国长江以南各省有分。

植物园有种植。

浙江冬青 | *Ilex zhejiangensis*

常绿小乔木或灌木。树高2～4m；小枝有棱。叶卵状椭圆形或椭圆形，边缘具刺状疏齿，长3～8cm，叶柄长3～6mm。花序簇生叶腋。果近球形，成熟时红色。花期4月，果期8～10月。

植物园百草园有种植。

95 白杜
Euonymus maackii

/ 卫矛科卫矛属 /

形态特征 落叶小乔木。树高达6m；树冠圆球形，树皮灰褐色，小枝细长。叶对生，纸质，卵圆形，先端长渐尖，基部阔楔形或近圆形，缘有细锯齿，叶柄长1.5～3.5cm。聚伞花序侧生于新枝上，有3～15花，花黄绿色。蒴果倒圆锥形，淡黄色或粉红色，4浅裂；种子有红色假种皮。花期5～6月；果期8～10月。

分布习性 我国北部、中部及东部有分布。喜光，耐半阴，耐寒，耐旱，耐湿，不择土壤，但在肥沃、湿润、排水良好的坡地生长最好。对二氧化硫、氯气等有毒气体抗性较强。深根性树种，根系发达，萌蘖力强。

繁殖栽培 播种、分株或扦插繁殖。

园林应用 春季新叶黄绿色，夏季翠绿，秋季红色，秋季红色假种皮悬挂枝头。孤植、丛植、群植于草坪、路旁、溪畔、建筑物周围。曲院风荷、植物园杜鹃园及经济植物区有栽植。

同属中有应用的有：

西南卫矛 | *Euonymus hamiltonianus*

落叶乔木。树高2～6m。叶对生，矩圆状椭圆形至矩圆状披针形，叶背脉上有短毛；叶柄长1～1.5cm。花绿白色，5至多数花组成聚伞花序。蒴果倒三角形，粉红带黄色，上部4浅裂。种子有橙红色假种皮。花期4～5月；果期9～10月。

我国北部、中部及西南地区有分布。

秋叶红色，假种皮橙红色。花圃、浴鹄湾、太子湾、乌龟潭、植物园等有栽植。

同属中值得推荐的有：

肉花卫矛 | *Euonymus carnosus*

半常绿乔木。树高3～10m；树皮灰黑色。叶近革质，矩圆状椭圆形和矩圆状卵圆形，边缘具均匀锯齿。聚伞花序腋生，有花5～15朵；花淡黄色，花瓣近圆形；花萼圆盘状，先端不裂。蒴果近圆形，有4条翅棱，成熟时黄色；假种皮红色。花期5～6月；果期7～9月。

我国湖北东部、安徽、江苏、浙江、江西、福建、台湾等地有分布。

假种皮红色，秋叶红色。植物园分类区有栽培。

96 鸡爪槭
Acer palmatum

形态特征 落叶小乔木。树高约10m；树冠伞形；当年生枝紫色或淡紫绿色，光滑。叶对生，圆形，直径7~10cm，掌状5~9深裂，常7裂，边缘重锯齿，裂片深达叶片1/2~3/4，脉腋有白色丛毛。伞房花序顶生，雄花与两性花同株，萼片5，红紫色，花瓣5，微带淡红色。翅果，幼时紫红色，成熟时淡棕黄色，小坚果球形，纹脉显著，两翅张开成钝角。花期5月；果期9月。

分布习性 原产日本。喜温暖湿润气候，耐半阴，忌阳光暴晒，较耐干旱，不耐水涝，不耐寒。在疏松、肥沃、排水良好的壤土中生长好。对二氧化硫和烟尘抗性较强。生长速度中等。

繁殖栽培 播种繁殖。

园林应用 树形伞形，枝条开展，秋叶红色。点缀溪边、池畔、建筑物旁、路缘，成片种植作风景林。花港观鱼、太子湾公园有成片种植，秋景美丽壮观。学士公园、湖滨、花圃、植物园等有零星栽植。

变种及其园艺品种：

小鸡爪槭 | *Acer palmatum* var. *thunbergii*

落叶小乔木。树高约10m；树冠伞形。叶片较小，径4~6cm，常7裂，裂片狭窄，缘有锐尖粗重锯齿。翅果及小坚果均较小，为原种1/2。

原产日本。我国长江流域各省有栽培。

树姿婆娑，叶形秀丽，秋叶红色或鲜黄色。植于草坪、溪边、池畔，点缀于墙隅、亭廊、山石间。杭州园林中应用普遍。

红枫 | *Acer palmatum* 'Atropurpureum'

落叶小乔木。树高2~4m。叶紫红色。

美丽的色叶树种。杭州园林中应用普遍。

羽毛枫 | *Acer palmatum* 'Dissectum'

树体较矮小，枝略下垂。叶掌状7～9深裂至全裂，裂片狭长且羽状细裂，具细尖齿。

观叶秋色叶树种。学士公园、柳浪闻莺、花圃、茅家埠、浴鹄湾、花港观鱼、太子湾等有栽植。

红羽毛枫 | *Acer palmatum* 'Dissectum Ornatum'

与羽毛枫相似，但叶片深紫红色或暗红色。

观叶色叶树种。花圃、花港观鱼公园有栽植。

同属中常见应用的有：

三角枫 | *Acer buergerianum*

落叶乔木。树高5～10m；树皮暗灰色，片状剥落，小枝具明显皮孔。叶倒卵状三角形，常3浅裂，全缘或略有浅齿，叶背有白粉。伞房花序顶生，花黄绿色。翅果棕黄色，两翅开展成锐角或平行，小坚果突起，有脉纹。花期4～5月；果期9～11月。

我国北至山东，南至广东，东南至台湾都有分布。喜温暖湿润气候，喜光，稍耐阴，耐湿，较耐寒，在微酸性或中性土壤中生长良好。对二氧化硫抗性强。生长快，寿命长，萌芽力强，耐修剪。

树形挺拔，秋叶红色。作庭荫树或行道树。曲院风荷、学士公园、湖滨、花圃、柳浪闻莺、花港观鱼、太子湾、茅家埠、浴鹄湾、植物园等有种植。

樟叶槭 | *Acer cinnamomifolium*

常绿乔木。树高10m；新生幼枝有毛。叶革质，披针状长椭圆形，全缘，叶背灰白色，三出脉。圆锥花序顶生，密生，花淡黄色。两翅张开成锐角或近直角。花期4～5月；果期7～9月。

我国长江以南有分布。喜温暖湿润气候，喜光，耐半阴，不耐寒。

树形优美，叶片四季常绿。作庭院树或行道树。花港观鱼、植物园等有栽植。

秀丽槭 | *Acer elegantulum*

落叶乔木。树高9～15m；树皮稍粗糙，灰褐色；幼枝淡绿色。叶薄纸质或纸质，掌状5裂，叶缘有低平锯齿。圆锥花序顶生；萼片5，红紫色；花瓣5，淡红色。果翅较长，为果核1.5～2倍，两翅张开近水平，小坚果突起，长圆形或卵圆形。

我国安徽南部、浙江、江西等省有分布。喜温凉湿润气候，喜光，稍耐阴，在肥沃、湿润、土层深厚的壤土中生长最佳，黄黏土上生长不良。深根性树种。

春季嫩芽鲜绿色，秋季叶片橙红色。宜作庭荫树、行道树及风景林树种。植物园有种植。

花叶复叶槭 | *Acer negundo* 'variegatum'

落叶小乔木。树高1～2m；小枝光滑，被白色蜡粉。羽状复叶对生，小叶3～5枚，新叶黄、白、粉红色相间，成熟叶有黄、白、绿色相间的斑块。

我国华北、华东及华中地区有栽培。喜光，耐旱，较耐寒。

色叶树种。赵公堤和湖滨花境中有应用。

元宝槭 | *Acer truncatum*

落叶乔木。树高8～12m；树体有乳汁；树冠近球形，树皮黄褐色或深灰色。叶宽长圆形，掌状5～7裂，基部常截形。伞房花序常由6～10花组成；萼片黄绿色，长圆形；花瓣黄色或白色。翅果扁平，两果翅开张成直角，果翅等于或略长于果核。花期4～5月；果期8～10月。

我国东北南部、华北、西北等地有分布。喜光，稍耐阴，耐寒，耐旱，忌涝。不择土壤。

树形优美，秋叶鲜黄色。作庭荫树或行道树。植物园槭树杜鹃园中有应用。

建始槭 | *Acer henryi*

落叶乔木。树高10m；当年生枝紫绿色。羽状复叶有3小叶，小叶片纸质，椭圆形；侧生小叶具3～5mm的小叶柄。穗状花总状花序侧生，具多数花；花单生，雌雄异株；萼片绿色或带红色，花瓣黄色。翅果长2～3cm，嫩时淡紫色，成熟后黄褐色，小坚果压扁状，长圆形。花期4月；果期10月。

我国甘肃、陕西、山西、河南、长江流域及其以南地区有分布。

花有特色，秋叶黄色或红色。植物园槭树杜鹃园有种植。

97 七叶树

Aesculus chinensis

/ 七叶树科七叶树属 /

形态特征 落叶乔木。树高20m；树皮灰褐色，小枝圆柱形，有皮孔；冬芽大，具4棱，有树脂。掌状复叶对生；小叶5～7枚，纸质，长圆状披针形，边缘常有钝尖细锯齿，叶柄长0.5～2cm。窄圆筒形聚伞花序顶生，长30～50cm；花瓣4，白色，下部黄色或橘红色。果实球形或倒卵圆形，黄褐色。花期5月；果期9～10月。

分布习性 我国黄河流域及东部各省均有栽培，仅秦岭有野生。喜温暖湿润气候，喜光，稍耐阴，忌阳光暴晒，耐寒，不耐旱，略耐湿，不耐贫瘠，在深厚、肥沃、湿润、排水良好的土壤中生长好。深根性树种，萌芽力强，寿命长。

繁殖栽培 播种繁殖。

园林应用 树形优美，白色的花序似宝塔，初夏繁花满树，果形奇特。建筑前对植，路边列植，草坪或山坡上孤植、丛植。在我国七叶树与佛教有着很深的渊源，许多古刹名寺都有栽植。花圃、乌龟潭、花港观鱼、柳浪闻莺、植物园等有种植。

98 无患子

Sapindus mukorossi

/ 无患子科无患子属 /

形态特征 落叶乔木。树高20m；树皮灰黄色，小枝圆柱状，有黄褐色皮孔。一回偶数羽状复叶，小叶5～8对，互生或近对生，小叶片纸质，长卵形或长卵状披针形，有时稍镰形，全缘。圆锥花序顶生，密被灰黄色柔毛，花小，绿白色或黄白色。果近球形，径约2cm，黄色。花期5～6月；果期7～8月。

分布习性 我国东部、南部至西南部各省有分布。喜光，稍耐阴，耐寒，耐干旱，不择土壤。对二氧化碳及二氧化硫抗性很强。深根性树种，抗风力强。萌芽力强，生长快，寿命长。

繁殖栽培 播种繁殖。

园林应用 树形高大，树冠广展，秋叶金黄。作庭荫树或行道树。杭州园林骨干树种。公园绿地应用普遍。

99 黄山栾树

Koelreuteria bipinnata var. *integrifoliola*

/ 无患子科栾树属 /

形态特征 落叶乔木。树高20m；小枝红棕色，密生锈色椭圆形皮孔。二回奇数羽状复叶，小叶7～11片，互生，长椭圆形或长椭圆状卵形，全缘。圆锥花序顶生，被柔毛，花黄色，花萼5深裂，花瓣4，长圆状披针形。蒴果泡囊状，红色，椭圆形，顶端钝有小尖头。花期8～9月；果期10～11月。

分布习性 我国浙江、江苏、安徽、江西、湖南、广东、广西等地有分布。喜光，耐半阴，耐寒，耐干旱，耐瘠薄，耐盐碱，耐短期水涝，在石灰质土壤中生长较好。有较强的抗烟尘能力。深根性树种，萌蘖力强。生长速度中等。

繁殖栽培 播种繁殖。

园林应用 树形高大，冠大荫浓，春季鲜黄色花朵洒满树冠，深秋串串红色蒴果与鲜黄色秋叶交相辉映，在微风吹动下似铜铃哗哗作响，又被称为“铜钱树”。作庭荫树或行道树。杭州园林绿化中普遍应用。

100 细花泡花树

Meliosma parviflora

/ 清风藤科泡花树属 /

形态特征 落叶小乔木。树高约10m；树皮灰褐色，初平滑，后片状剥落，幼枝被锈色短柔毛。叶纸质，阔楔状倒卵形，先端圆阔，具短急尖头，基部楔形下延，边缘除基部外有波状浅齿。圆锥花序顶生或近枝顶腋生，被锈色柔毛，长19～35cm，花小，白色，无梗，密聚于小分枝上。核果球形，成熟时红色。花期5～6月；果期9～10月。

分布习性 我国江苏、浙江、湖北、四川等省有分布。喜光，稍耐阴。

繁殖栽培 播种繁殖。

园林应用 树形丰满，秋季满树嵌满红珊瑚似的果实。学士公园、植物园等有种植。

同属中值得推荐的有：

多花泡花树 | *Meliosma myriantha*

落叶乔木。高达20m；幼枝及叶柄被褐色平伏柔毛。单叶，叶片倒卵状椭圆形，边缘有锯齿；背面被疏长毛，侧脉每边20～25条。圆锥花序顶生，直立；花瓣外3片近圆形，内2片花瓣狭披针形，不分裂，约与发育雄蕊等长。核果倒卵形或球形。花期夏季；果期5～9月。

我国山东、江苏有分布。

株形丰满，花序大，果实美丽。植物园分类区有种植。

变种：

柔毛泡花树 | *Meliosma parviflora var. pilosa*

叶片上面被毛，叶背密被长柔毛，侧脉较少，10～20对，叶缘中部以上有锯齿。果实红色。

我国长江流域及其以南地区有分布。

花序大，果实美丽。植物园分类区有种植。

101 枣 *Ziziphus jujuba*

/ 鼠李科枣属 /

形态特征 落叶小乔木。树高达10m；具长枝及短枝；长枝呈“之”字形曲折，有托叶刺2枚，一长一短，长刺粗3cm，短刺下弯；短枝距状，当年生枝绿色，弯曲，单生或2～7簇生于短枝上。叶二列状排列，卵形或卵状椭圆形，顶端具小尖头，边缘圆锯齿，基生三出脉。花小，单生或2～8个密集成腋生聚伞花序。肉质核果矩圆形或长卵圆形，熟时红色或红紫色。花期5～7月；果期8～9月。

分布习性 原产我国，南北各地有栽培。喜光，耐湿热，耐寒，耐干旱瘠薄。

繁殖栽培 嫁接繁殖。

园林应用 优良观果树种。花圃、太子湾、花港观鱼、植物园等有种植。

102 枳椇 *Hovenia acerba*

/ 鼠李科枳椇属 /

形态特征 落叶乔木。树高10～25m；树皮灰黑色，深纵裂。叶互生，卵形，基部三出脉，缘有细锯齿，叶柄及主脉常带红晕。聚伞圆锥花序顶生或腋生，二歧式复聚伞花序，花小，黄绿色。果黄褐色，花序轴结果时膨大成肉质，霜后味甜可食。花期5～7月；果期8～10月。

分布习性 我国从华北南部至长江流域及其以南地区有分布。喜光，较耐寒，较耐湿，不择土壤，适应性强。深根性树种，萌芽力强，生长快。

繁殖栽培 播种或扦插繁殖。

园林应用 树姿优美，叶大荫浓，是良好的庭荫树、行道树。曲院风荷、柳浪闻莺、浴鹄湾、太子湾、乌龟潭、植物园等有栽植。

103 秃瓣杜英
Elaeocarpus glabripetalus

形态特征 常绿乔木。树高达11m；树皮灰褐色，嫩枝有棱，红褐色。叶纸质，倒披针形，先端短渐尖，基部楔形，边缘有锯齿，侧脉8对；叶柄短，长0.5cm。总状花序，花淡白色，花被先端撕裂成流苏状，雄蕊20～25个，花药顶端有毛丛。核果椭圆形。花期7月；果期10～11月。

分布习性 我国长江以南各省有分布。喜温暖湿润气候，喜光，耐阴，耐湿，耐寒，不耐盐碱，在土层肥沃排水良好的土壤中生长最佳。对二氧化硫等有毒气体抗性较强。深根性树种，萌芽力强，耐修剪，生长迅速。

繁殖栽培 播种繁殖。

园林应用 树干端直，树形俊秀，初春换叶时满地红叶，秋冬季节部分叶片绯红，其他季节有零星红叶，为优良观叶树种。宜作庭荫树和行道树等。杭州园林绿化中应用普遍。

同属中值得推荐的有：

华杜英 | *Elaeocarpus chinensis*

常绿乔木。树高6m；小枝疏被短毛。叶革质，多聚生于小枝顶端，披针形或椭圆状披针形，长4～7.5cm，宽1.3～3cm；叶柄长1～3cm，顶端稍微膨大。花黄白色，花瓣先端有数个浅齿刻。核果椭圆形，蓝黑色。花期2月；果期5～6月。

我国长江以南各省有分布。植物园分类区有种植。

薯豆 | *Elaeocarpus japonicus*

常绿乔木。树高达12m；小枝疏被短柔毛。叶革质，叶片矩圆形或椭圆形，长7～14cm，宽3～5.5cm；边缘有浅锯齿，叶背有黑腺点；叶柄长2.5～7cm，顶端稍微膨大。花绿白色，下垂，花瓣先端有数个浅齿刻。核果椭圆形，蓝绿色。花期5～6月；果期9～10月。

我国浙江、江西、福建、湖南、广东、广西等地有分布。植物园分类区有种植。

104 猴欢喜
Sloanea sinensis

/ 杜英科猴欢喜属 /

形态特征 常绿乔木。树高达10m；树皮暗灰褐色，纵裂，小枝褐色。叶纸质，常聚生小枝上部，叶片狭倒卵形或椭圆状倒卵形，长5～13cm；叶柄顶端增粗。花单生或数朵生于小枝顶端或叶腋，绿白色，下垂，花瓣4。蒴果木质，外被长刺毛，卵形，5～6瓣裂；种子有橙黄色假种皮。花期6～7月；果期9～10月。

分布习性 我国长江以南各省有分布。喜温暖湿润气候，喜光，稍耐阴，耐湿，在深厚、肥沃、排水良好的微酸性土壤上生长良好。

繁殖栽培 播种繁殖。

园林应用 树冠圆整，枝叶浓密，果实奇特，种子有橙黄色假种皮。作庭院观赏树。植物园分类区、高尔夫球场周围有种植。

105 梧桐
Firmiana simplex

/ 梧桐科梧桐属 /

形态特征 落叶乔木。树高达15m；树皮青绿色，平滑。叶片3～5掌状深裂，直径15～30cm，裂片三角形，顶端渐尖，全缘。圆锥花序顶生，长20～50cm，花小，黄绿色；萼片5深裂，向外卷曲；花瓣缺。蓇葖果膜质，成熟前开裂成叶状。花期6～7月；果熟9～10月。

分布习性 我国南北各省有分布。喜温暖湿润气候，喜光，耐寒，耐旱，耐湿，耐瘠薄，不耐涝，在肥沃湿润的沙壤土中生长良好。对二氧化硫、氯气等有毒气体有较强的抗性。深根性树种，萌芽力弱，不宜修剪；生长快，寿命长。

繁殖栽培 播种、扦插或分根繁殖。

园林应用 树干挺直，枝叶茂盛，花奇特。作庭荫树或行道树。杭州园林普遍应用。曲院风荷、花圃、茅家埠、乌龟潭、浴鹄湾、太子湾、植物园等有栽植。

106 山茶
Camellia japonica

/ 山茶科山茶属 /

形态特征 常绿乔木或灌木。树高约9m；小枝红褐色。叶互生，卵圆形至椭圆形，先端急尖至渐尖，基部楔形至宽歪楔形，边缘具细锯齿；叶面深绿色，叶背绿色至黄绿色，散生淡褐色木栓疣。花单生或成对生于枝顶，径5～6cm，有白、红、淡红等，漏斗状；花瓣5～7枚，近圆形至倒卵圆形，先端圆而微凹，基部合生。蒴果球形。花期12月至翌年3～4月；果期9～10月。

分布习性 我国长江以南各省有分布。喜温暖湿润气候，耐半阴，忌烈日暴晒，不耐高温，稍耐寒，不耐干燥，忌积水。在肥沃、湿润、疏松的微酸性土壤中生长好。

繁殖栽培 扦插繁殖为主。

园林应用 叶有光泽，四季常绿，冬季繁花似锦。孤植、丛植于庭院、花径、假山、草坪、树丛周围；布置专类园；盆栽室内观赏。与玉兰、深山含笑、蜡梅等花期相同的植物混植，相得益彰。杭州园林中普遍应用，曲院风荷、柳浪闻莺、花圃、湖滨、茅家埠、乌龟潭、浴鹄湾、花港观鱼、太子湾等有种植。

同属中常见应用的有：

单体红山茶 | *Camellia uraku*

常绿小乔木。树高1.5～6m；小枝淡棕色。叶长圆状椭圆形，先端突渐尖或长渐尖，基部楔形或圆楔形，边缘略反卷，具尖锐小锯齿；叶面亮绿色，叶背具稀疏细小的褐色木栓疣。花常1～2朵生于小枝上部叶腋，桃红色或粉红色，半开或漏斗状，无梗；花瓣5～7，倒卵圆形，先端圆而二浅裂。蒴果球形。花期12月至翌年4月；果期10月。

原产日本，我国长三角地区广泛栽培应用。

冬春斗雪花开放，花美丽，花期长。杭州园林绿化中普遍应用。

红皮糙果茶 | *Camellia crapnelliana*

小乔木。树高3～7m；树皮灰白色至灰色；小枝无毛，灰色。叶革质，椭圆形至长圆状椭圆形，有光泽，叶背散生红褐色或黄褐色木栓疣，中脉凹陷。花单生枝顶，淡黄白色，直径4～8cm；花瓣8～13，倒卵状长圆形；雄蕊约300～500，花药黄色，花柱3～6。蒴果木质，梨形，直径5～9.5cm，表面被糠秕。花期9月；果期次年9至10月。

我国浙江、福建有分布。喜温暖湿润环境，喜光，耐半阴，强光易灼伤叶和芽，耐寒，忌积水。

花港观鱼公园、花圃、植物园等有种植。

博白大果油茶 | *Camellia gigantocarpa*

常绿小乔木。树高5～10m；表面灰锈色，基部绿色，嫩枝无毛。叶薄革质，椭圆形或长圆状椭圆形，先端短尖，基部楔形；中脉凹陷，叶背有时被毛。花顶生，单花，花冠白色，花瓣6～8片，倒卵形；花柱全部有长柔毛。蒴果球形。

我国浙江、江西、福建、广西、香港有分布。喜温暖湿润，稍耐阴。

枝叶浓密，花果繁多。植物园有种植。

浙江红山茶 | *Camellia chekiangoleosa*

常绿小乔木。树高3～6m；小枝光滑无毛。叶厚革质，长椭圆形，倒卵状椭圆形；叶背侧脉不明显或隐约可见。花单生枝顶，径8～10cm；花瓣6～8，红色至淡红色；苞片及萼片共11～16，外轮花丝除与花冠合生部分外几离生或连生成仅长1～3mm的短筒。蒴果球形，厚木质，直径4～6cm，萼片宿存。花期10月至翌年4月；果期9月。

我国安徽、江西、福建、湖南、湖北等省有分布。耐阴，抗寒性强。

株形优美，花大色彩艳丽。孤植于花坛中央或假山旁，成片种植开花时绯红一片，美不胜收。杭州园林中应用较多，花圃、花港观鱼、曲院风荷、动物园、植物园等有种植。

越南油茶 | *Camellia vietnamensis*

常绿小乔木或灌木。树高4～8m；嫩枝有灰褐色柔毛。叶革质；叶片长圆形或椭圆形，侧脉10～11对，上面陷下，下面不明显，两面多小瘤状突起。花顶生，近无柄；苞片及萼片9片；花瓣5～7枚，倒卵形，白色，先端凹陷，芳香；雄蕊密集在中心排成4～5轮，外轮花丝基部合生，内轮花丝近离生。蒴果球形、扁球形或长圆形，长4～5cm，宽4～6cm。花期12月上旬至翌年1月下旬。果期10月。

喜温暖湿润气候，耐寒、耐阴，对有毒气体抗性强。

列植、丛植、片植于林缘、园路、建筑物周围。花圃、曲院风荷、植物园等有种植。

常绿小乔木。树高8m；冠幅开张，嫩枝无毛。叶厚革质，椭圆形至卵圆形，网脉凹下，边缘密生尖锐细锯齿。花顶生及腋生，玫瑰红至深红色，单瓣型，苞片及萼片15片，革质，阔倒卵形，花瓣6~7枚，径7~10cm，雄蕊基部连生，花丝被柔毛。果实圆球形，棕褐色，表面较粗糙。花期1月中下旬至3月中下旬。

我国华中地区有分布。喜光，耐寒，耐旱。在排水良好的微酸性土壤中生长良好。抗逆性强。

花果叶俱佳。植物园、花圃等有种植。

107 木荷

Schima superba

/ 山茶科木荷属 /

形态特征 常绿乔木。树高达30m；树干挺直，分枝高，树冠圆形；树皮灰褐色，块状纵裂；枝暗褐色，具皮孔。叶革质，卵状椭圆形或矩圆形，边缘有浅钝锯齿，两面无毛。花白色，单生于叶腋或数朵集生枝顶，径约3cm，花瓣倒卵状圆形，基部外侧有毛，芳香。蒴果近扁球形，褐色。花期6~7月；果期翌年9~11月。

分布习性 我国华东、中南各省区有分布。喜阳光充足、温暖湿润气候，耐干旱贫瘠，在土壤肥沃、排水良好的微酸性土壤中生长良好。病虫害少。

繁殖栽培 播种繁殖。

园林应用 树干端直，枝叶浓密，四季常绿，初夏满树白花，芳香。作庭荫树，或营造风景林或防火林。乌龟潭、太子湾、花港观鱼、植物园等有零星种植。

108 日本厚皮香

Ternstroemia japonica

/ 山茶科厚皮香属 /

形态特征 常绿小乔木。树高3~8m；小枝圆柱形，较粗壮。叶革质，干后变为红褐色，长椭圆状倒卵形或倒卵形，先端钝圆或稍急短钝尖，基部楔形且下延，边缘微反卷。花腋生或侧生，花淡黄白色。果实卵状球形、卵状椭圆形，顶端具宿存的花柱，熟时红色，果梗长1~2.2cm，粗壮。花期6~7月；果期9~10月。

分布习性 我国台湾省有分布。喜温暖湿润气候，喜光，较耐阴，不耐寒，在酸性的黄壤或黄棕壤土中生长良好。病虫害少。

繁殖栽培 播种或扦插繁殖。移植容易成活，不耐强度修剪。

园林应用 树形优美，小枝平展成层，枝叶繁茂，叶有光泽入冬后绯红，花芳香。孤植、丛植于庭院，群植于门庭两旁、草地、广场、建筑物周围道路转角处。杭州园林中应用较多，曲院风荷、柳浪闻莺、花圃、花港观鱼、太子湾、植物园等有种植。

109 紫茎

Stewartia sinensis

/ 山茶科紫茎属 /

形态特征 落叶小乔木。树高4～10m；树皮薄片状剥落呈斑驳。单叶互生，椭圆形或长椭圆形，叶缘有细锯齿，叶柄紫红色。花单生叶腋，径4～4.5cm，白色，芳香；苞片2枚，先端尖，萼片与苞片同形；子房密被柔毛；蒴果近球形，种子顶端有窄翅。花期5～6月；果期9～10月。

分布习性 我国华中及西南等地有分布。喜凉爽气候，耐半阴，耐湿。在酸性红黄壤土或黄壤土中生长良好。深根性树种。

繁殖栽培 播种繁殖。

园林应用 树干斑驳，花白色芳香，秋叶红色。阴湿处成片种植，或作庭荫树。植物园分类区有种植。

110 柞木

Xylosma congesta

/ 大风子科柞木属 /

形态特征 常绿小乔木或灌木。树高2～16m；树干、小枝常疏生粗大坚硬的锐刺。单叶互生；叶片坚纸质，卵形或卵状椭圆形，先端渐尖，基部宽楔形或圆形，边缘具锯齿，两面无毛。总状花序腋生，长1～2cm；雌雄异株；花淡黄色或黄色；萼片4～6，卵圆形；无花瓣。浆果近球形，熟时黑褐色。花期6～9月；果期10～11月。

分布习性 我国长江流域及以南省区有分布。喜温暖湿润气候，喜光，耐半阴，耐湿，耐旱，抗逆性强。

繁殖栽培 播种繁殖。

园林应用 树形优美，叶有光泽，四季常绿。花圃、花港观鱼、植物园等有种植。

111 紫薇

Lagerstroemia indica / 千屈菜科紫薇属 /

形态特征 落叶小乔木。树高3~9m；树皮灰白色或灰褐色，片状脱落而光滑，枝干多扭曲；小枝四棱，常具狭翅。叶互生或对生，近无柄；叶片椭圆形、倒卵形或长椭圆形，先端钝形。圆锥花序顶生，径3~4cm；花萼6浅裂，无毛；花瓣6，红色或粉红色，叶缘有不规则缺刻，基部有长爪。蒴果椭圆状球形，6瓣裂；种子有翅。花期6~9月；果期9~11月。园艺品种众多。

分布习性 我国华东、华中、华南及西南等地有分布。喜温暖气候，喜光，稍耐阴，较耐寒，耐旱，耐贫瘠，耐盐碱，忌涝，抗有害气体能力强。在肥沃湿润、排水良好的石灰性土壤中生长最佳。

繁殖栽培 播种、分株或扦插繁殖。

园林应用 树姿优美，树干光滑，夏秋少花季节开花，花多，花期极长，有"百日红"之称，观花观干树种。成片种植于高速公路、铁路隔离带、护坡等；也用于居民区、公园、风景区绿化；是有害气体超标的大中城市、工矿区绿化的首选花木。杭州园林中应用普遍。

同属中有栽培应用的有：

福建紫薇 | *Lagerstroemia limii*

落叶小乔木。树高6m；树皮细浅纵裂，粗糙，小枝圆柱形，密被黄色柔毛。叶长圆形或长圆状卵形，长6~20cm，先端短渐尖或急尖。圆锥花序顶生，花淡红紫色，径1.5~2cm；花萼外方裂片间具明显发达的附属体。蒴果卵圆形，长约8~12mm，宽5~8mm。花期6~9月；果期8~11月。

我国浙江、福建、湖北等地有分布。

树形优美，花美丽而繁多，夏秋观花树种。花圃、植物园、运河沿线等有种植。

112 石榴

Punica granatum / 石榴科石榴属 /

形态特征 落叶小乔木或灌木。树高2~7m；小枝略四棱，枝端常成刺状。叶对生或簇生，倒卵状长椭圆形。花单生或数朵簇生，花梗短；花萼钟形，黄色至红色；花瓣皱缩，白色、黄色或红色；雄蕊多数。浆果近球形，大型，黄褐色至红色。花期5~7月；果期9~10月。

分布习性 原产伊朗和阿富汗，我国黄河以南地区有栽培。喜温暖气候，喜光，耐寒，耐旱，耐瘠薄，在肥沃、湿润、排水良好的石灰质土壤中生长最佳。对二氧化硫等有毒气体抗性较强。

繁殖栽培 播种、扦插或分株繁殖。

园林应用 初春新叶嫩红，入夏繁花似锦，仲秋硕果高挂。植于庭院、池畔、亭旁、墙隅或山坡上。杭州栽培应用普遍。

重瓣红石榴 | *Punica granatum* 'Pleniflora'

花红色，花大，重瓣。公园绿地多有种植。

113 蓝果树
Nyssa sinensis

/ 蓝果树科蓝果树属 /

形态特征 落叶乔木。树高25m；树皮粗糙，纵裂，常呈薄片状剥落；小枝淡绿色，后变为紫褐色，皮孔明显。叶纸质，椭圆形或卵状椭圆形，全缘或微波状，叶面暗绿色，叶背脉上有柔毛。聚伞总状花序腋生；雌雄异株；雄花序生于叶已脱落的老枝，雌花序生于具叶的幼枝；花小，绿白色。核果椭圆形，熟时蓝黑色，后变为深褐色。花期4~5月；果期7~9月。

分布习性 我国长江以南地区有分布。喜温暖湿润气候，喜光，耐干旱瘠薄，生长快。

繁殖栽培 播种繁殖。果熟时采收，洗净阴干后冬播或沙藏至翌年早春播种。

园林应用 树形挺拔，叶茂荫浓，春季新叶红色，秋叶绯红色。植物园分类区有种植。

114 喜树
Camptotheca acuminata / 蓝果树科喜树属 /

形态特征 落叶乔木。树高约20m；树皮纵裂呈浅沟状，有时具稀疏皮孔。叶互生，纸质，卵状椭圆形或长圆形，先端渐尖，基部圆形，叶面亮绿色，叶背淡绿色，侧脉明显，弧形平行；全缘；叶柄红色。头状花序近球形，常由2~9个再组成圆锥花序，顶生或腋生；三角状卵形；花瓣5枚，淡绿色，长圆形或长圆卵形。翅果长圆形。花期7月；果期9~11月。

分布习性 我国长江流域及南方地区有分布。喜光，耐湿，不耐寒，不耐干旱贫瘠。在肥沃微酸性、中性、微碱性土壤中都能良好生长。生长迅速。

繁殖栽培 播种繁殖。

园林应用 树形俊秀，树干通直。柳浪闻莺、花圃等有种植。

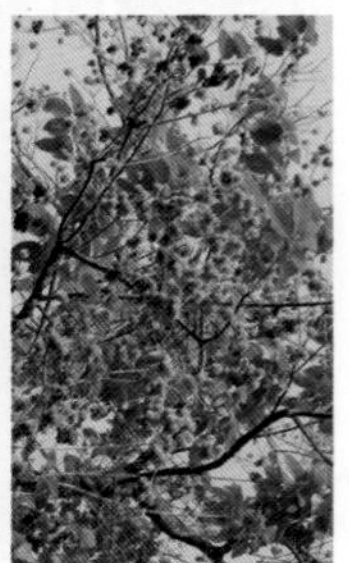

115 珙桐

Davidia involucrata / 蓝果树科珙桐属 /

形态特征 落叶乔木。树高达20m；树皮呈不规则薄片脱落。叶互生，短枝上簇生，纸质，宽卵形，长7～16cm，先端渐尖，基部心形，边缘粗锯齿。花杂性同株，头状花序顶生，花序下有2枚白色纸质大苞片，椭圆状卵形；花瓣无。核果紫绿色。花期4～5月；果熟期10月。

分布习性 我国四川、湖北、湖南、云南等省有分布。喜凉爽湿润环境，耐半阴，成年树趋于喜光，不耐瘠薄，不耐干旱，在肥沃的中性或微酸性的土壤中生长良好。珙桐有"植物活化石"之称，国家一级重点保护植物。

繁殖栽培 播种、扦插或压条繁殖。

园林应用 盛花期白色的苞片如千万只白鸽栖息在树梢枝头，振翅欲飞，又名"鸽子树"，象征着和平。成片种植于公园绿地、池畔、溪旁，亦可布置于宾馆、展览馆周围。植物园灵峰探梅、黄龙洞等有栽植。

116 八角枫

Alangium chinense / 八角枫科八角枫属 /

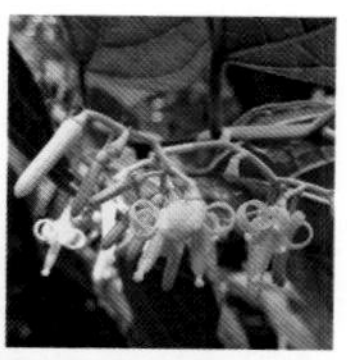

形态特征 落叶小乔木或灌木。树高达15m；树皮淡灰色、平滑，小枝呈"之"字形曲折。叶互生；近圆形、椭圆形或卵圆形，全缘或3～7裂，裂片短锐尖，基部偏斜，叶面深绿色，叶背淡绿色，脉腋簇生毛，基出脉3～5。聚伞花序有花7～30朵，花黄白色，花瓣狭带形，芳香。核果卵圆形，黑色。花期5～7月；果期9～10月。

分布习性 我国长江以南各地有分布。喜光，稍耐阴，耐寒，不择土壤，在肥沃疏松、湿润的土壤中生长良好。适应性强。根系发达，萌芽力强，耐修剪。

繁殖栽培 播种或扦插繁殖。

园林应用 花形奇特，秋叶黄色。成片种植于草坪绿地，亦可作交通干道两侧防护林树种。浴鹄湾、植物园等有种植。

117 光皮梾木

Cornus wilsoniana / 山茱萸科梾木属 /

形态特征 落叶乔木。树高8～10m；树皮片状剥落。叶对生，椭圆形或卵状长圆形，基部楔形，叶面暗绿色，叶背灰白色，全缘。圆锥状聚伞花序顶生，径6～10cm；花白色，花瓣4，芳香。核果球形，紫黑色。花期5～6月中旬；果期10～11月。

分布习性 我国秦岭以南省区有分布。喜光，耐旱，耐寒。在排水良好的壤土中生长较好，在轻微盐碱的沙壤土和富含石灰质的黏土中都能正常生长。抗病虫害能力强。深根性树种，萌芽力强。

繁殖栽培 播种繁殖。

园林应用 树冠舒展，树皮斑斓，叶茂荫浓，初夏满树银花。孤植、丛植作庭荫树。柳浪闻莺公园有栽植。

同属中值得推荐的有：

灯台树 | ***Cornus controversa***

落叶乔木。树高6～15m；树皮暗灰色；枝条紫红，后变为淡绿色，无毛。叶互生，宽卵形或宽椭圆形，先端渐尖，基部圆形，全缘；叶柄紫红色。伞房状聚伞花序顶生；花小，白色；花瓣4，长披针形。核果球形，紫红色至蓝黑色。花期5～6月；果期8～10月。

我国辽宁、华北、西北、华南、西南有分布。喜温暖气候，耐半阴、耐寒、耐热。在肥沃湿润、排水良好的土壤中生长良好。适应性强。速生树种。

树枝层层平展，形如灯台，叶秀丽，花素雅。孤植、丛植于草坪、绿地、庭院。

118 秀丽四照花
Cornus hongkongensis* subsp. *elegans

/ 山茱萸科四照花属 /

形态特征　常绿乔木。树高3～12m；树皮平滑，幼枝绿色，无毛。叶革质，椭圆形至长椭圆形，叶面深绿色，叶背绿色，两面无毛；侧脉3～4对；叶柄长约1cm。头状花序球形；总苞片倒卵状长圆椭圆形；花瓣4，卵状黄绿色。果球形，成熟时红色。花期5～6月；果期10月。

分布习性　我国长江以南各省有分布。喜温暖湿润气候，喜光亦耐阴，耐寒，耐旱，耐贫瘠。

繁殖栽培　播种或扦插繁殖。

园林应用　树形优美，新叶淡红色，秋冬季叶逐渐转红，苞片大而洁白，果实红艳奇特。春观新叶，夏观玉花，秋看红果，冬赏红叶，是极具开发利用前景的乡土树种。学士公园、西湖博物馆、苏堤、西溪湿地、植物园等有种植。

同属中有开发应用潜力的有：

四照花　***Cornus kousa* subsp. *chinensis***

落叶小乔木。树高达9m；小枝细，光滑。叶纸质，卵形或卵状椭圆形，先端渐尖，基部圆形或宽楔形，叶面浓绿色，叶背粉绿色。头状花序球形，总花梗纤细，总苞片4枚，花瓣状，卵形或卵状披针形，初时白色，后为淡黄色；花瓣4，黄色。聚合果球形，肉质，橙红色或暗红色。花期5月；果期8～9月。

我国长江以南各省有分布。喜温暖阴湿环境，喜光，耐半阴，耐湿，耐寒、耐旱、耐瘠薄。适应性强。在肥沃、排水良好的沙质土壤中生长较好。植物园分类区有种植。

119 柿

Diospyros kaki

形态特征 落叶乔木。树高4～10m；树皮灰黑色，条状纵裂，幼枝有绒毛。叶厚膜质，椭圆状卵形至长圆形或倒卵形，叶面深绿色，有光泽，叶背淡绿色，疏生褐色柔毛，全缘。花雌雄异株或同株；雄花每3朵集生或成短聚伞花序；雌花单生于叶腋；花萼4，深裂，裂片三角形，花冠坛状，黄白色。浆果卵圆形成扁球形，径3.5～8cm，橘红色或橙黄色，有光泽。花期6月；果熟期9～10月。

分布习性 原产我国长江流域，现各地有栽培。喜湿润环境，喜光，耐寒，耐旱，耐贫瘠，忌积水，不耐盐碱。抗污染能力强。深根性树种。

繁殖栽培 嫁接繁殖。

园林应用 树冠展开，枝繁叶茂，部分秋叶变红，果实橙红色。作庭荫树、行道树，亦可营造风景林。杭州园林中应用较多，学士公园、花圃、浴鹄湾、花港观鱼、植物园、西溪湿地公园等都有种植。

变种：

野柿 | *Diospyros kaki* var. *silvestris*

与原种的区别：小枝及叶柄密生黄褐色短柔毛；叶片较小且薄，少光泽；子房有毛。

秋季果实累累。西溪湿地、植物园分类区有种植。

华东油柿 | *Diospyros oleifera*

落叶乔木。树高达15m；树皮灰白色片状剥落，小枝密被绒毛。叶纸质，长圆形、长圆状倒卵形或倒卵形，长7～19cm，宽3～9cm，全缘，两面密生灰色或灰黄色绒毛。雌雄异株，雄花3～5朵呈聚伞花序，全部密生灰褐色开展毛，花冠坛状，黄白色，4裂，边缘反卷；雌花单生，花梗粗壮。浆果卵圆形或扁球形，径4～7cm，黄绿色，被毛。花期5月；果期10～11月。

我国长江流域下游有分布。

秋季果实累累。茅家埠、植物园有种植。

浙江柿 | *Diospyros glaucifolia*

落叶乔木。树高5～20m；树皮灰褐色，小枝有明显皮孔。叶片椭圆形至卵状披针形，长10～15cm，宽8～10cm，叶面深绿色，叶背灰白色，两面无毛。花单生，常雌雄异株，花冠坛状，长约1cm，紫红色。浆果球状，红色，常被白霜。花期5～6月；果期8～10月。

我国华东各省有分布。喜温暖环境，喜光，耐寒，耐旱，不择土壤，但在排水良好、富含有机质的壤土或黏壤土中生长良好。深根形树种，萌芽力强，寿命较长。

观果树种。孤植、丛植作庭荫树，列植作行道树，群植于林缘、空旷地。杭州地区有应用。植物园百草园有种植。

120 棱角山矾

Symplocos tetragona

/ 山矾科山矾属 /

形态特征 常绿乔木。树高达10m；小枝浅黄绿色，粗壮，具明显的棱。叶片革质，狭椭圆形，长12～14cm，宽3～5cm，先端急尖，基部楔形，边缘具圆齿状锯齿，两面浅黄绿色，叶面中脉隆起。穗状花序被毛，基部有分枝，长约6cm；花白色。核果长圆形，长1.5cm，径8mm，熟时黑色。花期4～5月；果期9～10月。

分布习性 我国江西、福建、湖南等省有分布。喜温暖湿润气候，耐阴，耐寒，在肥沃、深厚的黄棕壤或黄壤中生长良好。对二氧化硫、一氧化碳、氟化氢等有毒气体有很强的抗性。

繁殖栽培 播种繁殖为主，沙藏1～3年后播种。扦插不易成活。

园林应用 树形优美，枝条密集，叶四季青翠，花白色，芳香。植物园有种植。

同属中值得推荐的还有：

白檀 | *Symplocos paniculata*

落叶小乔木。树高达8m；树皮灰褐色，条裂或片状剥落；小枝灰绿色，冬芽叠生。叶互生，纸质，卵状椭圆形或倒卵状圆形，边缘有细锯齿，叶面中脉下凹。圆锥花序生于新枝顶端，长4～8cm，全部具梗；花白色，芳香。核果成熟时黑色，斜卵状球形，萼宿存。花期5～6月；果熟期10月。

我国北自辽宁，南至四川、云南、福建、台湾等地均有分布。喜温暖湿润环境，喜光，耐阴，耐寒，耐旱，耐瘠薄。在肥沃深厚的沙壤土中生长较好。适应性强。深根性树种。

树形优美，枝叶秀丽，春季白花满树。植物园有种植。

老鼠矢 | *Symplocos stellaris*

常绿小乔木。树高5～10m。叶片厚革质，披针状椭圆形或狭长圆状椭圆形，全缘，叶面深绿色，叶背灰白色。密伞花序着生于叶腋或二年生枝的叶痕之上，花冠白色，5深裂几达基部，裂片倒卵状椭圆形。核果狭卵形，核具6～8条纵棱。花期4月；果期6月。

我国长江以南各省有分布。

新梢和新叶的叶柄红色，白色花序生于叶腋或二年生枝的叶痕之上。西湖山区有野生分布。

四川山矾 | *Symplocos setchuensis*

常绿小乔木。树高达7m；嫩枝有棱，黄绿色。叶革质，长椭圆形或倒卵状长椭圆形，叶柄长0.5～1cm。穗状花序缩短成密伞状生于叶腋；花冠白色；萼裂片、苞片及小苞片密被绢状短柔毛。核果卵状椭圆形，熟时黑褐色。花期5月；果期10月。

我国长江流域各省及台湾有分布。

树形优美，叶片四季常绿，花序白色。植物园有种植。

121 银钟花

Halesia macgregorii

/ 安息香科银钟花属 /

形态特征 落叶乔木。树高6～10m；树皮灰白色。叶椭圆状长圆形至椭圆形，先端渐尖至骤渐尖，基部宽楔形，叶缘具细锯齿。总状花序短缩，2～6朵簇生于去年生小枝叶腋；花冠白色，宽钟状，裂片4，花丝与花柱伸出花冠外；芳香。核果椭圆形至倒卵形，具四条宽纵翅，成熟时浅红色。花期3～4月；果实成熟9～10月。

分布习性 我国浙江、江西、福建、湖南、湖北、广东、广西等地有分布。国家三级保护植物。

喜夏季凉爽、冬季温暖环境。幼树耐阴，成年树喜光。耐旱，抗风。深根性树种。

繁殖栽培 播种繁殖。种子有休眠期，需隔年发芽。选健壮成年母树，10月采收成熟种子，湿沙中层积过冬，如果春季播种，第二年春可萌发，发芽率很低。

园林应用 花白色芳香，果形钟状。作庭荫树，成片种植作景观林。植物园有种植。

122 陀螺果
Melliodendron xylocarpum

/ 安息香科陀螺果属 /

形态特征 落叶乔木。树高7～15m；树皮灰白色，光滑；小枝褐色，平滑无毛。叶片倒披针形、卵状披针形、倒卵圆形，先端短渐尖，基部楔形或钝圆，叶缘有细锯齿。花单生或对生于叶腋，花萼管状，花冠白色，外面具粉红色晕，基部合生，裂片5，卵形或卵状长圆形。核果木质，具棱，倒卵圆状梨形。花期3月；果熟期8月。

分布习性 我国江西、福建、湖南、广东、广西、贵州等地有分布。喜温暖湿润气候，喜光，稍耐阴。

繁殖栽培 播种繁殖。

园林应用 树形优美；先花后叶，花大而美丽，早春满树白花；果形似陀螺。孤植、丛植作庭荫树，成片种植作风景林。植物园有种植。

123 小叶白辛树
Pterostyrax corymbosus

/ 安息香科白辛树属 /

形态特征 落叶小乔木。树高4～10m；幼枝被灰色星状毛。叶卵状长圆形，宽卵形或宽倒卵形，先端渐尖，基部宽楔形或近圆钝，叶缘具不规则细小齿。圆锥花序，长8～12cm，花黄白色，生于分枝一侧；花萼钟形；花冠裂片5。核果倒卵形，具4～5枝翅，密被星状毛。花期4～5月；果期7月。

分布习性 我国华东地区、湖南、广东等地有分布。喜光，稍耐阴，耐湿。

繁殖栽培 播种繁殖。

园林应用 花序大而美丽，花芳香。孤植、丛植作庭荫树，成片种植作风景林。植物园有种植。

124 秤锤树
Sinojackia xylocarpa / 安息香科秤锤树属 /

形态特征 落叶小乔木。树高6m；树皮棕色，枝直立而斜展。单叶互生，椭圆形或椭圆状倒卵形，先端短渐尖，基部楔形或圆形，叶缘有细锯齿；花序基部的叶卵形且较小，基部圆形或心形。3～5朵花组成总状花序，生于侧枝顶端，花白色，径约2cm，具长梗；花冠6～7裂。果实木质，卵形，成熟时栗褐色。花期4月下旬；果期8～10月。

分布习性 我国江苏有分布。我国特有树种，国家二级重点保护野生植物。喜光，稍耐阴，耐湿，不耐干旱瘠薄。在肥沃、深厚、湿润、排水良好的土壤中生长良好。

繁殖栽培 播种、分株或扦插繁殖。

园林应用 花美丽，白如雪；果实累累，形似秤锤，果序下垂，随风摆动。孤植、丛植点缀庭院，成片种植于河岸边、林缘、空旷地。花港观鱼公园、植物园等有种植。

125 赛山梅

Styrax confusus

/ 安息香科安息香属 /

形态特征 落叶小乔木或灌木。树高2～8cm；幼枝有褐色星状毛，后脱落。叶坚纸质，长椭圆形或卵状椭圆形，叶缘具细小不明显小齿。总状花序顶生，长3.5～4cm，有花5～6朵，腋生者常1～3朵，花梗长1～2cm；花冠5，深裂。果实球形，径8～13mm，种子光滑或具微皱纹。花期5～6月；果期9～10月。

分布习性 我国长江流域及其以南省区有分布。喜温暖湿润环境，喜光，稍耐阴，耐湿。

繁殖栽培 播种繁殖。

园林应用 花美丽，花朵下垂，盛开时繁花似雪。孤植、丛植作庭荫树，成片种植作风景林。植物园有种植。

同属中推荐应用种：

郁香安息香 | *Styrax odoratissimus*

落叶小乔木或灌木。树高4～10m；树皮灰褐色，嫩枝疏被黄褐色短绒毛。叶椭圆形、长圆状椭圆形或卵形椭圆形，叶柄长3～7mm。总状花序具2～6朵花，顶生或腋生，花白色，芳香。果实近球形；种子表面具鳞片状星毛。花期4～5月；果期7～8月。

我国长江流域及其以南地区有分布。

花序白色，芳香。作庭荫树或风景林树种。植物园有种植。

126 女贞

Ligustrum lucidum

/ 木犀科女贞属 /

形态特征 常绿小乔木。树高5～10m；树冠卵形；树皮灰绿色，平滑不开裂；全体无毛。单叶对生，革质，卵形或卵状披针形，长8～13cm，宽4～6.5cm，全缘，叶面深绿色，有光泽，叶背浅绿色。圆锥花序顶生，长12～20cm，花冠4裂，花白色。浆果状核果近肾形，熟时深蓝色。花期6～7月；果期10～11月。

分布习性 我国长江流域及其以南省区有分布。喜温暖湿润气候，喜光亦耐阴，耐旱，耐湿，不耐寒，不择土壤，但在深厚、肥沃、腐殖质含量高的土壤中生长良好。对二氧化硫、氯气、氟化氢及铅蒸气均有较强抗性，能忍受较高的粉尘、烟尘污染。适应性强。耐修剪。病虫害少。

繁殖栽培 播种或扦插繁殖。

园林应用 树形整齐，枝叶茂密，夏日满树白花，秋日果实累累。孤植、丛植于庭院，列植作行道树，修剪后作绿篱，亦可用于工矿绿化。杭州园林中应用普遍。

127 桂花
Osmanthus fragrans

/ 木犀科木犀属 /

形态特征 常绿乔木。树高3～15m；树皮粗糙；嫩枝灰绿色，无毛。叶对生；革质，椭圆形或长椭圆形，先端渐尖或急尖，基部楔形，叶面暗绿色，叶背淡绿色，边缘上部有锯齿或疏锯齿至全缘。花簇生或束生于叶腋，花冠淡黄色，芳香。核果椭圆形，成熟时紫黑色。花期9～10月；果期翌年2～4月。

分布习性 原产我国西南部，华东、中南地区广泛栽培。杭州、苏州、桂林、成都、咸宁为我国五大桂花商品生产基地。喜温暖湿润气候，喜光，稍耐阴，耐高温，不耐寒。在土层深厚、肥沃、排水良好的微酸性沙质壤土中生长最佳，碱性土壤、低洼地、排水不畅的土壤不宜种植。对氯气、二氧化硫、氟化氢等有害气体有一定抗性，有较强的吸滞粉尘的能力。

繁殖栽培 扦插或播种繁殖。

园林应用 四季常绿，树冠圆整，枝繁叶茂，秋季开花，芳香四溢，“独占三秋压群芳”。孤植、丛植、对植于庭院，群植于房前屋后、广场、道路等。常见桂花与建筑物、山石配植，旧式庭院对植桂花为“双桂当庭”或“双桂留芳”，住宅周围种植桂花，能收到“金风送香”的效果，也常用于工矿区绿化。杭州市市花，公园绿地普遍栽培应用。

同属中有栽培应用的有：

齿叶木犀 | *Osmanthus × fortunei*

常绿小乔木。树高5～12m。叶革质，披针形，先端长渐尖，具锐尖头，基部楔形，全缘。花序簇生于叶脉，花芳香，花冠白色。花期晚于桂花1～2周。

本种为*Osmanthus fragrans*与*Osmanthus heterophyllus*的杂交种。我国台湾有分布。

观花芳香树种。植物园有种植。

同属中值得推荐的有：

柊树 | *Osmanthus heterophyllus*

常绿小乔木或灌木。树高2～8m；枝灰色，嫩枝被短柔毛。叶厚革质，卵形或长圆形，先端尖锐，基部宽楔形，叶缘有1～4对刺状锯齿。花簇生或束生于叶腋，常5朵成束，花白色，芳香。核果卵形，熟时蓝黑色。花期11～12月。

原产日本，华东地区有栽培应用。

观花芳香树种。植物园分类区有种植。

园艺品种：花叶柊树 | *Osmanthus heterophyllus* 'Aureomarginatus'

叶缘有黄白色条纹。常见用于花境。

128 紫丁香

Syringa oblata

/ 木犀科丁香属 /

形态特征 落叶乔木或灌木。树高达4m；幼枝被毛，后脱落。叶厚纸质，卵圆形至肾形，先端渐尖，基部心形、截形至宽楔形，长3.5～10cm，宽3～11cm。圆锥花序生于二年生枝侧芽，花冠紫色，漏斗形，花冠筒甚长于花冠裂片，雄蕊位于花冠筒中部或中部以上。蒴果长圆形，压扁状，蒴果顶端尖，光滑。花期4月；果期7月。

分布习性 我国东北、西北、华北及江苏、四川等地有分布。喜光，耐寒，耐湿，耐旱，在深厚肥沃、排水良好的土壤中生长良好。

繁殖栽培 扦插繁殖为主。

园林应用 花美丽，紫色，清香。孤植、丛植于庭院，群植于草坪、林缘、溪畔。乌龟潭、浴鹄湾、钱王祠等有种植。

同属中有应用的有：

白丁香 | *Syringa oblata* var. *alba*

落叶小乔木或灌木。树高4～5m；幼枝和成熟小枝有细短柔毛。单叶互生；叶纸质，卵圆形或肾脏形，长3cm，宽3～3.5cm，叶背有微细短柔毛；全缘。圆锥花序生于二年生枝侧芽，长6～15cm，花白色，先端四裂，筒状。果倒卵状椭圆形、卵形至长椭圆形。花期4～5月；果期6～10月。

原产我国华北地区。

花美丽，白色，清香。乌龟潭、浴鹄湾、钱王祠、世纪新城等有种植。

129 厚壳树
Ehretia acuminata

/ 紫草科厚壳树属 /

形态特征 落叶乔木。树高3～15m；树皮灰黑色纵裂，枝有明显的皮孔。单叶互生；叶厚纸质，长椭圆形，长7～20cm，宽3～10.5cm，叶背仅脉腋有簇毛，缘具浅细尖锯齿。圆锥花序；花冠白色，5裂。核果近球形，橘红色。花期6月；果期7～8月。

分布习性 我国中部及西南地区有分布。喜温暖湿润气候，喜光，稍耐阴，耐寒，耐瘠薄，在深厚肥沃的土壤中生长最佳。深根性树种。萌蘖性好，耐修剪。

繁殖栽培 播种或分蘖繁殖。

园林应用 夏季白花满枝，秋季红果遍树。植物园有种植。

130 毛泡桐
Paulownia tomentosa

/ 玄参科泡桐属 /

形态特征 落叶乔木。树高达20m；树冠宽大呈伞形。叶心形，叶背密被具柄的树枝状毛或黏质腺毛。花序金字塔形或狭圆锥形，花冠紫色，漏斗状钟形，花萼深裂多于1/2，裂片比萼筒长或等长。蒴果卵圆形，幼时被黏质腺毛。花期4～5月；果期8～9月。

分布习性 我国东北，华东、华中及西南等地有分布。喜光，耐寒，耐旱，耐瘠薄，耐盐碱。抗逆性强。

繁殖栽培 分根繁殖。

园林应用 树冠开张，树干直立，花繁多，开花时簇簇紫花清香扑鼻。孤植、丛植于庭院，群植于林缘、空旷地等。叶片黏质腺毛分泌出的黏性物质，能大量吸附烟尘及有毒气体，所以也是营造城市防护林的优良树种。茅家埠有种植。

兰考泡桐 | *Paulownia elongata*

落叶乔木。树高达20m；树冠伞形，小枝有明显的皮孔，幼时被黏质腺毛。叶心形，长达40cm，先端急尖，全缘或波状浅裂，新枝上的叶较大；叶片下面密被树枝状毛或黏质腺毛。花序金字塔或狭圆锥形，花序枝的侧枝不发达，长为中央主枝之半或稍短，花萼深裂超过1/2，裂片比萼筒长或等长；花冠紫色。蒴果卵圆形，幼时密生黏质腺毛。花期4～5月；果期8～9月。

我国江苏、安徽、江西、湖北及辽宁南部有分布。深根性树种，生长快。

花圃、茅家埠等有种植。

同属中有栽培应用的有：

白花泡桐 | *Paulownia fortunei*

落叶小乔木。树高达30m。叶卵圆形，顶端急尖，基部心形，叶背密被细柔毛；全缘。狭聚伞花序顶生，长约25cm，花白色，花冠漏斗形，外面被稀疏极细的星状柔毛，花冠裂片5，半圆形，花萼钟形，厚革质，果时宿存。蒴果，长卵圆形，长6～10cm，果皮厚革质。花期3～4月；果期9月。

我国安徽、江西、福建、广东、广西等有分布。

曲院风荷、浴鹄湾、花港观鱼、植物园等有种植。

131 梓树 *Catalpa ovata*

/ 紫葳科梓树属 /

形态特征 落叶乔木。树高达10m；树皮褐色或黄灰色，纵裂或薄片剥落。叶对生或轮生，广卵形或圆形，长宽几相等，先端3浅裂，叶背基部脉腋具3～6个紫色腺斑。圆锥花序顶生；花冠钟状，黄白色，长约2cm，喉部有紫色斑点和2条黄色条纹。蒴果细长如豇豆，下垂，长20～30cm，径5～7mm。花期5～6月；果熟期8～9月。

分布习性 我国长江流域及其以北地区有分布。喜光，稍耐阴，耐寒，不耐热，耐轻盐碱土，不耐干旱瘠薄，在肥沃湿润的土壤中生长良好。抗污染能力较强。深根性树种。

繁殖栽培 播种繁殖。

园林应用 树冠开展，春夏黄花满树，秋冬荚果悬挂。孤植、丛植作庭荫树，列植作行道树，群植于林缘、草地、空旷地，亦可用于工矿厂区绿化。曲院风荷、植物园、浙大玉泉校区有应用。

同属中常见栽培应用的有：

楸树 | *Catalpa bungei*

落叶乔木。树高约15m。叶三角状卵形或卵状椭圆形，先端渐尖，基部楔形、宽楔形或心形，全缘，叶背脉腋有圆形腺体。总状花序伞房状排列，顶生，有花3～12朵。花冠淡红色，内有2条黄色条纹及紫红色斑点。蒴果长25～50cm，直径2mm。花期4～6月；果期6～10月。

我国黄河流域及长江流域有分布。喜光，稍耐阴，较耐寒，稍耐盐碱，不耐干旱，不耐积水。在深厚肥沃湿润的土壤中生长最好。抗污染能力较强。萌蘖性强。自花不孕，常开花不结实。

树姿苍劲挺拔，花朵繁密艳丽。植物园、曲院风荷等有种植。

同属中值得推荐的有：

黄金树 | *Catalpa speciosa*

落叶乔木。树高约15m；树冠开展。叶宽卵形至卵状长圆形，叶背被白色柔毛，基部心形或截形。圆锥花序顶生，花冠白色，喉部有2条黄色脉纹及淡紫褐色斑点。蒴果长30～55cm，直径10～12cm。花期5月；果期9月。

原产美国，我国长江流域广泛栽培。喜湿润凉爽气候，喜光，稍耐阴，不耐贫瘠和积水。在肥沃深厚疏松的土壤中生长较好。

树形高大，花大美丽。杭州植物园有种植。

132 棕榈

Trachycarpus fortunei

/ 棕榈科棕榈属 /

形态特征 常绿乔木。树高10m；树冠伞形，树干圆柱形，有环纹，常有残存的纤维状老叶鞘包围。叶簇生于顶端；叶片圆扇形，掌状深裂，径

50～100cm，裂片30～45枚，线状披针形，先端有2浅裂，中脉突出，叶面深绿色。雌雄异株；圆锥形肉穗花序腋生，花小，淡黄色。核果肾状球形，成熟时黑色，被白粉。花期4～5月；果期10～11月。

分布习性 我国长江以南各省有分布。喜温暖湿润气候，喜光，耐阴，耐寒，耐干旱，耐湿，耐轻度盐碱。对二氧化硫、氟化氢等有毒气体抗性较强。浅根性树种。自播能力强。病虫害少。适应性强。

繁殖栽培 播种繁殖。

园林应用 树姿优美，叶形美丽，叶色四季葱茏。孤植、丛植于庭院，列植于甬道、游泳池边、落叶行道树下，群植于建筑物周围、滨河旁、草坪、广场。也常用于湿地、工矿区绿化。杭州园林中普遍应用。

133 加那利海枣

Phoenix canariensis

/ 棕榈科刺葵属 /

形态特征 常绿乔木。树高10～15m；茎具环纹，其上有不规则老叶柄基部宿存。羽状复叶螺旋状集生于茎端，叶片长达4～6m，弓状弯曲；小叶片150～200对，窄而刚直；端尖、上部小叶不等距对生，中部小叶等距对生，下部小叶每2～3片簇生，基部小叶成针刺状；叶柄短，基部肥厚，黄褐色。肉穗花序从叶间抽出，多分枝。果实卵状球形，橙黄色，有光泽。种子椭圆形，中央具深沟，灰褐色。花期5～7月；果期8～9月。

分布习性 原产非洲西岸，20世纪80年代引入我国。喜光，耐半阴，耐热，耐盐碱，不耐寒，耐贫瘠，在肥沃的土壤中生长迅速。抗风能力强。

繁殖栽培 播种繁殖。

园林应用 树形优美，富有热带风情。列植于道路两侧，丛植于草坪、空旷地，都有良好的观赏效果。杭州花圃、浣沙路及一些居住区有种植。

134 蒲葵
Livistona chinensis

/ 棕榈科蒲葵属 /

形态特征 常绿乔木。树高5～20m；茎圆柱形，基部常膨大。叶宽肾状扇形，直径约1m余，掌状深裂达中部，裂片线状披针形，顶部渐尖，二深裂；叶柄下部有黄绿色或淡褐色下弯的短刺。花序圆锥状，总梗上有6～7个佛焰苞，约6个分枝花序，长达35cm，每分枝花序基部有1个佛焰苞，分枝花序具2次或3次分枝，小花枝长10～20cm，花小，两性，长约2mm。果实椭圆形，黑褐色。花果期4月。

分布习性 我国南部地区有分布，广东、广西、福建、台湾等地有栽培。

繁殖栽培 播种繁殖。

园林应用 树冠伞形，叶大如扇，四季常绿，常列植、片植营造亚热带、热带园林景观。杭州城区绿化中有应用。

135 布迪椰子
Butia capitata

/ 棕榈科布迪椰子属 /

形态特征 常绿乔木。树高达7～8m；灰色，粗壮，平滑，有老叶痕。羽状叶长约2m，叶片弯拱呈弓形，蓝绿色，两侧羽片排列整齐，向上伸展成“V”字形，叶基宿存，重叠或逐渐脱落，叶柄具刺。穗状花序腋生，小花橙黄色。果实卵球形，熟时橙色。花期5～6月；果期7～9月。

分布习性 原产巴西南部、阿根廷、乌拉圭等。喜阳光充足、排水良好的环境，耐旱、耐热。抗寒能力强，能忍受-10℃甚至更低的温度。

繁殖栽培 播种繁殖。

园林应用 株形优美，叶形如弓，叶色蓝绿。宜列植或丛植于草坪上。杭州一些小区有应用。

二　灌木

1 铺地柏
Sabina procumbens

/ 柏科圆柏属 /

形态特征 常绿匍匐状小灌木。株高50～80cm；枝条沿地面扩展，枝稍及小枝向上伸。刺叶3叶轮生，线状披针形，叶面凹，有2条白色气孔带，叶背突起，沿中脉有细纵槽，基部有2个白色斑点。球果近球形，有2～3颗种子。

分布习性 原产日本，我国南北各地有栽培应用。喜光，耐寒，耐旱，忌水湿。在干燥肥沃的沙质土壤中生长良好。

繁殖栽培 扦插繁殖。

园林用途 枝叶茂密，铺地如盖，春季抽生新枝时观赏效果最佳。布置岩石园，点缀路口，成片种植于草坪、坡地，亦是制作盆景的好材料。曲院风荷、花圃、乌龟潭、湖滨、植物园等有种植。

园艺品种：

花叶铺地柏 | ***Sabina procumbens* cv.**

植株的部分叶片为黄白色或有白色斑纹。色叶矮灌木。杭州花圃有种植。

2 金冠柏
Cupressus macrocarpa 'Glodcrest'

/ 柏科柏木属 /

形态特征 常绿彩色灌木或小乔木。株高4～6m；树冠宝塔形，多分枝；树皮红褐色，枝叶有特殊香气。叶色随季节变化，春季淡黄色，夏季黄绿色，冬季金黄色。

分布习性 近年从国外引进，长三角地区有栽培应用。喜冷凉气候，喜光，耐寒，耐高温，耐旱，忌积水。在疏松湿润的土壤中生长良好。生长较快。

繁殖栽培 扦插繁殖。

园林应用 观叶常绿灌木，株形优美，枝叶茂密，叶色随季节变化，芳香。布置庭院、花境，片植做色块。杭州茶叶博物馆、西湖南线等有种植。

同属中常见栽培应用的有：

蓝冰柏 | ***Cupressus arizonica* var. *glabra* 'Blue Ice'**

常绿灌木或小乔木。树冠窄圆柱形。叶片终年蓝灰色。

原产美国西南部，近年引进栽培。

观叶常绿灌木，株形优美，枝叶茂密。布置花境，成片种植于林缘、草地，亦可作树篱或圣诞树。西湖南线花境中常见应用。

3 千头柏

***Platycladus orientalis* 'Sieboldii'**

/ 柏科侧柏属 /

形态特征 常绿灌木。株高3～5m；植株丛生状，树冠近球形或卵圆形；树皮浅褐色，呈片状剥离，大枝斜出，小枝直展。叶鳞形，交互对生，紧贴于小枝，两面均为绿色。球果卵圆形，肉质，蓝绿色，被白粉，熟时红褐色。花期3～4月；果熟期10～11月。

分布习性 我国华北、西北至华南有分布，各地有栽培应用。喜光，不耐阴，忌涝，不择土壤，但在肥沃排水良好的壤土中生长较好。适应性强。

繁殖栽培 扦插繁殖。

园林应用 株形优美，叶片四季常绿，有清香。丛植、片植于公园绿地，列植于规则式园林的甬道或墓道。应用较多，植物园、茅家埠等有种植。

金叶千头柏 | ***Platycladus orientalis* 'Semperaurescens'**

矮生灌木。树冠球形。叶金黄色。

色叶常绿灌木，株形优美，叶片嫩黄色，有清香。南线花境中有应用。

4 彩叶杞柳
***Salix integra* 'Hakuro Nishiki'**

/ 杨柳科柳属 /

形态特征 落叶丛生灌木。株高1～1.5cm。叶对生；叶片长椭圆形；新梢嫩叶由粉红、白、绿三色组成，叶脉粉红色，叶上有大面积粉白色斑纹，下部老叶叶脉白色，后叶片逐渐变黄绿色，7～8月后叶片中的斑纹不明显。

分布习性 原产荷兰，我国南北各地有栽培。喜阳光充足，凉爽湿润环境；耐寒，耐贫瘠，适应性强。水边生长最佳。萌蘖力强。

繁殖栽培 扦插繁殖。

园林用途 色叶灌木，春天新枝嫩叶白中透粉红，枝条柔软随风飘摆，成片种植，景观效果极佳。布置花境，片植做色块材料，修剪作林缘或岸边地被植物。西湖博物馆、湖滨、西溪湿地等有应用。

5 无花果
Ficus carica

/ 桑科榕属 /

形态特征 落叶灌木。株高3～10m，具乳汁；小枝粗壮，有环状托叶痕。叶片厚纸质，宽卵形，长10～20cm，常3～5掌状深裂，缘有波状齿。隐头花序单生叶腋。隐花果梨形，径约2.5cm。花期4～5月；果期7～8月。

分布习性 原产地中海沿岸，我国除东北、西藏和青海外都有栽培。喜温暖湿润气候，喜光，较耐旱，不耐寒，不抗涝，不择土壤，在肥沃的沙质壤土生长良好。抗尘、抗二氧化硫能力较强。

繁殖栽培 扦插、播种或分株繁殖。

园林应用 观叶观果灌木，叶片硕大，果实奇特。布置庭院绿地，用于厂矿或大气污染较严重地区的绿化。西湖风景区应用比较少，杭州居民小区中常见种植。

6 千叶兰
Muehlenbeckia complexa

/ 蓼科千叶兰属 /

形态特征 常绿小灌木。植株丛生，茎匍匐，红褐色，细长。叶互生；叶片圆形，全缘，叶柄红褐色。雌雄异株，花生于枝顶端，花白色，花瓣5。浆果白色，种子黑色。

分布习性 原产新西兰，我国长三角地区有栽培。喜温暖湿润环境，喜光，耐半阴，耐寒，稍耐干旱。适应性强。杭州地区可露地常绿越冬。

繁殖栽培 扦插或分株繁殖。

园林用途 观叶常绿矮灌木，植株覆盖性好，叶片秀丽四季常绿。布置花境、岩石园或片植于林下，室内作吊盆栽种或置于花架、柜子顶，使其枝条自然下垂。南线花境中常见应用。

7 牡丹

Paeonia suffruticosa

/ 毛茛科芍药属 /

形态特征 落叶灌木。株高0.6～2m，茎粗壮，多分枝。叶二回三出复叶，小叶长4.5～8cm，卵状长椭圆形或阔卵形，先端3～5裂，基部全缘，叶背被白粉。花单生枝顶，直径10～30cm；花型可分为单瓣类、复瓣类、重瓣类；花色有白、粉红、深红、黄、绿、紫等；雄蕊多数；花盘杯状，红紫色。花期4～5月。

分布习性 原产我国西部及华北地区。喜凉爽干燥环境，喜光忌暴晒，耐寒，耐旱，耐盐碱，忌积水。在疏松肥沃、土层深厚及排水良好的沙质壤土中生长较好。

繁殖栽培 分株、播种或扦插繁殖。雨季及时排水；夏季高温适当遮荫。

园林应用 我国十大传统名花之一，花大色艳，花色丰富，有国色天香之誉。孤植、丛植于庭院、岩石园、草坪、林缘，布置花境、花台、专类园，亦可盆栽观赏。杭州园林中应用较多，多数花展中有应用。花港观鱼的牡丹亭是杭州最佳观赏牡丹的去处。

8 紫叶小檗

Berberis thunbergii **'Atropurpurea'**

/ 小檗科小檗属 /

形态特征 落叶灌木。株高1～2m；枝条幼时紫红色，枝节有刺。叶倒卵形，全缘，紫红色，单叶互生或1～5枚簇生。伞形花序，花黄色。浆果鲜红色。花期4～5月；果期8～10月。

分布习性 原产日本，我国南北各地有栽培。喜阳光充沛，凉爽湿润环境。耐旱，耐寒，稍耐阴，忌积水。在排水良好、肥沃的沙质土壤中生长最佳。

繁殖栽培 播种或扦插繁殖。苗期土壤过湿易烂根。

园林用途 色叶灌木，枝叶细密，春季开花，整个生长季叶片红色，果实成熟时红色。孤植、丛植于庭院绿地，片植作模纹色块或林缘地被。花境中常见应用，湖滨有种植。

同属植物中常见栽培应用的有：

小檗 | *Berberis thunbergii*

落叶灌木。株高1～2m；枝条幼时红褐色，枝节有刺。单叶互生或1～5枚簇生，匙形或倒卵形，长0.5～2cm，全缘；叶面暗绿色，叶背灰绿色。伞形花序，1～5朵簇生，花黄色。浆果椭圆形，鲜红色。花期4～5月；果期8～10月。

原产日本和中国，我国各大城市有栽培应用。喜光，稍耐阴，耐寒，耐旱。不择土壤，在排水良好肥沃的沙壤土中生长较好。萌芽力强，耐修剪。

枝叶细密，春季开黄花，秋季叶色变红，果熟后红艳美丽。杭州园林中普遍应用。

金叶小檗 | *Berberis thunbergii* 'Aurea'

落叶灌木。株高约1m；茎直立丛生，有针刺。叶倒卵形；从春天到秋天，叶由嫩黄色变为金黄色再转为橙黄色至橙红色，秋末冬初叶绯红色。

近年从国外引进。我国南北各地有栽培应用。喜光照充足、温暖湿润环境。耐寒，耐旱，耐盐碱，抗污染。萌蘖性强，耐修剪。生长快，抗逆性强。不择土壤，但在沙质壤土中生长最好。庇荫处生长，色叶不明显。

叶色随季节而变化，由春季至秋季从嫩黄色变为金黄色至橙红色，观赏期长。布置花境，成片种植作林缘色块，亦可于坡地或路旁成片种植。赵公堤、湖滨等有种植。

长柱小檗 | *Berberis lempergiana*

常绿小灌木。叶长椭圆形，硬革质，有刺，三分叉。花8～20朵簇生，黄色。花期4～5月；果期7～10月。

我国浙江省和江西省有分布。喜光，稍耐阴。适应性强。

叶片四季常绿，冬季部分变为红色；花黄色。成片种植于路边、林缘。杭州园林中普遍应用。曲院风荷、湖滨、花圃、浴鹄湾、花港观鱼、植物园等有种植。

9 安坪十大功劳

Mahonia eurybracteata subsp. *ganpinensis*

形态特征 常绿灌木。株高1～2m；枝叶柔软，灰绿色，有槽纹。奇数羽状复叶，小叶5～9枚，狭披针形，边缘有锯齿，革质，有光泽，深绿色。总状花序，花小，黄色。浆果成熟时蓝黑色，被白粉。花期9～10月；果期11～12月。

分布习性 我国湖北、四川有分布，长江以南各地有栽培应用。耐阴、耐湿、耐旱、较耐寒，不择土壤，忌水涝。

繁殖栽培 扦插或播种繁殖。

园林用途 叶四季常绿，秀丽有光泽；黄花成簇，果实累累。布置庭院、花境，点缀假山、岩隙或建筑物阴面，成片种植于林缘效果好。应用比较多，湖滨、曲院风荷、浴鹄湾、花港观鱼、植物园等有种植。

同属植物中常见栽培应用的有：

阔叶十大功劳 | *Mahonia bealei*

常绿灌木。株高1～2m。小叶9～15枚，卵形至卵状椭圆形，长不逾宽的3倍，顶生小叶较侧生小叶大，叶面绿色有光泽，背面有白粉，边缘反卷。总状花序直立，6～9条簇生，花黄色。浆果卵形，蓝黑色。花期9月至翌年1月；果期3～5月。

我国浙江、湖北、四川等省有分布，长江以南各地有栽培。喜温暖气候，耐阴，耐湿。

株形俊秀，叶别致，早春枝顶嫩黄色花朵成串下垂，秋季果实累累。丛植于庭院或片植于林缘或林下。孤山、曲院风荷、植物园等有种植。

十大功劳 | *Mahonia fortunei*

常绿灌木。株高达1～2m。小叶3～9枚，狭披针形，长为宽的3倍以上，革质，缘有刺齿6～13对，基部楔形，入冬后有部分叶颜色变红。总状花序4～8条簇生，花黄色。浆果长圆形，蓝黑色，被白粉。花期7～9月；果期9～11月。

我国浙江、湖北、四川等省有分布。喜温暖湿润气候，耐阴，耐湿，耐旱，较耐寒，不择土壤，忌水涝。夏季高温季节，注意通风透气，干旱时及时浇水，以防白粉病发生。

布置庭院，作绿篱种植，片植于林缘或林下。杭州园林中应用较多，曲院风荷、湖滨、花圃、茅家埠、植物园等有种植。

小果十大功劳 | *Mahonia bodinieri*

常绿灌木。株高1～2m。羽状复叶，有小叶15枚左右，小叶卵椭圆形或长椭圆形。总状花序簇生，花黄色。浆果卵形，蓝黑色，果实较小。花期6～9月；果期8～10月。

我国长江流域有分布。喜温暖湿润气候，喜光，耐半阴，不耐寒，在肥沃排水良好的壤土中生长较好。

株形俊秀，叶片有光泽秋季变红褐色，花黄色，果实也有一定的观赏性。孤植、丛植于庭院，布置花境，片植于草坪、高层建筑物阴湿面、疏林下、林缘等。植物园灵峰探梅景点、曲院风荷、柳浪闻莺、植物园等有种植。

10 南天竹

Nandina domestica

/ 小檗科南天竹属 /

形态特征 常绿灌木。株高1～2m，茎直立，丛生少分枝，幼枝常红色，顶梢有宿存的短叶柄。叶互生；二至三回羽状复叶，小叶椭圆状披针形，革质，全缘，深绿色，冬季变红色。圆锥花序顶生，花小，白色。浆果球形，鲜红色。花期5～7月；果期10～11月。

分布习性 原产我国和日本，长江以南各地可露地栽培。喜温暖湿润、通风良好的环境，喜光，强阳光下叶色发红，耐半阴，耐寒，耐旱。不择土壤，在排水良好的中性或钙质土壤中生长较好。适应性强。病虫害少。

繁殖栽培 播种或分株繁殖。

园林用途 株型俊秀；叶秀丽四季常绿，秋冬季节变红；花初夏盛开，雅致，花期长；秋季红果累累，经久不落。布置庭院、花境；片植于草坪、园路旁、分车带、林缘或木栈道旁；亦可作自然形绿篱。杭州园林普遍应用。

园艺品种：

火焰南天竹 | *Nandina domestica* 'Fire power'

常绿色叶小灌木。植株低矮，株型紧凑。叶红色，致密。喜光，稍耐阴，耐湿，耐寒，生长较快。常见在花境中应用。

近年来从国外引进，长三角地区有应用。西湖景区花境中常见应用。

11 紫玉兰
Magnolia liliiflora

/ 木兰科木兰属 /

形态特征 落叶灌木。株高约5m，大枝近直伸，小枝紫褐色，托叶痕达叶柄的1/2。单叶互生，叶片椭圆状倒卵形或倒卵形，先端急尖或渐尖，叶背沿脉有短柔毛，基部明显下延。花先叶开放，花大，花被片9，瓣状花被片6，紫色或紫红色，萼状花瓣3，绿色。聚合果圆球形，熟时淡褐色。花期3月；果期9～10月。

分布习性 原产我国湖北、四川、云南、长江流域。喜光，稍耐阴，较耐寒，不耐盐碱，忌水湿，喜肥沃、湿润、排水良好的土壤，忌黏质土壤。

繁殖栽培 分株或压条法繁殖。

园林应用 早春开花，花大色美，芳香。点缀于庭前或丛植于草坪边缘，亦可成片种植于林缘。植物园桃花源景点、曲院风荷、花圃、茅家埠、花港观鱼、浴鹄湾、太子湾等有种植。

12 含笑
Michelia figo

/ 木兰科含笑属 /

形态特征 常绿灌木。株高2～5m；小枝有环状托叶痕，分枝密集，嫩枝、芽、叶、柄、花梗均密被锈色柔毛。叶革质，椭圆形或倒卵形，全缘，有光泽。花单生叶腋，花径2～3cm，花被片6，肉质，乳黄色，边缘带紫，芳香。聚合果长2～3.5cm。花期3～5月；果期7～8月。

分布习性 原产我国华南地区，华南至长江流域普遍应用。喜温暖湿润气候，喜半荫，不耐暴晒，耐湿，较耐寒，不耐干旱贫瘠，在排水良好、肥沃深厚的微酸性土壤中生长较好。抗污染气体。少病虫害。

繁殖栽培 扦插繁殖为主。

园林应用 枝繁叶茂，叶片四季常绿有光泽，花淡黄色，幽香如兰。孤植、丛植于庭院、窗前、阶旁、草地边缘、街头绿地、建筑阴面、林缘，也可用于工矿厂区绿化。杭州园林中普遍应用。

紫花含笑 | *Michelia crassipes*

与含笑的区别：花紫红色，雌蕊群不超过雄蕊群。

我国江西、湖南、华南等地有分布。喜温暖湿润气候，喜光，稍耐阴，在微酸性的黄壤土中生长良好。

枝叶浓绿，叶片四季常绿、有光泽，花紫红色，芳香。植物园分类区有种植。

13 蜡梅

Chimonanthus praecox

/ 蜡梅科蜡梅属 /

形态特征 落叶丛生灌木。株高2～5m，小枝略呈四棱形。叶对生，卵形或椭圆形，先端渐尖，基部圆形或楔形，长7～15cm，全缘，表面粗糙。先花后叶，花单生叶腋，花径2～2.5cm，花被片16枚，蜡黄色，有光泽，芳香，花被内轮带紫色条纹或斑块。果托长卵形。花期12月至翌年2月；果期8月。

分布习性 我国陕西、河南、湖北、湖南、四川等省有分布，各地普遍栽培应用。喜光，稍耐阴，较耐寒，耐旱，忌涝。在肥沃疏松、排水良好的沙质土壤中生长较好，忌黏土与碱土。

繁殖栽培 嫁接繁殖为主，也可播种或分株繁殖。

园林应用 寒冬腊月满树金花，清香四溢，花期长，秋叶黄色。孤植、丛植于庭院、建筑物入口处、亭旁、墙隅、路口，片植于草坪、林缘。由于花色淡雅，枝条散开，公园绿地中最好片植，并应以常绿乔木为背景树，周边可适当种植常绿小灌木，如南天竹、茶梅等，草坪选择冷季型草。杭州园林中普遍应用。

同属中常见栽培应用的有：

山蜡梅 | *Chimonanthus nitens*

常绿灌木。株高达1～3m。叶片革质，叶背淡绿色，无白粉，先端渐尖，两面无毛。花单朵腋生，黄色或黄白色，芳香。花期9月至翌年2月。

我国浙江、安徽、福建、湖南、湖北等省有分布。杭州地区应用少，植物园灵峰探梅景点、分类室周围有种植。

柳叶蜡梅 | *Chimonanthus salicifolius*

半常绿灌木。株高达3m，幼枝条四方形，老枝近圆柱形，被微毛。叶近革质，线状披针形或长圆状披针形，叶背被短柔毛。花单朵腋生，淡黄色，芳香。花期8～10月。

我国浙江、安徽、江西等省有分布。杭州植物园分类区有种植。

14 夏蜡梅

Calycanthus chinensis / 蜡梅科夏蜡梅属 /

形态特征 落叶灌木。株高2～3m；小枝对生，二歧状，叶柄内芽。叶对生，薄纸质，叶片宽椭圆形、宽卵状椭圆形或倒卵状椭圆形，先端短尖或尖，基部圆形、宽楔形或近耳形，边缘微具不规则锯齿或近全缘。花单生当年枝顶，花径4.5～7cm，外花被片10～14枚，白色，缘具红晕；内花被片7～16枚，肉质，黄色。果托钟形。花期5月；果期10月。

分布习性 我国浙江临安和天台有分布，国家二级保护植物；华东地区有栽培。喜半阴凉爽湿润气候，强光下生长不良，较耐寒，不耐干旱瘠薄，在富含腐殖质及排水良好的微酸性土壤中生长较好。

繁殖栽培 播种繁殖为主，随采随播。实生苗约4～5年才能开花。也可扦插、压条、分株繁殖。

园林应用 初夏开花，花大美丽。孤植、丛植于庭院，片植于疏林缘。植物园灵峰景点有成片种植。

15 山橿

Lindera reflexa / 樟科山胡椒属 /

形态特征 落叶灌木或小乔木。株高约1～6m；树皮平滑无皮孔，有黑斑，小枝绿色。叶互生，纸质，叶片椭圆形或倒卵状椭圆形，偶两侧不对称，长4～12cm，宽2～5cm，基部阔楔形或圆形，先端渐尖。伞形花序，花序总梗密被毛，花黄色，花被6。核果球形，熟时深红色，直径不及1cm，果梗长0.4～1.6cm，无皮孔。花期4月；果期8月。

分布习性 我国长江以南各省区有分布。喜光，稍耐阴。

繁殖栽培 播种或分株繁殖。

园林应用 叶深绿光亮，花黄色，秋季红果累累。点缀草坪、假山隙缝，成片种植于林缘。植物园分类区有种植。

同属中值得推荐应用的种类还有：

山胡椒 | *Lindera glauca*

落叶灌木或小乔木。株高达8m；树皮灰白色、平滑；小枝初有黄褐色毛，后脱落；冬芽芽鳞无脊。单叶互生，薄革质，椭圆形至宽椭圆形，长为宽的2倍或不及，叶背苍白色，全缘，羽状脉，叶枯后留存树上，来年新叶发出时脱落。雌雄异株；伞形花序，花序具总梗，位于新枝基部；花2～4朵，黄色，花被片6。浆果球形，熟时黑色或紫黑色。花期4月；果熟9～10月。

我国山东、河南、陕西、山西、甘肃及长江以南各省区有分布。喜光，稍耐阴湿，耐寒，在湿润肥沃的微酸性沙质土壤中生长良好。

生长季叶面深绿，秋季变红，冬季枯叶不落。植物园经济植物区有种植。

红果钓樟 | *Lindera erythrocarpa*

落叶灌木或小乔木。株高达6.5m；树皮灰褐色至黄白色，小枝灰白色至灰黄色，皮孔显著隆起。叶互生，纸质，倒披针形至倒卵状披针形，叶面绿色，疏被贴伏短柔毛至几无毛，叶背灰白色，叶柄常呈红色。伞形花序位于腋芽两侧，先端具总苞片4，花15～17朵，小花淡黄色。果球形，熟时红色。花期4月；果期9～10月。

我国长江流域及其以南各地有分布。

秋季红果累累。成片种植于草坪、林缘。植物园分类区有种植。

16 齿叶溲疏 *Deutzia crenata*

/ 虎耳草科溲疏属 /

形态特征 落叶灌木。株高1～3m，老枝灰色，小枝有毛，幼时有星状柔毛。叶对生，叶片卵形或卵状披针形，叶背绿色，密被10～12条辐射状的星状毛，先端渐尖，基部圆形或阔楔形，边缘具细圆齿。圆锥花序狭长塔形，花丝先端2短齿，花瓣5，花白色或略带粉红色。蒴果半球形。花期4～5月；果熟期8～10月。

分布习性 我国长江流域各省有分布。喜温暖湿润气候，喜光，稍耐阴，耐寒，耐旱，不择土壤。适应性强。耐修剪。

繁殖栽培 扦插繁殖。

园林应用 初夏白花满树，花序长，小花洁净素雅。丛植于路边、草坪、山坡及林缘，亦可作花篱及岩石园的种植材料。花圃、浴鹄湾等有种植。

园艺品种：

白花重瓣齿叶溲疏 | *Deutzia crenata* 'Candidissima'

落叶灌木。花重瓣，纯白色。花圃、浴鹄湾等有种植。

细梗溲疏 | *Deutzia gracilis*

落叶灌木。株高1～2m；多分枝，小枝淡灰色，老枝灰褐色。叶纸质，披针形或宽披针形。总状花序，基部有时分枝；花瓣椭圆形，白色。蒴果。花期5月。

原产日本，华东地区有栽培应用。

孤植、丛植于庭院，片植于林缘。植物园分类区有种植。

‘雪球’细梗溲疏 | ***Deutzia gracilis* ‘Nikko’**

落叶小灌木。株高30～40cm，半球状。叶披针形，对生，深绿色。圆锥花序，小花白色，多数。花期4～5月。

近年从国外引进，我国各地有栽培应用。

植株低矮致密，白花繁多。丛植、片植于林缘草地，亦可作地被或基础栽植。植物园、西湖南线花境中有应用。

同属中有栽培应用的：

宁波溲疏 | ***Deutzia ningpoensis***

落叶灌木。株高2m，树皮片状剥落，枝中空，小枝疏生星状毛。叶片狭卵形或披针形，叶背灰白色，密被12～14条辐射状的星状毛；花枝上叶柄长1～2mm。圆锥花序，常生于侧枝顶端；花瓣5，白色。花期5～6月；果期9～10月。

花灌木。花港观鱼、植物园等有种植。

同属中推荐应用种类：

黄山溲疏 | ***Deutzia glauca***

落叶灌木。株高达1.5～2.5m；小枝灰褐色，无毛。叶片下面微被白粉但无毛。花序圆锥状，花瓣白色，花萼被毛，无斑点。蒴果半球形，较大，直径6～9mm。花期5～6月；果实6～10月。

我国长江流域有分布。

花白色繁多，秋叶黄色。孤植、丛植于庭院，片植于林缘。植物园分类区有种植。

17 八仙花

Hydrangea macrophylla

/ 虎耳草科绣球属 /

形态特征 落叶灌木。株高1～2m，小枝粗壮，皮孔明显。叶对生，厚纸质，具光泽，叶片倒卵形至椭圆形，边缘除基部外有三角形粗锯齿。顶生伞房花序近球形，径可达20cm，几乎全部为不育花；花色多变，有白、蓝、粉红、红等。花期6～7月。

分布习性 原产我国长江以南地区，各地庭院常见栽培应用。喜温暖湿润环境，耐半阴，耐湿，不耐暴晒，耐寒性较差。在肥沃、疏松、排水良好的沙质土壤中生长最好。土壤酸碱度与花色关系密切，花在酸性土中为蓝色，中性或碱性土中为红色。

繁殖栽培 扦插或分株繁殖。

园林用途 花大如绣球，花色丰富，极为美丽。布置花坛、花境、庭院；丛植于路旁、林缘；片植于林下、河岸边、建筑物或山石阴面种植；也可盆栽观赏。杭州园林中普遍应用。

园艺品种：

银边八仙花 | ***Hydrangea macrophylla* 'Maculata'**

叶缘有白色条斑。

湖滨、茅家埠、植物园、西湖南线等有种植。

同属植物中常见栽培应用的有：

泽八仙 | ***Hydrangea serrata* f. *acuminata***

落叶灌木。株高1～2.5m。叶片薄，边缘具不规则三角形粗疏锯齿。伞房花序顶生，放射花直径不超过2.5cm，萼片绿白色或淡蓝色，4枚，宽卵形；孕性花蓝紫色。花期5～6月。

我国长江以南各省有分布。喜温暖湿润环境，喜光，耐半阴，耐旱，耐寒，耐贫瘠。萌芽力强。花色与土壤酸碱度关系密切。

初夏开花，枝头聚满蓝色花朵。作花篱或片植于林缘。浴鹄湾、花港观鱼、植物园等有种植。

圆锥绣球 | ***Hydrangea paniculata***

落叶灌木。株高2～3m；小枝粗壮，略方形。叶对生，叶片椭圆形，小枝上部常3叶轮生。圆锥花序，长10～20cm；不育花具4枚萼片，白色，后带紫色；花瓣白色，芳香。蒴果近卵形。花期6～10月；果期8～11月。

我国长江以南各地有分布。

点缀庭院、草坪，亦可成片栽植于林缘或溪河边。茶叶博物馆有种植。

18 浙江山梅花

Philadelphus zhejiangensis /虎耳草科山梅花属/

形态特征 落叶灌木。株高2～3m，小枝赤褐色。叶对生，叶片椭圆形或椭圆状披针形，具3～5条基出脉，缘有细锯齿。总状花序有花5～13朵，最下1对顶端常具3朵花，花序轴长5～13cm，花瓣4枚，白色，芳香；花梗和花萼外面无毛。蒴果椭圆形。花期5～6月；果期7～11月。

分布习性 我国浙江、江苏、安徽、江西、福建有分布。喜温暖湿润的环境，喜光，耐阴，耐湿。

繁殖栽培 播种繁殖。

园林应用 春末夏初开花，花序长，小花白色繁多。丛植于草坪或溪水边。花港观鱼、植物园上林苑等有种植。

19 华蔓茶藨子

Ribes fasciculatum var. chinense

/ 虎耳草科茶藨子属 /

形态特征 常绿灌木。株高1～2m，枝无刺，幼时密被柔毛。叶片宽卵形，直径达10cm，嫩叶、叶两面和花梗均被较密柔毛。花雌雄异株，雄花4～5朵簇生，芳香，花萼黄绿色，浅碟形，花瓣5，极小。浆果红褐色，近球形。花期4～5月；果期5～9月。

分布习性 我国山东、河南、河北、陕西、辽宁及长江流域有分布。喜光，稍耐阴，耐湿，耐寒，忌热。适应性强。

繁殖栽培 扦插或播种繁殖。

园林应用 春季开黄花，花芳香；夏秋红果美丽。成片种植于庭院、溪河边、林缘或建筑物阴面。植物园百草园有种植。

20 常山

Dichroa febrifuga

/ 虎耳草科常山属 /

形态特征 落叶灌木。株高1～2m；全体被黄色短柔毛，小枝稍肉质。叶对生，叶片卵状长椭圆形或椭圆形。圆锥花序顶生，呈广伞房状或尖塔状，顶生或生于上部叶腋，花盛开时直径约1m，萼筒倒圆锥形，花瓣蓝色或青紫色，5～6枚，开花后反曲。浆果蓝紫色，卵球形。花期6～7月；果期8～10月。

分布习性 我国甘肃、陕西及长江以南各省有分布。喜温暖湿润气候。耐阴，耐湿。适应性强。

繁殖栽培 扦插或播种繁殖。

园林应用 夏季开花，花序大，花蓝色；冬季叶片脱落后枝干挺拔。丛植于建筑物阴面、墙角，片植于溪河边、林缘、草地。植物园百草园有种植。

21 海桐

Pittosporum tobira

/ 海桐花科海桐花属 /

形态特征 常绿灌木或小乔木。株高1.5～6m，嫩枝被褐色柔毛。叶互生，常集生枝顶，叶片倒卵形，先端圆钝，常微凹，全缘，边缘稍反卷，革质，有光泽。伞形花序或伞房状花序顶生，被黄褐色柔毛，花白色或黄绿色，芳香。蒴果球形，假种皮鲜红色。花期4～6月；果期9～12月。

分布习性 我国江苏、浙江、福建、广东等地有分布。喜温暖湿润气候，喜光，略耐阴，耐湿，耐寒，不择土壤。对有毒气体抗性强。适应性强。

繁殖栽培 播种或扦插繁殖。

园林应用 树冠球形，枝叶茂密，叶浓绿有光泽，初夏花朵清丽芳香，入秋果熟开裂时露出红色种子。孤植于庭院草地，丛植于草坪、道路分车带，可修剪成球形或绿篱等，亦可用于工矿绿化。杭州园林中应用普遍。

海金子 | *Pittosporum illicioides*

常绿灌木或小乔木。株高1～4m；枝和嫩枝光滑无毛，有皮孔，上部枝条有时近轮生。叶互生，叶片倒卵状披针形或倒披针形，长5～10cm，宽2.5～4.5cm。伞形花序顶生，有花1～12朵，花瓣淡黄色，5枚，基部连合。蒴果圆球形，种子红色。花期4～5月；果期6～10月。

我国长江以南各地有分布。

叶片四季常绿有光泽，花序美丽，小花黄色，果熟开裂露出红色种子。杭州浴鹄湾有种植。

22 小叶蚊母树

Distylium buxifolium

/ 金缕梅科蚊母树属 /

形态特征　常绿灌木。株高1～2m；嫩枝细，芽被褐色柔毛。叶片革质，倒披针形或矩圆形，长3～5cm，叶背有毛，叶面无毛，嫩叶常呈紫红色，侧脉4～6对，全缘或近先端具1小齿；叶柄极短。穗状花序腋生，长1～3cm，花朵密集，无花瓣，雄蕊深红色。花期2～4月。

分布习性　我国四川、湖南、湖北、福建、广东、广西等地有分布，长江中下游地区广泛应用。喜光，耐阴，耐旱，耐湿，耐寒，耐热，喜肥耐贫瘠，适应性强。抗盐碱性强。

繁殖栽培　扦插繁殖。

园林应用　枝叶浓密，叶片四季常绿有光泽，冬春开花，花深红色，花期长。成片种植于盐碱地、湿地，作林下地被或用于搭配大型色块，也可用于道路隔离带、花坛和庭院绿化。应用比较多，曲院风荷、花圃、乌龟潭、茅家埠等有种植。

蚊母树 | *Distylium racemosum*

常绿灌木或小乔木。株高1～2m，芽、幼枝及叶柄有褐色鳞垢。叶片椭圆形，长3～7cm，宽1.5～3.5cm。总状花序生于叶腋。花期3～4月；果期7～9月。

我国浙江、福建、台湾、广东等地有分布，长江流域城市园林中常见应用。喜温暖湿润气候，喜光，稍耐阴，不择土壤。在排水良好、肥沃、湿润的土壤中生长较好。萌芽力强，耐修剪。对烟尘及多种有毒气体抗性较强。

树形整齐，枝叶密集，叶片四季常绿有光泽，春天开深红色花。植于庭前草坪、大树下、道路旁，成片种植分隔空间，亦可修剪成球形或绿篱。花港观鱼、植物园等有种植。

23 蜡瓣花

Corylopsis sinensis

/ 金缕梅科蜡瓣花属 /

形态特征 落叶灌木或小乔木。株高达3m，小枝密被短柔毛，芽体被褐色毛。叶片倒卵形，长5～9cm，宽3～6cm，先端急尖，缘具锐尖齿，叶背有星状毛。先花后叶，总状花序长3～4cm，下垂，花黄色，花瓣匙形，芳香。蒴果卵球形。花期3月；果期6～8月。

分布习性 我国长江流域及以南地区有分布。喜阳光充足温暖湿润的气候，耐半阴，耐寒，不耐旱，在肥沃、湿润、排水良好的酸性土壤中生长最佳。适应性强。

繁殖栽培 播种、扦插或分株繁殖。

园林应用 早春枝头花序成串下垂，花黄色，芳香。丛植于草地、林缘、路旁、水边，也可点缀假山、岩石间。杭州植物园有种植。

24 红花檵木

Loropetalum chinense var. *rubrum*

/ 金缕梅科檵木属 /

形态特征 常绿灌木。株高1～3m；树皮暗灰或浅灰褐色，多分枝，嫩枝红褐色，密被星状毛。叶互生；叶片卵圆形或椭圆形，革质，全缘，暗紫色。顶生头状花序，3～8朵簇生于小枝端；花瓣4枚，紫红色，线形；花药有4个花粉囊，2瓣开裂。花期4～5月。

分布习性 我国长江中下游及以南地区有栽培。喜温暖湿润气候，喜光，稍耐阴，耐旱，耐寒，耐瘠薄，在肥沃湿润的微酸性土壤中生长良好。萌芽力强，耐修剪。

繁殖栽培 扦插繁殖为主。

园林用途 叶片四季暗红色，春天开花，花紫红色。孤植于庭院，丛植于林缘，片植于山坡、林下或水边，亦可修剪成球形或绿篱。常见与金叶女贞等色叶灌木配置成各种图案。杭州园林中应用普遍。

檵木 | *Loropetalum chinense*

常绿灌木。株高4～9m，小枝、嫩叶及花萼有锈色星状短柔毛。叶卵形或椭圆形。花白色。花期4～5月。

我国长江流域及其以南省区有分布。喜温暖湿润气候，耐半阴，在酸性土壤中生长较好。适应性较强。

叶片四季常绿，春天开花如覆雪。丛植于林缘、草地或与山石配置，亦可作风景林下木。植于植物园桃花园景点草坪绿地中，花圃作盆景应用。

25 日本海棠

Chaenomeles japonica

/ 蔷薇科木瓜属 /

形态特征 落叶灌木。株高1m；枝开展，有细刺；小枝粗糙，幼时紫红色；二年生枝有疣状突起。叶片匙形至宽卵形、倒卵形，边缘有圆锯齿。花先叶开放，2～5朵簇生；花瓣猩红色，倒卵形或近圆形。果实近球形，黄色。花期3～5月；果期8～10月。

分布习性 原产日本，我国各地有栽培应用。喜光，不耐阴湿，不择土壤。

繁殖栽培 扦插繁殖为主。

园林用途 春季鲜红色的花朵布满了植株，秋季果实累累。布置庭院、岩石园，片植于绿地、坡地、林缘。花港观鱼、花圃、湖滨公园、植物园等有种植。

同属中常见栽培应用的有：

贴梗海棠 | *Chaenomeles speciosa*

落叶灌木。株高约2m；小枝无毛，有刺。叶片卵形至椭圆形，长3～10cm，宽1.5～1cm。花簇生，红色、粉红色、淡红色或白色，有重瓣、半重瓣等品种。梨果球形或长圆形，直径5～8cm。花期3～4月；果期10月。

原产我国西南，南北各地有栽培。喜光，较耐寒，不耐涝，不择土壤。

春季花朵美丽，秋季果实黄色芬芳。成片种植于庭院、绿地，亦可作绿篱材料，或盆栽观赏。可与迎春和连翘搭配应用。杭州园林中普遍应用。

白花贴梗海棠 | *Chaenomeles speciosa* 'Alba'

花白色。杭州花圃、花港观鱼、植物园等有种植。

红花贴梗海棠 | *Chaenomeles speciosa* 'Rubra'

花粉红色。花港观鱼、花圃、植物园等有种植。

同属中值得推荐的有：

木桃 | *Chaenomeles cathayensis*

落叶灌木。株高2～6m；枝条直立，具短枝刺。叶椭圆形，披针形至倒卵披针形，幼时叶背密被褐色柔毛，边缘锯齿刺芒状。花先叶开放，2～5朵簇生于二年生枝上，花瓣白色，边缘红色；花柱基部常被柔毛或棉毛。果实卵球形或近圆柱形，黄色有红晕，芳香。花期3～4月；果实9～10月成熟。

我国陕西、甘肃及长江以南各省有分布。喜光，较耐寒，不耐涝，不择土壤。

杭州湖滨、花圃、植物园等有种植。

26 野山楂

Crataegus cuneata

/ 蔷薇科山楂属 /

形态特征 落叶灌木。株高约1.5m，分枝密，具细刺。叶片三角状卵形，基部楔形，下延至叶柄，边缘有不规则重锯齿，先端常3浅裂。伞房花序，径2～2.5cm，具5～7朵花，花瓣白色，花药红色。果实近球形或扁球形，红色或黄色，直径1～1.5cm；小核4～5个。花期5～6月；果期6～11月。

分布习性 我国长江流域及其以南地区有分布。喜光，耐旱，耐瘠薄，在肥沃、湿润排水良好的壤土中生长较好。

繁殖栽培 播种或扦插繁殖。

园林应用 初夏白花朵朵，深秋红果累累。丛植于庭院、草坪、山石旁、路边，片植于林缘。花圃、植物园等有栽植。

27 白鹃梅
Exochorda racemosa

/ 蔷薇科白鹃梅属 /

形态特征 落叶灌木。株高2~4m；枝条纤细开展。单叶互生，椭圆形或倒卵形；无托叶；叶柄极短。总状花序顶生，有花6~10朵，花径2.5~3.5cm，花梗短；萼筒浅钟状，黄绿色；花瓣5枚，白色，基部有短爪。蒴果倒圆锥形，有五棱脊。花期4~5月；果期7~9月。

分布习性 我国长江流域有分布。喜温暖湿润气候，喜光，稍耐阴，耐寒，耐干旱，耐瘠薄。

繁殖栽培 播种或扦插繁殖。

园林应用 春天开花，满树白花，花朵繁密，如雪似梅；果形奇特。点缀山石、桥畔、建筑物周围，丛植于草坪，片植于林缘或路边，亦可作花篱栽植。植物园有种植。

28 棣棠
Kerria japonica

/ 蔷薇科棣棠属 /

形态特征 落叶灌木。株高达2m；小枝绿色，常拱垂。叶互生，三角状卵形，先端长渐尖，缘有尖锐重锯齿。花单生于当年生侧枝顶端，花径3~6cm，金黄色。花期4~6月；果期6~8月。

分布习性 我国华东、华中及西南等地有分布。喜暖湿气候，耐阴，稍耐寒，耐湿。择土不严，但在湿润肥沃的沙壤土生长良好。萌蘖力强。

繁殖栽培 分株、扦插或播种繁殖。

园林应用 春季观花，冬季观枝。布置花境、岩石园、假山，丛植于庭院，片植于河边溪畔、林缘、草坪边缘，也可用作花篱。浴鹄湾、花港观鱼、太子湾、植物园等有种植。

重瓣棣棠 | *Kerria japonica* f. *pleniflora*

小枝绿色。花重瓣。杭州庭院绿地普遍栽培应用。

29 石楠

Photinia serrulata

/ 蔷薇科石楠属 /

形态特征 常绿灌木。株高4～6m，小枝褐灰色。叶互生；叶片革质，长椭圆形、长倒卵形或倒卵状椭圆形，长9～22cm，宽3～6.5cm，叶面光亮；侧脉25～30对，叶柄粗长，长2～4cm，无腺齿。复伞房花序顶生，总花梗和花梗无毛；花密生，萼筒杯状，萼片阔三角形，花瓣白色，近圆形。梨果球形，初期红色，后变为紫褐色。花期4～5月；果期10月。

分布习性 我国长江流域及秦岭以南地区有分布，长三角区域广泛栽培应用。喜温暖湿润气候，喜光，耐阴，耐湿，抗寒力不强。不择土壤。对烟尘和有毒气体有一定抗性。萌芽力强，耐修剪。

繁殖栽培 播种或扦插繁殖。种子随采随播。

园林应用 树冠圆整，叶片光亮，初春嫩叶紫红色，春末白花点点，秋日红果累累。布置庭院，群植作大型绿篱或幕墙，用于居住区、厂区、街道或公路隔离带绿化。花港观鱼、学士公园、曲院风荷、柳浪闻莺、茅家埠、乌龟潭等地均有种植。

同属中已经应用的有：

红叶石楠 | *Photinia × fraseri*

常绿灌木。株高4～6m，小枝褐灰色。叶革质，长倒卵形或倒卵状椭圆形，春秋两季新梢和嫩叶火红。复伞房花序顶生，花白色。梨果球形，红色或褐紫色。

喜光，耐阴，耐寒，耐盐碱，耐瘠薄，耐干旱。适应性强。耐修剪。

修剪成形，或作绿篱或地被植物，与其他彩叶植物组合成各种图案，亦可自然种植。公园绿地普遍应用。

倒卵叶石楠 | *Photinia lasiogyna*

常绿灌木或小乔木。株高2～5m，幼枝疏生柔毛。叶革质，倒卵形或倒披针形，先端圆钝，基部楔形或狭楔形，边缘微卷。复伞房花序顶生，花瓣白色，倒卵形，总花梗和花梗、萼筒均有绒毛。果实红色，卵形，有明显斑点。花期5～6月；果期8～11月。

我国长江流域及西南地区有分布。花圃、浴鹄湾、植物园等有种植。

30 粉红重瓣麦李

***Prunus glandulosa* 'Sinensis'**

/ 蔷薇科李属 /

形态特征 落叶灌木。株高1.5～2m，小枝灰棕色或棕褐色，无毛或嫩枝被短柔毛。叶片长圆披针形或椭圆披针形，先端渐尖，基部楔形，最宽处在中部，边有细钝重锯齿。花单生或2朵簇生，花叶同开或近同开；花瓣粉红色，倒卵形，重瓣；雄蕊30枚，花柱无毛或基部有疏柔毛。核果红色或紫红色，近球形。花期3～4月；果期5～8月。

分布习性 我国北至辽宁、南至云南均有分布。喜阳，较耐寒。

繁殖栽培 扦插繁殖。

园林用途 春季满树粉花，秋叶变红，是优良的观花观叶灌木。片植于草坪、路边、假山旁及林缘，亦可作花篱栽植。种植时可与棣棠、迎春等其他花木配植。花圃、花港观鱼、植物园等有种植。

31 火棘

Pyracantha fortuneana

/ 蔷薇科火棘属 /

形态特征 常绿灌木。株高达3m；侧枝短，先端成刺状。叶片革质，倒卵状长圆形，前端钝圆或微凹，基部楔形，缘有钝锯齿，叶柄短。复伞房花序，花径3～4cm，有花10～22朵，白色。果成熟时橘红或深红色。花期4～5月；果熟10月至翌年3月。

分布习性 我国华中、西南各省区有分布，南北各地有栽培。喜温暖阳光充足的环境，稍耐阴，较耐寒，耐旱，不择土壤，但在肥沃、湿润、疏松的土壤中生长良好。萌芽力强，耐修剪。病虫害少。适应性强。

繁殖培育 播种或扦插繁殖。

园林应用 枝叶繁密，初夏白花点点，入秋至早春红果累累。成片种植用于道路绿化或作基础种植，修剪成球形，栽植于草坪中或园路转角处，亦可制作盆景观赏。公园绿地应用普遍。

‘小丑’火棘 | *Pyracantha fortuneana* 'Harlequin'

常绿灌木。叶片细小，春、夏叶片绿白相间，冬季粉红色。

近年从日本引进，长三角地区园林中广泛应用。耐寒，耐旱，耐盐碱，耐瘠薄。抗逆性强。

枝叶繁茂，叶色多变。可片植作空旷地或林缘地被植物，与其他灌木搭配色块。西湖南线、苏堤等有种植。

32 月季
Rosa chinensis

形态特征 半常绿灌木。株高1～2m；枝常有刺。奇数羽状复叶，小叶3～5枚，卵状椭圆形，托叶边缘有腺毛。花单生或数朵集生，微香，花径4～5cm，单瓣或重瓣，红色、粉红、黄色、白色等；萼片先端羽裂。果卵形，红色。花期4～10月；果期9～11月。

分布习性 原产我国，世界各地广泛栽培。喜温暖湿润气候，喜光，耐寒，耐干旱，不择土壤，在肥沃疏松的微酸性土壤中生长良好。

繁殖栽培 扦插繁殖。

园林应用 我国十大名花之一。园艺品种多，花色艳丽，花型大，芳香，花期长。布置花坛、花境、专类园，点缀庭院、园路角隅、假山，片植于空旷地、林缘、草坪，亦可作盆栽或切花观赏。曲院风荷、太子湾、湖滨、西溪湿地等有种植。

微型月季 | *Rosa chinensis* var. *minima*

半常绿灌木。株高20～30cm，枝茎坚韧，细密。花数朵集生或单生，花瓣有红、橙、黄、淡紫、紫红、白及中间色和复色；有单瓣和重瓣之分。花期4～11月，生长健壮可全年开花。

近年从国外引进，我国南北各地广泛栽培应用。喜光线充足、温暖通风的环境。耐寒，耐旱，不耐阴湿，畏炎热。耐修剪，萌发力强。

株形小巧，花形别致。布置花坛、花境，片植于公园、街边、草坪绿地。西湖南线曾有应用。

缫丝花 *Rosa roxburghii*

落叶灌木。株高1～2.5m。小叶9～15枚，托叶与叶柄合生。花单生或2～3朵生于短枝顶端，直径4～6cm，粉红色，单瓣；花托外密生针刺。果扁球形，成熟时黄色。花期5～7月；果期8～10月。

我国华南、西南地区有分布。喜温暖湿润气候，喜光，稍耐阴，耐湿，不耐旱，不择土壤，但在微酸性土壤中生长良好。

花大美丽，果实累累。点缀山石间，丛植于溪河边、草坪中，片植于林缘，亦可作花篱种植。植物园分类区有种植。

重瓣缫丝花 | *Rosa roxburghii* 'Plena'

花重瓣。花港观鱼有应用。

玫瑰 | *Rosa rugosa*

落叶直立灌木。株高约2m；茎丛生，小枝密被柔毛、皮刺。小叶5～7枚，叶面多皱，叶背密被柔毛。花单生或2～3朵簇生；花瓣倒卵形，单瓣或重瓣，紫红色或白色，芳香。果扁球形。花期4～5月；果期8～9月。

原产我国华北，各地均有栽培。喜阳光充足、凉爽、通风及排水良好的环境。耐寒，耐旱，不耐阴，不择土壤，但在肥沃的中性或微酸性轻壤土中生长最好，微碱性土壤中也能生长。

花美丽，色艳花香。布置花坛、花境、花篱，成片种植于空旷地、坡地。杭州湖滨、植物园等有种植。

硕苞蔷薇 | *Rosa bracteata*

常绿蔓性灌木。株高2～5m，小枝密被黄褐色柔毛，混生针刺和腺毛。小叶5～9，革质，椭圆形；托叶与叶柄离生，苞片大形。花单生，花径4.5～7cm，白色；苞片宽大，密被柔毛。果橙红色，直径2～3.5cm，密被黄褐色柔毛。花期5～7月；果期8～11月。

我国华东、中南及西南地区有分布。喜暖湿气候，喜光，耐湿，耐旱，不择土壤。

观花、观果灌木。成片布置于溪河边。植物园分类区有种植。

33 蓬蘽
Rubus hirsutus

/ 蔷薇科悬钩子属 /

形态特征 半常绿小灌木。株高40～50cm，枝上有皮刺、褐色腺毛和柔毛。奇数羽状复叶，小叶3～5枚，宽卵形或卵形，先端渐尖或急尖，边缘有尖锐重锯齿，两面密生白色柔毛。花单生小枝顶端，白色。聚合果近球形，鲜红色。花期4～5月；果期5～7月。

分布习性 我国河南及长江以南各地有分布。喜温暖湿润环境，喜光也耐阴，耐旱也耐湿，不择土壤。适应性强。

繁殖栽培 扦插或播种繁殖。

园林应用 植株低矮，覆盖性好，花白色繁多。成片种植于空旷地、疏林下、林缘、溪河边。西湖综合保护工程应用较多。花港观鱼、曲院风荷、茅家埠等均有成片分布。

寒莓 | *Rubus buergeri*

常绿直立或匍匐小灌木。匍匐枝条长达2m，节上生根，密被长柔毛。叶卵形至近圆形，3～5浅裂。总状花序，花白色，萼片披针形或卵状披针形。果紫黑色，近球形。花期8～9月；果期9～10月。

我国长江以南各地有分布。喜温暖湿润环境，喜光也耐阴，耐寒，较耐旱。抗逆性较强。

叶片较大且有光泽，植株覆盖性好。植物园有野生分布。

34 菱叶绣线菊
Spiraea × vanhouttei

/ 蔷薇科绣线菊属 /

形态特征 落叶灌木。株高2m，小枝淡红褐色，拱形弯曲。叶片菱状卵形至菱状倒卵形，3～5裂，不显著3出脉，基部楔形，边缘有缺刻状重锯齿，叶面暗绿色，叶背淡蓝灰色且无毛。伞形花序，有总梗；花多数，苞片线形，萼筒和萼片外面无毛；花瓣白色，近圆形，花盘圆环形。蓇葖果稍张开。花期4～5月。

分布习性 我国山东、江苏、广东、广西、四川等省有分布，南北各地广泛栽培。喜温暖湿润环境。喜光，稍耐阴，耐旱，耐湿，不择土壤。适应性强。

繁殖栽培 扦插或播种繁殖。

园林用途 花白色，密集着生于细长的枝条上。布置于庭院、路旁，片植于草坪、林缘、池畔。曲院风荷、花圃、茅家埠、植物园等有种植。

同属植物中常见栽培应用的有：

单瓣李叶绣线菊 | *Spiraea prunifolia* var. *simpliciflora*

落叶灌木。株高达3m，枝细长有角棱。叶小，椭圆形，长2.5～5.0cm。伞形花序无总梗，具3～6花，基部有少数叶状苞；花白色，单瓣，径约6mm。花期3～4月。

我国华东、华中等地有分布。喜温暖湿润气候，喜光，稍耐阴，耐寒，耐湿。萌蘖力强，耐修剪。

白花繁密似雪，秋叶橙黄色。丛植、片植于池畔、路旁、角隅或草坪中。杭州园林中应用较多，曲院风荷、花圃、乌龟潭、花港观鱼、植物园等有种植。

珍珠绣线菊 | *Spiraea thunbergii*

落叶灌木。株高可达1.5m；枝条纤细而开展，呈弧形弯曲，小枝幼时被柔毛。叶条状线状披针形，先端长渐尖，基部狭楔形，边缘有锐锯齿，羽状脉；叶柄极短或近无柄。伞形花序无总梗，基部有数枚小叶片，每花序有3～7朵花；花瓣宽倒卵形，白色。花期4～5月；果期7月。

我国长江以南各省有分布。

叶形似柳，花白如雪，又称喷雪花或雪柳。丛植角隅、草坪或成片作基础种植，亦可用作切花。花圃、植物园等有种植。

粉花绣线菊 | *Spiraea japonica*

落叶灌木。株高约1.5m；枝条开展，细长，光滑，小枝近圆柱形。叶片卵形至卵状长椭圆形，先端尖，基部楔形，叶缘具缺刻状重锯齿，叶面暗绿色，叶背色浅。复伞房花序被短柔毛，着生于新枝顶端，花密集，花瓣淡粉红色至深粉红色，卵形至圆形。花期6～7月。

原产日本，我国华东地区有栽培应用。喜光，稍耐阴，耐旱，耐寒。适应性强。

株形紧凑，花色艳丽，花朵繁多。布置花坛、花境、草坪、园路角隅，亦可群植于草坪、林缘或作观花地被植物。

杭州园林中应用较多，曲院风荷、湖滨、花圃、茅家埠、花港观鱼、植物园等有种植。

‘金焰’绣线菊 | *Spiraea* × *bumalda* ‘Gold Flame’

落叶小灌木。株高50～80cm，枝条呈折线状，柔软。叶阔卵形，边缘锯齿，叶色随季节而变化，春季新萌发叶为橙红色，后逐渐变为浅黄色，叶缘带红色，深秋转为紫红色。复伞房花序，有10～35朵小花组成，花玫瑰红。花期5～10月。

国外引进，我国南北各地广泛栽培。喜光，稍耐阴，耐寒，耐旱，忌涝，不择土壤。适应性强。

花叶俱佳的小灌木。布置花坛、花境，群植于林缘或草坪作色块。植物园、乌龟潭、运河周围有种植。

‘金山’绣线菊 | *Spiraea × bumalda* 'Gold Mound'

落叶小灌木。株高30～60cm，老枝褐色，新枝黄色。叶阔卵形，叶缘有锯齿，黄色。复伞房花序，花粉红色。

喜光，耐寒、耐旱、忌涝。不耐阴湿。

曲院风荷、柳浪闻莺、植物园有成片种植。在树下种植容易造成植株下部叶部病害，严重时，下部叶全部枯萎。杭州地区的应用正在逐年减少。植物园、曲院风荷、湖滨等有应用。

‘布什’绣线菊 | *Spiraea × bumalda* 'Bush'

落叶小灌木。株高60～90cm。叶互生，卵状披针形，叶缘有桃形锯齿；叶色随季节而变化，春季新萌发的叶为红色，后转为深绿色，秋末为绿中带紫红色；部分枝叶有变异，黄白色或叶上有淡黄色斑块。花深玫瑰红色，10～50朵聚成复伞房花序。

喜光，耐寒，耐旱，稍耐阴，忌涝。

其他与日本绣线菊相似。乌龟潭、花圃等有种植。

绣球绣线菊 | *Spiraea blumei*

落叶灌木。株高1.5m，枝条开张，稍弯曲。叶片倒卵形或菱状卵形，先端微尖或圆钝，基部楔形，叶缘近中部以上有3～5浅裂或圆钝缺刻状锯齿。伞形花序，具10～25朵花；花瓣白色，宽倒卵形，先端微凹。花期4～6月；果期8～10月。

我国长江流域、秦岭北坡和辽宁省有分布。

丛植于岩石园、山坡、庭院、建筑物周围、小路两旁，亦可成片种植于水边或林缘。曲院风荷、植物园等有种植。

中华绣线菊 | *Spiraea chinensis*

落叶灌木。株高1.5～3m，小枝红褐色，拱形弯曲。叶片菱状卵形至倒卵形。伞形花序具16～25朵花；花瓣白色，近圆形，花盘波状圆环形或不整齐分裂。花期4～6月；果期6～10月。

我国河南、河北、陕西、内蒙古及长江以南各省有分布。植物园分类区有种植。

35 紫荆

Cercis chinensis

/ 豆科紫荆属 /

形态特征 落叶灌木。株高达15m，丛生灌木状；树皮褐色或黑褐色。叶近圆形，长6～14cm，基部心形，全缘，两面无毛。花先叶开放，4～10朵簇生于老枝上，花冠蝶形，紫红色。荚果带状，长4～10cm，沿腹缝线有宽约1.5mm的窄翅。花期4～5月；果期7～8月。

分布习性 我国陕西、甘肃、辽宁及华北、华东、华中、西南有分布。喜光，稍耐阴，较耐寒，忌积水，喜肥沃及排水良好的土壤。萌芽力强，耐修剪。

繁殖栽培 播种繁殖。实生苗3年后开花。

园林应用 枝叶茂盛，先花后叶，花团锦簇，满树嫣红。孤植于庭院，丛植于建筑物旁，片植于草坪、园路转角、路缘及林缘。常以松柏、粉墙、岩石等为背景。公园绿地普遍有种植。

同属中有开发应用潜力的有：

黄山紫荆 | *Cercis chingii*

落叶灌木。株高达6m，小枝曲折。叶片卵形，宽卵形或肾形，老叶叶背仅基部脉腋有柔毛。花先叶开放，8～10朵簇生于老枝上，花冠淡紫红色，后渐变为淡红色至白色。荚果大刀状，厚革质，腹缝线无翅。花期4～5月；果期9～10月。

我国安徽、浙江、广东有分布。

先花后叶，花团锦簇，满树嫣红，秋叶黄色。杭州植物园玉泉鱼跃景点有应用。

36 锦鸡儿

Caragana sinica

/ 豆科锦鸡儿属 /

形态特征 落叶灌木。株高可达2m，小枝细长有棱。偶数羽状复叶，短枝上丛生，嫩枝上单生，叶轴宿存，托叶2裂，叶轴及托叶硬化成针刺，长约8mm；小叶2对，倒卵形，无柄，顶端一对常较大，长5～18mm，顶端微凹有短尖头。花常单生于叶腋，蝶形花，黄色或深黄色，凋谢时红褐色。荚果稍扁，无毛，开裂。花期4～5月；果期8～9月。

分布习性 我国华北、华东、华南、西南有分布。喜光，稍耐阴，耐旱，耐瘠薄。忌湿涝。根系发达，具根瘤，能在山石缝隙处生长。萌孽力强。

繁殖栽培 播种、扦插或分株繁殖。能自播繁殖。

园林应用 枝繁叶茂，开花时满株金黄，花冠蝶形，黄色带红，花展开时似金雀。丛植于岩石、建筑物旁，片植于草地、坡地、林缘、路边，或修剪作绿篱，亦可作盆景材料。也是良好的蜜源植物及水土保持植物。湖滨、植物园等有种植。

37 金雀儿

Cytisus scoparius

/ 豆科金雀儿属 /

形态特征 落叶灌木。株高50～200cm，多分枝，茎无刺。枝条下部为掌状三出复叶，上部常退化成单叶，小叶椭圆形。花单生叶腋，于枝端排成总状花序，花冠碟形，金黄色。荚果线形，稍弯曲。花期6～8月；果期4～6月。

分布习性 原产欧洲中部及南部温带地区，我国长三角地区有栽培应用。喜冷凉气候，喜光，耐旱，耐瘠薄，忌高温多湿，在排水良好的沙质壤土中生长较好。

繁殖栽培 播种或扦插繁殖。

园林应用 株型紧凑，叶片秀丽，花序长，花朵密集，花色艳丽。布置花境、花展，丛植庭院，片植于林缘或草坪。杭州应用普遍。

38 多花决明

Senna floribunda

/ 豆科番泻决明属 /

形态特征 常绿或半常绿灌木。株高1.5～3m，多分枝，枝条平滑。一回偶数羽状复叶，小叶2～3对，卵状披针形，先端渐尖。圆锥花序伞房状，直径10cm，着花20朵以上；花鲜黄色。荚果圆柱形。花期8～11月。

分布习性 原产美洲热带，我国华东地区广泛栽培。喜光，稍耐阴，耐寒，耐旱，耐瘠薄，耐修剪。

繁殖栽培 播种或扦插繁殖。

园林应用 枝叶繁茂，花朵灿烂，花期长达4个月。丛植于庭院，片植于林缘、溪畔或草坪，亦可修剪后作绿篱。长桥公园、曲院风荷、茅家埠、乌龟潭、运河、西溪湿地均有种植。

39 光叶木蓝
Indigofera neoglabra

/ 豆科木蓝属 /

形态特征 落叶小灌木。株高约60cm，茎褐色，幼枝具棱角，后圆柱形。羽状复叶；小叶5～7枚，对生，卵形或菱状卵形，先端急尖，长3.5～8cm。总状花序约长24cm；花萼斜杯状，外被棕色毛中间杂有白色丁字毛，5枚萼齿三角状钻形；花冠淡紫色，具旗瓣、翼瓣和龙骨瓣。花期5月。

分布习性 我国长江以南各省有分布。喜光亦耐阴湿。

繁殖栽培 扦插繁殖。

园林应用 植株覆盖性好，叶片秀丽，花序长，花朵艳丽。群植于疏林下或林缘。植物园百草园有种植。

同属中常见栽培的有：

马棘 | *Indigofera pseudotinctoria*

落叶灌木。株高达1m，茎多分枝。奇数羽状复叶，小叶7～11枚，阔卵形，先端圆形，有短尖，全缘。总状花序腋生，长3～11cm，花碟形，淡紫红色。荚果圆柱形。花期7～9月；果期10～12月。

我国华东、华中及西南地区有分布。喜光，稍耐阴，耐旱，耐湿，耐瘠薄，在偏碱性土壤中生长较好。适应性强。

成片种植布置溪畔、草坪，或用于荒山、公路护坡等大面积绿化。杨公堤有应用。

40 金柑
Fortunella japonica

/ 芸香科金橘属 /

形态特征 常绿灌木。树高1～3m，枝有刺。单生复叶，革质，小叶卵状椭圆形或长圆状披针形，基部宽楔形；翼叶狭至明显。花单生或2～3朵簇生；花瓣5，白色，长6～8mm，子房圆球形，4～6室。果圆球形，果皮橙黄至橙红色，油胞平坦或稍突起，果肉酸或略甜。花期4～5月；果期11月至翌年2月。

分布习性 我国秦岭南坡以南各地有栽培。喜温暖湿润环境，喜光，不耐寒，稍耐阴，耐旱，在排水良好肥沃疏松的微酸性沙质壤土中生长较好。

繁殖栽培 嫁接繁殖。

园林应用 叶片终年常绿有光泽，果实金黄清香，挂果时间长，是极好的常绿观果植物。成片种植于林缘、草地，亦可盆栽或作盆景观赏。学士公园、茅家埠、浴鹄湾等有种植。

41 山麻杆

Alchornea davidii / 大戟科山麻杆属 /

形态特征　落叶丛生灌木。株高1～2m；幼枝密被茸毛。叶片宽卵形或近圆形，长8～15cm，叶背密被茸毛，先端短尖，基部心形，缘有粗齿，基出脉3条。花小，单性同株，雄花密集成短穗状花序，雌花为疏松总状花序。花期4～5月；果期6～8月。

分布习性　我国长江流域有分布。喜温暖湿润气候，喜光，稍耐阴，耐湿，不耐寒。不择土壤，但在湿润肥沃的沙质壤土生长最好。萌蘖力强。

繁殖栽培　分株、扦插或播种繁殖。

园林应用　嫩叶鲜红，异常绚丽，是极佳的春季观叶植物，具有丰富的色彩效果。孤植、丛植于庭院、路旁、水滨、山坡或岩石旁。西溪湿地有种植。

42 算盘子

Glochidion puberum / 大戟科算盘子属 /

形态特征　落叶灌木或小乔木。株高1～5m；小枝被锈色或黄褐色短柔毛。叶互生；叶片长圆形或长圆状披针形，先端短尖或钝，基部宽楔形。花数朵簇生于叶腋；雌雄同株，雄花位于小枝上部或雌雄花同生于一叶腋内，子房5～8室。蒴果扁球形，径1.5～2.5cm，有纵沟，被柔毛；种子橘红色。花期5～7月；果期8～9月。

分布习性　我国长江流域及华南、西南各省、区有分布。喜光，稍耐阴。

繁殖栽培　播种繁殖。

园林应用　秋季观果灌木。片植于林缘、草坪。花圃有种植。

43 黄杨

Buxus sinica / 黄杨科黄杨属 /

形态特征　常绿灌木。株高1～6m，小枝四棱形。叶对生，革质，宽椭圆形、长椭圆形或宽卵形，先端圆钝或微凹，基部宽楔形至近圆形，全缘，叶面中脉明显，叶背中脉有白色钟乳体。头状花序腋生，黄绿色，无花瓣。蒴果近球形。花期3～4月；果期5～7月。

分布习性　我国秦岭以南、长江流域中下游地区有分布。喜温暖湿润气候，喜半阴，较耐寒，较耐盐碱，耐干旱，忌积水。不择土壤，但在肥沃湿润的沙质壤土中生长良好。对多种有毒气体有吸附能力。萌芽力强。耐修剪，生长比较慢。

繁殖栽培　扦插繁殖。

园林应用　株型紧凑，枝叶茂密，叶片光亮，四季常绿。孤植、丛植于假山、草地、疏林下或林缘，列植于路旁，修剪成球形或组成色块或作绿篱，亦可用于制作盆景。曲院风荷、学士公园、湖滨、花圃、植物园等有种植。

同属中常见栽培应用的有：

雀舌黄杨 | *Buxus bodinieri*

常绿灌木。株高3～4m，分枝多而密集。叶片匙形、狭倒卵形至倒披针形，长2～4cm，先端圆形或微凹，中脉及侧脉在两面隆起，近无柄。

喜光亦耐阴，不耐寒。萌芽力强。生长极慢。

修剪作绿篱或模纹图案，可用作基础种植或花坛镶边，亦可制作盆景观赏。湖滨、居民小区等有种植。

44 枸骨 *Ilex cornuta*

/ 冬青科冬青属 /

形态特征 常绿灌木或小乔木。株高3～8m；树皮灰白色，平滑不裂。叶厚革质，光泽，四方状长圆形，先端常具刺3枚，稀全缘而先端有刺1枚。花序簇生叶腋，花瓣长圆状卵形，芳香。果球形，红色。花期4～5月；果期9月。

分布习性 我国长江中下游地区有分布，各地广泛栽培应用。喜光，稍耐阴，耐旱，耐寒，不耐盐碱，在肥沃的微酸性土壤或黏质中性土壤中都生长良好。

繁殖栽培 播种或扦插繁殖。

园林应用 树形端正，枝叶繁密，叶片光亮，秋季满枝红果鲜艳夺目，经冬不凋。孤植、丛植于广场、草坪，修剪后作大花坛中心的整形树，亦可作绿篱。杭州园林中普遍应用。

园艺变种：

无刺枸骨 | *Ilex cornuta* 'Fortunei'

同属中推荐应用种类：

毛冬青 | *Ilex pubescens*

常绿小灌木。株高3～4m；小枝灰褐色，密被短柔毛。叶片膜质或纸质，卵形或椭圆形，边缘具明显的锯齿，齿端具短芒。花序簇生于叶腋，雄花序无主轴，每枝有1花，稀3花；雌花序每枝1～3朵花；宿存花柱明显。果球形，熟时红色。花期4～5月；果期7～8月。

我国长江流域及以南各省区有分布。杭州植物园百草园、分类区有种植。

龟甲冬青 | *Ilex crenata* 'Convexa'

常绿小灌木。株高50～60cm。叶互生；叶片椭圆形，革质，有光泽，表面突起呈龟甲状。花白色。果球形。

喜温暖湿润、阳光充足的环境，耐半阴。忌积水和碱性土壤。

片植于林缘、草坪，可作绿篱、基础种植或花坛镶边，也可布置模纹图案。杭州公园绿地普遍应用。

钝齿冬青 | *Ilex crenata*

常绿灌木。株高0.5～1.1m，多分枝。叶小而密生，单叶互生，椭圆形至倒长卵形，厚革质有光泽，叶缘有浅钝齿，叶长1～3.5cm。花期5～6月。

我国山东省以南各省有分布。杭州植物园分类区有种植。

'金宝石'钝齿冬青 | *Ilex crenata* 'Golden Gem'

常绿灌木。新梢和新叶金黄色，后渐为黄绿色。花期5～6月。

成片种植作地被植物。曲院风荷、西湖南线等有应用。

45 卫矛

Euonymus alatus

/ 卫矛科卫矛属 /

形态特征　落叶灌木。株高1～3m，小枝四棱形，常具棕褐色宽阔木栓翅。叶纸质，倒卵形、椭圆形或菱状倒卵形，先端急尖，基部楔形，或阔楔形至近圆形。聚伞花序腋生，具3～5花，花瓣倒卵圆形，淡黄绿色，萼片半圆形，绿色。蒴果红褐色，几乎全裂至基部相连。种子紫褐色，椭圆形，橙红色假种皮全部包围种子。花期4～6月；果期9～10月。

分布习性　我国吉林、黑龙江及长江中、下游各省有分布，长三角地区广泛栽培应用。喜温暖湿润气候，喜光，稍耐阴，耐瘠薄，不耐寒。对有害气体抗性较强。耐修剪。

繁殖栽培　播种繁殖。

园林应用　枝翅奇特，秋叶红艳，冬季宿存蒴果开裂后红色种子裸露，颇具观赏价值。丛植或片植于林缘或空旷地。杭州植物园分类区有种植。

同属中常见栽培应用的有：

冬青卫矛 | *Euonymus japonicus*

常绿灌木。株高1～6m，小枝绿色，微四棱形。叶片革质，有光泽，椭圆形或倒卵状椭圆形，先端渐尖，基部楔形，边缘具钝锯齿。聚伞花序一至二歧分枝，每分枝有花5～12朵，花白绿色，花瓣椭圆形。蒴果淡红色，近球形；种子卵形，有橙红色假种皮。花期6～7月；果期9～10月。

原产日本，我国长江流域常见栽培。杭州园林中普遍应用。

‘银边’冬青卫矛 | *Euonymus japonicus* ‘Albo-marginatus’

常绿灌木。树冠球形；小枝略呈四棱形。单叶对生；叶片倒卵形或椭圆形，边缘金黄色。聚伞花序腋生，具长梗，花绿白色。蒴果球形，淡红色，假种皮橘红色。

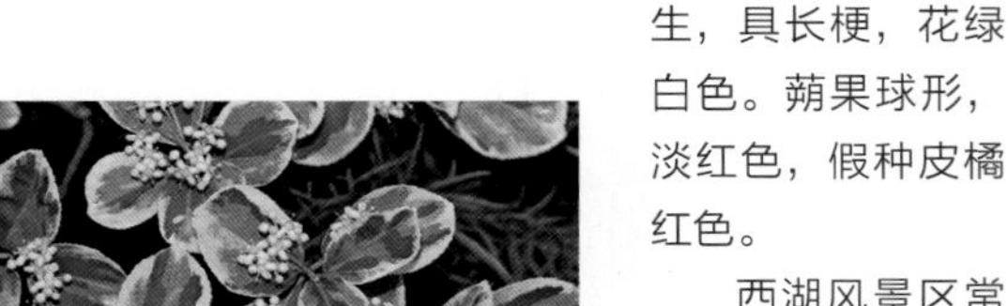

西湖风景区常见应用。

‘金边’冬青卫矛 | *Euonymus japonicas* ‘Ovatus Aureus’

常绿灌木。叶缘金黄色。西湖风景区常见应用。

‘金心’冬青卫矛 | *Euonymus japonicus* ‘Aureus’

常绿灌木。叶中脉附近有金黄色条纹，有时叶柄及枝端叶部分也为金黄色。西湖风景区花境中常见应用。

46 野鸦椿

Euscaphis japonica

/ 省沽油科野鸦椿属 /

形态特征 落叶灌木或小乔木。株高3～8m；小枝及芽红紫色。奇数羽状复叶对生，小叶5～9，厚纸质，长卵形，缘有细齿。圆锥花序顶生，花多而密集，黄绿色。蓇葖果熟时开裂，紫红色，果皮软革质；种子近圆形，假种皮黑色，有光泽。花期4～5月；果期6～9月。

分布习性 除东北、西北外我国各地均有分布。喜温暖阴湿环境，忌水涝。不择土壤，在排水良好、富含腐殖质的微酸性壤土中生长最好。

繁殖栽培 播种繁殖。

园林应用 秋季红果美丽，经霜叶变红。可于庭前、角隅、路旁、溪水边配植。植物园分类区有种植。

47 圆叶鼠李

Rhamnus globosa

/ 鼠李科鼠李属 /

形态特征 落叶灌木。株高4m；当年生小枝及叶柄被短柔毛，有长枝和短枝之分，长枝先端有针刺。叶片近圆形，叶柄密被毛。花单生，雌雄异株，花萼和花梗有毛。核果熟时黑色。花期4～5月；果期6～10月。

分布习性 我国长江流域及以南各省区有分布。喜温暖湿润气候，喜光，稍耐阴，不择土壤，忌积水，但在疏松肥沃且排水良好的沙质壤土中生长最好。

繁殖栽培 播种繁殖。

园林应用 丛植、片植于林缘、路旁、角隅、池边等。花港观鱼、植物园等有种植。

48 ‘玛丽西蒙’美洲茶

***Ceanothus* ‘Marie Simon’**

/ 鼠李科美洲茶属 /

形态特征 半常绿灌木。株高约1.5m。叶广卵形，长3～5cm，缘有锯齿，深绿具紫色叶缘，秋季变红。顶生圆锥花序长5～8cm，花淡粉红色，芳香。花期6～9月。

分布习性 原种产北美，现栽植的为杂交园艺品种。近年从国外引进，长三角地区有栽培应用。喜光，稍耐阴，耐寒，耐盐碱，在炎热潮湿的夏季生长不良。生长快，萌芽力强，耐修剪。

繁殖栽培 扦插繁殖。

园林应用 枝叶开展，夏秋季开花，花团锦簇。布置花境，丛植于庭院、草坪中，片植于林缘、路旁。茅家埠有种植。

49 木芙蓉

Hibiscus mutabilis

/ 锦葵科木槿属 /

形态特征 落叶灌木。株高2～5m；树冠球形，枝密被灰色星状毛。叶广卵形，掌状3～5裂，基部心形，缘有浅钝齿。花单生枝端叶腋或排列成总状花序，花径约8cm，初淡红色，后深红色；小苞片8～10，线形，宽约2mm；花梗长6～12cm；花萼钟状，整齐5裂或5齿，宿存。蒴果长圆形至圆球形，种子被柔毛或腺状乳突。花期8～10月；果期10～11月。

分布习性 我国从黄河流域至华南地区有分布。喜温暖气候，喜光，稍耐阴，不耐寒。在肥沃、湿润的沙壤土中生长良好。萌蘖性强，生长较快，对二氧化硫等有毒气体抗性强。

繁殖栽培 扦插、分株或播种繁殖。

园林应用 秋季开花，花大美丽，花色丰富。丛植或片植于池旁水畔、庭院、坡地、路边、林缘及建筑前，亦可作花篱。杭州公园绿地应用普遍。

同属中常见栽培应用的有：

木槿 | *Hibiscus syriacus*

落叶灌木。株高2～6m，树冠长卵形，分枝多。叶菱状卵形，先端常3裂，基部楔形；有3～5掌状脉。花单生叶腋，单瓣或重瓣，有淡紫、红、白等色；小苞片6～8，线形。花期6～9月；果期9～11月。

除东北、华北和西北部分省区外，我国其他地区都有栽培，以长江流域为多。喜光，耐半阴，耐湿，耐寒，耐干旱。不择土壤，但在湿润肥沃的土壤中生长较好。萌蘖力强。耐修剪。

夏秋季开花，花大美丽，花色丰富。片植于路边、林缘、山坡、水边等，亦可作花篱或用于工矿厂区绿化。杭州公园绿地应用普遍。

海滨木槿 | *Hibiscus hamabo*

落叶灌木。株高约2.5m，树皮灰白色，分枝多。叶厚纸质，倒卵形或扁圆形，全缘或仅中上部具细钝齿，两面密被灰白色星状毛。花单生叶腋，直径5～6cm；小苞片8～10，中部以下合生成杯状；花冠钟状，浅黄色，具暗紫色心。花期6～8月；果期8～9月。

我国舟山群岛和福建沿海岛屿有分布。喜光，耐高温，耐低温，耐短期水涝，耐盐碱，抗风力强。

夏季开花，花朵美丽，秋季叶片金黄色。丛植于庭院，片植于林缘、草坪、溪河边，亦可作海岸防风林。杭城许多街心绿地有应用，学士公园、曲院风荷等有成片种植。

50 茶梅

Camellia sasanqua

/ 山茶科山茶属 /

形态特征　常绿灌木。株高1～1.5m，枝黄褐色，多横向展开，小枝绿色或紫褐色。叶互生；叶片革质，长椭圆形或宽椭圆形，边缘有钝齿；深绿色，有光泽。花常单生于小枝上部叶腋，半重瓣至近重瓣，玫瑰红或淡玫瑰红色；花柱长10～13mm。蒴果球形，稍被毛。品种繁多，花色丰富。花期11月下旬至翌年4月。

分布习性　原产日本，我国长江以南各省有分布。喜温暖湿润环境，喜光但强光易灼伤叶和芽，耐半阴，耐寒，忌积水。对二氧化硫、硫化氢、氯气、氟化氢等有毒气体抗性较强。在肥沃疏松、排水良好的酸性沙壤土中生长较好。

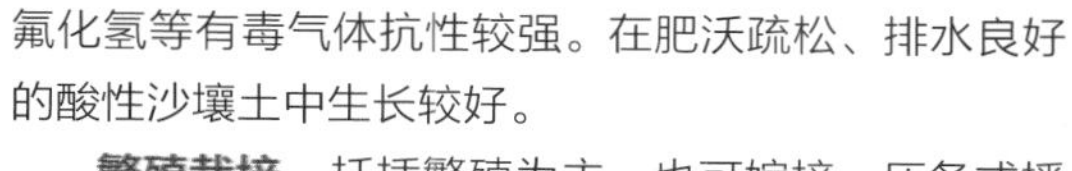

繁殖栽培　扦插繁殖为主，也可嫁接、压条或播种繁殖。

园林应用　冬季开花，花大色艳，花色丰富，花期长，叶片四季常绿。布置花坛、花境、专类园，丛植、片植于林缘、路旁、草坪、空旷地等，点缀角隅、假山，亦可作绿篱材料。广泛用于庭院、公园绿地、工厂矿区绿化。

同属中常见栽培应用的有：

茶 | *Camellia sinensis*

常绿灌木。株高1～6m，小枝有细柔毛。叶薄革质，椭圆形至长椭圆形，先端短急尖，边缘有锯齿，基部楔形，叶面深绿色，叶背淡绿色。花1～3朵腋生或顶生，白色，芳香，苞片与萼片明显分化，苞片早落，萼片宿存。蒴果近球形或三角状球形。花期10～11月；果期10～11月。

我国秦岭、淮河以南地区有分布。学士公园、花圃、浴鹄湾等有种植。

油茶 | *Camellia oleifera*

常绿灌木或小乔木。嫩枝有粗毛。叶椭圆形，灰绿色，先端渐尖至急尖，基部楔形，中脉、叶柄均有细毛。花白色，单瓣，芳香，花瓣5～8枚，倒卵形至倒心形，先端凹陷，雄蕊簇金黄色。花期10～12月。

我国长江以南各省区有栽培。

丛植、散植于假山、花径、草坪。杭州少儿公园、花圃、九溪、沿山河绿地公园等有应用。

毛花连蕊茶 | *Camellia fraterna*

常绿小灌木。株高1～5m，小枝、顶芽、叶面沿中脉及叶背有柔毛。花1～2朵顶生或腋生，白色或微带红晕，单瓣，花瓣5～6枚，内层3片较大，雄蕊自基部连生至中部或中部以上，芳香，花梗常为覆瓦状苞片所包围。花期2～3月。

常在林缘、园路、建筑物周围成片种植，也可修剪成绿篱。植物园分类区有种植。

尖连蕊茶 | *Camellia cuspidata*

常绿小灌木。株高3m，小枝无毛，顶芽几无毛。叶革质，卵状披针形或椭圆形，先端渐尖至尾状渐尖，基部楔形或略圆，两面无毛或仅初时叶面沿中脉有微毛；苞片和萼片无毛。花白色。花期3～7月。

我国陕西、安徽及长江以南各省区有分布。

春夏开花，花繁色雅。杭州花圃、植物园等有应用。

红花短柱茶 | *Camellia brevistyla f. rubida*

常绿灌木，垂枝形。叶浓绿色，椭圆形，先端钝或稍尖，边缘齿稀而浅，叶柄有细毛。花顶生或腋生，淡红色至玫瑰红色，花瓣长椭圆形，单瓣，先端平圆，边缘微带波浪皱褶，盛开后略外翻，花径4～6cm，花柱3～5mm。花期11月至翌年2月。

原产浙江龙泉，长江以南地区广泛栽培。喜光、耐寒、耐旱。抗逆性强。

点缀庭院、草坪、树丛、建筑物、假山等。杭州植物园分类区有种植。

杜鹃红山茶 | *Camellia azalea*

常绿灌木，植株紧凑。叶狭倒卵形，中脉明显，浓绿有光泽。花鲜红色，单瓣，中至大型花，花瓣倒卵形，约6～9枚，先端凹陷，雄蕊基部连生，花丝红色，花朵稠密，花期6～11月，有时春季也能开花。

原产我国广东省阳春市，现长江以南均有栽培。喜光，耐寒，耐旱，耐贫瘠，不耐盐碱，忌积水。

杭州植物园分类区有种植。

粉红短柱茶 | *Camellia puniceiflora*

常绿灌木，垂枝形。叶椭圆形，基部宽楔形或楔形，叶柄有细柔毛。花顶生或腋生，单瓣，花淡粉红色，花瓣5～6枚，倒卵形，先端凹陷，边缘微带波浪皱褶，径4～6cm，雄蕊基部大半连生呈筒状；苞片及萼片仅中部有毛，向两侧渐变无毛，花柱长5～7mm。果实长圆形至椭圆形。花期10月下旬至翌年2月。

原产浙江天目山。

树形优美，花色淡雅。点缀庭院、草坪、树丛、建筑物、河岸边。杭州植物园分类区有种植。

长瓣短柱茶 | *Camellia grijsii*

常绿灌木。株高1～3m，树皮灰褐色，嫩枝有短柔毛。叶片椭圆形、倒披针状椭圆形，稀卵形，先端渐尖或尾状渐尖，叶背散生黑色或暗褐色木栓疣。花单生或对顶生，有时腋生，盛开时花瓣散开呈辐射状，白色，芳香，花柱长3～4mm。蒴果椭圆形或圆球性，棕褐色，粗糙。花期2～3月，果期10月。

我国湖南攸县，江西、湖北、广西等有分布。

满树白花，芳香满园。孤植、对植、丛植于庭院、草坪，片植于池旁水畔。杭州植物园、花圃等有种植。

51 金丝桃

Hypericum monogynum / 藤黄科金丝桃属 /

形态特征 常绿灌木。株高60～90cm，茎上部多分枝，小枝圆柱形。叶对生，纸质；叶片长椭圆形或长圆形，全缘，无柄。聚伞花序顶生，由3～7朵组成；花黄色，花瓣5枚；雄蕊长于花瓣或略长。蒴果卵圆形。花期6～7月；果期8～9月。

分布习性 我国中部及南部地区有分布，南北各地广泛栽培。喜温暖湿润环境，喜光，耐半阴，耐湿，较耐寒，不择土壤。萌芽力强，耐修剪。病虫害少。

繁殖栽培 扦插或播种繁殖。冬季适当修剪整形。

园林用途 枝叶丰满，花色艳丽，雄蕊散露灿若金丝。布置花坛、花境、庭院，片植于林缘或疏林下形成复层景观结构，群植于草坪、墙角、路旁，也可作花带或花篱种植。与韭兰、玉蝉花、八仙花、石榴搭配应用，观赏效果较好。杭州园林中普遍应用。

园艺品种：

‘红果’ 金丝桃 | *Hypericum androsaemum* ‘Excellent Flair’

常绿小灌木。株高约60cm，小枝红褐色。叶片长椭圆形。花单生或聚伞花序，金黄色。果椭圆形，红色。花期6～8月；果期9～12月。

喜光，稍耐阴，耐寒，忌积水。茅家埠一带有成片种植。

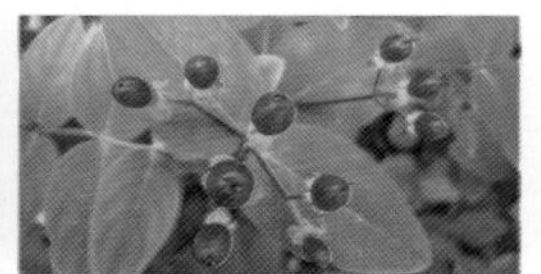

‘黄果’金丝桃 | *Hypericum inodorum* ‘Rheingold’

常绿小灌木。果黄色。茅家埠一带有成片种植。

同属中常见栽培应用的有：

金丝梅 | *Hypericum patulum*

常绿灌木。株高0.5～1m，小枝具2纵棱，嫩枝红褐色，老枝棕褐色。叶对生；叶片卵形或卵状长圆形，叶面深绿色，叶背粉绿色。花单生或聚伞花序，金黄色，雄蕊明显短于花瓣。花期5～6月；果期8～10月。

我国长江以南各省有分布。喜光，稍耐阴，忌积水。茅家埠、西溪湿地有应用。

52 结香

Edgeworthia chrysantha

/ 瑞香科结香属 /

形态特征 落叶灌木。株高1～2m；枝粗壮而柔软，棕红色，常呈三叉分枝，幼枝具淡黄色或灰色绢状柔毛。叶互生，常集生枝端；叶片椭圆状倒披针形，长8～20cm，全缘。头状花序有花30～50朵，总花梗粗短而下垂；花淡黄色，芳香，无梗；花萼呈花瓣状，外被白色长柔毛，内面黄色。果卵形。花期3～4月；果期8～9月。

分布习性 我国河南、陕西及长江流域以南各省有分布。喜温暖湿润气候，喜光，耐半阴，耐湿，较耐寒，忌积水，在排水良好、疏松肥沃的沙质土壤中生长较好。萌蘖力强。

繁殖栽培 扦插或分株繁殖。及时修剪更新保持树形丰满。

园林应用 树冠半圆形，枝条可弯曲造型，早春花先叶开放，花团锦簇，芳香浓郁。丛植于庭院、街心绿地，草坪、道路转角、墙隅和山石间等。常配置于常绿树前。湖滨、花圃、浴鹄湾等有种植。

53 毛瑞香

***Daphne kiusiana* var. *atrocaulis**

/ 瑞香科瑞香属 /

形态特征 常绿灌木。株高0.5～1m；枝深紫色或紫褐色，无毛。叶互生，厚纸质，有时簇生于枝端；叶片椭圆形或倒披针形，先端短尖至渐尖而钝头，基部楔形；全缘；叶面深绿色，叶背浅绿色。头状花序由5～13朵小花组成，花被筒状，白色，芳香，外密被丝状毛；花盘环状，边缘波状，外被淡黄色短柔毛。核果卵状椭圆形，红色。花期3～4月；果期8～9月。

分布习性 我国长江流域及其以南地区有分布。喜光，耐阴，耐湿，不择土壤，但在疏松肥沃的土壤中生长良好。

繁殖栽培 播种或扦插繁殖。

园林应用 叶片四季常绿、花素雅芳香。布置庭院、花境，片植于疏林下或林缘。杭州灵隐寺有种植。

金边瑞香 | *Daphne odora* f. *marginata*

常绿小灌木。叶缘金黄色。头状花序由数十朵小花组成，萼筒淡紫色或淡紫红色，芳香。盛花期春节，花期长达2个月。

叶缘金黄色，花美丽芳香。布置庭院、花境，也可盆栽观赏。柳浪闻莺有种植。

54 胡颓子
Elaeagnus pungens

形态特征 常绿灌木。株高3～4m；刺顶生或腋生，幼枝微扁棱形，密被锈褐色鳞片，老枝鳞片脱落，黑色，有光泽。叶革质，叶片椭圆形或宽椭圆形，侧脉在叶背不明显突起，干后网状脉在叶面明显可见。花银白色，下垂，密被鳞片，萼筒圆筒形或漏斗状圆筒形。果实椭圆形，熟时红色。花期9～12月；果期翌年4～6月。

分布习性 我国长江流域以南各地有分布。喜温暖湿润气候，喜光，稍耐阴，耐寒，耐湿，耐旱，不择土壤。

繁殖栽培 扦插繁殖。秋冬季修剪保持株形优良。

园林应用 树冠球形开展，叶片四季常绿，秋冬季节开花，春季果实累累。丛植于庭院，片植于林缘、草坪，也可布置花境。曲院风荷、花港观鱼等有应用。

金边胡颓子 | *Elaeagnus pungens* 'Aurea'

常绿灌木。株高1～2m。叶革质有光泽，椭圆形，边缘金黄色。花乳白色。花期3～4月；果期10～11月。

色叶小灌木。杭州公园绿地应用普遍。

同属中有应用的有：

佘山羊奶子 | *Elaeagnus argyi*

半常绿灌木。株高约3m，小枝灰褐色，密被黄白色皮屑状鳞片，老枝灰黑色。叶片椭圆形，侧脉在叶面凹下，幼时表面具灰白色鳞毛。伞形短总状花序由5～7朵簇生新枝基部的小花组成，花淡黄色；花萼筒漏斗状圆筒形，长5.5～6mm。果实长圆形，熟时红色，果梗8～10mm。花期1～3月；果期4～5月。

我国长江流域有分布。

冬季开花，花淡黄色，春季果实累累。浴鹄湾、花港观鱼等有种植。

牛奶子 | *Elaeagnus umbellata*

落叶灌木。株高4m，常具刺，多分枝，幼枝密被银白色鳞片。叶片长椭圆形，叶背无星状柔毛，叶面侧脉通常不下凹。花1～7朵簇生于新枝基部；花黄白色，先叶开放，芳香，密被银白色鳞片；花萼筒状漏斗形。果近球形，熟时红色，果梗长3～10mm。花期4～5月；果期7～8月。

我国华北、华东、西南等地有分布。

春季开花，花多，黄白色，芳香；夏季红果累累。杭州植物园有种植。

55 矮紫薇

***Lagerstroemia indica* 'Petite Pinkie'**

/ 千屈菜科紫薇属 /

形态特征　落叶灌木。株高30～100cm。叶对生；叶片倒卵形或椭圆形，全缘。圆锥花序顶生；花瓣6，花色繁多，有红、紫红、蓝、淡紫、桃红、白色等。蒴果球形。花期7～9月；果熟期10～11月。

分布习性　国外引进，我国黄河以南地区可栽培，长三角地区应用广泛。喜温暖湿润环境，喜光，不耐阴，耐寒，耐旱，耐盐碱，忌涝，抗有害气体。适应性较强。萌蘖性强。落叶期较长。

繁殖栽培　播种或扦插繁殖。庇荫处生长不良，通风不良处易得煤污病。

园林用途　观花地被植物。夏季开花，花色丰富，色彩艳丽。布置花坛、花境，片植于草坪、空旷地、坡地、林缘等。杭州城市绿化应用普遍。

56 紫萼距花

Cuphea articulata

/ 千屈菜科萼距花属 /

形态特征　常绿小灌木。株高30～60cm；分枝多，茎具黏质的腺毛。叶对生；叶片长椭圆形，叶背中脉突起。花顶生或腋生，花萼基部有距，先端延长呈花冠状，具5齿，齿间有退化的花瓣，花瓣6枚，紫红色。四季开花，夏季为盛花期。

分布习性　原产中美洲，我国华南地区广泛栽培，杭州地区可露地栽培。喜温暖气候，喜光，稍耐阴，耐寒，耐高温，耐湿，不耐寒，在排水良好的沙质壤土中生长较好。耐修剪。

繁殖栽培　扦插或播种繁殖。

园林应用　株型紧凑，叶片秀丽，四季常绿，花红色密集，花期长。布置庭院、花坛、花境，成片种植作地被植物，亦可盆栽观赏。杭州地区主要用于花境和花坛。

57 轮叶蒲桃

Syzygium grijsii

/ 桃金娘科蒲桃属 /

形态特征　常绿灌木。株高1.5m；嫩枝纤细有4棱。叶对生或3叶轮生；革质，狭倒披针形，先端钝或略尖，基部楔形；新叶红色。聚散花序顶生或腋生；花瓣4，白色，近圆形。果实球形，成熟时紫黑色。花期5～6月；果期10月。

分布习性　我国长江以南各省有分布。喜温暖湿润环境，喜光，耐半阴，耐湿。

繁殖栽培　播种繁殖。

园林用途　株型紧凑，叶片秀丽，四季常绿，新叶红色，花素雅繁多，秋季果实累累。布置庭院、花境，成片种植于林缘、湖旁、溪边、空旷地。花圃、植物园分类区等有种植。

58 红千层

Callistemon rigidus

/ 桃金娘科红千层属 /

形态特征　常绿灌木或小乔木。株高1～2m；树皮灰褐色，嫩枝有棱，被白色柔毛。叶互生；坚革质，线形，无毛，油腺点明显，中脉在叶两面均突起，侧脉明显，无柄。穗状花序生于枝顶，长10cm，似瓶刷状；花瓣5，绿色，卵形；雄蕊长2.5cm，鲜红色；萼筒钟形，裂片5。蒴果顶端开裂。花期5～8月。

分布习性　原产澳大利亚，近年引入我国栽培，长江以南地区应用广泛。喜温暖湿润气候，喜光，稍耐阴，耐热，耐湿，耐旱，不耐寒。不择土壤，但在肥沃的微酸性土壤中生长较好。抗污染。萌发力强，耐修剪。

繁殖栽培　扦插繁殖。

园林应用　叶片秀丽，四季常绿，花大绚丽奇特，开放时火树红花。作孤植树或庭荫树，列植于行道两侧，群植于草坪、绿化带、湖滨，亦可修剪作绿篱或用作切花。湖滨、茅家埠等有应用。

59 千层金

***Melaleuca bracteata* 'Revolution Gold'**

/ 桃金娘科白千层属 /

形态特征　常绿灌木或小乔木。株高3.5m，枝条细长柔软，嫩枝红色，柔韧性好。叶互生，线形，夏季鹅黄色，其他季节金黄色。穗状花序生于枝顶，花丝长，白色。花期夏末。

分布习性　原产澳大利亚，我国长三角地区有应用。喜温暖湿润的气候，喜光，耐高温，耐旱，耐涝，不择土壤。萌芽力强，耐修剪。

繁殖栽培　扦插繁殖。

园林应用　色叶小灌木，叶片秀丽，夏季鹅黄色，其他季节金黄色。作花境背景材料，也可用于庭院、道路绿化。杭州城区绿化、西湖景区花境中有应用。

60 菲油果
Acca sellowiana

/ 桃金娘科南美稔属 /

形态特征 常绿灌木或小乔木。株高约5m，枝灰褐色，圆柱形。叶革质，倒卵状椭圆形或椭圆形，顶端圆形或微凹或有小尖头，叶面橄榄色，叶背灰白色，密被灰白色绒毛。花单生于叶腋，直径2.5～5cm，花瓣外被灰白色绒毛，内侧带紫色，雄蕊与花柱红色。浆果卵圆形或长圆形，直径约1.5cm，外被灰白色绒毛，顶端有宿存萼片。花期5～6月；果期9～11月。

分布习性 原产巴西、巴拉圭、乌拉圭和阿根廷，我国云南有栽培，长三角地区有应用。喜温暖湿润气候，喜光，耐寒，耐旱，耐碱，不择土壤。

繁殖栽培 播种、扦插或压条繁殖。

园林应用 株型紧凑，花色艳丽，叶片光亮。杭州植物园分类区、浙大紫金港校区有种植。

61 八角金盘
Fatsia japonica

/ 五加科八角金盘属 /

形态特征 常绿灌木。株高达5m，茎常成丛生状。叶片大，掌状7～9深裂，裂片椭圆形，边缘有疏离粗锯齿，先端渐尖，基部心形。伞形花序有花多数，花黄白色，花瓣5，卵状三角形。果近球形。花期10～11月；果期翌年4～5月。

分布习性 原产日本，我国长三角地区广泛栽培。喜温暖湿润的环境，喜阴湿环境，忌阳光直晒，对二氧化硫等有毒气体有较强的抗性。在湿润排水良好的沙质壤土中生长最好。

繁殖栽培 扦插或播种繁殖。

园林应用 叶片硕大，四季常绿，叶形优美。布置庭院、墙隅、建筑物背阴处或溪流边，群植于林缘、疏林下，也可在厂矿区种植。北方地区可作盆栽室内观赏。杭州公园绿地普遍应用。

62 熊掌木
Fatshedera lizei

/ 五加科熊掌木属 /

形态特征 八角金盘（*Fatsia japonica*）和爱尔兰常春藤（*Hedera hibernica*）杂交而成。常绿蔓性灌木。株高达1m以上；初生时茎草质，后渐变为木质化。单叶互生；叶片掌状5裂，端渐尖，基心形，全缘，新叶密被毛茸，老叶浓绿光滑。头状花序小，绿白色。成年植株花期秋季。

分布习性 近年从国外引进。喜温暖凉爽环境，喜光也耐阴，耐旱，耐湿，耐寒，忌高温。

繁殖栽培 扦插繁殖。

园林应用 观叶常绿灌木。成片种植于林缘或疏林下。曲院风荷、花圃、茅家埠、居民小区等有应用。

63 红瑞木
Cornus alba

/ 山茱萸科梾木属 /

形态特征 落叶灌木。株高2～3m，枝条密集，新枝黄绿色，入冬后转为紫红色。单叶对生，椭圆形，全缘。伞房状聚伞花序顶生，花小，黄白色，花瓣4，雄蕊4。核果球形，白色稍带蓝色。花期5～6月；果期8～9月。

分布习性 我国东北、华北、西北、华东等地有分布。喜凉爽半阴环境，耐寒，耐旱，耐湿。

繁殖栽培 扦插或分株繁殖。早春萌芽前适当修剪促使新枝萌发。

园林应用 树冠开展，秋叶红艳，冬季枝条鲜红色，小果洁白。作花境背景材料，丛植于草坪中、水边、建筑物前或常绿树间，也可栽植为绿篱。赵公堤、湖滨、茅家埠等有应用。

64 洒金珊瑚
***Aucuba japonica* 'Variegata'**

/ 山茱萸科桃叶珊瑚属 /

形态特征 常绿灌木。株高1～2m；小枝绿色，光滑无毛。叶对生，革质；叶片卵状椭圆形或长椭圆形，深绿色，具光泽，叶面密布黄色斑点，边缘疏生宽锯齿。雌雄异株；圆锥花序顶生，雌花序长约3cm，雄花序长约10cm；花暗紫红色。核果肉质，成熟时鲜红色。花期3～4月；果期11月至翌年4月。

分布习性 原种我国台湾有分布，长江以南各省区有露地栽培。喜温暖湿润半阴环境，极耐阴，忌强阳光照射，耐旱，耐湿，稍耐寒，对大气污染有较强的抗性。

繁殖栽培 扦插繁殖。

园林应用 观叶灌木，叶片上有洒金般斑驳。布置庭院、墙隅、建筑物背阴处，群植于林下或林缘，也可用于厂区绿化。杭州园林中普遍应用。

65 马醉木

Pieris japonica

/ 杜鹃花科马醉木属 /

形态特征 常绿灌木。株高达3.5m，树皮灰色，枝条绿色或带淡紫红色，稍有纵棱。叶厚纸质，丛生枝端；叶片椭圆状披针形，边缘仅中部以上有细锯齿。总状花序簇生于枝顶，每一花序有3～4花枝，密生壶状小花，花冠白或白绿。蒴果扁平形，褐色。花期1～3月；果期7～9月。

分布习性 我国安徽、江西、福建、台湾等地有分布。喜温暖湿润气候，耐阴，忌强光直射，耐湿，耐贫瘠。

繁殖栽培 播种、扦插或分株繁殖。

园林应用 叶四季常绿有光泽，新叶红色；花序长，小花繁多；花叶观赏价值高，但全株有毒，应谨慎应用。成片种植于林下、林缘、溪沟边。杭州植物园分类区有种植。

66 毛白杜鹃

Rhododendron mucronatum

/ 杜鹃花科杜鹃花属 /

形态特征 半常绿灌木。株高1～2m；小枝密被灰褐色柔毛；花芽具黏液。叶二型：春叶纸质，披针形或卵状披针形；夏叶宿存，质较厚，深绿色，长圆状披针形至长圆状倒披针形。顶生伞形花序有花1～3朵；花冠常为白色，亦有蔷薇紫色或淡紫色，宽漏斗状；花萼大，长1cm以上。蒴果卵圆形。花期4～5月；果期8～9月。

分布习性 我国江苏、浙江、江西、福建、广东、广西、四川和云南等省有分布，全国各地广泛栽培应用。喜凉爽湿润气候，喜光但忌强光曝晒，耐半阴，耐湿，忌酷热，忌干旱，忌盐碱。在富含腐殖质、疏松、湿润、pH值5.5～6.5的酸性土壤中生长最好，黏重或通透性差的土壤中生长不良。萌发力强，耐修剪。酸性土指示植物。

繁殖栽培 播种或扦插繁殖。

园林应用 株型秀丽，花繁叶茂。丛植于古松下、怪石旁或曲涧溪畔，亦可成片种植于草坪、林缘。杭州园林中应用普遍。

同属中常见栽培应用的有：

锦绣杜鹃 | *Rhododendron pulchrum*

半常绿灌木。株高1.5～2.5m，枝开展，幼枝和叶被红棕色扁平糙伏毛。叶在幼枝上散生，叶片薄革质，椭圆状长圆形至长圆状倒披针形，先端钝尖，基部楔形。伞形花序顶生，有花1～5朵；花萼大，长约1.2cm；花冠玫瑰紫色，阔漏斗形，长4.5～5.5cm，具深红色斑点；雄蕊比花冠短。蒴果长圆状卵球形，被刚毛状糙伏毛，花萼宿存。花期4～5月；果期9～10月。

栽培变种和品种众多。喜凉爽湿润气候，喜光但忌曝晒，耐半阴，耐湿，忌酷热，忌干旱，忌盐碱。

观花灌木。片植组合色块，列植于路边、墙角或花坛草坪边缘。既可与乔、灌木混合种植，亦可依山、就石、伴水大面积种植或效仿自然密植于山岗坡麓。公园绿地应用普遍。

皋月杜鹃 | *Rhododendron indicum*

常绿灌木。株高约1m，株型丰满，分枝稠密，枝叶纤细。叶狭小，集生枝端，革质；狭披针形或倒披针形，叶面深绿色，有光泽。花1～3朵生枝顶，花鲜红色、玫瑰红色等，花宽漏斗形。花期5～6月。

原产印度和日本，我国各地广泛栽培应用。公园绿地应用普遍。

鹿角杜鹃 | *Rhododendron latoucheae*

常绿灌木。株高1～6m；常3枝轮生，幼枝红棕色，老枝灰白色；叶芽紫红色；枝叶与花梗均无毛。叶革质，集生枝顶，卵状椭圆形，叶面有光泽，叶背侧脉不明显。花单生叶腋，常生枝端，粉红色。花期4～5月。

我国长江流域有分布。杭州植物园杜鹃园有种植。

马银花 | *Rhododendron ovatum*

常绿灌木。株高1～4m；幼枝与叶柄、叶表面中脉均被短柔毛。叶革质，集生于枝顶端，叶片卵形、卵圆形或椭圆状卵形，基部圆形，先端有凹缺。花单一，生于枝顶叶腋，花瓣淡紫色，宽漏斗状，雄蕊5枚。蒴果宽卵形，长约7mm。花期4～5月；果期8～9月。

我国长江流域及以南地区有分布。杭州植物园杜鹃园和分类区有种植。

映山红 | *Rhododendron simsii*

落叶或半常绿灌木。株高约3m；小枝密被棕褐色扁平的糙伏毛，花芽无黏液。叶二型：春叶薄纸质，卵状椭圆形至卵状狭椭圆形；夏叶较小，倒披针形。花2～6朵簇生枝顶端，花萼小，花鲜红色，3裂片内有紫红色斑点。蒴果卵圆形，被糙伏毛。花期4～5月；果期9～10月。

我国长江流域广泛分布。杭州植物园杜鹃园、西溪湿地等有种植。

满山红 | *Rhododendron mariesii*

落叶灌木。株高达3m；树皮灰色，枝轮生，小枝有绢状柔毛，后变无毛。叶2～3片集生枝顶；叶片厚纸质，宽卵形，长3～7cm；叶柄长4～10mm。花1～2朵、稀3朵簇生枝顶，花冠淡紫色或玫瑰红色，辐射状漏斗形，长2.2～3cm。蒴果卵状长圆形。花期3～4月；果期9～10月。

我国长江下游各省有分布。杭州植物园杜鹃园有种植。

羊踯躅 | *Rhododendron molle*

落叶灌木。株高1～2m；幼枝有短柔毛，老枝无毛。叶纸质，长圆状倒披针形。伞形总状花序顶生，有花5～10朵，花叶同放，花冠黄色，漏斗状，雄蕊5枚。蒴果圆柱状长圆形。花期4～5月；果期8～9月。

我国长江以南各省区有分布。

植株对人畜有毒，不可误用。杭州植物园杜鹃园有应用。

刺毛杜鹃 | *Rhododendron championae*

常绿灌木或小乔木。株高达5m；小枝和叶密生刺毛和腺刚毛；花芽具粘液。叶5～8片聚生枝顶；叶片厚纸质，长圆状披针形。侧生伞形花序，常具花3朵，花较大，花冠粉红色至近白色，狭漏斗状，长约6cm。花期5月；果期7～9月。

我国长江以南各省区有分布。

植株较高，花大雅致，叶常绿。杭州植物园杜鹃园有应用。

67 江南越橘

Vaccinium mandarinorum / 杜鹃花科乌饭树属 /

形态特征　常绿灌木至小乔木。株高达5m，枝常无毛。叶革质，卵状椭圆形、卵状披针形或倒卵状长圆形，先端渐尖，基部楔形至钝圆，边缘有钝锯齿，两面无毛。总状花序腋生或顶生，长3～7cm；近基部有一对小苞片；花萼钟形；花冠白色，微香；子房下位。浆果，熟时深红色或紫黑色。花期4～6月；果期9～10月。

分布习性　我国长江以南各省区有分布。生于山坡灌丛、杂木林、路边林缘。

繁殖栽培　播种或扦插繁殖。

园林应用　叶片四季常绿有光泽，春末夏初繁花成片，秋季果实累累。布置庭院，丛植、片植于林缘、溪边。杭州植物园分类区有种植。

同属有应用潜力的有：

乌饭树 | *Vaccinium bracteatum*

常绿灌木。株高1～4m；小枝幼时略被细柔毛，后变无毛。叶革质，卵状椭圆形。总状花序腋生，花序具宿存苞片，花冠白色，卵状圆形；花各部分被灰白色细柔毛。浆果球形，熟时紫黑色。花期6～7月；果期10～11月。

我国长江流域以南有分布。

叶片四季常绿有光泽，夏季白花成片，秋季果实累累。杭州植物园分类区有种植。

68 紫金牛

Ardisia japonica

/ 紫金牛科紫金牛属 /

形态特征 常绿小灌木。株高15～30cm；根状茎匍匐，地上茎直立，不分枝。叶聚生于茎梢，椭圆形，边缘有尖锯齿；无毛或叶背中脉被细柔毛。伞形花序，3～6朵簇生于顶端叶腋或茎梢；花小，花冠白色或粉红色具腺点；萼片卵形。核果球形，成熟时红色，经久不落。花期5～6月；果期11～12月。

分布习性 我国长江以南各省有分布。喜温暖、湿润、通风良好的环境，极耐阴，耐湿，忌阳光直晒。在排水良好，肥沃的微酸性壤土中生长健壮。

繁殖栽培 播种或扦插繁殖。

园林用途 植株低矮，叶片四季常绿，秋季红果累累。常作耐阴湿观叶观果地被植物，用于林下或建筑物背阴处绿化。柳浪闻莺、浴鹄湾、太子湾、花港观鱼等有成片种植。

同属中有栽培应用的有：

朱砂根 | *Ardisia crenata*

常绿小灌木。株高0.6～1m。叶披针形或长椭圆形，多聚生茎顶端，革质，叶面光滑，边缘皱波状，具圆齿，并具明显的腺点。伞形花序腋生，每花序有花5～10朵；花瓣粉红色；花梗无毛。浆果成簇，鲜红色，经久不凋。花期5～6月；果期7～10月。

我国长江流域以南及西藏东南部有分布。

耐阴湿观叶观果地被植物，丛植庭院，片植林下，也可作盆栽观赏。杭州湖滨公园、法云古村等有种植。

69 杜茎山
Maesa japonica

/ 紫金牛科杜茎山属 /

形态特征　常绿灌木。株高1～3m，小枝有细条纹。叶革质，椭圆形至披针状椭圆形。总状花序或圆锥花序生于叶腋，单生或2～3个聚集；花冠白色，长钟形，具明显的脉状腺条纹，裂片约为花冠筒长的1/3。果球形，直径4～5mm，肉质，粉红色。花期1～3月；果期10月。

分布习性　我国长江以南各省有分布，生于林缘、沟谷旁、路旁灌丛中、常绿阔叶林或混合林下阴湿处。耐阴湿，耐瘠薄。

繁殖栽培　播种或扦插繁殖。

园林应用　四季叶片常绿，秋季果实累累。成片种植于林缘或疏林下。杭州植物园百草园有种植。

70 老鸦柿
Diospyros rhombifolia

/ 柿科柿属 /

形态特征　落叶灌木。株高1～3m；树皮褐色，枝具刺，小枝有毛。叶片纸质，卵状菱形或倒卵形。花萼近全缘。花单生于叶腋，单性，雄花花萼裂片线状披针形，花冠白色，坛形；雌花花裂片几全裂。雌雄异株。浆果球形，嫩时黄绿色有柔毛，后橙黄色，熟时橘红色具蜡样光泽。花期4～5月；果期7～10月。

分布习性　我国华东地区有分布。喜光，耐寒，耐旱，耐贫瘠，不耐盐碱，忌积水。适应性强。

繁殖栽培　播种繁殖。

园林应用　秋季橘黄色果实累累。丛植作庭荫树，成片种植于公园绿地，也是制作盆景的好材料。曲院风荷、花圃、花港观鱼、植物园等有应用。

同属中有栽培应用的：

乌柿 | ***Diospyros cathayensis***

半常绿灌木或小乔木。株高2～4m；树皮灰色，粗糙，枝具刺。叶近革质，长圆状披针形，长3～7cm，宽1～2cm。花白色，芳香，雌雄异株，雄花常3朵呈聚伞状，花冠坛状，雌花单生于叶腋，花冠坛形。浆果球形，直径1.5～3cm，嫩时绿色，熟时黄色。花期4～5月；果期8～10月。

我国长江流域以南省区有分布。

秋季黄色的果实挂满了植株。柳浪闻莺、花港观鱼、植物园等有种植。

71 金钟花
Forsythia viridissima

/ 木犀科连翘属 /

形态特征 落叶灌木。株高1～3m，枝直立，小枝绿色，近四棱形，具片状髓。单叶对生，长圆形至披针形，中部以上有粗锯齿。花1～3朵腋生，先叶开放；花冠金黄色，4深裂，狭长圆形，反卷，花冠裂片比花冠筒长；花萼裂片卵圆形，花萼脱落。蒴果卵球形，瘤点较少。花期3～4月；果期7～8月。

分布习性 原产我国和朝鲜，长江流域广泛栽培应用；生于山地、沟谷、林缘、溪边或路旁灌丛中。喜温暖湿润的环境，喜光，耐半阴，耐热，耐寒，耐旱，耐瘠薄，较耐水湿。

繁殖栽培 扦插繁殖。

园林用途 早春花先叶开放，串串黄色花朵挂满枝头。丛植于草坪、墙隅、园路转角，片植于林缘、路边、水边，也可作花篱。金钟花与贴梗海棠搭配应用，花期一致，观赏效果比较好。杭州公园绿地普遍应用。

推荐种类：

连翘 | *Forsythia suspensa*

落叶灌木。株高达1～3m；枝常下垂，中空。叶片卵形。花先叶开放，单朵生于叶腋；花冠黄色，钟形；花萼裂片长圆形，宿存。蒴果上瘤点多。花期3～4月；果期9月。

我国东北、山西、陕西、内蒙古、河北、河南、江苏、四川、云南等地有分布。杭州花圃有应用。

72 云南黄馨
Jasminum mesnyi

/ 木犀科茉莉属 /

形态特征 常绿灌木。株高0.5～5m，枝绿色，拱曲下垂，小枝4棱。叶对生；三出复叶或小枝基部有单叶，小叶长椭圆状披针形，顶端一枚稍大。花与叶共存，常单生于枝下部叶腋，花冠黄色，较大，径3.5～4cm，6裂或呈半重瓣。浆果。花期4月。

分布习性 我国云南、四川、贵州等省有分布，各地广泛栽培。喜暖湿气候，喜光，稍耐阴，耐旱，耐湿，喜排水良好、肥沃的微酸性沙壤土。萌蘖力强，耐修剪。

繁殖栽培 扦插或分株繁殖。

园林应用 叶片四季常绿，枝长柔软下垂，早春开花，花艳丽。丛植于桥头、坡地、墙隅，丛植、片植于岩石园、假山周围、堤岸、林缘、草地、道路边缘或转角处，亦可作自然花篱。杭州园林中普遍应用。

迎春花 | *Jasminum nudiflorum*

落叶灌木，直立或匍匐。株高0.3～5m，小枝细长拱垂。三出复叶对生，小叶卵状椭圆形。花单生于去年生枝的叶腋，花冠黄色，花较小，直径2～2.5cm。花期2～4月。

我国北部及西南等地有分布。喜温暖湿润气候，喜光，稍耐阴，耐寒，耐旱，耐湿，忌水涝。对二氧化硫抗性强。

早春观花灌木，先花后叶。丛植、片植于路缘、山坡、河岸边及岩石园。太子湾、城区河道等有种植。

探春 | *Jasminum floridum*

常绿蔓性灌木。株高0.4～3m；幼枝绿色，有棱角。叶互生，单叶或三出叶混生；叶片椭圆状卵形至卵状长圆形，叶面光亮。聚伞花序顶生，花冠黄色，裂片长圆形或宽卵形。浆果椭圆形或近圆形。花期4～9月；果期9～10月。

我国长江流域以南及河南、陕西等省有分布。

叶片光亮四季常绿，花黄色，花期长。植物园、杭州城区偶见应用。

73 金叶女贞

Ligustrum × vicaryi

/ 木犀科女贞属 /

形态特征 半常绿灌木。株高2～3m。单叶对生，薄革质；叶片椭圆形或卵状椭圆形，长2～5cm，先端钝或钝圆，金黄色。总状花序，小花白色，花冠筒顶端4裂，裂片长圆形或卵形，先端急尖。浆果状核果阔椭圆形，熟时紫黑色。花期7月；果期10月。

分布习性 国外引进，我国黄河流域及长江流域可露地栽培。喜光，稍耐阴，耐寒，不择土壤。适应性强。

繁殖栽培 扦插繁殖。

园林应用 株型紧凑，叶金黄色，花白色。布置庭院，丛植、群植于草坪绿地，修剪作绿篱，也可与紫叶小檗、红花檵木、龙柏、黄杨等组成色块。公园绿地普遍应用。

同属中常见栽培应用的有：

金森女贞 | *Ligustrum japonicum* 'Howardii'

常绿小灌木。株型紧凑，枝叶稠密。叶革质，有光泽，新叶鲜黄色，部分新叶沿中脉两侧或一侧有浅绿色斑块，冬叶金黄色。圆锥状花序，花白色。浆果紫黑色。花期6～7月；果期10～11月。

近年从国外引进，长三角地区广泛应用。喜光，耐半阴，耐热，耐寒。

春季新叶鲜黄色，冬季转为金黄色。杭州公园绿地应用普遍。

小蜡 | *Ligustrum sinense*

落叶小灌木。株高2～5m；枝灰色，密被短柔毛。单叶对生；叶纸质，椭圆形，先端常微凹。圆锥花序顶生，长5～9cm；花冠白色，先端4裂，芳香。核果近球形，黑色。花期4～6月；果期9～10月。

我国长江以南各省区有分布。喜光，稍耐阴，较耐寒。抗二氧化硫等多种有毒气体。耐修剪。

观花观果灌木。宜植于庭院、林缘、池边，可修剪成几何形体或整形成绿篱，也常用于工矿区绿化。杭州公园绿地应用普遍。

银姬小蜡 | *Ligustrum sinense* 'Variegatum'

半常绿灌木。株高约2～3m，老枝灰色，小枝细长。叶对生，厚纸质或薄革质，椭圆形或卵形，叶缘具乳白色边环。圆锥花序顶生或腋生，花冠白色。浆果状核果，近球形，熟时黑色。花期4～6月；果期9～10月。

国外引进，我国沈阳、石家庄、西安、上海、昆明等地有栽培。喜光，稍耐阴，耐寒，耐旱，耐热，耐瘠薄。土壤适应性强。对空气中的有毒气体有较强的抗性。耐修剪。

丛植、片植于林缘、建筑物背阴处、路旁，可修剪成形或作绿篱，也可盆栽观赏。曲院风荷、植物园灵峰探梅景点等有种植。

74 大叶醉鱼草

Buddleja davidii

/ 马钱科醉鱼草属 /

形态特征 半常绿灌木。株高1～5m；枝条拱形，小枝四棱形，斜生；嫩枝、叶背、花序均密被白色星状毛。叶对生；叶片卵状披针形至披针形，灰绿色，长5～20cm。多数聚伞花序组成圆锥花序，长约30cm，芳香，花冠筒细而直，花色有紫、粉、暗红、黄、白等色品种，芳香。花期6～9月。

分布习性 我国长江中上游地区有分布。喜光，耐寒，耐旱，耐瘠薄，耐盐碱，不择土壤，但在干燥、排水良好的土壤中生长较好。萌蘖性强。耐修剪。速生。

繁殖栽培 扦插繁殖。

园林应用 夏秋季开花，花色丰富，花序大，小花密集，芳香，花期长达4个月。作花境背景材料，丛植于草坪，片植于路旁，亦可植于水边。杭州湖滨、浴鹄湾、茶叶博物馆、花圃等有应用。

同属中可栽培应用的有：

醉鱼草 | ***Buddleja lindleyana***

落叶灌木。株高1～3m；小枝四棱有窄翅；幼枝、嫩叶、花序密被棕黄色星状毛和鳞片。叶卵形至卵状披针形。穗状花序顶生，长4～40cm，常偏向一侧；花紫色，芳香，花冠裂片4，花冠筒略弯曲，内面白紫色。花期4～10月；果熟期10月。

我国长江以南地区有分布。

丛植、片植于溪河水边。茅家埠、植物园等有种植。

75 夹竹桃

Nerium oleander

/ 夹竹桃科夹竹桃属 /

形态特征 常绿灌木。株高1.5～3m；枝灰绿色，嫩枝具棱。叶革质；3～4枚轮生，枝下部对生；革质；窄披针形，叶缘反卷；侧脉平行。聚伞花序组成伞房状，顶生；花冠漏斗状，紫红、粉红、橙红、黄或白色。花期6～8月；果期9～10月。

分布习性 原产伊朗、印度，我国长江以南地区大量栽培应用。喜暖湿气候，喜光，稍耐阴，耐干旱，不耐寒，耐盐碱，耐湿。在肥沃的中性壤土中生长良好。萌蘖性强，病虫害少，抗烟尘及有毒气体能力强。适应性强。

繁殖栽培 扦插或压条繁殖。

园林应用 叶形似竹叶，花形似碧桃，花繁色艳，花期长。丛植于桥头、建筑旁，片植于河道两侧和岛四周，亦是厂区绿化的好材料。全株有毒，应用时应谨慎。杭州园林中普遍应用。

园艺品种：

白花夹竹桃 | ***Nerium indicum* 'Paihua'**

花白色。曲院风荷、三潭印月、浴鹄湾、紫金港等有应用。

76 尖齿臭茉莉

Clerodendrum lindleyi

/ 马鞭草科大青属 /

形态特征　落叶小灌木。株高约1m；嫩枝稍有柔毛。叶片纸质，宽卵形或心形，叶面及叶背有短柔毛，沿脉较密，基部脉腋有数个盘状腺体，叶缘有不规则锯齿或波状齿。聚伞花序顶生；萼齿线状披针形；花冠淡红或紫红色。核果倒卵形或球形，成熟后蓝紫色。花期6～7月；果期9～11月。

分布习性　我国浙江、江苏、安徽、江西、湖南、广东、广西、贵州、云南等地有分布。极耐阴湿，忌阳光直晒。不择土壤。

繁殖栽培　分株繁殖。种植时适当遮光。

园林应用　耐阴湿观花观叶灌木。布置庭院、花境，片植于路边、林缘、林下或建筑物阴面。植物园百草园、花港观鱼、吴山等有应用。

同属中推荐应用种类：

海州常山 | ***Clerodendrum trichotomum***

落叶灌木。株高1～6m；嫩枝棕色短柔毛。单叶对生，叶卵圆形，两面近无毛。伞房花序，长6～15cm；花冠白色，芳香；雄蕊与花柱同伸出花冠外；花萼大，裂片卵形或卵状椭圆形，宿存，果熟时紫红色。核果近球形，熟时蓝紫色。花期7～10月；果期9～11月。

我国华北、华东、中南、西南各地有分布。喜光，稍耐阴，较耐寒，耐湿，耐盐碱，喜湿润肥沃壤土。适应性强。

夏秋季开花，花白色芳香，紫红色的花萼配以蓝紫色的果实，异常美丽，且花果期长。丛植于庭院、路边、建筑物周围；群植于草坪、山坡、溪河边、堤岸或林缘。西溪湿地有应用。

77 华紫珠

Callicarpa cathayana

形态特征 落叶灌木。株高1.5～3m，小枝纤细，幼嫩稍有星状毛，后脱落。叶椭圆形或卵形，长4～10cm，宽1.5～3cm，顶端渐尖，基部楔形，两面近无毛，有明显的红色腺点。聚伞花序，花序梗长4～7mm，短于叶柄或等长；花萼杯状；花冠紫色，有红色腺点，花丝等于或稍长于花冠。果实球形，径约2mm，紫红色。花期5～7月；果期8～11月。

分布习性 我国河南、江苏、安徽、浙江、江西、福建、湖北、广东、广西、云南有分布。多生于海拔1200m以下的山坡、谷地或丛林中。喜光，稍耐阴，耐湿地，耐旱，耐瘠薄。

繁殖栽培 播种或扦插繁殖。

园林应用 秋季紫色的果实成串，观果期长。布置于庭院、花境、岩石园、假山，片植于坡地、林缘、湖滨等。杭州花港观鱼、浴鹄湾、街头绿地等有应用。

推荐应用种类：

白棠子树 | *Callicarpa dichotoma*

落叶灌木。株高1～3m。小枝淡紫红色，略四棱形，嫩梢有少量星状毛。叶纸质，倒卵形，长3～6cm，叶片上半部边缘疏生锯齿，叶背密生下凹的黄色腺点。聚伞花序生于叶腋上方，花冠淡红色。果实球形，紫色。花期6～7月；果期9～11月。

我国华北、华东、华南地区有分布。喜温暖湿润气候，喜光，耐阴，耐湿，耐旱，耐寒。在肥沃深厚的土壤中生长良好。萌芽力强。

果实明亮如珠，果期长。丛植、片植林缘、路旁。浴鹄湾、花港观鱼等有种植。

老鸦糊 | *Callicarpa giraldii*

落叶灌木。株高1～4m，小枝灰黄色，圆柱形。叶片纸质，宽椭圆形至披针状长圆形，长6cm以上，边缘近基部开始即有锯齿或细齿，叶背及花萼稀被星状毛。聚伞花序4～5次分枝，花冠紫红色。果球形，成熟时紫色。花期5～6月；果期10～11月。

我国黄河以南各省区有分布。植物园百草园有种植。

78 牡荆

Vitex negundo var. *cannabifolia* / 马鞭草科牡荆属 /

形态特征 落叶灌木。株高1～3m；小枝四棱形，密被灰黄色短柔毛。掌状复叶，对生，小叶片长6～13cm，宽2～4cm，边缘具较多粗锯齿，叶背淡绿色，疏生短柔毛。圆锥状聚伞花序较宽大，长超过20cm，花冠淡蓝色。核果近球形。花期4～6月；果期7～10月。与原种的主要区别为叶背毛被状况及其颜色特征。

分布习性 我国秦岭、黄河以南各省区有分布。喜光，稍耐阴，耐旱，耐瘠薄。

繁殖栽培 播种或扦插繁殖。

园林应用 春末夏季初开花，花淡蓝色，花期长。布置岩石园、假山等，成片种植于林缘、路旁。杭州植物园分类区有种植。

79 灌丛石蚕

Teucrium fruticans / 唇形科香科科属 /

形态特征 常绿灌木。株高1.8m；小枝四棱形，全株密被白色绒毛。叶对生，卵圆形，蓝灰色，长1～2cm，宽1cm。轮伞花序；花冠单唇形，中裂片极发达，两侧裂片短小，蓝紫色；花丝伸出冠外甚长。花期4月。

分布习性 原产地中海沿岸地区，近年来长三角地区栽培应用。喜光，稍耐阴，耐寒，耐旱，耐贫瘠，不择土壤，忌涝。萌蘖力很强，耐修剪，适应性强。

繁殖栽培 扦插繁殖。

园林应用 株形紧凑，叶片四季蓝灰色，花蓝色。布置于花境、庭院，也可修剪成球形或作绿篱应用。杭州花圃、赵公堤、西湖南线中用的比较多。

80 枸杞

Lycium chinense / 茄科枸杞属 /

形态特征 半常绿灌木。株高1～2m；多分枝，枝纤细，常拱形下垂，叶腋或枝端有棘刺。叶互生或簇生；叶片卵形或椭圆形，全缘。花1～4朵簇生叶腋，花梗细长，花冠漏斗状，紫色。浆果长卵形，红色。花期6～9月；果期6～11月。

分布习性 我国东北、甘肃南部、陕西、山西、河北及华东、华中、华南、西南等有分布。喜凉爽干燥气候，喜光，耐寒，耐旱，耐盐碱，在排水良好的沙质壤土中生长较好，在低洼湿地及黏质土中生长不良。

繁殖栽培 播种、扦插或分株繁殖。

园林应用 夏秋季红果缀满枝头，果期长。点缀岩石园，布置庭院、居民小区，成片种植于围栏边、草坪、斜坡、悬崖陡壁，亦可作绿篱栽植。杭州许多小区绿化中有种植。

81 细叶水团花

Adina rubella

/ 茜草科水团花属 /

形态特征 落叶灌木。株高达2m；枝细长披散，小枝红褐色。叶对生，纸质；叶片卵状椭圆形至披针形，叶面深绿色，有光泽；托叶2深裂，裂片披针形；叶柄极短。头状花序顶生，径约1cm，花冠淡紫红色。蒴果长卵状楔形。花期6～7月；果期9～10月。

分布习性 我国长江以南各省区有分布。喜光，喜湿，较耐寒，畏炎热，不耐旱。

繁殖栽培 播种或扦插繁殖。

园林应用 植株丛生，花序独特。丛植、片植于湖滨、溪河岸。杭州曲院风荷、湖滨、柳浪闻莺、学士公园等有零星种植。

82 栀子

Gardenia jasminoides

/ 茜草科栀子属 /

形态特征 常绿灌木。株高1m以上；多分枝，小枝绿色，密被垢状毛。叶对生或3叶轮生；叶片革质，长圆状披针形、倒卵状长圆形或椭圆形，长5cm，有光泽，全缘。花单生于小枝顶端；花冠白色，高脚碟状，裂片倒卵形或倒卵状椭圆形；芳香。果橙黄色至橙红色，卵形，有5～9纵棱。花期5～7月；果期8～11月。

分布习性 我国东部、中部、南部及台湾地区有分布。喜温暖湿润气候，耐阴，忌阳光直射，耐湿，抗污染。在疏松、肥沃、排水良好的轻黏性酸性土壤中生长较好。抗有害气体能力较强。

繁殖栽培 扦插繁殖。适当遮光，及时浇水预防土壤干燥，增施硫酸亚铁防生理性缺铁引起的黄化病。

园林用途 叶片深绿光亮，花大芳香洁白美丽。点缀花境、庭院、岩石园，片植于建筑物背阴面、林缘、溪河边，修剪作花篱，亦可用于工矿区绿化。杭州植物园、西溪湿地等有种植。

变种：

大花栀子 | *Gardenia jasminoides* var. *grandiflora*

与原种的区别：花重瓣。

浙江有分布。杭州园林中应用普遍。曲院风荷、湖滨、茅家埠、浴鹄湾等有种植。

水栀子 | *Gardenia jasminoides* 'Radicans'

与原种的区别：常绿矮灌木。株高30～60cm。叶片狭披针形或线状披针形。花较小。

浙江有分布。

布置花境、庭院、岩石园，片植于疏林下、林缘、溪河边。杭州园林中普遍应用。

83 六月雪

Serissa japonica

/ 茜草科六月雪属 /

形态特征 常绿小灌木。株高50～70cm；小枝灰白色，幼枝被柔毛。叶坚纸质，狭椭圆形，全缘；叶脉两面凸起；托叶基部宽，先端分裂成刺毛状；叶柄极短。花单生或数朵簇生，无梗；花冠白色稍带紫红色，顶端4～5裂。果小。花期5～6月；果期7～8月。

分布习性 我国长江流域及以南各省区有分布。喜温暖湿润气候，喜光，耐半阴，耐湿，耐旱。在疏松肥沃的微酸性土壤中生长好。

繁殖栽培 扦插繁殖。

园林用途 观叶小灌木。点缀庭院、花境、岩石园，成片种植作绿篱，或作林下、林缘耐阴湿地被植物。杭州柳浪闻莺、植物园等有种植。

园艺品种：

金边六月雪 | *Serissa japonica* 'Aureo-marginata'

与原种的区别：叶上有黄白色条纹。

彩叶小灌木。应用广泛，曲院风荷、柳浪闻莺、花圃、茅家埠等有种植。

重瓣六月雪 | *Serissa japonica* 'Pleniflora'

与原种区别：花重瓣。

观花观叶小灌木。西湖景区有应用。

84 大叶白纸扇

Mussaenda shikokiana

/ 茜草科玉叶金花属 /

形态特征　落叶直立或攀缘状灌木。株高1～3m；小枝被黄褐色短柔毛。叶对生；叶片膜质或薄纸质，宽卵形或宽椭圆形，先端渐尖至短渐尖，基部长楔形，全缘。伞房式聚伞花序；萼筒陀螺形；花瓣状萼裂片白色，倒卵形；花冠黄色，外面密被平伏长柔毛，裂片卵形。浆果近球形。花期6～7月；果期8～10月。

分布习性　我国长江以南各省区有分布。喜温暖湿润气候，喜光，耐阴，耐湿。

繁殖栽培　播种或扦插繁殖。

园林应用　观叶观花灌木。片植于溪河畔、池塘边。杭州植物园百草园有种植。

85 大花六道木

Abelia × grandiflora

/ 忍冬科六道木属 /

形态特征　常绿灌木。株高40～50cm；枝开展，幼枝红褐色，光滑，侧枝对生。叶对生；叶片卵状椭圆形，羽状脉，叶面绿色有光泽，叶背灰白色，冬季叶片变为橙红色。圆锥聚伞花序，数朵着生于叶腋或花枝顶端；花冠漏斗状，长约25mm，白色，略带紫红色，稍芳香；雄蕊4；粉红色萼片宿存至冬季。花期6～11月。

分布习性　我国中部、西南部及长江流域有栽培。喜光，耐阴，耐旱，耐高温，耐瘠薄，耐寒。在酸性、中性或偏碱性土壤中均能良好生长。萌蘖力强。耐修剪。

繁殖栽培　扦插繁殖。

园林用途　植株紧凑，花繁叶茂，花期长，是不可多得的夏秋花灌木。布置花境、岩石园、假山，成片种植于空旷地、疏林下、林缘、草坪、坡地，或用作自然式低矮花篱。公园绿地应用普遍。

园艺品种：

金叶大花六道木 | ***Abelia grandiflora* 'Francis Mason'**

叶片金黄色，光照不足时可转为绿色。

近年从国外引进，华北、华东及西南等地可露地栽培。

色叶花灌木。杭州学士公园、曲院风荷、柳浪闻莺、茅家埠、花圃、浴鹄湾、西溪湿地等有种植。

推荐种类：

糯米条 | ***Abelia chinensis***

半常绿灌木。株高1～3m；多分枝，枝条纤细，红褐色，具短柔毛，枝节不膨大；老枝干皮撕裂。叶对生或3叶轮生；叶片椭圆状卵形或圆卵形；叶柄基部不连合。聚伞花序组成圆锥状复花序顶生或腋生，花冠漏斗状或钟状，白色至粉红色，芳香。瘦果有宿存萼片5枚，白色带红褐色。花期6～11月。

我国长江流域及以南地区有分布。喜光，耐半阴，耐寒，在疏松、肥沃、排水良好的土壤中生长最佳。

夏秋观花灌木，花序大，花密集，芳香，花期长，花后瘦果和萼片亦可观赏。丛植于角隅、转角，片植于草坪、林缘、路边，也可修剪作花篱或盆栽观赏。杭州植物园分类区有种植。

86 郁香忍冬

Lonicera fragrantissima

/ 忍冬科忍冬属 /

形态特征 落叶灌木。株高1～2m；幼枝无毛或疏被倒刚毛，老枝灰褐色，常作撕裂状。叶对生；叶片变异大，椭圆形至卵形，长4～10cm。花成对腋生于幼枝；相连两花的萼筒连合至中部以上；花冠唇形，白色或微带淡红色，芳香。浆果球形，成熟时鲜红色。花期12月至翌年4月底；果期4～5月。

分布习性 我国华北、华中等地有分布。喜光，耐阴，耐寒，耐旱，忌涝。在肥沃湿润的土壤中生长良好。萌蘖性强。

繁殖栽培 播种、扦插或分株繁殖。

园林应用 冬季及早春观花芳香灌木，先花后叶，花期长，香气浓郁。布置于庭院、居民小区、角隅、建筑物周围、亭旁、园路转角等，片植于林缘、路边。杭州孤山、乌龟潭、花港观鱼、三潭印月、太子湾、植物园等有种植。

同属中常见栽培应用的有：

匍枝亮绿忍冬 | *Lonicera ligustrina* 'Maigrun'

常绿灌木。株高30～40cm；小枝密集有向下匍生趋势。叶对生；卵形至卵状椭圆形，革质，叶面亮绿色，叶背淡绿色，全缘。花小，成对腋生于幼枝，花冠管状，淡黄色，清香。浆果蓝紫色。花期4月。

国外引进，长三角地区有栽培应用。喜光，耐阴，耐湿，耐寒，耐修剪，萌芽力强，不择土壤。抗旱性较差。夏季干旱时注意防治地下害虫。

常绿观叶小灌木，植株紧凑，覆盖性好，叶片雅致。布置花境，配置道路、广场模纹色块或用于立交桥下绿化，也是良好的林下耐阴湿地被植物。杭州湖滨、学士公园、花圃、浴鹄湾、三潭印月、植物园等有种植。

‘金叶’亮绿忍冬 | *Lonicera ligustrina* 'Baggesens Gold'

常绿色叶灌木。株高30～40cm；小枝密集向上。叶色随季节变化，春季金黄色，夏季稍变绿，秋季转为金黄色。

喜光，稍耐阴，遮光条件下叶变为绿色，不择土壤，萌芽力强，耐修剪。

色叶小灌木，植株紧凑，覆盖性好，叶片雅致并在不同的季节有色彩的变化。布置于花境、岩石园，片植于林缘或草坪中作色块。杭州湖滨、西湖南线一带有成片种植。

‘扎布利’新疆忍冬 | *Lonicera tatarica* 'Zabelii'

落叶灌木。株高50～100cm；小枝紫红色。单叶对生；叶片卵形或卵圆形，全缘，新叶嫩绿，老叶微蓝。花胭脂红。浆果红色，有光泽。花期4～5月；果期9～10月。

原产自土耳其，我国引进栽培。喜光，稍耐阴，耐寒，耐修剪。

花朵繁密，花色艳丽，秋季红果累累。布置于花境、庭院、岩石园、角隅，片植于林缘、草坪，亦可用作花篱。西湖南线有种植。

金银木 | *Lonicera maackii*

落叶灌木。株高1.5～4m；树皮暗灰色，不规则纵裂；幼枝被短柔毛和微腺毛，小枝髓部黑褐色，后变中空。叶纸质，卵状椭圆形至卵状披针形。花双生于总花梗顶端，小苞片基部有连合，花先白色后变为黄色，总花梗短于叶柄。果球形，熟时暗红色。花期4～6月；果期8～10月。

我国东北、华北、西北、华东、华中等地有分布。喜光，耐阴，耐湿，耐旱，耐修剪。

白色花朵繁多，秋季红果累累。花港观鱼有种植。

87 ‘金边’西洋接骨木

Sambucus nigra ‘Aureo-marginata’

/ 忍冬科接骨木属 /

形态特征　落叶灌木。株高2～6m。奇数羽状复叶，小叶7～9枚，卵状椭圆形至披针形，缘有锯齿，叶缘金色至浅黄色。圆锥状聚伞花序顶生，径可达20cm，花小而多，白色至淡黄色。核果近球形，黑色。花期4～6月。

分布习性　原种在欧洲、北非及西亚等地有分布。喜光，耐寒，耐旱，忌水涝，适应性强，喜疏松肥沃、湿润的土壤。

繁殖栽培　播种、分株或扦插繁殖。

园林应用　叶片边缘金黄色，初夏白花满株。布置庭院、花境，成片种植于草坪、林缘、水边。西湖南线花境有应用。

西洋接骨木 | *Sambucus nigra*

落叶大灌木或小乔木。株高4～10m；幼枝具纵条纹，二年生枝浅棕色，枝髓部白色。奇数羽状复叶，小叶常5，侧生小叶片椭圆形、椭圆状卵形。圆锥状聚伞花序，花小，黄白色，花冠5裂。果实成熟时黑色，有光泽。花期4～5月；果期7～8月。

原产欧洲。西湖南线花境中有应用。

88 绣球荚蒾

Viburnum macrocephalum

/ 忍冬科荚蒾属 /

形态特征 半常绿灌木。株高5m，全为长枝，当年生小枝基部无环状芽鳞痕，芽裸露。叶卵形至卵状椭圆形，叶背被有星状毛。花序复伞形圆球形，由不孕花组成，有总梗；花冠辐状，初开时绿色，后白色；花大，清香。花期4～5月，不结实。

分布习性 我国河北、浙江、江西等省有分布。喜阴湿环境，不耐干旱，不耐寒，忌涝。在湿润肥沃排水良好的土壤中生长较好。适应性较强。

繁殖栽培 扦插繁殖。

园林应用 花大美丽，开放之时如白云翻滚，十分壮观。孤植于庭院、草坪及空旷地展示个体美；列植园路两侧使拱形枝条形成花廊；丛植、片植于林缘形成群体美。与日本晚樱花期一致，可以混种。杭州园林中普遍应用。

同属中常见栽培应用的有：

琼花荚蒾 | *Viburnum macrocephalum* f. *keleeri*

与原种区别：花序仅边缘有大型不孕花，花后能结实。果序上部分枝及果梗有明显的瘤状突起皮孔，果实长椭圆形，长8～11mm，早期红色后变为黑色，有2条浅背沟及3条浅腹沟。

观花观果灌木。杭州园林中普遍应用。

日本珊瑚树 | *Viburnum odoratissimum* var. *awabuki*

常绿灌木。株高3～5m。叶革质，倒卵状长圆形至长圆形，老叶叶柄棕褐色或古铜色。圆锥花序，花冠辐状钟形，筒部长3.5～4mm，裂片短于筒部，开始白色，后黄白色，有时微红，芳香。果实椭圆形，先红色后变为黑色。花期5～6月；果期9～11月。

我国长江以南各省有分布。喜温暖湿润气候，喜光，耐阴，不耐寒，在湿润肥沃的土壤中生长良好。耐修剪。对二氧化硫、汞蒸气和氟等有害气体以及烟尘抗性较强。

叶片四季常绿有光泽；花序大，芳香；果实艳丽。作庭院绿篱，修剪成绿墙、绿门或绿廊，或沿园界墙遍植让其自然生长，亦可用于工矿绿化。杭州园林中普遍应用。

珊瑚树 | *Viburnum odoratissimum*

常绿灌木或小乔木。株高达10m。叶椭圆形至矩圆形，有时近圆形，长7～20cm，顶端短尖至渐尖而钝头，基部宽楔形，稀圆形，边缘上部有不规则浅波状锯齿或近全缘。圆锥花序宽尖塔形，长3.5～13.5cm，宽3～6cm；花冠白色，后变黄白色，有时微红。花期4～5月；果熟期7～9月。

我国福建东南部、湖南南部、广东、海南和广西等地有分布。

丛植，片植，修剪作地被。杭州吴山、南宋御街等有少量应用。

地中海荚蒾 | *Viburnum tinus*

常绿矮灌木。株高50～60cm，树冠球形。叶对生；叶片椭圆形，长10cm，暗绿色，革质。聚伞花序，花径达10cm；花蕾深粉色，盛开后白色。果实卵形，蓝黑色。花期11月至翌年4月，3月中旬为盛花期。

原产地中海地区，近年来长三角地区应用较多。喜光亦耐阴，耐寒，较耐旱，不择土壤，忌涝。耐修剪。

株形低矮紧凑，枝叶繁茂，花蕾鲜艳，花开成片，花期长。作花境主景或背景，丛植于林缘、草坪，也可修剪成绿篱。西湖南线花镜、城区道路绿化有应用。

推荐种类：

粉团荚蒾 | *Viburnum plicatum*

落叶灌木。株高达3m；当年生小枝基部有环状芽鳞痕。叶片近纸质，长圆状卵形，边缘具不整齐锯齿。花序复伞状，圆球形，由大型不孕花组成；花冠4～5裂，白色。果实成熟时由红转为黑或黑紫色，花期4～5月。不结实。

我国长江流域及河北、山东、贵州等有分布。

观花灌木。点缀庭院、角隅，丛植、片植于林缘草地。杭州植物园分类区有种植。

茶荚蒾 | *Viburnum setigerum*

落叶灌木。株高4m；当年生小枝有棱，基部具环状芽鳞痕；芽及叶黑色、黑褐色或灰黑色。叶片纸质，卵状长圆形。花序复伞形状，花序梗向下弯曲，花冠辐状，白色，雄蕊短于或等长于花冠。果实卵圆形至卵状长圆形，红色，核扁，背腹沟不明显略带凹凸不平；果序弯垂。花期4～5月；果期9～10月。

我国长江流域及以南地区、陕西南部有分布。

观花观果灌木。杭州植物园分类区有种植。

黑果荚蒾 | *Viburnum melanocarpum*

落叶灌木。株高3～3.5m，当年生小枝基部有环状芽鳞痕，冬芽密被黄色短星状毛。叶薄纸质，倒卵形；有叶柄；托叶钻形或无。复伞形花序，花冠辐状，白色，雄蕊稍短或明显长于花冠。果实近球形，成熟时黑色或黑紫色，果核腹面下陷呈浅勺状。花期4～6月；果期9～10月。

我国江苏、浙江、安徽、江西、河南等省有分布。杭州植物园分类区有种植。

天目琼花 | *Viburnum opulus* subsp. *calvescens*

落叶灌木。株高2～3m；树皮具浅纵裂纹，当年生小枝有棱，冬芽外面有合生或合生成罩状芽鳞片。叶掌状3裂，纸质，卵圆形；叶柄上面有2～6个腺体。复伞形花序，周围有大型的不孕花；花冠辐状，乳白色。果实近球形至球形，红色。花期5～6月；果期9～10月。

我国东北、河北、甘肃、陕西、山西、河南、山东、安徽、浙江、江西、四川、湖北等省有分布。

观花观果灌木。杭州植物园分类区有种植。

89 海仙花

Weigela coraeensis

/ 忍冬科锦带花属 /

形态特征 落叶灌木。株高5m；小枝粗壮，无毛或近有毛。叶宽椭圆形或倒卵形；先端突尾尖，基部宽楔形，边缘细钝锯齿，叶面深绿，叶背淡绿，无毛。聚伞花序，腋生或顶生；花冠漏斗状钟形，初时淡红色或黄白色，后变为深红色，故又名二色锦带；萼筒无毛。蒴果柱状长圆形。花期5～6月；果期9～10月。

分布习性 我国长江流域有分布。喜光，稍耐阴，耐旱，耐湿，耐酷暑，耐寒。适应性强。在湿润肥沃的土壤中生长较好。

繁殖栽培 扦插或分株繁殖。

园林应用 夏季观花灌木，花色艳丽，花期长。丛植于庭院、湖畔，点缀假山、岩石园，成片种植于林缘、草地、坡地，亦可作花篱种植。曲院风荷、柳浪闻莺、花圃、茅家埠、浴鹄湾、花港观鱼、植物园等有应用。

同属中常见栽培应用的有：

路边花 | *Weigela floribunda*

落叶灌木。株高3m；幼枝有短柔毛。叶片椭圆形、卵状长圆形或倒卵形，长7～10cm；叶面疏生短柔毛，叶背脉上密被白色直立短柔毛。花生于侧枝顶；花冠漏斗形，深红色，外部有短柔毛；雄蕊与花冠等长。蒴果有短柔毛。花期4～5月；果期9～10月。

原产日本，长三角地区多有种植。

花色艳丽，花期长。杭州植物园办公室周围有种植。

园艺品种：

花叶锦带花 | *Weigela florida* 'Variegata'

与原种的区别：叶缘乳黄色或白色。

斑叶美丽，花色艳丽，花期长。杭州湖滨、花圃等地有应用。

金叶锦带花 | *Weigela florida* 'Aurea'

与原种的区别：叶片金黄色。

叶片金色，花色艳丽，花期长。曲院风荷、花圃等有应用。

红王子锦带 | *Weigela florida* 'Red Prince'

叶椭圆形。花朵密集，花冠胭脂红色。

观花灌木，花艳丽繁多，花期长。西溪湿地有应用。

90 凤尾兰

Yucca gloriosa

/ 百合科丝兰属 /

形态特征 常绿灌木。株高5m，茎明显，上有近环状叶痕。叶剑形或条状披针形，长40～80cm，近莲座状排列于顶部，先端尖，无明显中脉，叶缘几乎没有丝状纤维。圆锥花序长1～1.5m；花下垂，白色至淡黄白色，顶端常带紫红色；花被片6，卵状菱形。果实倒卵状矩圆形，长5～6cm，不开裂。花期9～11月。

分布习性 原产北美东部和东南部，我国长江以南各省区广泛栽培。喜温暖湿润气候，喜光，稍耐阴，耐旱，耐湿，耐寒，耐酸碱，也耐瘠薄，不择土壤。

繁殖栽培 扦插或分株繁殖。

园林用途 叶形如剑，秋季开花，花色洁白下垂，花期长。点缀庭院、岩石园，成片种植于草坪、路旁、林缘、坡地、假山旁、建筑物周围，亦可作绿篱种植，防止游人进入观赏草坪。杭州园林中应用普遍。

三　藤本

1 山蒟

Piper hancei

/ 胡椒科胡椒属 /

形态特征 常绿攀缘木质藤本。茎长约10m，节膨大，常生不定根。叶互生；叶片卵状披针形或椭圆形，长4～12cm，宽2～5cm，基部近楔形；叶柄内侧有托叶。雌雄异株，穗状花序与叶对生；花小，无花被，黄绿色；雄花序长5～10cm，雌花序长约3cm，果期延长、增粗。浆果球形，黄色。花期3～6月；果期5～8月。

分布习性 我国长江以南各省区有分布，生于林中、沟谷、溪涧边，常攀缘于树干或岩石上。喜阴湿环境，忌强光，耐贫瘠，不择土壤。在潮湿、肥沃的酸性土壤中生长良好。耐修剪。

繁殖栽培 扦插繁殖。

园林应用 生长快，吸附能力强，能在短时间内形成覆盖层。宜用于高架桥墩、立柱、墙面、岩石、坡地绿化，亦可作林下常绿地被。

2 薜荔

Ficus pumila

/ 桑科榕属 /

形态特征 常绿木质藤本。气生根攀缘，小枝具环状托叶痕。叶互生，二型：营养枝上叶小而薄，卵状心形，基部斜；果枝上叶较大，长4～10cm，革质，卵状椭圆形，叶背网脉突起呈蜂窝状。隐头花序具短梗，单生于叶腋，梨形或近球形，长约5cm，径约3cm，成熟时暗红色。花期5～6月；果期9～10月。

分布习性 我国长江以南各省有分布，常攀缘于树、墙、溪边岩石上。喜温暖湿润气候，耐阴，耐湿，耐旱，耐寒，不择土壤。

繁殖栽培 扦插繁殖。

园林应用 覆盖性好，可作林下耐阴湿地被植物，也可点缀假山石、墙垣、树木等。西湖风景区常见野生分布，近年来也有部分栽培应用。

推荐种类：

珍珠莲 | *Ficus sarmentosa var. henryi*

常绿攀缘藤本。幼枝条密被褐色长柔毛。叶互生，革质；叶片椭圆形，网脉明显呈蜂窝状。隐头花序，单生或成对腋生，果卵圆形或圆形，顶端尖，直径1.5～2cm。花期4～5月；果期8月。

我国长江以南各省区有分布，生于山麓、山坡及山谷溪边树丛中。

3 马兜铃

Aristolochia debilis

/ 马兜铃科马兜铃属 /

形态特征 多年生草质藤本。全株无毛，茎具纵沟。叶互生；叶片三角状卵形至卵状披针形，基部两侧外展呈圆耳状，两面无毛。单花腋生，花被筒基部膨大呈球状，上部喇叭形、中间缩缢，外面淡黄绿色，内有紫色斑及条纹。蒴果近球形。花期6～7月；果期9～10月。

分布习性 我国黄河以南各省有分布。喜光，稍耐阴，耐寒，忌涝，不择土壤。适应性强。

繁殖栽培 播种或分株繁殖。

园林用途 成片种植作疏林下地被植物，亦可用作墙、围栏及廊的垂直绿化材料。

同属中推荐种：

绵毛马兜铃 | *Aristolochia mollissima*

多年生缠绕草本。茎具纵沟，密被黄白色绵毛。叶厚纸质；叶片圆心形或卵状心形，先端圆钝，基部心形。花单生于叶腋，花被筒烟斗状弯曲，檐部微3裂，裂片钝三角形，带紫色。蒴果圆柱形。花期6～7月；果期9～10月。

我国长江流域及陕西、山西、河南等地有分布。植物园百草园有种植。

4 何首乌

Fallopia multiflora

/ 蓼科何首乌属 /

形态特征 多年生草质藤本。地下有肥大、不规则的块根。茎缠绕，长3～4m，多分枝。叶互生；叶片卵形或卵状心形，基部截形、心形或耳状箭形，边缘波状，有长柄；托叶鞘膜质。圆锥花序顶生或腋生，大而开展，花白色。瘦果三角形，黑色。花期8～10月；果期10～11月。

分布习性 我国西北、西南、华北、华东、华南有分布，生于丘陵灌丛、山野石隙、断墙残垣。喜阳光充足、温暖湿润环境，耐半阴，耐寒，忌干燥。

繁殖栽培 分株或播种繁殖。

园林应用 叶片清秀，植株覆盖性好。布置庭院棚架、高台、廊柱、墙垣、岩石或盆栽垂挂观赏，也可做疏林下地被植物。西湖山区多数绿地有自然分布。

5 铁线莲属植物

Clematis spp.

/ 毛茛科铁线莲属 /

形态特征　多年生草质或木质藤本。茎长2～4m。叶对生，多数为羽状复叶，少数为单叶。花单生或排列成圆锥花序、伞形花序；萼片花瓣状，直立呈钟状、管状或展开；花瓣缺；雄蕊多数，退化雄蕊有时存在。瘦果聚集呈头状并具有长尾毛。

分布习性　原产我国中南部。全属约300种，我国有110种，种质资源极为丰富，一些原种早被欧洲引进改良培育出众多园艺新品种。我国栽培应用比较少。喜温暖湿润环境，耐半阴，较耐寒，忌干旱积水。要求肥沃、排水良好的石灰质土壤。

繁殖栽培　扦插繁殖为主。

园林应用　花大色艳，枝蔓健壮。点缀园墙、棚架、围篱等，亦可片植作地被植物。杭州一些公园举办的花展中常有应用。

推荐种类：

柱果铁线莲 | *Clematis uncinata*

常绿木质藤本。茎圆柱形，有纵棱。叶对生，一至二回羽状复叶，有小叶5～15，基部二对常为2～3小叶，茎基部为单叶或三出复叶；叶薄革质，卵状披针形，叶面亮绿，叶背略被白粉；小叶柄有关节。圆锥状聚伞花序腋生或顶生，多花，萼片白色，线状披针形，无花瓣。瘦果圆柱状钻形，宿存花柱长1～2cm。花期6～7月；果期7～9月。

我国长江以南各省区有分布。

女萎 | *Clematis apiifolia*

木质藤本。茎、小枝、花序梗和花梗密生柔毛。三出复叶；小叶卵形，不明显3浅裂或不分裂，边缘有粗锯齿。圆锥花序具多数花；萼片4，白色，狭倒卵形；无花瓣。瘦果，宿存花柱长约1.5cm。花期7～9月；果期9～11月。

我国安徽南部、江苏、浙江、福建和台湾有分布。杭州植物园百草园有种植。

山木通 | *Clematis finetiana*

半常绿木质藤本。茎圆柱形，有纵条纹，小枝有棱。叶对生，三出复叶，基部有时为单叶；小叶片薄革质或革质，卵形。花常为单聚伞花序或总状聚伞花序，1～3朵，少数7朵以上。瘦果镰刀状狭卵形。花期4～6月；果期7～11月。

我国长江以南各省有分布。

6 木通
Akebia quinata

/ 木通科木通属 /

形态特征　落叶木质藤本。茎缠绕，长3～15m，全体无毛。掌状复叶簇生于短枝顶端，小叶5枚，先端微凹，全缘。雌雄同株，总状花序腋生；基部着生1～2朵雌花，上部着生密而较细的雄花，花被片3，暗紫色。蓇葖果肉质，长椭圆形，长6～8cm，直径2～3cm，熟时紫色。花期4～5月；果期8～9月。

分布习性　我国长江流域及以南各省有分布。喜温暖湿润气候，稍耐阴，在富含腐殖质的微酸性土壤中生长较好。

繁殖栽培　播种或压条繁殖。

园林应用　花美丽，叶雅致。点缀山石，装饰门廊、棚架、篱垣、花架、树干，攀附透空格墙、栅栏。

三叶木通 | *Akebia trifoliata*

落叶木质藤本。三出复叶，小叶3枚，纸质或薄革质，卵圆形或卵形，边缘具波状圆齿或浅裂。花较小，雌花褐红色，雄花紫色。果粗糙，直径达5cm，熟时深紫色。花期4月；果期8月。

我国华北及长江流域各省有分布。喜阴湿环境，较耐寒。

7 大血藤
Sargentodoxa cuneata

/ 木通科大血藤属 /

形态特征 落叶攀缘木质藤本。茎长达10m。三出复叶，有长柄；中间小叶菱状卵形，全缘；侧生小叶较大，斜卵形。雌雄异株，总状花序腋生、下垂，长8～15cm，黄色；雄花、雌花萼片6，花瓣状，花瓣小。聚合果球形。花期4～5月；果期9～10月。

分布习性 我国长江流域以南各省有分布。喜温暖湿润气候，喜光，耐阴，耐湿，耐贫瘠。

繁殖栽培 播种或压条繁殖。

园林应用 叶片质感细腻，清秀可爱，花密集。布置坡地、门廊、棚架、岩石园、墙垣等，亦可在河岸边种植。

8 鹰爪枫
Holboellia coriacea

/ 木通科八月瓜属 /

形态特征 常绿木质藤本。长3～5m。掌状复叶，革质，小叶3枚，椭圆形，全缘，有光泽。雌雄同株，伞房花序腋生，紫色或绿白色，厚肉质，同株的雌雄花色相异。果实圆柱形，紫红色，长4～7cm，径3～4cm。花期4～5月；果期8～9月。

分布习性 我国陕西及长江流域以南各地有分布。喜温暖湿润气候，喜光，耐阴，稍畏寒。在富含腐殖质、排水良好的黄壤中生长较好。

繁殖栽培 播种繁殖。

园林应用 叶片四季翠绿，开花时白紫相间，清香四溢，果实紫红色。宜配植于棚架。

9 尾叶那藤
Stauntonia obovatifoliola subsp. *urophylla*

/ 木通科野木瓜属 /

形态特征 常绿木质藤本。嫩枝绿色，老枝褐色。掌状复叶，小叶5～9片，革质，有光泽，倒卵形或椭圆状倒披针形，长是宽的2倍，具长而弯的尾尖，基部狭圆或阔楔形。花雌雄同株，总状花序数个簇生于叶腋，每花序有3～5朵淡黄绿色花。果长圆形或椭圆形。花期4月；果期6～7月。

分布习性 我国长江流域、湖南、广东、广西等地有分布。喜光，耐阴，耐湿，不择土壤。

繁殖栽培 扦插繁殖。

园林应用 叶片秀丽，花朵奇特。用于棚架、篱垣、绿廊、绿亭、攀柱的绿化。杭州植物园百草园有种植。

10 木防己

Cocculus orbiculatus

/ 防己科木防己属 /

形态特征 落叶木质藤本。茎缠绕，全株密生柔毛。叶片纸质，宽卵形或卵状椭圆形，基部心形，长4～10cm，全缘或3浅裂，边缘微波状。花单性，雌雄异株，聚伞状圆锥花序腋生，花序梗散生，花小，黄绿色。核果近球形，蓝黑色，被白粉。花期5～6月；果期7～10月。

分布习性 我国除西北和西藏外均有分布，生于山坡、路旁、沟边及灌丛中，常缠绕于其他灌木上。喜光，稍耐阴，耐旱，在排水良好的土壤中生长较好。

繁殖栽培 播种、分株或扦插繁殖。栽植初期适当牵引、绑扎。

园林应用 叶片秀丽，藤蔓可爱，生长旺盛。可作棚架、栅栏绿化。植物园有野生分布。

11 汉防己

Sinomenium acutum

/ 防己科汉防己属 /

形态特征 落叶木质大藤本。茎缠绕，长达20m。叶片厚纸质或革质，近圆形或宽卵形，基部圆形或心形，长7～12cm，全缘或5～7浅裂，叶背苍白色。圆锥花序腋生，长约20cm，花小，淡绿色。核果扁圆形，熟时蓝黑色，被白粉。花期6～7月；果期8～9月。

分布习性 我国长江流域及其以南各省区有分布，生于山坡林缘、林下阴湿处及沟边灌丛中，常攀缘于树上或岩石上。喜温暖湿润气候，喜阴湿环境，耐干旱瘠薄，宜肥沃、湿润的土壤。

繁殖栽培 播种繁殖。

园林应用 叶片美丽，茎细长柔软。布置大型花架、高架桥墩，或攀缘枯树，亦可植于林下较阴湿处。

12 蝙蝠葛

Menispermum dauricum

/ 防己科蝙蝠葛属 /

形态特征 落叶木质藤本。茎缠绕，长达13m；根状茎细长，圆柱形，紫红色。叶片卵圆形或圆形，常3～7浅裂，叶柄盾状着生。圆锥花序腋生，花黄绿色。核果球形，熟时黑紫色。花期5月；果期10月。

分布习性 我国长江流域以北各省有分布，生于山坡沟谷灌木丛中或攀缘于岩石上。喜阴湿，耐寒，耐贫瘠，不择土壤。

繁殖栽培 扦插、分株或播种繁殖。

园林应用 叶片秀丽，生长旺盛。可攀附山石、墙垣，也可片植于林下或建筑物阴面作地被植物。杭州植物园有野生分布。

13 千金藤
Stephania japonica

/ 防己科千金藤属 /

形态特征　落叶木质藤本。茎缠绕，长4～5m，全体光滑。叶片坚纸质，卵形至宽卵形，叶面深绿色，有光泽，叶背粉白色，叶柄盾状着生。花单性，黄绿色，小聚伞花序再组成伞状。核果近球形，熟时红色。花期6～7月；果期8～9月。

分布习性　我国长江流域以南各省有分布。喜温暖湿润环境，耐半阴，较耐水湿。对土壤要求不严。

繁殖栽培　播种、扦插繁殖。

园林应用　叶形秀丽奇特，蔓茎纤细柔韧。宜攀缘于阴湿环境中的小型篱栏、墙垣、山石等。

同属中推荐应用种类：

金线吊乌龟 | *Stephania cephalantha*

多年生缠绕藤本。全株光滑，块根扁圆形、粗壮，茎下部木质化。叶片三角状卵圆形，长与宽近相等，叶背粉白色，叶柄盾状着生。头状聚伞花序排成总状式。核果熟时紫红色。花期6～7月；果期8～9月。

我国长江以南各省有分布，生于阴湿山坡、林缘、溪边或路旁。杭州植物园有野生分布。

石蟾蜍 | *Stephania tetrandra*

多年生缠绕藤本，块根圆柱状。叶片三角状卵形，长与宽近相等，叶背灰绿色，叶柄盾状着生。头状聚伞花序再排成总状式。核果熟时红色。花期5～6月；果期7～9月。

我国华东、华南各省有分布，生于山坡、丘陵草丛或灌木丛边缘。西湖景区有野生分布。

14 南五味子
Kadsura japonica

/ 木兰科南五味子属 /

形态特征　常绿木质藤本。茎长4m以上，小枝灰褐色或褐色，芽鳞常早落，全株无毛。叶薄革质，长椭圆形，长5～10cm，先端渐尖，基部楔形，缘有疏锯齿，侧脉5～7对。雌雄异株，花单生于叶腋，淡黄色，芳香，花梗细长。聚合果球形，深红色，果梗长3～15cm。花期6～9月；果期9～12月。

分布习性　我国长江以南各地有分布。喜温暖湿润气候，耐阴，耐湿，稍耐寒，较耐旱，耐贫瘠。在排水良好的微酸性或中性土中生长较好。

繁殖栽培 扦插或播种繁殖。

园林应用 花果俱佳，枝叶繁茂，覆盖面大。攀缘大型花架、墙垣、山石，也可成片种植作林下耐阴湿地被植物。杭州植物园分类区、百草园有种植。

黑老虎 | *Kadsura coccinea*

常绿木质藤本。叶革质，长圆形或卵状披针形，全缘，有光泽。花被片红色。聚合果近球形，成熟时红色或黑紫色。花期4～7月；果期7～11月。

我国长江以南各省有分布。杭州植物园及小区绿化中有应用。

15 翼梗五味子

Schisandra henryi

/ 木兰科五味子属 /

形态特征 落叶木质藤本。茎长达8m，小枝具棱角和翅膜，淡绿色，被白粉，芽鳞宿存于新枝基部。叶片宽椭圆状卵形，下面被白粉，疏生浅齿，叶柄红色。雌雄异株，花单生叶腋，黄绿色。聚合果延长成穗状，熟时红色。花期5～6月；果期7～9月。

分布习性 我国长江流域以南各地有分布，生于沟谷边、山坡林下，常缠绕在树上。喜光，耐半阴，耐湿，耐贫瘠，在排水良好的肥沃土壤中生长较好。

繁殖栽培 播种、压条或扦插繁殖。

园林应用 枝叶繁茂，入秋红果成串、鲜艳夺目。攀缘棚架、墙垣、山石，也可成片种植作林下耐阴湿地被植物。

16 冠盖藤

Pileostegia viburnoides

/ 虎耳草科冠盖藤属 /

形态特征 常绿木质藤本。茎长达15m，具气生根。叶对生，薄革质；叶片卵形或卵状披针形，长10～16cm，全缘或有疏齿。伞房状聚伞花序生于侧枝顶端，径达15cm；花白色，花瓣上部连合呈冠盖状，早落；花丝长。蒴果。花期5～7月；果期7～10月。

分布习性 我国长江流域及其以南各省有分布，生于阴湿山谷、山坡岩石旁、溪边丛林，常攀缘于树干或岩壁上。喜光，耐阴，耐湿，耐旱，耐贫瘠。

繁殖栽培 扦插繁殖。

园林应用 叶四季常绿，夏季白花繁密。宜用作岩壁绿化。

17 石岩枫

Mallotus repandus

/ 大戟科野桐属 /

形态特征 常绿木质藤本。幼枝、花序密被星状毛或绒毛。叶互生；叶片长卵形或菱状卵形。花雌雄异株；雄花为顶生圆锥花序，花萼3裂，萼片2，卵形，外面密被锈色星状及黄色腺点；雌花为顶生或腋生总状花序，常不分枝，萼片披针形。蒴果球形，密被黄色腺点及锈色星状毛。花期5～6月；果期6～9月。

分布习性 我国长江以南各省有分布。喜温暖湿润环境，喜光，稍耐阴，耐湿，耐瘠薄。

繁殖栽培 扦插或播种繁殖。

园林应用 攀缘花架、墙垣、山石，成片种植作林下耐阴湿地被植物。

18 木香

Rosa banksiae

/ 蔷薇科蔷薇属 /

形态特征 半常绿攀缘木质藤本。茎长达6m，树皮红褐色，薄条状剥落；枝条疏生钩状刺。奇数羽状复叶，小叶3～5枚，缘有细锯齿；托叶线形，离生，早落。伞形花序，有花3～15朵，花白色，重瓣或半重瓣，芳香；萼片卵形，全缘。果实近球形。花期4～5月；果期8～9月。

分布习性 我国西南部地区有分布。喜光，稍耐阴，耐湿但忌积水。在肥沃、深厚、排水良好的沙质壤土中生长较好。

繁殖栽培 扦插或压条繁殖。

园林应用 花繁茂，洁白如玉，花香四溢。可在溪边，空旷地，或稍阴湿处布置大型棚架、篱垣、格墙、门廊。杭州花圃、湖滨等有种植。

同属中常见应用的有：

黄木香 | *Rosa banksiae* f. *lutea*

花重瓣，乳黄色，无香味，花朵较多，花期较长。花港观鱼、花圃、美术学院等有种植。

野蔷薇 | *Rosa multiflora*

落叶攀缘植物。株高达3m，枝有皮刺。奇数羽状复叶，小叶5～9枚，仅叶背被柔毛；托叶篦齿状，与叶柄合生。圆锥状花序，单瓣，白色，花直径1.5～2cm，芳香；花梗有短柔毛。果近球形，红褐色。花期4～6月；果期10月。

我国黄河流域以南各省区有分布。喜光，耐半阴，耐寒，耐瘠薄，耐旱，耐水湿，不择土壤，在黏重土中也可正常生长。适应性强。

丛植、带状种植于坡地、溪河边，亦可用作花篱。茅家埠、曲院风荷、浴鹄湾、西溪湿地等有成片种植。

七姊妹 | *Rosa multiflora* var. *carnea*

落叶攀缘灌木。花重瓣，粉红色或深红色。花期4～6月。

丛植或带状种植于溪河边，亦常见配置于围墙旁引其攀附。杭州太子湾、西溪湿地等有种植。

同属中有开发应用潜力的有：

小果蔷薇 | *Rosa cymosa*

常绿攀缘植物。小枝有钩状皮刺。复叶有3～5枚小叶，托叶离生，小叶片卵状披针形或椭圆形。复伞房花序，萼片有羽状裂片，花瓣白色，先端凹缺。果实球形，红色至黑褐色。花期5～6月；果期7～11月。

我国长江以南各省有分布。杭州植物园有种植。

金樱子 | *Rosa laevigata*

常绿攀缘植物。小枝粗壮，散生扁弯皮刺。复叶有小叶3枚，稀5枚，托叶和叶柄离生，脱落。花单生于叶腋，花白色，花托外有明显针刺或刺毛。果实梨形或倒卵形。花期4～6月；果期9～10月。

我国长江以南各省有分布。喜光，稍耐阴，耐湿。杭州植物园分类区有种植。

19 藤本月季
Rosa hybrida

/ 蔷薇科蔷薇属 /

形态特征 落叶攀缘木质藤本。多分枝，茎上有疏密不同的尖刺，小枝绿色。叶多数羽状复叶，宽卵形或卵状长圆形，先端渐尖，深绿色，叶缘有锯齿。花单生、聚生或簇生，有朱红、大红、鲜红、粉红、金黄、橙黄、洁白等色，花型有杯状、球状、盘状、高芯等。盛花期5～6月。

分布习性 我国是原种分布中心。现代杂交种类广布欧洲、美洲、亚洲、大洋洲，尤以西欧、北美和东亚为多，我国各地多栽培。喜温暖通风环境，喜光，耐寒，忌炎热和积水。不择土壤，但在肥沃、排水良好的土壤中生长较好。根系发达，抗性强。耐修剪。

繁殖栽培 扦插繁殖。

园林应用 花多色艳，花型丰富，香气浓郁，四季开花不断。攀附于各式通风良好的廊架形成花球、花柱、花墙等。杭州湖滨、花圃、市民中心等有种植。

20 紫藤
Wisteria sinensis

/ 豆科紫藤属 /

形态特征 落叶木质藤本。茎缠绕、左旋。奇数羽状复叶，小叶4～6对，卵状长圆形。总状花序生于去年生枝顶端，下垂，长15～30cm，花蝶形，蓝紫色。荚果成熟时开裂，密被黄色绒毛。花期4月；果期9～10月。

分布习性 我国南北各地有栽培。喜光，稍耐阴，较耐寒，耐旱，耐瘠薄，耐湿。生长快，寿命长。

繁殖栽培 播种或扦插繁殖。

园林应用 先花后叶，花密集，芳香，枝叶茂密，庇荫效果好。布置棚架、门廊，可修剪成灌木状植于草坪、湖滨、岩石旁。周围适当种植绣球荚蒾，两者花期一致，白色和紫色相间，提高了观赏效果。公园绿地普遍栽培应用。

白花紫藤 | *Wisteria sinensis f. alba*

落叶木质藤本。花白色。湖北有分布，各地常见栽培。杭州植物园、花港观鱼等有种植。

21 香花崖豆藤

Millettia dielsiana

/ 豆科崖豆藤属 /

形态特征 常绿木质藤本。茎长10m以上，枝叶无毛。奇数羽状复叶，小叶5枚，椭圆形，边缘向下反卷，叶背中脉及侧脉带红紫色。圆锥花序顶生，长达15cm，松散而下垂；花冠紫红色，旗瓣侧稍带白色，基部无胼胝状附属物。荚果近木质，线形至长圆形，被灰色绒毛，无果颈。花期6～7月；果期9～11月。

分布习性 我国甘肃、陕西、长江流域以南各地有分布。喜光、稍耐阴、耐干旱、耐湿地。在肥沃，排水良好的土壤中生长最佳。适应性强。

繁殖栽培 播种、扦插或分株繁殖。

园林应用 布置花架、假山、墙垣、岩石，成片种植用于坡地、林缘、堤岸、溪河边，任其爬蔓呈灌丛状地被植物。杭州植物园经济植物区有种植。

22 常春油麻藤

Mucuna sempervirens

/ 豆科油麻藤属 /

形态特征 常绿木质大藤本。茎左旋，长达30m，粗达30cm。羽状三出复叶，小叶革质，有光泽，顶生小叶卵状椭圆形，侧生小叶斜卵形，全缘。总状花序生于老茎，下垂，长10～35cm，花冠蝶形，深紫红色，龙骨瓣远较其他花瓣长。荚果条状，两缝线具隆起的脊，木质，密被锈色毛，长达60cm。花期4～5月；果期9～11月。

分布习性 我国长江以南各省有分布，生于山坡、山谷、溪沟边、林下岩石旁，常攀附于大树。喜温暖湿润气候，喜光、稍耐阴、畏严寒。不择土壤，但以排水良好的石灰质土壤最适宜。

繁殖栽培 播种或扦插繁殖。

园林应用 株形庞大，浓荫覆盖，老茎生花，生长迅速。可于坡地、溪沟边、岩石旁、林缘等处种植，宜攀附大型棚架、岩壁、建筑物、门廊、树木、围墙等。杭州曲院风荷、太子湾、植物园百草园等地有种植。

23 云实

Caesalpinia decapetala

/ 豆科云实属 /

形态特征 落叶攀缘植物。小枝或多或少密被灰色或棕色短柔毛，茎枝密生倒钩状皮刺。二回偶数羽状复叶，长20～30cm，小叶长圆形。总状花序顶生，直立，长13～25cm；花冠黄色，5瓣。荚果长圆形，革质，一边有狭翅。花期4～5月；果期8～10月。

分布习性 我国长江以南各省有分布，生于溪边、山地岩石缝中。喜光，稍耐阴，耐瘠薄，耐湿不耐寒，不择土壤。萌蘖性强。

繁殖栽培 播种繁殖。

园林应用 花艳丽繁多，花期较长。攀缘花架、花廊、岩石、墙垣等，成片种植于坡地、溪边、草坪一角，亦可修剪成刺篱作屏障。植物园分类区有种植。

同属中有开发应用潜力的有：

春云实 | ***Caesalpinia vernalis***

常绿木质藤本。植株各部被锈色绒毛，茎枝密被锈色柔毛及倒钩皮刺，小枝具纵棱。二回羽状复叶，羽片8～16对，小叶10～36枚，小叶卵形，叶面绿色有光泽，叶背粉绿色。圆锥花序顶生或生于枝条叶腋上部，花黄色，花瓣5枚，卵形，具瓣柄。荚果黑紫色，木质，斜长圆形。花期4～6月；果期10～12月。

我国长江流域及华南地区有分布，生于谷地、沟边、灌丛或疏林下。

花港观鱼、长桥湿地公园等有种植。

24 香港黄檀

Dalbergia millettii

/ 豆科黄檀属 /

形态特征 落叶攀缘植物。小枝常弯曲呈钩状，主干和大枝有明显的纵向沟和棱。奇数羽状复叶，小叶25～35枚，小叶片长圆形。圆锥花序腋生，小苞片宿存，花小，花萼钟状，花冠白色，旗瓣倒卵状圆形，龙骨瓣斜长圆形，果瓣全部有网纹。荚果狭长圆形，全部有网纹。花期6～7月；果期8～9月。

分布习性 我国长江以南各省有分布。喜光，稍耐阴，耐湿，耐干旱，耐贫瘠。

繁殖栽培 播种繁殖。

园林应用 花叶雅致。攀缘于岩石、墙垣等，亦可成片种植于林缘、山坡、路边、溪沟边。

25 龙须藤
Bauhinia championii

/ 豆科羊蹄甲属 /

形态特征 常绿木质藤本。老枝有明显棕红色小皮孔，卷须不分枝，小枝、叶背、花序被锈色柔毛。叶厚纸质，卵形或卵状椭圆形，先端2浅裂，有时深裂几达基部。总状花序1个与叶对生，或数个聚生于枝顶；花冠白色。荚果厚革质，带状，腹缝线上无翅。花期6～9月；果期8～12月。

分布习性 我国长江以南各省有分布。喜光，稍耐阴，耐瘠薄，耐干旱。

繁殖栽培 播种繁殖。

园林应用 叶型有特色。攀缘坡地、岩石，也可成片种植于疏林下或林缘。杭州植物园百草园有种植。

26 腺萼南蛇藤
Celastrus punctatus

/ 卫矛科南蛇藤属 /

形态特征 落叶木质藤本。茎长3～6m，幼枝四棱形，无毛，散布皮孔。叶互生，近革质，椭圆形，边缘有锐锯齿。雌雄异株，花常单生，黄绿色；花瓣椭圆形或倒卵状长椭圆形；花萼外面具腺体。蒴果近球形，棕黄色，具橙红假种皮。花期3～4月；果期9～10月。

分布习性 我国华东地区有分布。喜温暖湿润的气候，喜光，耐半阴，耐寒。适应性强，不择土壤，但在肥沃、排水良好的土壤中生长健壮。杭州植物园曾经引种栽培，并在杭州地区推广应用，景观效果良好。

繁殖栽培 播种、扦插或压条繁殖。

园林应用 布置围墙、门廊、棚架、假山石隙处，亦可成片种植于坡地、林缘、疏林下。杭州湖滨公园曾有种植。

27 扶芳藤
Euonymus fortunei

/ 卫矛科卫矛属 /

形态特征 常绿攀缘藤本。株高2～5m，茎可直立生长也可攀缘他物，枝上有细根，小枝绿色，圆柱形，布满瘤状皮孔。叶比较大，对生；革质，宽椭圆形至长圆状倒卵形，边缘疏生钝锯齿。聚伞花序具多数花，花瓣卵圆形。蒴果近球形，淡红色；种子有橙红色假种皮。花期6～7月；果期10月。

分布习性 我国长江以南各省有分布。喜阴湿环境，耐寒、耐旱、耐盐碱，抗污染，不择土壤。适应性强。速生。

繁殖栽培 扦插繁殖。

园林应用 观叶藤本植物。攀缘墙面、山石、树干、棚架，或作行道树树池，也可在坡地、林缘、疏林下、溪河边成片种植。公园绿地中广泛应用。

栽培变种：

小叶扶芳藤 | *Euonymus fortunei* var. *radicans*

常绿木质藤本。茎匍匐生长或攀缘他物，节处具气生根。叶较小，对生；叶片长椭圆形，春夏绿色，入秋变为红褐色。

抗逆性非常强。喜光也耐阴，耐寒也耐高温，耐涝也耐干旱，耐暴晒，耐贫瘠。不择土壤。生长速度快，年生长量达2m以上。抗逆性强。

叶片秀丽，枝繁叶茂，叶色随季节变化。布置高架桥、立交桥的凹槽部分，使其自然下垂；用于立交桥墩、建筑物侧墙、岩石、灯柱、花架等垂直绿化；可作堤坝、公路或铁路边坡的护坡材料；亦可植于林下作耐阴湿地被植物。在墙垣上攀缘，以清砌石块为背景最好，砖次之。公园绿地应用普遍。

‘金心’扶芳藤 | *Euonymus fortunei* ‘Sunpot’

叶深绿色，中间有金黄色斑。茎黄色。杭州湖滨组合盆栽中有应用。

常见应用的园艺品种：

‘金边’扶芳藤 | *Euonymus fortunei* ‘Emerald Gold’

叶边缘金黄色，冬叶深红色。杭州湖滨组合盆栽中有应用。

‘银心’扶芳藤 | *Euonymus fortunei* ‘Variegatus’

叶深绿色，中间有乳白色斑。杭州湖滨组合盆栽中有应用。

'银边'扶芳藤 | *Euonymus fortunei* 'Emerald Gaiety'

叶缘乳白色。杭州湖滨组合盆栽中有应用。

速铺扶芳藤 | *Euonymus fortunei* 'Dart's Blanket'

叶片较大，深绿色，秋叶色变红褐色。生长势极强，覆盖速度很快。有极强的攀附能力。杭州植物园有种植。

28 清风藤

Sabia japonica

/ 清风藤科清风藤属 /

形态特征 落叶攀缘木质藤本。茎缠绕，长达10m；嫩枝绿色。叶片卵状椭圆形或卵形，先端短钝尖，全缘，两面近无毛，叶背灰绿色；叶柄短，落叶后叶柄基部残留茎上呈短刺状。花先叶开放，单生或数朵排成聚伞花序，黄绿色，花盘杯状，浅5裂。核果单生或双生，熟时蓝色。花期2～3月；果期4～7月。

分布习性 我国华东及华南地区有分布。喜阴凉湿润气候，喜光，耐阴，耐湿，在富含腐殖质的沙质壤土中生长较好。

繁殖栽培 扦插繁殖。

园林应用 小花雅致，野趣盎然，早春成片开放蔚为壮观。布置大型花架、墙垣、岩石园等，亦可在坡地、空旷地、疏林下、林缘、溪河边种植。杭州植物园百草园有种植。

29 爬山虎

Parthenocissus tricuspidata

/ 葡萄科爬山虎属 /

形态特征 落叶木质藤本。茎长达18m；具分枝的卷须，卷须与叶对生，先端膨大成吸盘。叶片异形：能育枝上叶宽卵形，三浅裂，基部心形，缘有粗齿；不育枝上三全裂或三出复叶。聚伞花序无毛或偶尔有稀疏柔毛，花小，绿色。浆果蓝黑色，被白粉。花期6～7月；果期9～10月。

分布习性 我国华北、华东、中南及东北各省有分布，多攀缘于山坡岩石、墙壁及大树。喜光，稍耐阴，耐寒，在湿润、肥沃的土壤中生长最佳。

繁殖栽培 播种、扦插或压条繁殖。

园林应用 春季茎蔓鲜红，夏季翠叶茂密，入秋叶色泛红。攀缘山坡、叠石、岩壁、墙壁，点缀假山、围墙、门廊、立交桥桥墩、立柱等。公园绿地应用普遍。

绿叶爬山虎 | *Parthenocissus laetevirens*

落叶攀缘藤本。掌状复叶5小叶，中间小叶长5～7cm；叶片两面均无白粉，叶面常呈泡状隆起，中部以上边缘具锯齿。聚伞圆锥花序开展。浆果蓝黑色。花期6～8月；果期9～10月。

我国长江流域及其以南各地有分布。喜光，也耐阴，耐湿，耐干旱。

攀缘于墙壁上、山坡、岩石或溪沟边，亦可群植于林下作地被植物，也是垂直绿化的好材料。杭州地区应用普遍，成片种植，景观效果好。

川鄂爬山虎 | *Parthenocissus henryana*

落叶攀缘藤本。枝叶幼时常带紫色。掌状5小叶，叶脉白色，叶背紫红色，叶面常被白粉。聚伞花序与叶对生。果实球形，成熟时黑色。花期5～7月；果期8～10月。

我国西南、华中及甘肃、陕西等省有分布，生于沟谷岩石上或山坡林中。喜光，耐阴，耐湿，耐干旱，耐贫瘠。植物园有引种栽培。

叶形秀丽，背面红色。攀缘于山坡、岩石、墙壁、假山等。

五叶地锦 | *Parthenocissus quinquefolia*

落叶攀缘藤本。茎长5～10m，幼枝带紫红色，顶端吸盘大。掌状5小叶，叶缘锯齿粗大。聚伞花序集成圆锥状。浆果蓝黑色。花期7～8月；果期9～10月。

原产美国东部，华东地区有栽培应用。喜温暖气候，喜光，耐阴，耐寒，耐酷暑。

秋叶鲜红，十分艳丽。布置假山、墙垣、栏杆。吴山城隍阁有应用。

异叶爬山虎 | *Parthenocissus dalzielii*

落叶攀缘藤本。叶片异形，能育枝上三出复叶，不育枝上单叶。聚伞花序常生于短枝端叶腋。果熟时紫黑色。

我国长江流域及以南各省有分布。喜光，稍耐阴，耐干旱。

攀缘于山坡、墙垣、岩石园等。

30 葡萄

Vitis vinifera

/ 葡萄科葡萄属 /

形态特征 落叶木质藤本。茎长10～30m，老茎条状剥落。叶片近圆形，宽7～15cm，3～5浅裂，基部心形，缘有粗齿，叶背无毛或被非锈色短柔毛。圆锥花序紧密，花小，黄绿色。浆果球形或椭圆形，紫红色或黄绿色，被白粉。花期5～6月；果期8～10月。

分布习性 原产亚洲西部，我国各地以果树栽培。喜夏季高温干燥气候，喜光，耐寒，耐旱，忌涝。不择土壤，但在肥沃的沙壤土中生长最好。

繁殖栽培 扦插繁殖。

园林应用 果实成串下垂，别有一番情趣。布置于大型棚架、庭院门廊及墙垣等。杭州居民小区及西溪湿地有种植。

31 白蔹

Ampelopsis japonica

/ 葡萄科蛇葡萄属 /

形态特征 落叶木质藤本。茎粗壮，具皮孔，幼枝带紫红色，卷须顶端不具吸盘。掌状复叶3～5小叶，长4～10cm，中央小叶羽状深裂或全裂，叶轴和小叶柄具狭翅。聚伞花序小，总梗细长，常呈卷须状缠绕，花小，黄绿色。果熟时白色或蓝色。花期5～6月；果期9～10月。

分布习性 我国长江以南各省有分布，生山坡林下、荒野路边或草丛中。喜温暖湿润环境，喜光，耐阴，耐干旱，耐贫瘠。

繁殖栽培 扦插繁殖。

园林应用 叶秀丽，果实奇特。布置于庭院小型棚架、门廊、阳台等。

32 大籽猕猴桃

Actinidia macrosperma

/ 猕猴桃科猕猴桃属 /

形态特征 落叶木质藤本。嫩枝淡绿色至灰污色，老枝浅灰色至灰褐色，髓心白色，实心。叶片幼时膜质，有时上部或全部变白色或具淡黄色斑块；老时近革质，卵形、宽卵形、椭圆形，叶背脉腋上常有髯毛，中脉和叶柄常有短小软刺。花常单生，白色，芳香；萼片2～3；花瓣5～12。果实球形，顶端有乳头状或不明显的喙，熟时橘黄色。花期5月；果期9～10月。

分布习性 我国浙江、湖北、安徽、广东等省有分布。喜温暖、湿润、阳光充足的环境；喜光，耐阴，耐湿，耐旱，耐寒，耐热，耐贫瘠。在疏松、肥沃及排水良好的微酸性土壤中生长较好。

繁殖栽培 扦插或播种繁殖。

园林应用 新叶有白色或黄色斑块，秋季果实累累。布置于大型棚架、庭院门廊、墙垣等。杭州植物园分类区有种植。

推荐种类：

中华猕猴桃 | *Actinidia chinensis*

落叶大藤本。幼枝密被灰白色端绒毛或锈褐色硬毛状刺毛，髓大，白色或淡褐色。叶片圆形，椭圆形、宽卵形、倒卵形。聚伞花序生于当年生枝的叶腋，花初时为白色，后变为淡黄色，芳香；萼片密被黄褐色绒毛。果圆球形，密短绒毛，熟时黄褐色。花期5月；果期8～9月。

我国长江以南各省区有分布。新兴水果，也是优良的蜜源植物和观赏植物。

异色猕猴桃 | *Actinidia callosa var. discolor*

落叶藤本。嫩枝坚硬，髓心淡褐色。叶片坚纸质，椭圆形、长椭圆形至倒卵形，两面无毛，干后叶面黑褐色，叶背灰褐色；新叶红色。花序有小花1～3朵，花白色。果乳头状圆卵形或长圆形，有斑点。花期5～6月；果期10～11月。

我国长江以南各省区有分布。杭州植物园百草园有种植。

黑蕊猕猴桃 | *Actinidia melanandra*

落叶藤本。小枝无毛，髓白色或淡褐色，片层状。叶片椭圆形或长椭圆形，边缘具内弯的锯齿，叶背具白粉。聚伞花序1～2回分歧，花绿白色至白色，花药黑色。果卵球形至长圆状圆柱形，无斑点。花期5～6月；果期9月。

我国甘肃、陕西、浙江、江西、湖北、四川、贵州等地有分布。

葛枣猕猴桃 | *Actinidia polygama*

落叶藤本。幼枝微被柔毛，髓白色，实心。叶膜质或纸质，宽卵形至卵状长圆形，有时上部或全部变白色或具淡黄色斑块。花序具1～3花，花白色，芳香，花瓣5，萼片通常5。果长圆状圆柱形至卵球形，无斑点。花期6～7月；果期9～10月。

我国大部分省区有分布。

小叶猕猴桃 | *Actinidia lanceolata*

落叶藤本。小枝及叶柄密被黄褐色短绒毛，髓褐色，片层状。叶片纸质，卵状披针形，宽2～4cm，叶背被极短的灰白色或灰褐色星状毛。聚伞花序被黄褐色短绒毛，有花3～7朵，花淡绿色。果小，卵球形，熟时褐色，有明显斑点。花期5～6月；果期10月。

我国长江以南各省有分布。

长叶猕猴桃 | *Actinidia hemsleyana*

落叶大藤本。小枝、芽体、叶片、叶柄、花萼、子房、幼果多数被毛。叶片纸质，卵状椭圆形，叶背具白粉。聚伞花序1～3朵花，花绿白色至淡红色。果长圆状圆柱形，幼时密被黄色长柔毛，成熟后逐渐脱落，具疣状斑点。花期5～6月；果期7～9月。

我国浙江、江西、福建等省有分布。

毛花猕猴桃 | *Actinidia eriantha*

落叶藤本。小枝、叶背、花序、萼片和果实均被白色或稀灰黄色星状毛。叶片纸质至厚纸质，卵形至宽卵形。聚伞花序有花1～3朵，花紫红或淡红色。果椭圆状球形。花期5～6月；果期10～11月。

我国长江以南各省区有分布。

33 常春藤 *Hedera helix*

/ 五加科常春藤属 /

形态特征 常绿攀缘藤本。具气生根，幼嫩部分及花序具灰色星状毛。叶二型：不育枝上叶3～5裂，叶面深绿色，有光泽，叶脉带白色，叶背黄绿色或苍绿色；能育枝上叶卵形，全缘。伞形花序球形，再组成总状花序，花黄白色。浆果圆球形，成熟时黑色。花期9～12月；果期翌年4～5月。

分布习性 原产欧洲，我国各地有栽培应用。喜温暖湿润环境，耐阴、耐湿、耐寒、耐旱、耐贫瘠。适应性强。忌阳光直射。

繁殖栽培 扦插繁殖。

园林应用 枝蔓青翠茂密，生长快。攀缘于树干、立交桥、棚架、墙垣、岩石、山坡、建筑物阴面，亦可成片种植作林下耐阴湿地被植物。公园绿地应用普遍。

园艺品种有：

花叶常春藤 | *Hedera helix* 'Argenteo—variegata'

常绿藤本。叶片有彩色斑纹或不整齐白色斑纹。

原产地分别为欧洲和日本。喜温暖气候，耐阴，畏寒。湖滨有种植。

同属植物中常见栽培应用的有：

加拿利常春藤 | *Hedera canariensis*

常绿藤本。茎具星状毛，小枝和叶柄带棕红色。幼叶较大，卵形，长6～15cm，基部心形，全缘；成熟叶卵状披针形。湖滨有种植。

西湖南线有应用。

花叶加拿利常春藤 | *Hedera canariensis* 'Variegata'

常绿藤本。叶片有不整齐白色斑纹。湖滨有种植。

中华常春藤 | *Hedera nepalensis* var. *sinensis*

常绿藤本。叶二型：不育枝上叶三角状卵形，能育枝上叶长椭圆状卵形。伞形花序单生或2～7聚成总状或伞房状；花小，绿白色，微香。果熟时黄色或红色。花期10～11月；果期翌年3～5月。

我国秦岭以南有分布，常生于山坡、树丛中、乱石堆中，或攀附于树上、墙上。攀附能力强。花港观鱼、虎跑等有应用。

34 金叶素方花

Jasminum officinale 'Aurea'

/ 木犀科素馨属 /

形态特征 缠绕藤本。株高1～3m，枝条有棱角，无毛。叶对生，羽状复叶金黄色，小叶5～7，小叶片椭圆状卵形、矩圆状卵形至披针形，无毛。聚伞花序顶生，有2～10朵花；花萼条形；花冠白色，或外红内白，裂片卵形或矩圆形，顶端尖，与筒管约等长。浆果椭圆形。花期6～7月。

分布习性 我国云南、四川、西藏有分布，长三角地区有栽培应用。喜温暖湿润环境，喜光，稍耐阴。在肥沃、排水良好的土壤中生长较好。适应性强。

繁殖栽培 扦插繁殖。

园林应用 羽状复叶金黄色，花白色美丽。布置于花架、墙垣、假山、墙垣等，亦可成片种植于林缘、空旷地、池塘边。

35 络石

Trachelospermum jasminoides

形态特征 常绿木质藤本，借气生根攀缘。茎长达10m，老枝红褐色，幼枝被黄色柔毛。叶对生，革质；椭圆形、宽椭圆形、卵状椭圆形或披针形。聚伞花序多花组成圆锥状，顶生或腋生；花冠白色，高脚碟形，花冠筒中部膨大，芳香；雄蕊着生在花冠筒中部，花萼裂片反卷。蓇葖果双生，长5～18cm。花期4～6月；果期8～10月。

分布习性 我国黄河以南有分布，生于山野、林缘或杂木林中，常攀缘于树、墙或岩石上。喜温暖湿润环境，耐半阴、耐寒、耐旱、耐贫瘠，不择土壤。

繁殖栽培 扦插繁殖。

园林应用 四季常绿，覆盖性好，开花时节，花香袭人。点缀假山、叠石，攀缘墙壁、枯树、花架、绿廊。杭州孤山、动物园、岳庙、湖滨等有种植和自然分布。

栽培变种：

花叶络石 | *Trachelospermum asiaticum* 'Hatuyukikazura'

叶革质，椭圆形至卵状椭圆形，老叶近绿色或淡绿色，第一轮新叶粉红色，少数有2～3对粉红叶，第2~3对为纯白色叶，在纯白叶与老绿叶间有数对斑状花叶。

学士公园、曲院风荷、湖滨、茅家埠等有种植。近年来杭州城区绿化中也常见应用。

五彩络石 | *Trachelospermum asiaticum* 'Variegatum'

叶革质，卵形，在全光照情况下，有咖啡色、粉红、全白、绿白相间等色彩，冬季变为褐红色。半阴条件下生长较好，但以绿白相间为主。曲院风荷有种植。

黄金锦络石 | *Trachelospermum asiaticum* 'Ougonnishiki'

叶革质，卵形，全叶金黄色或淡黄色至白色。组合盆栽、花坛、花境、树穴中偶见应用。西湖景区有应用。

36 萝藦

Metaplexis japonica

/ 萝藦科萝藦属 /

形态特征 多年生缠绕藤本。茎圆柱状，中空，下部木质化。叶对生，叶片卵状心形或长卵形，基部心形。总状聚伞花序腋生或腋外生，有花10～15朵，花萼片披针形，花冠白色，有淡紫色斑纹，近辐状，花冠筒短，裂片披针形，副花冠裂片兜状，柱头延伸成长喙，伸出花药外。蓇葖果双生，纺锤形。花期7～8月；果期9～11月。

分布习性 我国各地均有分布。喜光，耐阴，耐干旱，耐瘠薄。

繁殖栽培 扦插或播种繁殖。

园林应用 布置小型木质栅栏、建筑、墙垣等，也可成片种植于疏林下、林缘。杭州长桥湿地公园有种植。

37 茑萝

Ipomoea quamoclit

/ 旋花科番薯属 /

形态特征 一年生草质藤本。叶片卵形或长圆形，羽状深裂至中脉，裂片线形。花1～3，组成聚伞花序；萼片5，顶端常呈芒状；花冠高脚碟状，深红色或黄色，花冠筒细，上部稍膨大，冠檐开展，花开时呈五角星状。蒴果卵圆形。花期7～9月；果期8～10月。

分布习性 原产南美洲，我国各地有栽培应用。喜光，喜温暖的环境，忌寒冷。不择土壤，但在肥沃疏松的壤土中生长较好。

繁殖栽培 播种繁殖。

园林应用 叶雅致，花美丽，开花时节，花朵星星点点散布在绿叶中别有风韵。布置于矮垣、短篱、阳台等，也可盆栽于室内观赏。杭州居民小区绿化中常见应用。

葵叶茑萝 | *Ipomoea sloteri*

一年生草本。茎缠绕，多分枝。叶掌状深裂，裂片线状披针形。聚伞花序腋生，常有3朵花；花冠高脚碟状，橙红色或红色。蒴果球形或圆锥形。花期7～9月；果期9～10月。

原产南美洲，我国各地庭院中有栽培应用，杭州小区绿化中常见应用。

橙红茑萝 | *Ipomoea cholulensis*

一年生缠绕草本。叶片卵状心形，全缘或具数齿或钝角。聚伞花序腋生，有花1～5朵，花冠高脚碟状，橙红色或红色。蒴果球形。花期7～9月；果期8～10月。

原产南美洲，我国各地庭院中常有栽培应用。

38 打碗花

Calystegia hederacea

/ 旋花科打碗花属 /

形态特征　多年生草质藤本。全株无毛，茎细弱，长0.5～2m，匍匐或缠绕攀缘。茎基部叶卵状长圆形，上部三角状戟形，常3裂。花单生叶腋，较小，直径不足4cm；苞片宽卵形，长0.8～1.5cm，宿存；萼片长圆形，宿存；花冠淡红色，漏斗形，冠檐5浅裂。蒴果，宿萼及苞片与果近等长或稍短。花期5～8月；果期8～10月。

分布习性　我国各地广泛分布，常成片生于田野、路旁、溪边及草丛中。喜温暖潮湿及阳光充足环境，不择土壤，但在湿润、肥沃、排水良好的土壤中生长较好。

繁殖栽培　播种繁殖，自播能力强。

园林应用　花形奇特，花朵美丽。布置于篱笆、围栏、门廊、小型棚架、隔离带的护栏，亦可成片栽植用于护坡绿化。

旋花 | *Calystegia sepium*

多年生缠绕草本植物。叶片三角状卵形，浅裂或全缘。花单生叶腋，较大，直径4cm以上；苞片宽卵形，长1.5～2.4cm；萼片卵球形；花冠白色、淡红色或紫红色，长4～7cm。花期5～8月；果期8～10月。

我国大部分地区有分布，常生于荒地、路边或山坡林缘。

长裂旋花 | *Calystegia sepium* var. *japonica*

与原种的区别：叶片明显3裂，具伸长的侧裂片，中裂片长圆状披针形或卵状披针形，先端渐尖或圆钝；茎和叶柄常被细毛。

我国江苏、浙江、湖北、湖南、贵州、云南等省有分布。

39 牵牛花

Ipomoea nil

/ 旋花科牵牛属 /

形态特征 一年生缠绕草本。茎长约3m，左旋，全株被粗硬毛。叶片心形，常3裂。聚伞花序腋生，有花1～3朵，花冠漏斗状，径约10cm，边缘常呈皱褶或波浪状，雄蕊和花柱内藏。园艺品种众多，花有平瓣、皱瓣、裂瓣、重瓣等类型；花色有白、红、蓝、紫、红褐、灰、带色纹和镶白边等。蒴果球形。花期7～8月；果期9～11月。

分布习性 原产热带美洲，世界各地普遍栽培或野生。喜温暖阳光充足的环境，耐高温酷暑，耐旱，耐瘠薄，不耐寒，忌积水。不择土壤，但在肥沃湿润、排水良好的壤土中生长较好。

繁殖栽培 播种繁殖。

园林应用 花大色艳，花色丰富，是夏季重要的蔓性花卉。点缀庭院小型棚架、篱垣、门廊、阳台、窗前等。杭州小区绿化中常见应用。

同属中常见栽培应用：

圆叶牵牛 | *Ipomoea purpurea*

一年生缠绕草本。叶片圆心形或宽卵状心形，常全缘。花型较小，花有紫红、红、白、蓝等。花果期7～11月。

原产热带美洲，现广布于世界各地。杭州小区绿化中常见应用。

40 飞蛾藤

Dinetus racemosus

/ 旋花科飞蛾藤属 /

形态特征 多年生草质藤本。茎缠绕长达数米，被疏生柔毛。叶片卵形或宽卵形。花序总状或圆锥状，腋生，少花至多花，花冠白色，漏斗形；萼片线状披针形，果期全部增大呈翅状，开展并具网状脉，与果一起脱落。蒴果小，卵形，有时不开裂。花期8～9月；果期9～10月。

分布习性 我国陕西、甘肃及长江以南各省区有分布。喜光、耐旱、耐贫瘠。

繁殖栽培 播种或扦插繁殖。

园林应用 布置于小型棚架、篱垣、门廊、阳台、窗前等。

41 凌霄

Campsis grandiflora

/ 紫葳科凌霄属 /

形态特征 落叶木质藤本。羽状复叶对生；小叶9～11，椭圆形，叶背被毛。聚伞花序组成圆锥花序；花萼裂至1/3处，萼齿三角形；花冠漏斗状，橙红色至鲜红色，长6～9cm。蒴果长如豆荚，顶端有喙。花期6～8月；果期11月。

分布习性 原产美国，引入我国多年，长三角地区广泛栽培应用。喜光，耐寒，在肥沃、排水良好的沙质壤土中生长较好。

繁殖栽培 扦插、分株、播种或压条繁殖。

园林应用 枝繁叶茂，入夏后朵朵红花缀于绿叶中开放，十分美丽。用于棚架、假山、花廊、墙垣绿化。杭州园林中应用普遍。

42 硬骨凌霄

Tecoma capensis

/ 紫葳科黄钟花属 /

形态特征 常绿蔓生小灌木。株高1～2m，枝条细长，常有小瘤状突起。叶对生，奇数羽状复叶，小叶7～9枚，小叶片卵形至宽椭圆形。顶生总状花序，花萼钟形，裂片三角形，花橙红色或鲜红色，有深红色的纵纹，稍呈漏斗状，雄蕊、花柱伸出花冠外。蒴果长2.5～5cm。花期春季，果期夏季。

分布习性 原产南美洲，20世纪初引入我国，华南、西南有栽培应用，长江流域及以北地区多为盆栽。喜温暖湿润环境，喜光，不耐寒，不耐阴。不择土壤，在排水良好的沙壤土中生长较好。忌积水。萌发力强。

繁殖栽培 扦插繁殖为主。

园林应用 宜布置于棚架、花门，亦可攀缘假山、石壁、墙垣、枯木等。太子湾曾有种植。

43 鸡矢藤

Paederia foetida

/ 茜草科鸡矢藤属 /

形态特征 落叶半木质缠绕藤本。可在地面匍匐生长，茎长2～5m，多分枝，揉之有臭味，枝无毛。叶对生；卵形、长卵形或卵状披针形，先端急尖或渐尖，基部心形或圆形，叶片无毛；托叶三角形。圆锥花序腋生或顶生；萼筒陀螺形；花冠浅紫色，钟状。核果球形，成熟时蜡黄色。花期6～7月；果熟期9～10月。

分布习性 我国长江流域及以南各区有分布。常生于山坡、林缘或灌丛中。喜光，耐半阴，耐寒，耐旱，耐湿，不择土壤。适应性强。

繁殖栽培 播种、扦插或分株繁殖。

园林应用 花序别致，果实繁多。布置于空旷地、坡地、棚架、篱垣等。西湖景区常见野生分布。

44 忍冬
Lonicera japonica

/ 忍冬科忍冬属 /

形态特征 半常绿木质缠绕藤本。树皮条状剥落，幼枝暗红色，密生柔毛。叶对生，卵状椭圆形，全缘。花成对腋生，总花梗明显；苞片大，叶状；花冠二唇形，长2～6cm，白色，后变为黄色，芳香。浆果球形，黑色。花期4～6月；果期8～10月。

分布习性 我国南北各省有分布，生于山坡岩石上、沿海山沟中、灌木丛边缘及山涧阴湿处。喜光，耐阴，耐旱，耐湿，耐寒，不择土壤，但以湿润、肥沃、深厚的沙壤土生长最佳。适应性强，根系发达，萌蘖力强。

繁殖栽培 播种、扦插或分株繁殖。

园林应用 花型别致，花期长，春夏开花不绝，清香袭人。适用于篱墙、栏杆、花架、门廊等垂直绿化，也可攀附在山石上、坡堤处、沟沿边。小区绿化常见应用，西溪湿地也有种植。

栽培变种：

红白忍冬 | *Lonicera japonica* var. *chinensis*

与原种的区别：幼枝紫黑色。花冠外面紫红色，内面白色。西湖南线有应用。

黄脉忍冬 | *Lonicera japonica* 'Aureo—reticulata'

常绿藤本。叶较小，脉黄色。杭州万松林、西湖南线等有种植。

同属中常见应用的有：

京红久忍冬 | *Lonicera heckrottii*

常绿藤本。茎长2～5cm。叶对生，叶片卵状椭圆形。花冠两轮，外轮玫红色，内轮黄色，具香味。花期5～9月。

西湖南线花境中常见应用。

贯叶忍冬 | *Lonicera sempervirens*

常绿藤本。花橘红色至深红色。浆果红色。喜温暖和阳光充足的环境，喜光，耐阴，耐寒，耐干旱和水湿，不择土壤。

枝叶繁茂，春夏开花，花色鲜红艳丽，芳香。点缀于庭院、草坪边缘、园路两侧和假山前后。

45 绞股蓝

Gynostemma pentaphyllum

/ 葫芦科绞股蓝属 /

形态特征 多年生草质藤本。茎柔弱，有分枝。鸟足状复叶，小叶3～9片；小叶片卵状长圆形，中间小叶较长，先端急尖，基部渐狭，边缘波状齿。花单性，雌雄异株，圆锥花序；花冠淡绿色或白色；雌花花序较雄花短小。果实球形，成熟后黑色。花期7～9月；果期9～10月。

分布习性 我国长江以南各省有分布。生于山坡疏林、灌丛中或路旁草丛中。耐阴湿，不择土壤，适应性强。

繁殖栽培 分株或扦插繁殖。

园林应用 布置于篱墙、栏杆、花架、门廊等，或攀附于山石上、坡堤处、沟沿边，亦可作林下耐阴湿地被植物。杭州植物园有种植。

46 黄独

Dioscorea bulbifera

/ 薯蓣科薯蓣属 /

形态特征 多年生缠绕草本。地下茎为块茎，多陀螺形；茎左旋。单叶，互生；叶片宽卵状心形至圆心形，叶腋珠芽球形或椭圆形，外皮紫棕色。花单性，雌雄异株，花被紫红色，花被片离生，雄花序穗状，单个或数个簇生，雌花序穗状，常数个簇生。蒴果三棱状长圆形。花期7～9月；果期8～10月。

分布习性 我国长江以南各省区有分布。喜光，耐阴，耐湿，耐贫瘠。

繁殖栽培 播种或扦插繁殖。

园林应用 观叶藤本植物。布置于小型栏杆、花架、门廊等。杭州植物园、灵隐等有野生分布。

四 草本

（一）一、二年生草本

1 红蓼
Polygonum orientale

/ 蓼科蓼属 /

形态特征　一年生大型草本。株高1～2m，茎粗壮，多分枝，全株密被粗长毛。叶宽椭圆形，长10～20cm，基部圆形或浅心形；托叶鞘筒状，顶端有一圈绿色叶状边缘，具长缘毛。穗状花序粗壮，稍下垂，长3～7cm，花密集；花被5深裂，红色或白色。花期6～7月；果期7～9月。

分布习性　我国各地有分布。喜温暖湿润、阳光充足的环境，耐旱、耐瘠薄。在肥沃湿润的壤土中生长较好。自播能力强。适应性强。

繁殖栽培　播种繁殖。

园林应用　植株茂盛，生长迅速，开花时颇为壮观。点缀桥头、草坪、建筑周围，布置花境，带状种植于水缘。杭州茅家埠、浴鹄湾、西溪湿地等有应用。

2 细叶扫帚草
Kochia scoparia* var. *culta

/ 藜科地肤属 /

形态特征　一年生草本。株高50cm，分枝极多，密集呈卵圆形，茎基部半木质化。叶纤细，线形或条形，嫩绿色，秋季变红。花小，腋生，集成稀疏的穗状花序，黄绿色。花期7～9月。

分布习性　原种产自欧亚大陆，变种在我国广泛栽培。喜温暖、阳光充足环境，耐热，耐旱，耐碱，不耐寒，不择土壤。适应性强。

繁殖栽培　播种繁殖。

园林应用　株型圆球形，枝叶紧密，叶片细腻嫩绿色。布置作花境前景，丛植花坛中央，也可修剪成绿篱、造型，或和其他植物搭配成色块，亦可盆栽观赏。杭州园林中常见应用。

3 红叶甜菜
Beta vulgaris* var. *cicla

/ 藜科甜菜属 /

形态特征　多年生草本，常作二年生栽培。叶基生，长圆状卵形，全绿、深红或红褐色，肥厚有光泽。花茎自叶丛中间抽生，高约80cm，花小，单生或2～3朵簇生叶腋。花期5～6月。

分布习性　原产欧洲，我国长江流域广泛栽培。喜光，稍耐阴，耐寒，不择土壤，但在肥沃、排水良好的沙壤土中生长较佳。适应性强。

繁殖栽培　播种繁殖。

园林应用　紫红色的叶片整齐美观。布置于花坛、花境，作露地花卉，也可盆栽布置室内观赏。杭州园林中常见应用。

4 雁来红

Amaranthus tricolor

/ 苋科苋属 /

形态特征 一年生草本。株高60～100cm，茎粗壮，分枝少。叶互生，卵状披针形，秋季顶部叶片呈鲜红色、浅黄、橙黄色，或有红、黄、绿三色。穗状花序腋生，花小。花期7～9月。

分布习性 原产亚洲热带，我国各地有栽培。喜温暖湿润、阳光充足的环境，耐旱，耐碱，不耐寒，不择土壤。

繁殖栽培 播种或扦插繁殖。

园林应用 秋季上部叶片变色，色彩鲜艳丰富，8～10月为最佳观赏期。布置花坛中心、花境中景，丛植于庭院角隅，群植于草坪、空旷地，亦可与各色花草组成绚丽的图案。杭州园林中常见应用。

5 千日红

Gomphrena globosa

/ 苋科千日红属 /

形态特征 一年生草本。株高20～60cm，全株密被白毛；茎多分枝，稍紫红色，节部膨大。叶对生，椭圆形，全缘。头状花序圆球形，径约2cm，单生或2～3个并生枝端；花小而密集，每花有膜质苞片2枚，有紫红、粉红、金黄、橙黄、白等栽培变种。花期6～10月。

分布习性 原产印度，我国南北各地有栽培。喜炎热干燥气候，喜光，耐旱，不耐寒，在疏松肥沃的土壤中生长较好。性强健。

繁殖栽培 春季播种繁殖。幼苗期摘心，促使矮化；花后修剪晚秋可再次开花。生长期水肥不宜过多，以免茎叶徒长、开花稀少。

园林应用 苞片色彩鲜艳，经久不凋，观赏期长。布置花坛、花境边缘，亦可盆栽观赏。杭州园林中常见应用。

6 鸡冠花

Celosia cristata

/ 苋科青葙属 /

形态特征 一年生草本。株高40～100cm，茎粗壮直立。叶互生，长卵形或卵状披针形。肉穗状花序顶生，扁平鸡冠形、扇形、肾形、扁球形等，花有白、淡黄、金黄、淡红、火红、紫红、棕红、橙红等色。花期夏秋至霜降。

分布习性 原产非洲、美洲热带和印度，世界各地广为栽培。喜阳光充足、湿热环境，较耐旱，不耐寒，喜疏松肥沃和排水良好的土壤。

繁殖栽培 播种繁殖。

园林应用 花序顶生，红色，扁平状，形似鸡冠。布置花坛、花境，亦可盆栽观赏。杭州园林中常见应用。

7 龙须海棠
Lampranthus spectabilis

/ 番杏科日中花属 /

形态特征 多年生肉质草本植物，常作一、二年生栽培。植株平卧生长，多分枝。肉质叶对生，三棱状线形，有龙骨状突起，长5～8cm，绿色，被白粉。花单生，有紫红、粉红、黄、橙等色，花瓣有金属光泽。花期春末夏初，昼开夜闭，单朵花期5～7天，阴雨天不能开放。

分布习性 原产南非，现我国南北各地有栽培。喜温暖干燥阳光充足环境，耐旱，忌高温，忌水涝，不耐寒。

繁殖栽培 扦插繁殖为主。生长期要求有充足的光照，光照不足易造成节间伸长、枝叶易倒伏。积水将造成烂根。

园林应用 花朵美丽，花色鲜艳，花量大。布置花坛、花境。杭州园林中常见应用。

8 大花马齿苋
Portulaca grandiflora

/ 马齿苋科马齿苋属 /

形态特征 一年生或多年生肉质草本。株高10～20cm，茎肉质，平卧或斜生，多分枝。叶散生或略集生，圆柱形，匙形至倒卵形，扁平。花1～3朵簇生枝端，花径2.5～4cm，单瓣、半重瓣或重瓣，有红、黄、橘红、白、紫或具斑纹复色品种等。蒴果成熟时盖裂。花期6～10月。

分布习性 原产南美、巴西、乌拉圭、阿根廷等，我国各地有栽培。喜温暖、阳光充足环境，耐高温干旱，不耐寒，耐瘠薄。在干燥的沙壤土中生长较好。适应性强。

繁殖栽培 播种或扦插繁殖。

园林应用 花繁叶茂，花朵艳丽，花色丰富，花期长。布置花坛、花境、花带边缘，栽植于小径旁、岩石缝隙，带植于草坪中，亦可盆栽观赏。杭州园林中常见应用。

同属中常见栽培应用的有：

环翅马齿苋 | ***Portulaca umbraticola***

一年生肉质草本。株高约8～15cm，茎细弱，有棱，平卧后上升。叶长圆状倒卵形，先端略急尖，扁平。花大，花色有洋红、橘红、黄、白等。果基部有环翅。花期6～10月。

原产美国南部，喜温暖、阳光充足的环境，耐高温，不耐寒，耐干旱，耐贫瘠薄，在干燥的沙壤土中生长较好。

9 石竹

Dianthus chinensis

/ 石竹科石竹属 /

形态特征 多年生草本，常作一、二年生栽培。株高30～40cm，茎直立，有节，多分枝。叶对生，条形或线状披针形。聚伞花序，花单朵或数朵簇生于茎顶，花色有紫红、大红、粉红、纯白、红色、杂色，单瓣5枚或重瓣，先端锯齿状，微具香气，花瓣下部具黑色美丽环纹。花期4～10月，盛花期4～5月。

分布习性 我国除华南地区外均有分布。喜阳光充足、通风凉爽气候。耐寒，耐旱，不耐酷暑，忌涝。在肥沃、疏松、排水良好的石灰质壤土或沙质壤土中生长较好。

繁殖栽培 播种、分株或扦插繁殖。

园林应用 株型低矮，茎秆似竹，花美丽繁多。布置花坛、花境，点缀岩石园、草坪，成片栽植作景观地被植物。曲院风荷、茅家埠等有应用。

10 蔓枝满天星

Gypsophila muralis

/ 石竹科石头花属 /

形态特征 杭州地区为一年生草本。株高5～20cm，茎枝纤细。叶线形， 长5～25mm，宽1～2.5mm，基部变狭，苍白色。二歧聚伞花序疏散；花梗细，长为花萼的多倍；苞片叶状；花萼倒圆锥筒状；花瓣粉红色，脉色较深，倒卵状楔形。蒴果长圆形，比宿存萼长。花期5～10月。

分布习性 我国黑龙江省有分布。喜通风凉爽的环境，忌高温、高湿，生长适温12～25℃。在富含有机质、排水良好的沙质土壤中生长较好。

繁殖栽培 分株、扦插或播种繁殖。

园林应用 布置花坛、花境。赵公堤一带的花境中曾有布置。

满天星

Gypsophila elegans

/ 石竹科石头花属 /

一年生草本。株高30～45cm，茎直立，分枝，被白粉。叶披针形或长圆状披针形。圆锥状聚伞花序疏展；花梗细；苞片三角形；花萼钟形；花瓣白色或粉红色，长圆形，长为花萼的2～3倍。蒴果卵球形，长于宿存萼。花期5～6月；果期7月。

欧洲至高加索、土耳其东部、伊朗等地有分布，我国常见栽培。西溪湿地有应用。

11 樱雪轮
Silene coeli-rosa

/ 石竹科蝇子草属 /

形态特征 一、二年生草本。株高30～50cm。叶线形至披针形，灰绿色。花稀疏簇生，花径1.5～2.5cm，花瓣5枚，先端缺刻，粉红色，中央白色，也有紫色、玫瑰色、桃红、白色等品种。花期4～6月。

分布习性 原产地中海沿岸，我国各地有栽培。喜光，耐半阴，耐寒，不耐高温和干旱，喜疏松、排水良好的中性至碱性土壤。

繁殖栽培 播种繁殖。

园林应用 株型紧凑，叶片纤细，花色艳丽。作花坛、花境的镶边和填充材料，也可盆栽观赏。茅家埠曾有种植。

12 穗花翠雀
Delphinium elatum

/ 毛茛科翠雀属 /

形态特征 多年生草本植物，常作一、二年草本栽培。株高80～150cm，茎直立挺拔，疏散而多分枝，无毛。叶掌状深裂。总状花序长达30cm，花径5～7cm，花冠左右对称，萼片5，花瓣状，部分萼片及花瓣延伸成距；园艺品种多，花有蓝、白、粉红等色，花瓣上有眼斑。花期5～7月。

分布习性 原产法国、西班牙、亚洲西部。喜凉爽通风、光照充足的干燥环境，耐寒，耐旱，稍耐阴，忌炎热，在排水良好的沙质壤土中生长较好。

繁殖栽培 扦插、分株或播种繁殖。

园林应用 植株挺拔，花型独特，花朵密集成串，花色丰富。是布置花坛、花境的理想材料，也可作切花。

13 花菱草
Eschscholzia californica

/ 罂粟科花菱草属 /

形态特征 多年生草本，常作一、二年生栽培。株高30～60cm，全株被白粉，蓝灰色，根肉质。叶多回三出羽状细裂。花单生于长梗上，杯状，花径5～7cm；花瓣4枚，橙黄色；有乳白、浅粉、淡黄、橘红、猩红、紫褐等色。花期4～8月。

分布习性 原产美国加利福尼亚州，我国各地有栽培。喜冷凉干燥、光照充足环境，较耐寒，忌高温高湿。夏季常处半休眠状态，秋后萌发。

繁殖栽培 播种繁殖。

园林应用 植株飘逸，叶片细腻，花色艳丽。布置花坛、花带、花境，成片种植作地被植物。西湖南线有成片应用。

14 虞美人

Papaver rhoeas

/ 罂粟科罂粟属 /

形态特征 一、二年生草本。株高30～60cm，全株被刚毛，具乳汁。叶不规则羽裂。花单生于长梗上，花蕾下垂，花开后花朵向上；花瓣4枚，质薄似绢，有光泽；半重瓣或重瓣；有红、黄、白及复色等。花期4～6月。

分布习性 原产欧亚大陆的温带地区，世界各地广泛栽培。喜温暖、阳光充足的环境，耐寒，忌高温高湿。

繁殖栽培 播种繁殖，能自播繁衍。

园林应用 植株姿态轻盈，花色绚丽，花瓣质薄如绫，花色丰富。布置春季花坛、花境，成片栽植作地被植物。杭州湖滨、西溪湿地等有应用。

同属中常见栽培应用的有：

冰岛罂粟 | *Papaver nudicaule*

多年生草本多作一年生栽培。叶基生，羽裂或半裂。花径约8cm，黄色、红色、粉红色等，芳香，单瓣或重瓣。花果期5～9月。

我国河北、山西、内蒙古、黑龙江、陕西、宁夏、新疆等地有分布。

杭州湖滨、太子湾、西溪湿地等有应用。

15 醉蝶花

Cleome spinosa

/ 白花菜科白花菜属 /

形态特征 一年生草本。株高60～120cm，全株有强烈气味。掌状复叶互生，小叶5～7枚，披针形，全缘。总状花序顶生，苞片单生，几无柄；花瓣4，具长爪，花色因品种不同呈现白色、粉红色、紫红色；雄蕊6枚，花丝长约7cm，较花瓣长2～3倍。蒴果细圆柱形。花期7～10月。

分布习性 原产热带美洲，全球热带至温带地区广泛栽培。喜温暖气候，喜光，稍耐阴，耐热，耐旱，不耐寒，在排水良好的沙质壤土中生长较好。

繁殖栽培 播种繁殖。能自播繁衍。

园林应用 花型独特，花期长，是优良的庭院花卉和蜜源植物。布置作花坛、花境背景，也可在林缘或路边成片种植。西湖风景区常见应用。

16 香雪球
Lobularia maritima

/ 十字花科香雪球属 /

形态特征 多年生草本作一、二年生栽培。株高15～30cm，匍生，多分枝。叶互生，披针形，全缘。总状花序顶生，小花密集成球状，花瓣4，白色或淡紫红色，微香。花期5～10月。

分布习性 原产地中海沿岸。喜冷凉干燥的气候，喜光，耐半阴，耐干旱，稍耐寒，忌湿热。

繁殖栽培 播种或扦插繁殖。可自播繁衍。

园林应用 植株低矮，花朵密集且芳香。布置于花境边缘和岩石园，也可片植作地被植物。

17 羽衣甘蓝
Brassica oleracea* var. *acephala

/ 十字花科芸薹属 /

形态特征 二年生草本。植株莲座状。叶片肥厚，倒卵形，被蜡粉，呈鸟羽状。总状花序顶生。园艺品种多，按高度分为高型和矮型；按叶形分为皱叶、不皱叶及深裂叶；按叶色，分为边缘翠绿、深绿、灰绿、黄绿，中心纯白、淡黄、肉色、玫瑰红、紫红等。花期4～5月。

分布习性 地中海沿岸至小亚细亚一带有分布，世界各地广泛栽培。喜冷凉气候，喜光，耐寒，耐热，耐盐碱。适应性强。

繁殖栽培 播种繁殖。

园林应用 株形如牡丹花，叶色丰富。布置于花坛、花境。杭州公园绿地常见的冬季花坛植物。

同属中常见栽培应用的有：

油菜 | ***Brassica rapa* var. *oleifera***

一、二年生草本。株高35～80cm，植株被白粉，茎直立，自基部分枝，具纵棱。基生叶大头羽裂，边缘不整齐缺刻，茎下部羽状中裂，基部扩大，抱茎，茎上部叶长圆形、长圆状倒卵形或披针形，基部叶心形，全缘或具波状齿。总状花序顶生或腋生，萼片黄绿色至黄色，花瓣鲜黄色，倒卵形至长圆形，基部具短瓣柄。花期3～5月；果期4～6月。

我国浙江、江苏、江西、湖南、湖北等地有分布。西溪湿地有应用。

18 紫罗兰

Matthiola incana

/ 十字花科紫罗兰属 /

形态特征 多年生草本植物，常作一、二年草本栽培。株高30～60cm，全株被灰色星状柔毛，茎直立，基部稍木质化。叶互生，长圆形至倒披针形，基部呈叶翼状，先端钝圆，全缘。顶生总状花序，花梗粗壮，花瓣4枚，呈十字形，花淡紫色或深粉红色。角果，成熟时开裂。花期4～5月。

分布习性 原产欧洲南部，世界各地有栽培。喜凉爽、通风、排水良好的环境，耐寒，不耐阴，不耐高温干燥，忌积水。在疏松肥沃、土层深厚、排水良好的土壤中生长较好。

繁殖栽培 播种繁殖。

园林应用 花序长，花朵繁多，花色鲜艳，香气浓郁。春季花坛主要花卉。布置作花坛、花境，或作盆花、切花。杭州园林中常见应用。

19 诸葛菜

Orychophragmus violaceus

/ 十字花科诸葛菜属 /

形态特征 二年生草本。株高20～70cm，茎直立，有白色粉霜。基生叶及下部叶羽状分裂，中上部叶三角状卵形，抱茎。总状花序顶生，萼片淡绿色或淡紫色，花瓣淡紫红色。长角果条形。花期3～4月；果期4～6月。

分布习性 我国东北、西北、华东有分布。耐半阴、耐寒、耐旱。自播能力强。杭州地区秋季萌发，冬季常绿，春季开花，夏季地上部分枯萎。

繁殖栽培 播种繁殖。

园林应用 春季观花地被植物，花色淡雅，花期长。杭州西湖景区应用普遍，孤山、太子湾、金沙港、浴鹄湾、花港观鱼等有成片种植。

20 多叶羽扇豆

Lupinus polyphyllus

/ 豆科羽扇豆属 /

形态特征 多年生草本作二年生草本栽培。株高60～150cm。叶多基生，掌状复叶，小叶10～17枚，披针形至倒披针形。总状花序顶生，尖塔形，长40～60cm；小花密集，蝶形花，龙骨瓣弯曲，花色丰富，多为双色花。荚果长3～4cm。花期5～6月。

分布习性 原产北美。喜凉爽气候，喜光，稍耐阴，耐寒，忌高温高湿，不耐碱，在土层深厚、排水良好的微酸性壤土中生长较好。

繁殖栽培 分株或播种繁殖。夏季炎热多雨地区，不能安全越夏，故作二年生栽培。

园林应用 叶秀丽，花序醒目，小花密集，花色丰富。布置作花境中景或背景，丛植于林缘，亦可盆栽或作切花。杭州园林中常见应用。

21 紫云英

Astragalus sinicus

/ 豆科黄芪属 /

形态特征 二年生草本。株高10～30cm，被白色疏柔毛。奇数羽状复叶，小叶7～13片，倒卵形或椭圆形，先端钝圆或微凹，基部宽楔形。总状花序生5～10朵花；花萼钟状；花冠紫红色，旗瓣倒卵形，翼瓣较旗瓣短，龙骨瓣与旗瓣近等长，瓣片半圆形。荚果线状长圆形，稍弯曲，具短喙。花期2～6月；果期3～7月。

分布习性 亚洲中、西部有分布，我国长江中下游地区作绿肥大面积种植。喜温暖湿润气候，喜光，在湿润排水良好的壤土中生长较好。

繁殖栽培 播种繁殖。

园林应用 植株低矮，叶片翠绿，花色艳丽。片植于空旷地或草坪。西溪湿地有应用。

22 旱金莲

Tropaeolum majus

/ 旱金莲科旱金莲属 /

形态特征 多年生草本常作一、二年生栽培。茎蔓生或倾卧，肉质中空，长达1.5m。叶互生，全缘波状，叶柄盾状着生。花腋生，直径4～6cm，花梗细长；花萼5，其中1枚延伸成距；花瓣5枚，具爪；花色有乳白、粉红、橘红、黄、紫红和复色等。花期夏秋两季。

分布习性 原产南美。喜温暖湿润、阳光充足的环境，不耐寒，不耐夏季高温酷暑，忌涝，在富含有机质、排水良好的沙质壤土中生长较好。

繁殖栽培 播种繁殖。

园林应用 叶型独特，花朵雅致，花期长。布置花境，成片种植于林缘或空旷地，也可盆栽观赏或装饰阳台、窗台。西湖风景区花境中普遍应用。

23 凤仙花

Impatiens balsamina

/ 凤仙花科凤仙花属 /

形态特征 一年生草本。株高40～100cm，直立，上部分枝。叶互生，阔或狭披针形，顶端渐尖，边缘有锐齿，基部楔形；叶柄附近有几对腺体。花形似蝴蝶，花色有粉红、大红、紫、白黄、洒金等，变异较多。蒴果纺锤形，有白色茸毛，成熟时弹裂为5个旋卷的果瓣。花期为6～8月。

分布习性 原产我国和印度。喜光，忌湿，耐热，耐瘠薄，不耐寒。

繁殖栽培 自播繁殖。

园林应用 姿态优美，花朵妩媚，花色丰富。布置花坛、花境，丛植、群植于房前屋后，亦可盆栽观赏。杭州许多小区有种植。

苏丹凤仙花 | *Impatiens walleriana*

多年生草本常做作一、二年生栽培。株高达30～70cm，茎直立，不分枝或分枝。叶互生，叶片宽椭圆形状卵形至长圆状椭圆形，叶柄附近有几对腺体。花有红色、紫色、白色等。6～10月开花。

原产非洲赞比亚东北部的乌桑巴拉山，我国各地有栽培应用。环湖景区、城区花坛有应用。

24 蜀葵
Alcea rosea

/ 锦葵科蜀葵属 /

形态特征 多年生草本作二年生栽培。株高1～3m，茎直立挺拔，少分枝，基部稍木质化，全株被毛。叶近圆形，5～7浅裂，基部心形，具长柄，表面粗糙多皱。花单生叶腋，花萼钟状，5裂；花径8～12cm，花瓣5枚，单瓣或重瓣，花色丰富，有白、红、黄、紫、复色等色；雄蕊多数，花丝联合成筒状包围花柱。花期6～9月。

分布习性 原产中国及亚洲各地。喜凉爽气候，喜光，耐半阴，耐寒，耐盐碱，在肥沃深厚、排水良好的土壤中生长最好。抗逆性强。

繁殖栽培 播种、扦插或分株繁殖。

园林应用 植株高大，花大色艳，花色丰富，花期长。布置花境作背景材料，丛植或列植于墙边、路旁、林缘和庭院角隅，亦可作花篱、花墙等。花圃、湖滨、花港观鱼及南线花境中有种植。

25 锦葵
Malva sinensis

/ 锦葵科锦葵属 /

形态特征 一、二年生或多年生草本。株高60～100cm，茎直立，多分枝，被粗毛。叶互生，肾形，掌裂。花数朵簇生于叶腋，白色、粉红色或紫色，花径约4cm，花瓣5枚，先端微凹，萼片钟形。果实扁球形。花期6～10月。

分布习性 原产欧亚大陆的温带地区及北美洲，我国南北各地有栽培。喜阳光充足环境，耐寒，耐旱，不择土壤，在沙质土壤中生长最佳。

繁殖栽培 播种繁殖或分株。水肥不宜过多，否则易倒伏。

园林应用 植株挺拔，花色艳丽。布置庭院、花境，丛植于角隅。环湖景区、城区花坛和花境有应用。

26 三色堇
Viola tricolor

/ 堇菜科堇菜属 /

形态特征　二年生或多年生草本。株高10～40cm，地上茎较粗，棱形。基生叶长卵形或披针形；茎生叶卵形、长圆状圆形或长圆状披针形，先端圆或钝，基部圆，边缘具稀疏的圆齿或钝锯齿。花大，每个茎上有3～10朵花，有紫、白、黄三色；上方花瓣深紫堇色，侧方及下方花瓣均为三色，有紫色条纹。蒴果椭圆形。花期3～6月；果期5～8月。

分布习性　原产欧洲，我国各地广泛栽培。喜凉爽气候，喜光，耐寒。在肥沃、排水良好、富含有机质的中性壤土中生长较好。

繁殖栽培　播种繁殖。

园林应用　植株低矮，花色丰富，色泽艳丽。冬春季优良花坛材料。环湖景区、城区花坛有应用。

同属中常见应用的有：

角堇 | *Viola cornuta*

多年生草本常作一年生栽培。株高10～30cm，茎较短。花较小，花径2.5～4cm，有堇紫色、大红、橘红、明黄及复色，花形近圆形。花期3～6月。

原产欧洲。喜凉爽环境，喜光，耐寒，忌高温。

冬春季优良花坛材料。环湖景区、城区花坛有应用。

27 四季秋海棠
Begonia cucullata

/ 秋海棠科秋海棠属 /

形态特征　多年生肉质草本，作一年生草本栽培。株高15～30cm，茎直立，光滑无毛，基部多分枝。叶卵形或宽卵形，有光泽，先端圆或钝，基部偏斜，两面光滑，主脉红色，边缘有锯齿。花淡红色，腋生，数朵成簇。蒴果有红翅3枚。花期4～12月。

分布习性　原产巴西，我国各地广泛栽培应用。喜温暖、湿润和阳光充足的环境。

繁殖栽培　播种、扦插或分株繁殖。

园林应用　叶翠绿光洁，花朵玲珑娇艳。布置花坛、花境，片植于林缘，也可盆栽观赏。环湖景区、城区花坛有应用。

28 长春花

Catharanthus roseus

/ 夹竹桃科长春花属 /

形态特征 多年生草本常作一年生栽培。株高30～60cm，茎多分枝，基部稍木质化。叶对生，长椭圆形，全缘，两面光滑，有光泽，主脉白色。花单生或数朵腋生，花径3～4cm，花冠高脚碟状，5裂，中心有深色洞眼，有白色、白花红心、粉红、桃红、紫红等色。花期7～10月。

分布习性 原产非洲东部，我国长江以南各地广泛栽培。喜温暖、稍干燥的环境，喜光，稍耐阴，畏严寒，不择土壤。

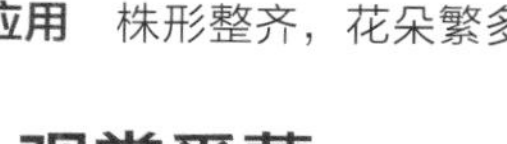

繁殖栽培 播种或扦插繁殖。

园林应用 株形整齐，花朵繁多，色彩丰富，花期长。布置花坛、花境，片植林缘，也可盆栽观赏。环湖景区、城区花坛有应用。

29 观赏番薯

Ipomoea spp.

/ 旋花科番薯属 /

多年生蔓生草本。地下具纺锤形块根，茎匍匐，节间不中空，常陆生。叶形多变，叶片宽卵形，全缘或3～5裂。环湖景区花境有应用。

栽培品种:

'金叶'番薯 | *Ipomoea batatas* 'Chartreuse'

叶片黄绿色。我国南北都有栽培应用。喜光、耐高温、耐旱、耐瘠薄。适应性强。

叶亮丽，生长迅速、覆盖性强。作花境镶边材料或台式花境悬吊栽植材料，亦可成片种植作地被植物。环湖景区、城区花坛有应用。

'紫叶'番薯 | *Ipomoea batatas* 'Blackie'

叶片暗紫色。环湖景区、城区花坛有应用。

30 福禄考

Phlox drummondii

/ 花荵科福禄考属 /

形态特征 一、二年生草本。株高15～45cm，茎直立，多分枝。叶互生，基部叶对生，宽卵形、矩圆形或被针形，顶端急尖或突尖，基部渐狭或稍抱茎，全缘。聚伞花序顶生；花萼筒状，裂片条形；花冠高脚碟状，裂片圆形，玫红色。蒴果椭圆形。花期5～6月。

分布习性 原产北美南部，世界各国广为栽培。喜温暖湿润气候，喜光，耐寒，不耐酷暑，不耐干旱，忌涝，忌盐碱。

繁殖栽培 播种繁殖。

园林应用 植株矮小，花朵繁多，花色丰富，花期长。布置花坛、花境、岩石园或盆栽观赏。环湖景区、城区花坛有应用。

31 车前叶蓝蓟

Echium plantagineum

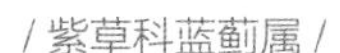

/ 紫草科蓝蓟属 /

形态特征　一、二年生草本。株高30~60cm，全株被柔毛。基生叶椭圆形，长14cm，中脉明显，花期枯萎；茎生叶线状披针形。聚伞花序簇生于枝端，组成圆锥花序；花冠斜漏斗状，初为红色，后变成蓝紫色，亦有白色。花期4~7月。

分布习性　原产地中海沿岸。喜光照充足，不耐湿热，宜疏松肥沃、排水良好的沙质壤土。

繁殖栽培　播种繁殖，春播或秋播。

园林应用　植株紧凑，花朵密集。布置作花境前景或作填充材料。环湖景区、城区花坛和花境有应用。

32 蓝花鼠尾草

Salvia farinacea

/ 唇形科鼠尾草属 /

形态特征　多年生草本作一、二年生栽培。株高30~60cm，茎四棱，多分枝，基部稍木质化。叶对生，长椭圆形。总状花序顶生，蓝色，上唇瓣小，下唇瓣大，有明显白斑。花期5~10月。

分布习性　原产北美。喜温暖湿润和阳光充足环境，较耐寒，忌炎热干燥。

繁殖栽培　播种或扦插繁殖。定植后摘心一次，花后强剪，可萌发新枝继续开花。种子成熟时应及时采摘。

园林应用　植株紧密整齐，花序长，蓝花密集，花期长。布置花坛、花境，成片栽植作地被植物。环湖景区、城区花坛和花境有应用。

同属常见应用的有：

红花鼠尾草 | ***Salvia coccinea***

一年生草本。株高80~90cm。花萼绿色带紫纹，花冠唇形，鲜红色、粉红色或白色。花期6~11月。

我国有栽培，云南南部及东南部已逸为野生。喜阳光充足环境，耐热，耐旱，耐湿，不耐寒。自播能力强。环湖景区、城区花坛等有应用。

一串红 | *Salvia splendens*

多年生草本作一年生栽培。株高达90cm。花长3～4cm，花萼与花冠同色，深红色，蓝紫色等。花期7～10月。

原产南美。喜光，稍耐阴。

园艺品种多。布置于花坛，高杆品种可用于花境。环湖景区、城区花坛等有应用。

33 彩叶草

Coleus scutellarioides

/ 唇形科鞘蕊花属 /

形态特征 多年生草本作一、二年生栽培。株高50～80cm，全株被绒毛，茎四棱形，分枝少。叶对生，卵形，先端尖，缘有锯齿，叶片因品种不同呈现黄、红、紫、橙等各色斑纹。轮伞状总状花序，花小，唇形，淡蓝色。花期8～9月。

分布习性 原产印度尼西亚，世界各地广泛栽培。喜温暖湿润气候，喜光但忌烈日曝晒，耐湿，不耐寒，在富含腐殖质、排水良好的沙质壤土中生长较好。

繁殖栽培 播种或扦插繁殖，极易成活。

园林应用 叶色极富变化，色彩鲜艳，园艺品种众多。布置花坛、花带、花境边缘，也可盆栽观赏或作插花装饰材料。环湖景区、城区花坛等有应用。

34 花烟草

Nicotiana alata

/ 茄科烟草属 /

形态特征 多年生草本作一年生栽培。株高50～150cm，全株密被绒毛，茎基部木质化。叶互生，长椭圆形。总状花序疏散，长达30cm；花冠喇叭状，星形，花径约5cm，花有白、淡黄、粉红、玫瑰红、紫红等色。花期4～10月，盛花期6～8月。

分布习性 原产南美。喜温暖光照充足环境，耐旱，耐热，不耐寒。在疏松肥沃、排水良好的沙质壤土生长较好。

繁殖栽培 播种繁殖。定植后摘心促使多分枝，梅雨季节及时排水。光照不足易徒长，开花疏松且色淡。

园林应用 株型紧凑，小花繁多，花色丰富鲜艳，花期长，是理想的夏季观赏花卉。布置花坛、花境，丛植于庭院、草坪、路边。环湖景区、城区花坛等有应用。

35 矮牵牛
Petunia hybrida

/ 茄科碧冬茄属 /

形态特征 多年生草本作一年生栽培，茎直立或匍匐。叶卵形，全缘，互生或对生。花单生，漏斗状，花瓣边缘有平瓣、波状、锯齿状瓣，花色有白、粉、红、紫、蓝、黄等，另外有双色、星状和脉纹等。花期4～11月。

分布习性 喜阳光充足的环境。耐高温，忌涝，不耐霜冻。在疏松肥沃、排水良好的沙壤土中生长较好。

繁殖栽培 播种繁殖。

园林应用 花朵繁多，花色丰富，花期长。布置花坛、花境、花带，点缀窗台、花槽等，亦可盆栽观赏，大面积种植作地被植物。环湖景区、城区花坛等有应用。

36 心叶假面花
Alonsoa meridionalis

/ 玄参科假面花属 /

形态特征 多年生草本作一年生栽培。株高45～60cm，茎细长，分枝，红色。叶对生，卵形至披针形，有锯齿，深绿色。总状花序松散，猩红色，小花径约2cm，有距，花梗细长。花期5～7月。

分布习性 原产秘鲁。喜温暖气候，喜光，耐寒，在富含腐殖质、排水良好的壤土中生长较好。

繁殖栽培 春季播种繁殖。

园林应用 植株飘逸，小巧可爱，花色艳丽。布置花坛、花境，亦可用作切花。环湖景区、城区花坛偶见应用。

37 金鱼草
Antirrhinum majus

/ 玄参科金鱼草属 /

形态特征 多年生草本作一、二年生栽培。株高20～70cm。叶长圆状披针形，全缘。总状花序顶生，长达25cm，花冠筒状唇形，基部膨大呈囊状，花有白、粉、红、黄及复色等。蒴果含大量种子。花期3～6月。

分布习性 原产地中海沿岸及北非，世界各地广泛栽培。喜凉爽气候，喜光，稍耐阴，较耐寒，忌高温高湿。在疏松、肥沃及排水良好的微酸性沙质壤土中生长较好。

繁殖栽培 播种繁殖。

园林应用 园艺品种繁多，花形奇特，花色鲜艳且丰富，花期长。高型品种可作切花和花境背景材料，矮型品种作花坛镶边或盆栽观赏。环湖景区、城区花坛和花境等有应用。

38 双距花

Diascia barberae

/ 玄参科双距花属 /

形态特征 一年生草本。株高25～40cm，全株光滑，分枝性强。单叶对生，叶片三角状卵形，缘有细齿。花序总状，长达15cm，花冠唇形，2枚花瓣延伸成2个距，花有玫瑰红、粉红、杏红等色。花期5～9月。

分布习性 原产南非。喜温暖湿润的气候，喜光，不耐寒，不耐旱，在肥沃、湿润及排水良好的沙质壤土中生长较好。适应性强。

繁殖栽培 播种繁殖。

园林应用 株型丰满圆润，花型奇特，花期长。布置花坛、花境，亦可盆栽观赏。环湖景区、城区花坛和花境等有应用。

39 毛地黄

Digitalis purpurea

/ 玄参科毛地黄属 /

形态特征 多年生草本作一、二年生栽培。株高60～100cm，茎直立，少分枝，全株被柔毛。叶卵圆形，表面粗糙皱缩；基生叶莲座状，具长柄，茎生叶由下至上渐小，几无柄。顶生总状花序长50～80cm，花偏生一侧，下垂，花冠钟形，长约7.5cm，紫红色、白色或粉色，内面具斑点。花期6～8月。

分布习性 原产西欧温带地区。喜光，耐半阴，较耐寒，稍耐旱，忌高温高湿，在湿润且排水良好的土壤中生长较好。

繁殖栽培 播种或分株繁殖。

园林应用 株型高大，花序挺直，花冠别致。点缀岩石园，或作花境的中景或背景材料。环湖景区、城区花坛和花境等有应用。

40 蓝猪耳

Torenia fournieri

/ 玄参科蝴蝶草属 /

形态特征 一年生草本。株高20～30cm，茎四棱，多分枝。叶对生，卵形，缘有锯齿。总状花序顶生，花萼膨大，花冠唇形，花有蓝紫、紫红、桃红、白色等，喉部有黄斑。花期5～10月。

分布习性 原产越南，我国各地有栽培。喜温暖湿润气候，喜光亦耐阴，耐高温高湿，不耐寒，在湿润、排水良好的土壤中生长最好。适应性强。

繁殖栽培 播种或扦插繁殖。花蕾形成前多次摘心，促进分枝，多开花。

园林应用 株形整齐紧凑，花朵密集，花色丰富，花期长，是夏季重要花卉之一。布置花坛、花境，也可盆栽观赏。环湖景区、城区花坛等有应用。

41 腋花同瓣草
Laurentia axillaris

/ 桔梗科同瓣草属 /

形态特征 一年生草本。株高20～40cm，多分枝，茎被毛。叶对生或轮生，披针形，叶缘不规则齿裂。花顶生或腋生，花萼裂片线形，花冠筒细长，花瓣先端5裂，花有蓝、白、粉、紫等色。花期4～7月。

分布习性 原产澳大利亚。喜光照充足，通风良好的环境，耐高温，在富含腐殖质、排水良好的沙质壤土中生长较好。

繁殖栽培 播种或扦插繁殖。花后剪除残花，可促新枝萌发，再生花苞二次开放。

园林应用 株型紧凑，易形成半球形，小花繁多。布置花坛、花境边缘，或作花境填充材料。环湖景区、城区花坛等偶见应用。

42 六倍利
Lobelia erinus

/ 桔梗科半边莲属 /

形态特征 多年生草本，常作一年生栽培。株高12～20cm，枝条半蔓性，分枝纤细，铺散于地面，光滑或下部微被毛。茎上部叶披针形，近基部叶广匙形。总状花序顶生；小花有长柄，花冠先端五裂，有红、桃红、紫、白等色。花期4～6月。

分布习性 原产南非，我国南北有栽培应用。

繁殖栽培 播种繁殖。

园林应用 植株致密，花繁色艳，花色丰富，花型如蝴蝶展翅。春季花坛花卉，也可布置花镜。环湖景区、城区花坛和花境等有应用。

43 藿香蓟
Ageratum conyzoides

/ 菊科藿香蓟属 /

形态特性 多年生草本常作一年生栽培。株高20～50cm，全株被绒毛，基部多分枝。叶对生，心状卵形，头状花序排成紧密伞房状，全部为管状花；花白、粉红、蓝或紫红等色。花期7～10月。

分布习性 原产热带美洲。喜温暖阳光充足的环境，不耐寒，忌酷暑，在肥沃湿润、排水良好的沙质沙壤土生长较好。

繁殖栽培 播种或扦插繁殖。可自播繁衍。适应性强，管理粗放，耐修剪。

园林应用 植株矮小，分枝能力强，花朵密集，色彩淡雅。作花坛、花境镶边材料，成片种植于林缘、草坪中作地被植物，亦可点缀岩石园或作盆栽观赏。环湖景区、城区花坛和花境等有应用。

44 蓝目菊
Arctotis venusta

/ 菊科蓝目菊属 /

形态特征 多年生草本常作一年生栽培。株高40～60cm，密被白色绒毛。叶互生，倒卵形，不规则浅裂，灰绿色。头状花序单生茎端，径约6cm；舌状花单轮，白色，背面淡紫色，花瓣纤细；管状花为蓝紫色。花期4～6月。

分布习性 原产南非。喜温暖阳光充足的环境，不耐寒，忌炎热，在疏松肥沃及排水良好的沙质壤土最适宜。

繁殖栽培 播种或扦插繁殖。

园林应用 枝叶密集，全株银灰色，花色雅致。布置花坛、花境，亦可作盆栽观赏或作切花材料。环湖景区、城区花坛和花境等有应用。

同属中可布置花境的有：

蓝目菊杂交品种 | *Arctotis hybrida*

多年生常作一年生栽培。株高约45cm。叶披针形，浅裂，叶面灰绿色，叶背白色。头状花序直径约8cm。园艺品种多，花有乳白、粉红、橘红、橙黄、紫色等。

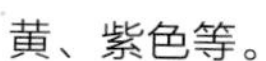

环湖景区、城区花坛和花境等有应用。

45 矢车菊
Coreopsis cyanus

/ 菊科矢车菊属 /

形态特征 一、二年生草本。株高30～60cm，多分枝，全株被白色绵毛。基生叶常有齿或羽裂，茎生叶条形，全缘。头状花序单生，放射状，缘花近舌状，偏漏斗形；管状花细小，结实；花有紫、蓝、浅红、白色等，其中紫、蓝色最为名贵。花期4～5月。

分布习性 原产欧洲东南部。喜冷凉气候，喜光，较耐寒，不耐酷热和阴湿。适应性较强。

繁殖栽培 播种繁殖。能自播繁衍。

园林应用 株型优美，质地柔软，花色丰富。布置春季花坛、花境，亦可与其他菊科花卉混播布置花卉园。环湖景区、城区花坛和花境等有应用。

46 白晶菊
Chrysanthemum paludosum

/ 菊科茼蒿属 /

形态特征 一、二年生草本。株高约20cm。叶互生，1～2回羽状分裂。头状花序顶生，径约3cm，舌状花白色，管状花黄色。花期3～5月。

分布习性 原产北非、西班牙。喜光，较耐寒，忌高温多湿，在肥沃湿润、排水良好的壤土中生长最佳。适应性强。

繁殖栽培 播种繁殖。花后剪去残花可二次开花。梅雨季节需及时排水。

园林应用 植株低矮，花朵繁茂，高雅脱俗，花期极长。布置春季花坛、花境、色块、组合盆栽。环湖景区、城区花坛和花境等有应用。

同属中可布置花境的有：

黄晶菊 | *Chrysanthemum multicaule*

二年生草本。株高15～20cm，茎半匍匐。叶互生，肉质，长条匙状，羽状深裂，初生叶紧贴地面。头状花序径2～3cm，金黄色。花期3～5月。

原产阿尔及利亚。喜温暖湿润及阳光充足的环境，耐半阴，耐寒，不耐高温。

布置花坛、庭院，大面积栽植作地被植物。环湖景区、城区花坛和花境等有应用。

三色菊 | *Chrysanthemum carinatum*

一、二年生草本。株高60～90cm，茎叶柔嫩、光滑，茎多分枝。叶2回深裂，裂片线形。头状花序径约6cm，舌状花有白、黄、红、紫、褐色等，常有二、三色之复色环状，管状花紫褐色。花期4～6月，花色绚丽。

原产北非摩洛哥。喜凉爽气候，不耐寒。布置花坛、花境，也可作切花材料。

47 两色金鸡菊
Coreopsis tinctoria

/ 菊科金鸡菊属 /

形态特征 一、二年生草本。株高30～90cm，茎多分枝。叶对生，2回羽状全裂，裂片线形。头状花序常数个排列呈疏散的伞房状花序；花径3～4cm，舌状花金黄色，基部红褐色；管状花紫褐色。花期5～8月。

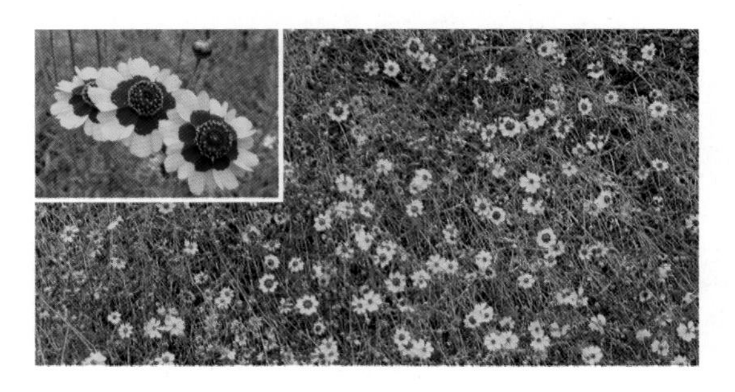

分布习性 原产北美中部，世界各国有栽培。喜阳光充足，夏季凉爽的环境，耐寒，耐旱，忌酷暑。不择土壤。

繁殖栽培 播种繁殖，有自播能力。肥水过多易徒长倒伏。

园林应用 花丛疏散，花朵繁茂，因种子成熟期不一致，自播苗生长参差不齐，从春至秋，花开不绝。丛植作花境填充材料，成片栽植作地被植物任其自播繁衍。环湖景区有应用。

48 波斯菊
Cosmos bipinnatus

/ 菊科秋英属 /

形态特征 一年生草本。株高达150cm，多分枝。叶对生，二回羽状全裂，裂片线形。头状花序单生于长梗上，径约6cm；舌状花一般单轮，8枚，先端呈齿状；管状花黄色，舌状花紫红色、粉红色或白色。花期6～10月。

分布习性 原产墨西哥，世界各地广泛栽培。喜温暖凉爽的环境，喜光，耐干旱瘠薄，不耐寒，忌炎热多湿。适应性强。

繁殖栽培 播种繁殖，能自播繁衍。生长期进行摘心或修剪，促使植株矮化，增加着花量。肥水过多易引起植株徒长而开花少，甚至倒伏。

园林应用 株型洒脱，叶形雅致，花色丰富。作花境背景材料，片植于路边及林缘，也可与其他花卉混播，形成混合地被，颇有野趣。环湖景区、城区花坛有应用。

同属中常见应用的有：

硫华菊 | ***Cosmos sulphureus***

一年生草本。株高1～2m，茎多分枝。叶2～3回羽状深裂，裂片较波斯菊宽。舌状花通2轮，橘黄色或金黄色，管状花黄色。花期7～10月。

原产墨西哥和巴西。喜光照充足，不耐寒。生长快速，适应性强。

杭州茶叶博物馆曾有大片栽培应用。

49 向日葵
Helianthus annuus

/ 菊科向日葵属 /

形态特征 一年生草本。株高1～3m，全株被刚毛，粗糙，茎粗壮。单叶互生，心状卵圆形，边缘具粗齿，三出脉，有长柄。头状花序单生茎顶，直径10～35cm；管状花紫褐色；舌状花黄色，园艺品种有紫色、橙红色，且有重瓣品种。花期7～9月；果熟期10月。

分布习性 原产北美，世界各地有栽培。喜温暖湿润及阳光充足的环境，较耐寒，稍耐旱，耐盐碱，不择土壤。

繁殖栽培 播种繁殖。

园林应用 植株高大，花盘硕大亮丽。布置花境的背景，丛植于林缘、角隅、庭院，也可成片栽植。矮茎种可盆栽观赏。环湖景区花境有应用。

50 黄帝菊
Melampodium divaricatum

/ 菊科美兰菊属 /

形态特征 多年生草本常作一、二年生栽培。株高30～50cm，分枝多，全株被毛。叶对生，阔披针形至长卵形，缘有锯齿。头状花序顶生，径约2cm，舌状花金黄色，管状花黄色。花期6～11月。

分布习性 原产美洲。喜高温高湿的环境，不耐寒，不择土壤。

繁殖栽培 播种繁殖，自播能力强。盛花期后可将枝叶剪去1/3，矮化植株，促使二次开花。

园林应用 枝叶繁茂，花朵密集，花期长。布置花坛、花境、岩石园，或成片栽植作地被。环湖景区、城区花坛等有应用。

51 银叶菊
Senecio cineraria

/ 菊科千里光属 /

形态特征 多年生草本常作一年生栽培。株高15～40cm，全株密被白色绒毛呈银灰色，茎多分枝。叶长椭圆形，1～2回羽状深裂。头状花序组成紧密伞房状，花黄色或奶白色。花期6～9月。

分布习性 原产地中海沿岸。喜凉爽湿润环境，喜光，稍耐寒，忌积水，不耐高温高湿，在疏松肥沃、排水良好富含腐殖质的壤土中生长最佳。

繁殖栽培 播种或扦插繁殖。生长期间摘心可促进分枝、控制高度和增大蓬径。

园林应用 银灰色叶片极具观赏价值。布置花坛、花境，与其他亮丽色彩的花卉配置色块，也可盆栽观赏。

常见栽培的品种有：

‘银粉’银叶菊 | *Senecio cineraria* ‘Silver Dust’

多年生草本常作一年生栽培。株高约30～40cm。叶1～2回羽状深裂，银白色。

环湖景区、城区花坛和花境有应用。

‘卷云’银叶菊 | *Senecio cineraria* ‘Cirrus’

多年生草本常作一年生栽培。株高30～40cm。叶椭圆形，具齿或有分裂，银灰绿色至白色。

环湖景区、城区花坛和花境有应用。

52 薏苡
Coix lacryma-jobi

/ 禾本科薏苡属 /

形态特征 一年生或多年生草本。株高1.5m，茎粗壮直立，节间中空，基部节上生根。叶互生，呈纵列排列；叶鞘光滑，与叶片间具白色薄膜状的叶舌，叶片长披针形，基部稍鞘状包茎，中脉明显。总状花序腋成束，常下垂；花序上部为雄花穗，下部为雌花穗；总苞软骨质，卵形，具明显的沟状条纹。颖果大，成熟时外面的总苞坚硬，椭圆形。花果期7～10月。

分布习性 原产亚洲东南部，现我国各地广泛栽培应用。喜温暖气候，对土壤要求不严。

繁殖栽培 播种繁殖。

园林应用 丛植或片植于湖畔。曲院风荷、花圃、杨公堤、华家池等有种植。

53 圆叶肿柄菊
Tithonia rotundifolia

/ 菊科肿柄菊属 /

形态特征 一年生草本。株高1～2m，全株密被柔毛。叶互生，广卵形，基部下延，3出脉，缘有粗齿。头状花序顶生，花径5～8cm，花梗长，顶部膨大，舌状花橙红色，管状花黄色。花期8～10月。

分布习性 原产墨西哥。喜阳光充足温暖的环境，不耐寒，在肥沃、排水良好的土壤中生长较好。适应性强。

繁殖栽培 播种繁殖。

园林应用 植株粗壮，花朵鲜艳。布置花境、庭院，也可作切花材料。环湖景区、城区花坛和花境有应用。

54 百日草
Zinnia elegans

/ 菊科百日草属 /

形态特征 一年生草本。株高30～90cm，全株具毛。叶对生，基部抱茎，卵形至长椭圆形，全缘。头状花序单生枝端，直径5～12cm，舌状花单轮或多轮，有白、粉、红、黄、紫及有色斑等，管状花黄色。花期6～10月；果期8～10月。

分布习性 原产墨西哥，我国各地有栽培。喜阳光充足、温暖、干燥的环境，不耐酷暑和严寒。在肥沃深厚、排水良好的土壤中生长较好。

繁殖栽培 播种繁殖。

园林应用 植株粗壮，花大色艳，花色丰富，花期长。布置花坛、花境，也可作切花材料，或盆栽观赏。环湖景区、城区花坛和花境有应用。

55 勋章菊
Gazania rigens

/ 菊科勋章菊属 /

形态特征 多年生草本，常作一、二年生草本栽培。株高20～30cm。叶披针形或倒卵状披针形，浅羽裂或全缘，叶背被白色绵毛。舌状花白、黄、橙红色有光泽，花色，花径6～10cm。花昼开夜闭，形似勋章故名勋章花。花期4～5月。

分布习性 原产南非。喜温暖、湿润、阳光充足的环境，稍耐寒，耐高温，忌涝。在疏松肥沃排水良好的沙质壤土中生长较好。

繁殖栽培 播种、分株或扦插繁殖。

园林应用 植株低矮，花朵绚丽多彩，花瓣有光泽。作花坛、花境镶边材料，成片种植作观花地被植物，也可盆栽观赏。环湖景区、城区花坛和花境有应用。

56 翠菊
Callistephus chinensis

/ 菊科翠菊属 /

形态特征 一年生草本。株高25～100cm，全株疏生短毛，茎直立，上部多分枝。叶互生，中部叶卵形或菱状卵形，边缘具不规则粗大锯齿，叶柄边缘有窄翼，上部叶片菱状披针形或线形，边缘有稀疏锯齿或全缘，无柄。头状花序单生枝端，总苞半球形，总苞片3层，舌状花红色、淡红色、蓝色或淡蓝色等，多层；管状花黄色。花果期5～10月。

分布习性 我国东北部有分布，南北各地有栽培。喜温暖、湿润、阳光充足环境，忌通风不良和高温多湿。0℃以下茎叶易受冻害，超过30℃延迟开花或开花不良。

繁殖栽培 播种繁殖。

园林应用 花色鲜艳，花型多样，开花繁多，花期长。布置庭院、广场、花坛、花境等，矮生品种常用于花坛和盆栽，高秆品种用于切花。环湖景区、城区花坛和花境有应用。

57 雏菊
Bellis perennis

/ 菊科雏菊属 /

形态特征 多年生草本，常作二年生栽培。株高10～15cm。叶基生，叶片匙形或倒卵形，上半部边缘具稀疏钝齿或波状齿，先端圆钝，基部狭窄或窄翅柄。头状花序单生；舌状花白色、淡粉、深红等，管状花黄色。花期3～5月。

分布习性 原产欧洲，我国各地有栽培。喜凉爽气候，炎热条件下开花不良。喜光，不耐阴，耐寒，忌干旱。在富含腐殖质的湿润土壤中生长较好。

繁殖栽培 播种繁殖。

园林应用 植株密集，叶莲座状，花朵艳丽，早春开花。布置花坛、花境，也可盆栽观赏。环湖景区、城区花坛和花境有应用。

58 瓜叶菊
Pericallis hybrida

/ 菊科瓜叶菊属 /

形态特征 二年生草本。株高20～50cm，茎直立，密被白色长柔毛。叶片大，肾形至宽心形，有时上部叶片三角状心形，先端急尖或渐尖，基部深心形，边缘不规则三角状浅裂或具钝齿，叶面绿色，叶背灰白色，被密绒毛。头状花序排成宽伞房状；缘花舌状，小花紫红色、淡蓝色、粉红色或近白色；盘花管状，两性。瘦果黑色，长圆形。花果期3～7月。

分布习性 原产大西洋加拿利群岛，我国各地广泛栽培。喜冬季温暖、夏季凉爽的气候，喜阳光充足通风良好的环境，不耐高温和严寒，忌积水。在富含腐殖质排水良好的沙质壤土中生长最佳。

繁殖栽培 播种繁殖。

园林应用 花色丰富艳丽，花形丰满，冬春主要的观花植物之一。布置花坛或盆栽布置室内。室内花展中常见应用。

59 金盏菊
Calendula officinalis

/ 菊科金盏菊属 /

形态特征 一、二年生草本。株高30～60cm，被柔毛和腺毛，常上部分枝。叶互生，下部叶片匙形，全缘，上部长椭圆形至长椭圆状倒卵形，全缘或具稀疏的细齿，基部略呈心形，稍抱茎。头状花序单生枝顶，花黄色或橙黄色，缘花舌状结实，盘花管状不结实。花果期3～6月。

分布习性 原产地中海，我国南北各地广泛栽培。喜阳光充足、凉爽环境耐寒，忌炎热，不择土壤，在疏松、肥沃、微酸性土壤中生长较好。适应性强。

繁殖栽培 播种繁殖。能自播。

园林应用 花色艳丽，花期长。布置花坛、花境、庭院，点缀草坪、空旷地，亦可盆栽观赏。环湖景区、城区花坛和花境有应用。

60 万寿菊
Tagetes erecta

/ 菊科万寿菊属 /

形态特征 一年生草本。株高30～50cm，茎直立，粗壮，具纵细条棱，分枝向上平展。叶对生，羽状分裂，裂片长椭圆形或披针形，边缘具锐齿。头状花序单生较大，直径约5～8cm，梗顶端棍棒状膨大；总苞杯状，总苞片先端具齿尖，缘花舌状，黄色，顶端具5齿裂。瘦果线形，基部缩小，黑色或褐色。花果期6～9月。

分布习性 原产美洲，我国南北各地广泛栽培。喜阳光充足环境，不耐阴，喜湿，耐寒，耐旱，不择土壤，但在肥沃排水良好的沙质壤土中生长较好。

繁殖栽培 播种或扦插繁殖。

园林应用 花大色艳，花期长。布置花坛、花境、庭院，点缀草坪、空旷地，亦可盆栽观赏或作切花材料。环湖景区、城区花坛和花境有应用。

同属中常见栽培应用的有：

孔雀草 | *Tagetes patula*

一年生草本。株高30～60cm，茎直立，基部分枝。叶对生，基部有线状假托叶；叶片奇数羽状全裂，裂片4～6对。头状花序比较小，花橙红色并有红色斑，直径2.5～4cm。花果期5～10月。

原产墨西哥，我国各地有栽培。喜光，耐半阴，耐旱，耐寒，不择土壤。适应性强。环湖景区、城区花坛和花境有应用。

（二）多年生草本

1 翠云草
Selaginella uncinata

/ 卷柏科卷柏属 /

形态特征　多年生常绿蕨类。茎柔软纤细，伏地蔓生，长50cm～1m，节处生根，侧枝多回分叉。叶片卵形，叶面有翠蓝绿色荧光，背面深绿色；营养叶二型，主茎上的叶明显大于分枝上的叶，肾形，或略心形，分枝上的叶宽椭圆形或心形，侧枝上的叶卵圆形。孢子穗四棱形，孢子叶卵状三角形，复瓦状排列。

分布习性　我国长江以南各省及西南地区有分布。喜温暖湿润半阴环境，忌强光直射。杭州地区可露地越冬。

繁殖栽培　分株繁殖、扦插或孢子繁殖。

园林应用　植株低矮匍匐，覆盖性好，叶表面有蓝绿色的荧光。点缀岩石园、假山、盆景园，片植于林下或林缘。北方地区可盆栽观赏，也是理想的温室花卉盆面覆盖材料。曲院风荷、柳浪闻莺等有种植。

2 井栏边草
Pteris multifida

/ 凤尾蕨科凤尾蕨属 /

形态特征　多年生常绿蕨类。株高30～60cm，根状茎直立，短而硬，密被黑褐色条状披针形鳞片。叶簇生，具不育叶和孢子叶，不育叶卵状长圆形，孢子叶狭线形，孢子囊沿叶边细线状排列。

分布习性　我国除东北、西北外各地有分布。钙质土壤指示植物。喜温暖阴湿环境，在肥沃、湿润、排水良好的碱性土中生长最佳。

繁殖栽培　分株或孢子繁殖。

园林应用　叶形美丽，色泽鲜绿，四季常绿。在郁闭度高、湿度大的林下可成片种植，也可布置岩石园、堤岸、山石的阴湿面。苏堤樟树林下及花港观鱼的槭树林下曾有成片种植。

同属中常见应用的有：

银脉凤尾蕨 | *Pteris ensiformis* 'Victoriae'

多年生草本。株高20～40cm，具粗短的根状茎。叶二型，簇生，不育叶1～2回羽状复叶，羽片宽短，有细齿，叶脉银白色；孢子叶直立，羽片狭细，全缘，孢子囊群沿叶缘呈线形分布。

原产马来西亚、澳洲热带地区，我国引进栽培。喜温暖湿润的半阴环境，较耐寒，稍耐旱，忌烈日暴晒和积水，在富含腐殖质、湿润且排水良好的土壤中生长较好。

点缀花境、窗台、阳台、案头，也可用于插花。西湖花境中偶有应用。

多年生草本。株高20～110cm；根状茎短，被淡棕色、线状披针形鳞片。叶簇生，近革质，两面无毛；叶片阔倒披针形，一回羽状复叶；叶柄长5～22cm，近基部密被鳞片。孢子囊群线形，沿可育羽片边缘着生，基部和顶部不育，囊群线形，膜质。

我国长江以南各省有分布。喜阴湿环境。

点缀山石、盆景和假山。花港观鱼、曲院风荷等有种植。

3 狗脊

Woodwardia japonica

/ 乌毛蕨科狗脊属 /

形态特征　多年生草本。株高65～90cm，根状茎粗短，密生红棕色披针形大鳞片。叶簇生，叶片矩圆形，厚纸质，二回羽裂；下部羽片长11～20cm，宽2～3cm，向基部略变狭，羽裂1/2或略深；裂片三角形或三角状矩圆形，锐尖头，边缘具矮锯齿；叶柄长30～50cm。孢子囊群长形，生于主脉两侧相对的网脉上；囊群盖长肾形，革质，以外侧边着生网脉，开向主脉。

分布习性　我国长江以南各省区有分布。喜阴湿环境。酸性土指示植物。

繁殖栽培　分株或孢子繁殖。

园林应用　叶美丽，色泽鲜绿。布置盆景园、假山石、岩石园，片植于疏林下或林缘。花港观鱼、植物园等有种植。

4 盾蕨

Neolepisorus ovatus

/ 水龙骨科盾蕨属 /

形态特征　多年生观叶草本，中型陆生蕨。株高20～40cm，根状茎较长，横走，密被褐色卵状披针形鳞片。叶片卵状矩圆形，基部较宽，侧脉明显，厚纸质。孢子囊群大，圆形，排列于侧脉两旁。

分布习性　我国长江以南各省区及台湾省有分布。喜半阴温暖湿润环境。耐寒，稍耐旱，耐贫瘠。土壤疏松及排水良好的中性土中生长极佳。

繁殖栽培　分株或孢子繁殖。分株在春季进行，切取根状茎异地栽植，覆土稍浅，适当遮阴。

园林应用　片植于建筑物阴面或其他阴湿处作地被植物；也可作盆栽室内观赏。植物园百草园有种植。

5 矩圆线蕨
Colysis henryi

/ 水龙骨科线蕨属 /

形态特征　多年生草本。株高35～65cm，根状茎横走，密生鳞片。叶片矩圆披针形或卵状披针形，基部急变狭，楔形下延，全缘。孢子囊群条形，在主脉间斜出，伸达叶边。

分布习性　我国浙江、湖北、四川、云南、贵州等省有分布。喜温暖阴湿环境。

繁殖栽培　分株或孢子繁殖。

园林应用　耐阴湿地被植物。植物园百草园有种植。

6 肾蕨
Nephrolepis auriculata

/ 肾蕨科肾蕨属 /

形态特征　多年生草本，中型地生或附生蕨。株高30～70cm，根状茎直立，被蓬松的淡棕色长钻形鳞片，匍匐茎棕褐色，不分枝，疏被鳞片。叶簇生，叶片线状披针形或狭披针形，长30～70cm，宽3～5cm，一回羽状，羽片约45～120对，密集呈覆瓦状排列；柄长6～11cm，暗褐色，密被淡棕色线形鳞片。孢子囊群成1行位于主脉两侧，囊群盖肾形，褐棕色。

分布习性　我国浙江、福建、台湾、湖南南部、广东、海南、广西、贵州、云南和西藏等地有分布。喜温暖湿润阴湿环境。在疏松肥沃中性或微酸性土壤中生长最佳。

繁殖栽培　分株或孢子繁殖。

园林应用　布置墙角、假山和水池边，成片种植作耐阴湿地被植物，亦可作盆栽点缀书桌、茶几、窗台、阳台等。西湖景区花境中偶有应用。

7 蕺草
Houttuynia cordata

/ 三白草科蕺菜属 /

形态特征　多年生草本。株高20～50cm，全株有鱼腥味，茎上部直立，下部伏地，节处生根。叶互生；阔卵形或心形，全缘，叶面绿色，叶背面常呈紫红色，薄纸质。穗状花序茎顶生或与叶对生，基部有4枚白色花瓣状的总苞片，花小，无花被，雄蕊3枚。蒴果。花期5～7月；果期7～10月。

分布习性　我国长江以南各省有分布。喜温暖、湿润、半阴环境。

繁殖栽培　扦插或分株繁殖。

园林应用　地面覆盖性好，群体效果极佳，3月下旬至7月观赏价值较高。点缀池塘边、庭院假山；布置阴湿地花境；也可片植于林缘或林下作耐阴湿观叶地被植物。西湖山区的小溪两侧常有野生分布，植物园百草园中有成片种植，西溪湿地也有应用。

栽培变种：花叶蕺草 | *Houttuynia cordata* 'Chameleon'

春季叶片红绿黄三色镶嵌，叶缘红色，秋季色叶不明显。喜光，耐阴，在荫处色叶不明显。

观叶地被植物。西湖南线花镜中常见应用。

8 庐山楼梯草

Elatostema stewardii

/ 荨麻科楼梯草属 /

形态特征　多年生常绿草本。株高20～40cm，茎肉质，不分枝，稍匍匐。叶互生；叶片光亮，椭圆形，基部的宽侧多为侧耳形；无叶柄。花单性，雌雄异株；雄花和雌花均着生于肉质盘状或杯状的花序托上。瘦果狭卵形，有纵棱。花期4～5月；果期6～10月。

分布习性　我国陕西、江苏及长江以南各省有分布。喜温暖湿润环境，耐湿，耐半阴，在肥沃的土壤中生长好。

繁殖栽培　扦插繁殖。

园林应用　终年常绿，极耐阴湿，覆盖性好。布置岩石园、溪岸、池塘边阴湿处，片植于林下、高大建筑物阴面。杭州植物园百草园有种植。

同属中值得推荐的有：

楼梯草 | *Elatostema involucratum*

多年生常绿草本。株高25～60cm，茎细弱。叶片斜倒披针状长圆形或斜长圆形，基部多为圆形。

我国河南、陕西及长江以南各省有分布。杭州植物园百草园有种植。

9 蔓赤车

Pellionia scabra

/ 荨麻科赤车属 /

形态特征　多年生常绿草本。株高20～45cm，茎常分枝，基部木质化。叶互生；叶片狭椭圆形或狭卵形，不对称，近三出脉。花单性，雌雄异株或同株；雄花和雌花均排列成聚伞花序。瘦果椭圆形。花期5～7月。

分布习性　我国长江以南各省有分布。喜阴湿环境，不耐干旱，在肥沃的沙壤土中生长好。

繁殖栽培　分株或扦插繁殖。

园林应用　耐阴湿观叶地被植物。杭州植物园百草园有种植。

10 ‘赤龙’小头蓼

***Polygonum microcephalum* ‘Red Dragon’**

/ 蓼科蓼属 /

形态特征 多年生草本。株高50～80cm，春季全株紫红色。叶卵状三角形，春季紫红色，夏季转为绿色，叶面有紫黑色和银色斑纹，基部常具1对裂片。头状花序，数个生于茎顶，花白色。花期为5～8月。

分布习性 喜光照充足，亦耐半阴，耐寒，耐旱。

繁殖栽培 扦插、分株或播种繁殖。

园林应用 株型紧凑，叶色随季节变化。布置花境主景，或成片种植于疏林下、林缘作地被植物。杭州花圃、茅家埠、花港观鱼、太子湾等有种植。

同属中常见栽培应用的有：

头花蓼 | *Polygonum capitatum*

多年生草本。株高10～15cm，根茎粗大，茎丛生，分枝多，红褐色。叶片卵形或椭圆形，先端急尖，基部楔形，全缘，绿色，叶面有时有青铜色“V”形斑纹。头状花序，顶生或腋生，花被5裂，粉红色。花期10～12月。

我国西藏、四川、湖北、广东、广西等地有分布。喜光照充足，温暖湿润的环境，耐寒，稍耐阴，不择土壤。

观叶观花地被植物，亦可布置花境。花展及环湖景区花境中有应用。

火炭母 | *Polygonum chinense*

多年生草本。株高70～100cm，根状茎粗壮，茎直立，具纵棱，多分枝。叶卵形或长卵形，全缘，长4～10cm，宽2～4cm，基部截形或宽心形；托叶鞘膜质，无缘毛。花序头状，顶生或腋生，花被5深裂，白色或淡红色，裂片卵形，果实大，呈肉质，蓝黑色。花期7～9月；果期8～10月。

我国陕西南部、甘肃南部、华东、华中、华南和西南有分布。杭州植物园百草园有种植。

11 金线草
Antenoron filiforme

/ 蓼科金线草属 /

形态特征 多年生草本。全株高50～100cm，地下根茎粗壮，结节状，茎直立，少分枝，节稍膨大。叶倒卵形或椭圆形；托叶鞘筒状。穗状花序长，2～3朵生于苞腋内，花深红色；花被深裂，4裂片。瘦果椭圆形，褐色。花期8～10月；果期10～11月。

分布习性 我国各地广为分布。喜光也耐半阴、耐湿。

繁殖栽培 分株繁殖。

园林应用 耐阴湿观叶地被植物。花港观鱼公园有应用。

12 紫茉莉
Mirabilis jalapa

/ 紫茉莉科紫茉莉属 /

形态特征 多年生草本。株高50～80cm，茎直立，多分枝。叶对生；叶片卵形或卵状三角形，全缘。花3～6朵簇生于枝顶端，花基具1萼状总苞，花被红、粉红、白、黄等色，漏斗形，顶部5裂片。瘦果卵形，有棱，黑色。花期6～10月。

分布习性 原产美洲热带，我国各地有栽培应用。喜温暖湿润气候，耐半阴、稍耐寒、不择土壤。能自播繁衍。

繁殖栽培 播种繁殖或分株繁殖。

园林应用 布置花坛、花境，或片植于路边、林缘或建筑物周围。花港观鱼、曲院风荷等有应用。

13 常夏石竹
Dianthus plumarius

/ 石竹科石竹属 /

形态特征 多年生常绿草本。植株丛生，整株光滑被白粉，株高15～30cm，茎较细，蔓状簇生，上部有分枝，节膨大。单叶对生；灰绿色，长线形，先端尖，叶缘有细锯齿。花单生或2～3朵着生于枝端呈圆锥状聚伞花序，花紫红、粉红、白等多种，也有环纹或中间色彩较深的，花芳香。盛花期5～6月，后零星开放至11月。

分布习性 原产欧洲，现我国各地有栽培。喜光、不耐阴，耐旱，耐寒，忌涝，不择土壤。庇荫处植株细弱，少开花或不开花。

繁殖栽培 分株、扦插或种子繁殖。

园林应用 四季常绿，三季开花，盛花期花朵可覆盖地面。曲院风荷曾有种植，西湖南线花境中也曾大量应用。

同属中常见栽培应用的有：

蓝灰石竹 | *Dianthus gratianopolitanus*

多年生常绿草本。株高约30cm，丛生松散。叶线形，灰绿色。花粉红色，芳香。花夏季开放。

原产英国、法国、希腊等地。西溪湿地有应用。

14 剪夏罗 *Lychnis coronata*

/ 石竹科剪秋罗属 /

形态特征 多年生草本。株高50～90cm，植株近无毛，茎丛生，直立，稍有分枝，节部膨大。叶对生；卵状椭圆形，先端渐尖，边缘具细锯齿。聚伞花序顶生或腋生，1～5朵组成；花瓣5，宽倒卵形，先端不规则浅裂，橙红色；花萼长筒形，萼齿披针形。蒴果齿裂，齿数同于花柱。花期6～7月；果期7～8月。

分布习性 我国长江流域有分布。喜温暖湿润的环境，喜光，稍耐阴，耐寒，耐热，耐旱。不择土壤。

繁殖栽培 分株或扦插繁殖。

园林应用 观花地被植物。布置花坛、花境，点缀岩石园，也可片植于疏林下或林缘。花港观鱼、花圃、西湖南线一带曾有种植。

15 肥皂草 *Saponaria officinalis*

/ 石竹科肥皂草属 /

形态特征 多年生草本。株高20～90cm，茎直立。叶对生，椭圆状披针形或长圆形，光泽。聚伞状圆锥花序，花瓣有单瓣及重瓣，花淡红或白色，花瓣长卵形。花期6～8月。

分布习性 原产欧洲、西亚、中亚及日本，我国南北各地有栽培。喜光，稍耐阴，耐寒，耐热，耐旱。适应性强。能自播繁衍。

繁殖栽培 播种或分株繁殖。

园林应用 布置花坛、花境，丛植于林缘、篱旁。西溪湿地有应用。

栽培变种：

重瓣肥皂草 | *Saponaria officinalis var. florepleno*

花重瓣。原产欧洲。西溪湿地有应用。

16 打破碗花花
Anemone hupehensis

/ 毛茛科银莲花属 /

形态特征 多年生草本。株高30～100cm。基生叶3～5；具长柄，三出复叶，少数为单叶；小叶卵形，不分裂或不明显的3～5浅裂，边缘具粗锯齿。聚伞花序2～3回分枝，每枝上有花3朵，花较大，淡紫红色。聚合果球形。花期7～10月。

分布习性 我国长江以南各省有分布。喜温暖湿润和阳光充足的环境。耐半阴，耐寒，忌高温和干旱。在疏松肥沃的沙质壤土中生长最佳。

繁殖栽培 播种或分株繁殖。

园林应用 布置花境，亦可片植于疏林下、林缘。花港观鱼曾有零星种植。

17 杂种耧斗菜
Aquilegia hybrida

/ 毛茛科耧斗菜属 /

形态特征 多年生草本。株高40～80cm。叶丛生，二回三出复叶，灰绿色。花数朵着生于茎上部叶腋，下垂，径约5cm；萼片5，花瓣状，长于花瓣；花瓣5，长距自花萼间直伸向后方，长8～10cm；花色丰富，有紫红、大红、蓝色、黄色等。花期4～7月。

分布习性 原种产于欧洲、西伯利亚，我国南北各地有栽培。喜凉爽、湿润及半阴环境，耐寒，忌高温、强光直射和积水。

繁殖栽培 播种或分株繁殖。

园林应用 叶优美，花型独特，花色丰富，花期长。丛植于花境、林缘，片植于疏林下，也可点缀岩石园。西溪湿地、西湖南线等有应用。

18 花毛茛
Ranunculus asiaticus

/ 毛茛科毛茛属 /

形态特征 多年生球根花卉。株高20～40cm，根颈处聚生纺锤形小块根，茎单生或少数分枝，中空有毛。基生叶二回三出羽裂，茎生叶羽状深裂，无柄。花单生或数朵顶生，花径6～9cm，花冠圆形，花瓣平展，有丝质光泽，花色有白、红、橙、黄、紫、褐等色，并有单、重瓣之分。花期3～5月。

分布习性 原产亚洲西南部和欧洲东南部，我国长江流域可露地栽培。喜凉爽、湿润、半阴环境，较耐寒，忌干旱、强光直射和积水。

繁殖栽培 分球繁殖为主。

园林应用 花型大，花色艳丽。布置于花坛、花境、林缘草地，也可盆栽观赏。杭州园林中作四季草花应用，也常用于布置花展。杭州太子湾、花港观鱼、花圃等曾见应用。

同属中推荐用种类：

毛茛 | *Ranunculus japonicus*

多年生草本。株高30～60cm，茎直立，植株具糙毛或短柔毛。基生叶单叶，掌状3深裂；茎下部叶与基生叶相似，向上叶柄逐渐变短，叶片变小，最上部叶变为线形，无柄。聚伞花序有花数朵，直径约2cm；萼片5，淡绿色；花瓣5，黄色有光泽，倒卵形。花期4～5月。

我国东北至华南地区有分布。喜光，稍耐阴、耐湿、耐旱、耐寒。在温暖湿润的沙质壤土。自播能力强。杭州地区仍处于野生分布状态。

耐阴湿观花地被植物。

19 杂种铁筷子
Helleborus × hybridus

/ 毛茛科铁筷子属 /

形态特征　多年生常绿草本。株高30～50cm。基生叶1～2枚，具长柄，叶片鸟足状分裂，裂片5～7，长圆形或宽披针形；茎生叶较小，3全裂。花单生，有时2朵顶生；萼片5，花瓣状，粉红色；花瓣小，筒状或杯形。花期冬至翌春。

分布习性　原产欧洲。喜温暖、湿润的环境，耐半阴，忌强光直射，较耐寒，不耐高温，忌干冷，在肥沃、疏松的土壤中生长较好。

繁殖栽培　分株繁殖。

园林应用　四季常绿，花朵大且花期恰逢冬季少花季节，是一种难得的冬季观花植物。布置花境主景和岩石园，成片种植于疏林下或林缘。花港观鱼有种植。

20 芍药
Paeonia lactiflora

/ 毛茛科芍药属 /

形态特征　多年生草本。株高约1m，具纺锤形的块根，地下茎可产生新芽。叶初期为红色，茎基部常有鳞片状变形叶，中部复叶二回三出，小叶矩形或披针形，枝梢的渐小或成单叶。花大而美，芳香，花生于枝顶或叶腋；花色众多，白、粉、红、紫或红色等。花期4～5月。

分布习性　我国东北、华北、陕西及甘肃南部有分布，四川、贵州、安徽、山东、浙江等省有栽培。喜光，稍耐阴，耐寒，忌水涝。

繁殖栽培　分株繁殖为主。

园林应用　花大艳丽，品种丰富，成片种植，开花时十分壮观。于路旁、林缘作带状种植，亦可建造专类园。花港观鱼、六和塔周围等有种植。

21 刻叶紫堇

Corydalis incisa

形态特征 多年生草本。株高15～35cm，根茎肥厚，茎簇生，具分枝。基生叶叶柄基部稍膨大呈鞘状；叶片羽状全裂。总状花序，有花多数；花蓝紫色，上花瓣连距长17～20cm，下花瓣瓣片平展，瓣柄与瓣片近等宽；花梗长。蒴果条状。花期3～4月；果期4～5月。

分布习性 我国陕西南部、河南、长江以南各省及台湾地区有分布。喜阴湿环境，耐寒，耐旱，不耐热，不择土壤。杭州地区6～8月地上部分枯萎，9月中下旬种子萌发成幼苗，老植株地下部分重新萌发。翌年3月初开花，花期一直延续到4中旬。

繁殖栽培 分块茎或播种繁殖。自播能力强。

园林应用 叶片雅致，花色艳丽。点缀山石、假山等，片植于疏林下、林缘、空旷地。花港观鱼、孤山、植物园等处的绿地常见野生分布。

同属植物中有栽培应用的有：

珠芽尖距紫堇 | *Corydalis sheareri* f. *bulbillifera*

多年生草本。株高15～35cm，茎簇生，中上部具分枝。叶2回羽状浅裂，上部叶腋具珠芽。总状花序，花蓝紫色。蒴果线形。花期3～4月；果期5～6月。

我国长江以南各地有分布。喜阴湿环境，忌酷热。习性与刻叶紫堇相似，但较其更耐阴。杭州孤山、植物园等有成片自然生长。

紫堇 | *Corydalis edulis*

一、二年生草本（由于其自播能力强，故将其放于“多年生草本”中）。株高20～50cm，茎分枝，花枝花葶状，常与叶对生。叶具长柄，叶片近三角形，1～2回羽状全裂。总状花序长4～9.5cm，有花6～10朵；花粉红色至紫红色。花期3～4月；果期4～5月。

我国南北各地有分布；生于沟边、路旁、宅旁隙地。

叶片雅致，花色艳丽。点缀山石、假山等，片植于疏林下、林缘、空旷地。杭州孤山、植物园等有成片自然生长。

22 血水草
Eomecon chionantha

/ 罂粟科血水草属 /

形态特征 多年生草本。株高25～65cm，根状茎横生。叶基生，2～4枚；叶片卵状心形，边缘波状，叶面绿色，叶背具白粉，基出脉5～7条。花葶高20～60cm；聚伞花序伞房状，具3～5朵花；花瓣4，白色，倒卵形。蒴果长椭圆形。花期4～5月。

分布习性 我国长江以南各省有分布。喜阴湿环境，忌阳光直射。

繁殖栽培 分株或播种繁殖。

园林应用 布置阴湿处花境，片植于林缘、疏林下。可与天目地黄混合种植，白花与红花相映，分外妖娆。杭州植物园百草园有种植。

23 佛甲草
Sedum lineare

/ 景天科景天属 /

形态特征 多年生常绿肉质草本。株高10～20cm，茎纤细，直立或斜生，基部节上生不定根。叶3枚轮生；叶片线状披针形，叶色在阴处为绿色，全光照下为黄绿色，秋后稍变红。聚伞花序顶生，常有2～3分枝，花黄色。花期5～6月。

分布习性 我国西北、华东、中南、云南、贵州和四川等地有分布。喜光，耐半阴，耐高温，耐旱，耐寒，耐盐碱，抗逆性强。不择土壤。

繁殖栽培 扦插或分株繁殖。

园林应用 叶秀丽，花雅致，四季常绿。作林下、林缘地被植物或用于屋顶绿化，亦可点缀岩石园、假山、石隙等。茅家埠、西溪湿地等有成片种植。

栽培品种：‘金叶’佛甲草 | *Sedum lineare* ‘Aurea’

叶黄绿色。万松林、长桥公园等有应用。

同属植物中常见栽培应用的有：

垂盆草 | *Sedum sarmentosum*

多年生草本。株高10～25cm，不育茎匍匐，节上生不定根。叶3枚轮生，叶片倒披针形至长圆形。聚伞花序顶生，花黄色。花期5～6月。

我国东北及长江中下游流域有分布。喜半阴、湿润、排水良好的环境，忌阳光直晒，耐寒，耐旱，耐贫瘠。

茅家埠、浴鹄湾、西溪湿地等有成片种植。

变种：

‘银边’垂盆草 | *Sedum sarmentosum* ‘Variegatum’

叶边缘白色。长桥公园、西湖南线等有应用。

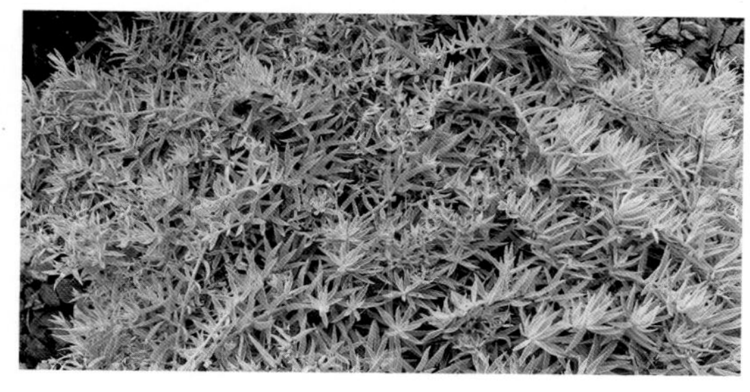

费菜 | *Sedum aizoon*

多年生常绿草本。株高20～60cm，茎直立，不分枝。叶互生，肥厚、肉质，宽卵形、披针形或倒卵状披针形，叶背有白色星状毛。聚伞花序顶生，花序不具总苞，花大，花瓣、花萼、心皮均长5mm以上，花多数，密集，黄色，花瓣5枚。花期6～7月。

原产日本，我国南北各地有栽培。喜湿润凉爽环境，喜光，稍耐阴，耐旱，耐寒，耐盐碱。

布置花境、花坛、岩石园，片植于林缘、空旷

地，也可作护坡材料。太子湾、西溪湿地、西湖南线等有应用。

‘胭脂红’景天 | *Sedum spurium* ‘Coccineum’

多年生常绿草本。茎匍匐生长。叶常年紫红色，早春和秋季霜后颜色更为鲜艳。花鲜红色。花期5～7月。

喜光，耐半阴。具有较强的抗逆性。

扦插或分株繁殖。杭州植物园曾有种植。

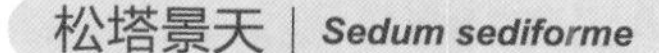

松塔景天 | *Sedum sediforme*

多年生常绿草本。茎叶蓝绿色。花白绿色。花期6～7月。耐寒、耐旱。杭州植物园曾有种植。

24 长药八宝
Hylotelephium spectabile

/ 景天科八宝属 /

形态特征 多年生常绿草本。株高30～70cm，茎直立，丛生，不分枝。叶常对生，少有3叶轮生，肉质，宽卵形，边缘有波浪状浅锯齿。伞房状花序顶生，花粉红色或白色，雄蕊不超出花冠之上，花药紫色。花期8～10月。

分布习性 我国东北及华东地区有分布。喜光，稍耐阴，耐旱，耐寒，耐瘠薄，忌涝。

繁殖栽培 扦插或分株繁殖。

园林应用 叶翠绿，花艳丽。布置花境，或在林缘成片种植。西湖景区应用比较多，曲院风荷、柳浪闻莺、茅家埠等有种植。

25 虎耳草
Saxifraga stolonifera

/ 虎耳草科虎耳草属 /

形态特征 多年生常绿草本。株高15cm，茎匍匐，随处可发生新株。叶数枚基生；叶片圆形或肾形，基部心形，叶面具绿色带白色网状脉纹，叶背紫红色，边缘浅裂，两面具白色伏毛；叶柄较长。圆锥花序顶生；花瓣5，白色；花较稀疏。蒴果宽卵形。花期4～5月；果期6～10月。

分布习性 我国秦岭以南各地有分布。喜阴湿环境，忌阳光直晒，耐寒，不耐旱，不耐高温，不择土壤。

繁殖栽培 分株繁殖。

园林应用 叶形奇特，花期整齐，生长迅速，覆盖地面快。也可室内盆栽观赏。应用较多，曲院风荷、茅家埠、湖滨等有种植。

26 大叶金腰
Chrysosplenium macrophyllum

/ 虎耳草科金腰属 /

形态特征 多年生常绿草本。株高7～20cm，具匍匐生长的不育茎，茎肉质。基生叶数个，近肉质，叶片倒卵形或狭倒卵形，边缘有波状浅齿或近全缘；茎生叶小，匙形。聚伞花序顶生；苞片卵形或狭卵形；花有香气；萼片4，白色或淡黄色，花后变绿色。花期5～6月；果期6～7月。

分布习性 我国长江以南各省有分布。生于山地林下、溪沟边或岩缝等阴湿处。喜阴湿环境，忌阳光直晒，不耐旱。

繁殖栽培 播种或扦插繁殖。

园林用途 叶大有光泽，覆盖面大。成片种植作林下耐阴湿地被植物。杭州植物园百草园有种植。

27 矾根类
Heuchera spp.

/ 虎耳草科矾根属 /

形态特征 多年生常绿草本，基部莲座状。叶基生，阔心形，5浅裂，缘有锯齿。穗状花序，花葶细高达50cm，远高出叶丛，花红色、暗紫色或白色，小花悬垂，钟状。花期4~6月。

分布习性 原产北美，长三角地区广泛栽培应用。喜光亦耐阴，耐寒。

繁殖栽培 分株或播种繁殖。

园林应用 叶常绿，花序挺直，花期长。布置花境和岩石园，亦可成片种植于林缘、坡地。环湖景区、城区花坛有应用。

28 蛇莓
Duchesnea indica

/ 蔷薇科蛇莓属 /

形态特征 多年生常绿草本。根茎粗壮，具匍匐茎，全株被柔毛。三出复叶，小叶卵形或菱状卵形，边缘有钝锯齿。花单生于叶腋；花瓣黄色；花托成熟鲜红色。瘦果暗红色，卵状球形，着生于膨大的球形花托上。花期4~5月；果期5~6月。

分布习性 我国各地有分布，西湖景区常见成片自然分布。喜温暖湿润气候，喜光，耐湿，耐旱，耐寒，耐贫瘠。

繁殖栽培 播种或扦插繁殖。

园林应用 布置缀花草坪、岩石园，成片种植于林缘、空旷地，也可在溪河边种植。西湖景区常见野生分布。

29 蛇含委陵菜
Potentilla sundaica

/ 蔷薇科委陵菜属 /

形态特征 多年生草本。茎斜生或平卧，具匍匐枝，节处生根形成新植株，被长柔毛或疏柔毛。基生叶掌状5小叶；茎上部叶3小叶。聚伞花序集生于枝顶；花瓣黄色，倒卵形；花梗长，密被长柔毛。瘦果近圆形。花期4月；果期7~9月。

分布习性 除台湾、新疆外，我国辽宁以南各省均有分布，西湖景区可见成片自然分布。喜光，稍耐阴，耐寒，耐湿。适应性强。

繁殖栽培 扦插或播种繁殖。

园林应用 布置缀花草坪、岩石园，成片种植于林缘、坡地、空旷地，也可在溪河边种植。西湖景区常见野生分布。

同属中推荐应用的有：

莓叶委陵菜 | *Potentilla fragarioides*

多年生草本。株高10～30cm，根状茎粗壮，茎多为紫红色。基生奇数羽状复叶，小叶5～7枚，小叶片倒卵形，边缘具锯齿，近基部全缘；茎生叶常为3小叶。伞房状聚伞花序顶生，花多，黄色。花期3～4月；果期5～6月。

我国东北、西北、华北等地有分布。喜光，稍耐阴，耐旱，耐寒，不择土壤。

布置花境、岩石园等，亦可成片种植于空旷地、坡地和林缘。植物园百草园有种植。

三叶委陵菜 | *Potentilla freyniana*

多年生草本。株高10～30cm，茎细弱。三出复叶，小叶片倒卵形，边缘具急尖锯齿，近基部全缘。伞房状聚伞花序顶生，花多，黄色。花果期3～6月。

我国各地有分布。喜阳光充足、温暖湿润环境。植物园百草园有种植。

30 白车轴草 *Trifolium repens*

/ 豆科车轴草属 /

形态特征 多年生常绿草本。株高20～50cm，茎匍匐。叶从匍匐茎或根颈长出，掌状3小叶；小叶片倒卵形或倒心形，边缘有细密的锯齿。头状花序腋生，数十朵小花集成头状，花高出叶丛，小花白色。荚果倒卵状长圆形。花期4～11月；果期8月。

分布习性 原产欧洲，我国南北各地有栽培。喜温暖湿润气候，喜光亦耐阴，耐湿，耐热，耐寒，耐旱，不耐盐碱。在排水良好的中性或微酸性土壤中生长较好。耐践踏，再生能力强。

繁殖栽培 播种或分株繁殖。

园林应用 布置空旷地、斜坡、林缘，亦可作广场、疏林草地大面积景观地被。孤山、山台山、涌金门、花圃、西溪湿地等有应用。

同属植物中常见应用的有：

红车轴草 | *Trifolium pratense*

多年生草本。株高25～50cm，植株丛生状，茎直立或斜升，多分枝，被长柔毛。掌状3小叶，长椭圆形。头状花序腋生，花紫红色，多数。花期4～11月。

原产欧洲，我国南北各地有栽培。喜温暖湿润气候，耐阴，耐湿，耐旱，耐寒。在排水良好、富含钙质的黏性土壤中生长较好。

柳浪闻莺、曲院风荷、西溪湿地等地有种植。

紫叶车轴草 | *Trifolium repens* 'Purpurascens Quadrifolium'

多年生常绿草本。株高15～20cm，茎匍匐。掌状3小叶，倒卵形，深紫色，叶缘绿色。头状花序，白色，总花梗长。花期5～6月。

喜光，耐半阴，耐寒，不耐高温干旱。

色叶地被植物。西湖景区花境偶见应用。

31 红花酢浆草 *Oxalis articulata*

/ 酢浆草科酢浆草属 /

形态特征 多年生常绿草本。植株簇生，株高20～35cm，块茎鳞茎状，肉质，扁球形至球形，无地上茎。掌状复叶，小叶3枚，倒心形，叶背仅边缘有橙黄色腺体，无小叶柄，叶片两面有白色绢毛，叶柄长。聚伞花序近伞形，花6～25朵，花瓣内面紫红色，基部色较深，有深色脉纹，外面粉白色或白色，花期雄蕊长于雌蕊。花期4～11月。

分布习性 原产美洲，我国各地有栽培。喜光，耐半阴，耐旱，忌积水，在排水良好富含有机质的土壤中生长较好。适应性强。

繁殖栽培 分株繁殖。

园林应用 植株低矮，花繁叶茂，花色艳丽。布置花坛、花境、树穴，点缀岩石园、石隙，也可在空旷地、林缘、疏林下成片种植。园林中应用比较多，曲院风荷、柳浪闻莺、茅家埠、花港观鱼等有成片种植。

园艺品种：

白花酢浆草 | *Oxalis articulata* 'Alba'

花白色。杭州植物园百草园有种植。

多花酢浆草 | *Oxalis corymbosa*

多年生草本。株高20～35cm，全株疏生长毛，块茎鳞茎状，肉质。花多，有时达到20余朵，花淡紫红色具深色条纹。花期4～11月。

原产南美，我国各地有栽培。西湖景区常见逸生。

三角紫叶酢浆草 | *Oxalis triangularis*

多年生常绿草本。株高15～30cm，地下块茎粗大，根状茎肉质，直立，小鳞茎多数。叶基生，具长柄，掌状3小叶复叶，倒三角形，紫红色，部分品种的叶片内侧镶嵌蝴蝶状的紫黑色斑块，白天张开，夜晚合拢下垂。伞形花序，5～8朵，花葶高于叶面，花瓣5枚，花淡红色。蒴果。花期4～11月。

原产南美巴西，我国长江以南地区有栽培应用。喜温暖、湿润、通风良好的环境，喜光，稍耐阴，耐旱，不耐热，忌积水。在排水良好、富含腐殖质的壤土中生长较好。夏季高温时停滞生长。

色叶地被植物。点缀花境、岩石园、假山，片植于花坛、草坪，盆栽布置居室、阳台。不宜植于林下，雨后树叶的滴水可导致叶柄腐烂，使植株成片枯死。曲院风荷、湖滨、柳浪闻莺、茅家埠、运河等地有种植。

32 ‘红芽’蓖麻

Ricinus communis 'Sanguineus'

/ 大戟科蓖麻属 /

形态特征 多年生草本。株高达1～1.5m，多分枝，茎有绿色、玫瑰色、紫色等。叶掌状7～11裂，紫红色。雌雄同株。聚伞状花序，雌花位于花序上方，雄花位于下方，无花瓣。果穗塔形，长35～50cm，蒴果鲜红色，外皮被软刺。花期6～9月。

分布习性 原产热带非洲。喜温暖、阳光充足的环境，稍耐阴，耐高温，不耐寒，在肥沃、排水良好的沙质壤土中生长良好。生长迅速。适应性强。

繁殖栽培 播种繁殖。

园林应用 蒴果鲜红色，茎色丰富。宜作花境背景材料，也可成片种植于庭院、宅旁。茅家埠、茶叶博物馆等曾有种植。

33 顶花板凳果
Pachysandra terminalis

/ 黄杨科板凳果属 /

形态特征 常绿亚灌木。株高20～40cm；茎匍匐或斜升，肉质，绿色。叶互生或簇生于枝条顶端；叶片菱状卵形，革质，有光泽，边缘中部以上有锯齿，叶面深绿色，叶背浅绿色。单性花，雌雄同株；穗状花序顶生；花小，白色；花柱长。花期4～5月；果期9～10月。

分布习性 我国甘肃、陕西及长江流域有分布。喜阴湿环境，耐寒、耐旱、耐盐碱。阴湿处叶片翠绿，生长健壮；强光下叶色变黄、生长势减弱。

繁殖方法 扦插繁殖。

园林应用 植株低矮，成片种植覆盖性好，叶片光亮四季常绿。常作耐阴湿观叶地被植物，片植于建筑物阴面，林下阴湿处。花港观鱼、长桥公园等地有种植。

34 砖红赛葵
Malvastrum lateritium

/ 锦葵科赛葵属 /

形态特征 多年生半常绿蔓生草本。株高约20cm。叶近圆形，掌状浅裂至中裂，边缘有锯齿。花单生，花瓣5枚，花粉红色，花瓣基部砖红色。花期5～6月。

分布习性 原产南美洲。喜温暖湿润气候，喜光，稍耐阴，耐旱，耐湿，不择土壤。适应性强。生长迅速。

繁殖栽培 扦插或分株繁殖。

园林应用 花美丽，植株覆盖性强。可作地面、斜坡水土保持植物材料或疏林草地大面积景观地被。虎跑公园、植物园等有应用。

35 紫花地丁
Viola philippica

/ 堇菜科堇菜属 /

形态特征 多年生草本。株高5～15cm，地下茎很短，无地上茎，全株被白色短柔毛。叶基生；叶片舌状、卵状披针形、长圆状披针形，具规则圆齿，果期变为三角状卵形或三角状披针形；托叶钻状三角形，淡绿色或苍白色，大部分与叶柄合生。花梗在花期高于叶面，果期短于叶面；花瓣蓝紫色，下瓣距细管状。蒴果椭圆形至长圆形。花期3～4月；果期5～10月。

分布习性 我国大部分地区有分布。喜湿润凉爽气候，喜光，耐半阴，耐寒，耐旱，耐贫瘠。适应性强。自播繁衍能力强。

繁殖栽培 播种或分株繁殖。

园林应用 植株矮小，花美丽，叶片秀丽。布置花坛、花境、庭园，片植于林缘或向阳草地。苏堤曾有大片种植。

同属中可应用的有：

香堇菜 | *Viola odorata*

多年生草本。株高15～25cm，茎多分枝。叶卵状心形。花瓣5，有深堇色、浅堇色、粉红或白色。

原产欧亚、非洲。耐阴湿，耐寒，喜凉爽，忌炎热。在疏松、富含腐殖质的肥沃土壤中生长较好。

耐阴湿观叶地被植物。布置花坛、花境，点缀岩石园，片植于道路两旁、草坪上、林缘作地被植物。曲院风荷有应用。

白花堇菜 | *Viola lactiflora*

多年生草本。株高7～15cm，根状茎粗壮，无地上茎。叶片长圆状三角形，边缘无缺刻具浅钝齿；托叶宽披针形；叶柄暗紫色。花梗暗紫色，苞片于花梗中部；花瓣乳白色，侧瓣内有须毛。花期3～4月。

我国长江以南各省区有分布。

点缀花境、岩石园、石隙等，片植于林缘。杭州植物园百草园有种植。

36 山桃草
Gaura lindheimeri

/ 柳叶菜科山桃草属 /

形态特征　多年生草本。株高约1m，全株被粗毛，茎直立，上部多分枝。叶披针形，边缘具微波状齿，无柄。穗状花序顶生和腋生，细长而疏散，长20～60cm；萼片线形，淡粉红色；花蕾白色略带粉红，初花白色，后期浅粉红，花瓣4，匙形，反卷。花期5～9月。

分布习性　原产北美，我国华东地区有栽培。喜凉爽、阳光充足环境，耐半阴，较耐寒，在疏松、肥沃、排水良好的沙质壤土中生长较好。适应性强。

繁殖栽培　秋播繁殖。

园林应用　花似蝴蝶，花朵繁茂，花序长。点缀庭院，布置花境主景，群植于林缘、空旷地作地被植物。茅家埠、西溪湿地有成片种植，南线花境中有应用。

园艺品种：

'红蝴蝶'山桃草 | *Gaura lindheimeri* 'Crimson Butterflies'

叶紫红色。花粉红色。环湖景区、城区花坛和花境中有应用。

37 美丽月见草 *Oenothera speciosa*

/ 柳叶菜科月见草属 /

形态特征 多年生常绿草本。株高40～60cm，茎被长绵毛，幼枝多卧生后直立。叶狭披针形至线形，具齿，基生叶羽裂。花较大，初开时白色，后粉红色，傍晚至次日上午开放；花梗顶端无苞片。蒴果室背开裂。花期4～7月。

分布习性 原产北美，我国各地有栽培。喜光、稍耐阴，耐寒，耐旱，不耐热，忌积水。在肥沃、排水良好的沙质壤土中生长较好。适应性强。

繁殖栽培 扦插、播种或分株繁殖。

园林应用 花大色雅，芳香，叶四季常绿。布置花境、花坛，点缀山石、亭、台，成片种植于空旷地、草坪、疏林下、林缘、缓坡或景观大道两侧。花期与大金鸡菊一致，两者可混种。杭州花圃、赵公堤及南线花境中常见应用，西溪湿地有成片种植。

38 鸭儿芹 *Cryptotaenia japonica*

/ 伞形科鸭儿芹属 /

形态特征 多年生草本。株高20～90cm，茎直立，叉式分枝。基生叶及茎下部叶有长柄，叶片一回三出分裂，裂片宽大；中间小叶片菱状倒卵形，两侧小叶斜倒卵形；茎上部叶无柄，小叶披针形。复伞形花序圆锥状；花梗和伞幅长短不一；花瓣白色，倒卵形。果实长圆形。花期4～5月；果期6～10月。

分布习性 我国长江以南各省有分布。耐阴，耐湿，耐寒，不耐高温，不择土壤。夏季停滞生长。适应性强。自播繁衍能力强。

繁殖栽培 播种或分株繁殖。

园林应用 耐阴湿观叶地被植物。点缀花境、岩石园等，群植于林下阴湿处。杭州植物园百草园有种植。

栽培变种：

紫叶鸭儿芹 | ***Cryptotaenia japonica* 'Atropurpurea'**

叶紫红色，其他与鸭儿芹相似。西湖南线花境中偶见应用。

39 金叶过路黄

***Lysimachia nummularia* 'Aurea'**

/ 报春花科珍珠菜属 /

形态特征 多年生常绿草本。株高约5～10cm，茎匍匐生长可长达1m，茎节较短，节着地能生根。叶金黄色，卵圆形，全缘；霜后叶片变为暗红色。花黄色，花冠裂片在花蕾时旋转状排列，尖端向上翻成杯形。花期5～7月。

分布习性 近年从国外引进，华东地区大量栽培应用。喜光，耐半阴，耐旱，耐热，耐寒，忌涝。

繁殖栽培 扦插繁殖。栽培时易发生枯萎病，引起成片枯死，种植时要注意轮作。

园林应用 植株匍匐，覆盖性好，叶片金黄色，霜后暗红色。布置色块或群植于疏林下，亦可作花坛镶边材料。茅家埠、西湖南线、西溪湿地、运河沿线等有应用。

40 海石竹

Armeria maritima

/ 蓝雪科海石竹属 /

形态特征 多年生草本。株高8～12cm，植株丛生。叶线状长剑形，全缘、深绿色。头状花序，小花聚生于花茎顶端，呈半圆球形，紫红色。春季开花。

分布习性 原产欧洲、美洲。喜光，稍耐阴，忌高温高湿。在富含腐殖质的土壤中生长较好。

繁殖栽培 播种或分株繁殖。

园林用途 植株低矮，春季开花，花红色，叶片翠绿。布置花坛、花境，点缀岩石园，成片种植于草坪、空旷地，亦可盆栽观赏。环湖景区、城区花坛中常见应用。

41 蔓长春花

Vinca major

/ 夹竹桃科蔓长春花属 /

形态特征 常绿蔓性植物。株高30～40cm；有营养枝和开花枝之分，营养枝匍匐地面生长，开花枝直立。叶对生；叶片卵形或卵状椭圆形，全缘；亮绿色。花单生于叶腋，花冠漏斗状，蓝色，5枚花瓣呈五星状排列，花冠筒比花萼长。花期4～5月。

分布习性 原产西亚和欧洲，我国黄河以南各省有栽培应用。喜温暖湿润环境，喜光，耐半阴，耐湿，耐旱，耐寒，不择土壤，但在肥沃的沙性土壤中生长好。适应性强。生长快。

繁殖栽培 扦插、分株或整枝压条繁殖。梅雨季节应注意防治根茎腐烂病。

园林应用 花叶典雅秀气，植株覆盖性好，良好的耐阴湿观花、观叶蔓性植物。丛植、片植于空旷地、山石、坡地、建筑物阴面、疏林下或林缘，布置假山、岩石、河沟边，使其自然下垂，也可盆栽观赏。杭州公园绿地普遍应用。

园艺品种：

花叶蔓长春花 | *Vinca major* 'Variagata'

叶边缘白色，有黄白色斑点。

20世纪90年代中期从国外引进，长三角地区大量栽培应用。喜光，稍耐阴。抗逆性强。

杭州植物园、曲院风荷、花港观鱼等有应用。

42 马蹄金

Dichondra micrantha

/ 旋花科马蹄金属 /

形态特征 多年生常绿匍匐草本。株高5～15cm，茎细弱，匍匐地面，节处着地生根。叶互生；马蹄形，鲜绿色，全缘。花小，单生于叶腋；花冠淡黄色，钟形。果实球形，成熟时红色。花期4～5月；果期6～7月。

分布习性 我国长江以南地区有分布。喜光，耐半阴，耐干旱高温，耐寒，不耐碱性土壤。耐轻度践踏。扩展性强。

繁殖栽培 播种或分株繁殖。

园林应用 植株低矮致密，叶片翠绿形似马蹄。成片种植作草坪或固土护坡。杭州地区常作地被应用。浙江图书馆曾有应用。

43 宿根福禄考
Phlox paniculata

/ 花荵科福禄考属 /

形态特征　多年生草本。株高40～60cm，茎直立，粗壮。叶对生，卵状披针形或长圆形，茎上部叶常呈3枚轮生。圆锥花序顶生，直径约15cm，花朵密集，花冠呈高脚碟状，有红、蓝、紫、粉、复色等多种色彩。花期6～8月。

分布习性　原产美国东南部，我国南北各地广为栽培应用。喜光、耐寒，忌高温多雨。

繁殖栽培　分株或扦插法繁殖。

园林应用　花朵繁多，色彩艳丽，花色丰富。布置花坛、花境，也可盆栽观赏或作切花材料。杨公堤一带，西湖南线花境中有应用。

丛生福禄考 | *Phlox subulata*

多年生草本。株高约10cm，茎匍匐，丛生密集如毯，基部稍木质化。叶针状，多而密集。聚伞花序，花瓣5枚，椭圆形，花瓣顶端有一深缺刻，有粉、红、白、紫等色，略有芳香。花期4～11月。

原产北美东部，近年来引进栽培应用。喜光，耐半阴，耐热，耐旱，耐盐碱，耐寒，忌积水。在肥沃、湿润、排水良好、富含腐殖质的土壤中生长较好。

植株低矮，覆盖性好，早春开花，繁花似锦，花色丰富，花期长，群体效果极佳。点缀岩石园、假山、石隙等，成片种植于空旷地、林缘、疏林下，也可用于坡面绿化。西湖南线花境中有应用。

44 聚合草
Symphytum officinale

/ 紫草科聚合草属 /

形态特征　多年生常绿草本。株高40～90cm。叶卵形至椭圆形，先端细尖，基部圆形或心脏形。总状花序有小花30～50朵，小花淡紫或黄白色。花期4～5月。

分布习性　原产美洲北部。喜温暖湿润气候，稍耐阴，极耐寒，不择土壤，但在土层深厚、排水良好的壤土中生长最佳。

繁殖栽培　分株繁殖。

园林应用　花朵色彩多变，从基部至花瓣由淡紫变为淡黄、黄白色，盛开时繁花似锦。点缀庭院、岩石园、假山、石隙、花境，布置花坛、花境，片植作地被植物，亦可盆栽观赏。杭州植物园作花境应用。

45 美女樱

Glandularia × hybrida

形态特征 多年生半常绿草本。株高15～50cm，茎四棱，枝条横展，基部呈匍匐状，全株被灰色柔毛。叶对生，长圆形，边缘有明显的锯齿。穗状花序顶生，多数小花密集排列呈伞房状；花萼长筒形，花冠筒状，花色有蓝、紫、粉红、大红、白、玫瑰红等，也有复色，花略有芳香。蒴果。花期4～10月；果期9～10月。

分布习性 原产美洲。喜温暖湿润阳光充足的环境。喜光，不耐阴，不耐干旱，忌积水。抗逆性强。自播繁衍。

繁殖栽培 扦插或播种繁殖。

园林应用 植株低矮，枝叶密集覆盖性好，花色丰富，花朵鲜艳，花期长。点缀岩石园、石隙、庭院等，布置花坛、花境，也可作阳性地被植物或盆栽观赏。杭州园林绿地普遍应用。

同属植物中常见栽培应用的有：

羽裂美女樱 | *Glandularia bipinnatifida*

多年生半常绿草本。茎匍匐。叶片羽状中裂。花粉红色。

成片栽植或作花境镶边材料。湖滨、西溪湿地等有应用。

细叶美女樱 | *Glandularia tenera*

多年生半常绿草本。株高20～30cm，茎丛生匍匐。叶2～3回羽状分裂，裂片线形。伞房花序顶生，花较小，花多而密集，花冠筒状，先端5裂，花色丰富。花期5～11月。

我国长江以南地区可露地越冬。喜光，耐寒，不耐干旱。

杭州园林绿地普遍应用。

柳叶马鞭草 | *Verbena bonariensis*

多年生草本。株高100～150cm，全株有纤毛，茎直立，正方形。基生叶椭圆形，边缘略有缺刻，茎生叶较细长。花序生于茎顶，花紫红色或淡紫色。花期5～9月。

原产于南美洲。喜温暖气候，耐旱，不耐寒。

布置庭院、花境。杭州西湖景区花境中偶有应用。

46 藿香

Agastache rugosa

/ 唇形科藿香属 /

形态特征 多年生草本。株高50～150cm，全株有浓烈香气，茎四棱，略带红色。叶对生，心状卵形，缘有粗锯齿。轮伞花序组成顶生的假穗状花序，长4～15cm；花冠唇形，淡紫色、红色或白色；雄蕊伸出花冠外。花期6～9月。

分布习性 我国各地广泛分布。喜温暖湿润和阳光充足的环境，耐寒，耐旱，耐湿，不择土壤。适应性强。

繁殖栽培 播种或分株繁殖。

园林应用 植株芳香，花序长，花色丰富，花期长。作花境主景或背景材料，丛植于庭院，片植于林缘、池畔。曲院风荷有应用。

47 匍匐筋骨草

Ajuga reptans

/ 唇形科筋骨草属 /

形态特征 多年生常绿草本。株高10～25cm，茎四棱，具匍匐茎和直立茎，匍匐茎接触地面可生根。叶对生；叶片椭圆状，纸质，生长期绿中带紫，入秋后转为紫红色；基生叶具柄，茎生叶无柄。轮伞花序6朵以上，向上密集呈顶生穗状花序，花蓝紫色，筒状，内外两面被柔毛。花长年零星开放，盛花期4～5月。

分布习性 原产北美，近年来我国引进栽培，长三角地区曾经大量应用，近年来由于病害危害而逐渐减少应用。对光照不敏感，耐涝，耐暴晒，耐盐碱，耐寒。

繁殖栽培 分株或扦繁殖插。应积极有效地防治多花筋骨草枯萎病。

园林应用 植株低矮，覆盖性好，花密集，叶片光亮四季常绿。布置花坛、花境、空闲地，也可片植于林下或建筑物阴面作地被植物。曲院风荷、太子湾及植物园、灵峰探梅曾有种植。

48 羽叶薰衣草

Lavandula pinnata

/ 唇形科薰衣草属 /

形态特征 多年生草本。株高约50cm。叶二回羽状深裂，裂片线形。轮伞花序组成顶生的穗状花序，长约10cm，花淡紫色或紫色，小花上唇较大。花期6～8月。

分布习性 原产地中海沿岸，近年来我国引进栽培。耐湿、耐热、耐高温。

繁殖栽培 扦插或播种繁殖。

园林应用 花素雅，叶片秀丽，植株芳香。布置花境主景，点缀庭院、岩石园等，也可片植于空旷地、林缘作地被植物。杭州花展中常见应用。

49 ‘花叶’欧亚活血丹

***Glechoma hederacea* ‘Variegata’**

/ 唇形科活血丹属 /

形态特征 多年生半常绿草本。株高约15cm，具匍匐茎，节上生根。叶对生，无毛，肾形，叶缘具白色斑块。轮伞花序，常具2花，花萼管状，萼齿较短，花冠紫色，下唇具深色斑点。花期5月。

分布习性 原产欧洲，近年来引进栽培应用。喜光，耐阴，耐寒。在湿润、排水良好的土壤中生长较好。适应性强。

繁殖栽培 扦插或分株繁殖。

园林应用 植株低矮匍匐，覆盖性好，叶片有白斑，花雅致。作花境镶边材料，成片种植于林缘、疏林下、滨水旁作地被植物，亦可悬吊盆栽观赏。花港观鱼、西湖南线、西溪湿地等有种植。

同属中常见应用的有：

活血丹 | ***Glechoma longituba***

多年生半常绿匍匐草本。株高约10～20cm，茎四棱，有分枝。叶绿色，对生；肾形至心脏形，先端圆钝，基部心形，边缘具浅圆齿，两面被细柔毛；叶柄长。轮伞花序，2～6朵轮生于叶腋；花冠唇形，淡蓝色至淡紫色；花萼长9mm以上，萼齿卵状三角形较长，约为花萼全长的1/2。花期4～5月。

我国除青海、甘肃、新疆及西藏外，各地都有分布。湖滨、西湖南线、西溪湿地等有成片种植。

50 花叶野芝麻

Lamium galeobdolon

/ 唇形科野芝麻属 /

形态特征 杭州地区为多年生半常绿草本。株高30～60cm，茎四棱，带紫色，具直立枝和匍匐枝，直立枝开花。叶对生，卵形或卵状披针形，叶面有白色斑块，两面疏生柔毛，边缘粗锯齿。轮伞花序着生于茎的上部叶腋，有花4～14朵；花冠淡黄色，二唇形，上唇直伸囊状膨大，下唇3裂，中裂片倒肾形，顶端深凹。花期5～6月。

分布习性 近年从国外引进，长三角地区有栽培应用。喜光，稍耐阴，耐湿，不耐旱。

繁殖栽培 扦插繁殖。

园林应用 叶片有白色斑纹，花黄色。布置阴湿处花坛、花境，片植于林缘、草坪边缘、路边等。西湖南线花境曾有应用。

同属植物中可推荐应用的有：

野芝麻 | *Lamium barbatum*

多年生草本。株高50～60cm。叶片卵状心形至卵状披针形，边缘有锯齿。轮伞花序着花4～11朵，生于茎上部叶腋；花冠白色，花冠筒基部狭窄，上方囊状膨大，上唇弓形内弯，下唇较短；花药深紫色。花期4～5月；果期6～7月。

我国各地有分布。喜阴湿环境，耐寒，耐旱。西湖景区野生林地常见成片分布。

51 美国薄荷 *Monarda didyma*

/ 唇形科美国薄荷属 /

形态特征 多年生草本。株高60～100cm，茎直立，四棱形。叶对生；卵状披针形，边缘有锯齿，背面有柔毛，叶片搓揉后有薄荷味。轮伞花序多花，密集成顶生头状花序，花筒上部稍膨大，花冠深红色或桃红色。花期6～7月。

分布习性 原产北美，我国南北各地有栽培应用。喜凉爽气候，喜光，稍耐阴，耐寒，耐旱。在排水良好的肥沃土壤中生长较好。

繁殖栽培 扦插或分株繁殖。

园林应用 植株丛生，花大艳丽。丛植于岸边、溪旁，亦可片植于林缘、空旷地作地被植物。西湖南线花境中曾有种植。

常见应用的园艺品种：

'草原之夜'美国薄荷 | *Monarda didyma* 'Prarienacht'

株高约90cm。花深紫色，苞片微红色。西湖南线花境中曾有种植。

'柯罗粉'美国薄荷 | *Monarda didyma* 'Croftway Pink'

株高1.1～1.2m。花粉红色。西湖南线花境中曾有种植。

同属中常见应用的有：

柠檬美国薄荷 | *Monarda citriodora*

株高约60cm。叶片深裂。轮伞花序组成顶生的穗状花序，花淡紫色。西溪湿地有应用。

52 假龙头花

Physostegia virginiana

/ 唇形科假龙头花属 /

形态特征 多年生草本。株高60～100cm，根状茎在地下匍匐生长，地上茎四棱形，丛生，直立。叶对生，披针形，亮绿色，先端渐尖，边缘有锯齿。穗状花序顶生，长20～30cm，小花密集，花冠唇形，紫红色或粉红色。花期7～8月。

分布习性 原产北美，我国南北各地有栽培。喜光，耐寒，忌干旱。在湿润、排水良好的沙质壤土中生长较好。

繁殖栽培 播种或分株繁殖。

园林应用 植株丛生，花艳丽。布置花坛、花境，或在林缘或草地成片种植。曲院风荷、花圃曾有种植。

53 大花夏枯草

Prunella grandiflora

/ 唇形科夏枯草属 /

形态特征 多年生草本。株高10～60cm，茎直立，四棱形。叶对生；叶片卵状圆形，基部近圆形，全缘；花序下方一对叶长圆状披针形，远离花序。轮伞花序密集成顶生穗状花序，每一轮花序下方有苞片；花萼钟形，萼檐二唇形；花冠蓝色，冠筒向上弯曲，冠檐二唇形，上唇长圆形，向下弯曲，下唇3裂。花期5～6月。

分布习性 原产欧洲，我国各地有栽培。喜光，稍耐阴，耐寒，忌积水。

繁殖栽培 分株或播种繁殖。

园林应用 植株丛生，覆盖性好，花蓝色。布置花坛、花境，也可片植于林缘、草坪边缘、路旁等。杭州植物园百草园曾有种植。

54 显脉香茶菜

Isodon nervosus

/ 唇形科香茶菜属 /

形态特征 多年生草本。株高1m，茎直立，不分枝或少分枝，四棱形。叶交互对生，叶片披针形至狭披针形，长3.5～13cm，宽1～2cm，先端长渐尖，基部楔形至狭楔形。聚伞花序；花萼钟形，萼齿披针形；花冠蓝色。小坚果卵圆形，果萼直立，具相等的5枚齿。花期7～10月；果期8～11月。

分布习性 我国陕西、河南、长江流域、华南地区、贵州及四川有分布。喜光，稍耐阴，极耐湿，不择土壤。

繁殖栽培 分株繁殖。

园林应用 成片种植于溪边湖畔。茅家埠、浴鹄湾有成片种植。

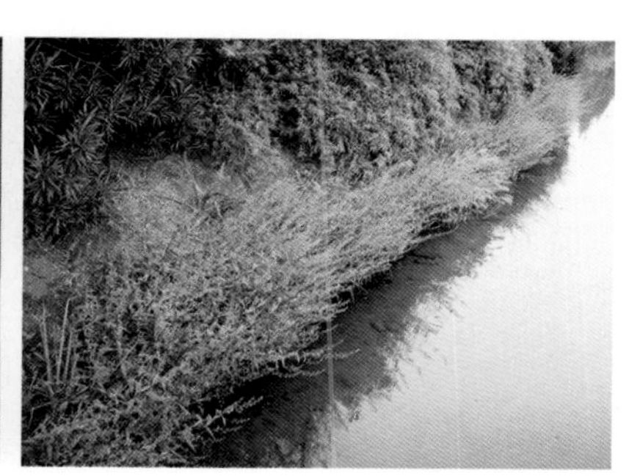

55 深蓝鼠尾草

Salvia guaranitica

/ 唇形科鼠尾草属 /

形态特征 多年生草本。株高50～80cm。叶卵圆形，先端急尖，基部心形，叶有浓郁的香味。花序长约30cm，花深蓝紫色至粉紫色花，芳香。花期6～10月。

分布习性 原产巴西和巴拉圭，近年我国引进栽培。喜温暖湿润环境，喜光亦耐阴，适应性强。

繁殖栽培 播种或分株繁殖。

园林应用 花蓝紫色至粉紫色，叶有香味。作花境主景或背景材料，也可作地被植物。西湖南线、西溪湿地有应用。

同属常见应用的有：

墨西哥鼠尾草 | *Salvia leucantha*

多年生草本。株高达1.2m。叶披针形，被柔毛。总状花序长20～40cm，花紫色，花期8～11月。

原产墨西哥，近年我国引进栽培。

花色艳丽有丝绒质感，花期长。曲院风荷、花圃、茅家埠等地有种植。

56 绵毛水苏

Stachys byzantina

/ 唇形科水苏属 /

形态特征 多年生草本。株高20～40cm，全株被白色绵毛。叶对生，基生叶长匙形，茎上部叶长椭圆形。轮伞花序，紫色或粉色，花冠筒长2.5～3cm。花期6～7月。

分布习性 原产亚洲西南地区及土耳其北部，我国近年来引进栽培，长三角地区大量应用。喜光，稍耐阴，耐旱，耐热，较耐寒，忌积水。

繁殖方法 分株繁殖。

园林应用 全株被白色绵毛，轮伞花序紫色或粉色。布置花坛、花境，片植于草坪中作色块，也可作林缘地被植物。花圃、西湖南线、湖滨等地有应用。

57 匍匐迷迭香

Rosmarinus officinalis 'Prostratus'

/ 唇形科迷迭香属 /

形态特征 常绿亚灌木。株高30～60cm；茎及老枝圆柱形，暗灰色，不规则纵裂，嫩枝四棱，密被白色星状绒毛；全株具浓香。叶对生，线形，灰绿色，革质，芳香。总状花序顶生；花萼卵状钟形，密被白色星状绒毛及腺体，花唇形，淡蓝色、粉色、白色。花期5～8月。

分布习性 原产地中海沿岸地区，我国长三角地区引进栽培应用。喜光照充足及干燥环境，耐干旱瘠薄，不耐寒，忌高温高湿。

繁殖栽培 扦插或分株繁殖。

园林应用 株型紧凑，四季常绿，花蓝色素雅，芳香浓郁。布置花境前景，点缀岩石园、庭院、片植林缘、路缘等。湖滨有种植。

58 百里香

Thymus mongolicus

/ 唇形科百里香属 /

形态特征 常绿亚灌木。株高5～25cm；茎多分枝，匍匐生长，全株有香味。叶对生；叶片椭圆形，全缘。花葶自茎节处抽出，头状花序顶生；花萼筒状钟形或狭钟状，花紫红至粉红色，2唇，芳香。小坚果近圆形或卵圆形。花期6～9月。

分布习性 我国华北、西北地区有分布。喜光，耐半阴，耐寒，耐旱，耐瘠薄，不择土壤。适应性强。

繁殖栽培 扦插或分株繁殖。

园林用途 株型致密覆盖性好，叶片四季常绿，花小、蓝色、芳香。布置花境、岩石园、假山等，片植于林缘、路边、疏林下，可作镶边植物种植于花坛边缘，也可种植于庭院或居住区。湖滨有种植。

栽培品种：

花叶百里香 | *Thymus* 'Anderson's Gold'

色叶常绿亚灌木。叶面有黄色斑点。湖滨有种植。

59 穗花婆婆纳

Veronica spicata

/ 玄参科婆婆纳属 /

形态特征 多年生草本。株高约30～60cm，茎直立或斜展，全株被毛。叶对生；叶片长圆形至披针形，叶缘具细锯齿。总状花序，小花蓝紫色。花期6～8月。

分布习性 原产北欧及亚洲温带地区。喜阳光充足和凉爽的环境，耐半阴，极耐寒。

繁殖栽培 播种、分株或扦插繁殖。

园林应用 布置花境或作林缘地被植物。西湖南线、茅家埠等中有应用。

60 毛地黄叶钓钟柳

Penstemon digitalis

/ 玄参科钓钟柳属 /

形态特征 多年生常绿草本。株高40～90cm，全株被绒毛，茎直立，圆筒状，丛生。叶交互对生；卵状披针形。圆锥花序，3～4朵生于上部总梗；花冠白色或淡紫色，花冠筒内具白色条纹或条斑。花期7～8月。

分布习性 原产中美洲及墨西哥，我国各地有栽培。喜阳光充足、空气湿润的环境。喜光，稍耐阴，耐寒，忌涝。不择土壤，但在石灰质沙壤土中生长最好。

繁殖栽培 分株、扦插或播种繁殖。

园林应用 叶四季常绿，花色繁多，花期长。布置花境、花坛或片植于林缘作地被植物。花圃、茅家埠等有应用。

红花钓钟柳 | *Penstemon barbatus*

多年生草本。株高60～80cm，茎直立，多数分枝。叶对生，披针形至线形，全缘。聚伞花序，2～3朵生于叶腋；花冠筒状唇形，下唇内有紫色条纹，花色有红、粉红、深红等。花期6～9月。

原产北美洲。长三角地区有栽培。

环湖景区花境中常见应用。

61 天目地黄

Rehmannia chingii

/ 玄参科地黄属 /

形态特征 多年生半常绿草本。株高30～60cm，茎直立，全株被灰白长柔毛或腺毛。基生叶莲座状，叶椭圆形，基部渐狭成长柄；茎生叶向上渐小，叶面绿色，皱缩；有时叶背紫红色；叶缘具齿。总状花序顶生或单生叶腋；花大，花冠筒微弯，外面紫红色，内面黄色有紫斑。蒴果卵形，种子多。花期4～5月。

分布习性 我国浙江、安徽等省有分布。近年来长三角地区大量应用于园林绿化。喜阴湿凉爽环境，喜光，稍耐阴，稍耐寒，忌酷热。

繁殖栽培 播种或分株繁殖。

园林应用 花序长，花多艳丽。布置庭院、花境、岩石园、假山，亦可成片种植林缘、林下作地被植物。曲院风荷、杭州植物园百草园等有种植。

62 香彩雀

Angelonia angustifolia

/ 玄参科香彩雀属 /

形态特征 多年生草本。株高30～70cm，全株密被短柔毛，枝条稍有黏性。叶对生，线状披针形，缘有锯齿。花腋生，唇形，花色有紫、粉红、白等。花期5～10月。

分布习性 原产南美洲。喜高温多湿环境，喜光，耐半阴，耐湿，不择土壤。

繁殖栽培 播种或扦插繁殖。花后除去残花老枝可促进新枝萌发，再次开花。光线不足处易导致徒长。

园林应用 株型紧凑，花型独特，花色艳丽，花期长。布置花境，成片种植于水边作地被。环湖景区花境中偶有应用。

63 白苞蒿

Artemisia lactiflora

/ 菊科蒿属 /

形态特征 多年生草本。株高70～150cm，茎直立，多分枝，具棱。叶纸质，基生叶与茎下部叶长卵形或宽卵形，花期多凋谢；中部叶片倒卵形，1～2回羽状深裂，两面光滑无毛；顶生裂片通常披针形。头状花序多数，排列呈圆锥状，总苞片边缘白色。花果期8～12月。

分布习性 我国华东、中南地区有分布。喜光，稍耐阴，耐湿，耐旱。

繁殖栽培 压条或扦插繁殖。

园林应用 水岸边成片种植。茅家埠有应用。

同属中常见应用的有：

‘矮生’蕨味蒿 | *Artemisia schmidtiana* 'Nana'

半常绿草本。株高8～30cm，全株密被白色绢毛而呈银色，茎多分枝，横向伸展，植株呈半球形。叶片羽状深裂，裂片线形、纤细、柔软。头状花序组成短总状花序，花小，淡黄色。花期8～9月。

原产日本北海道岛、萨哈林岛，自然生长在山地至海岸边的岩石缝间。喜温暖及阳光充足的环境，耐寒，稍耐旱，忌积水。

株型圆润，叶片纤细、柔软，质感细腻。布置岩石园，花境边缘或作盆栽观赏。环湖景区、城区花境中有应用。

‘黄金’艾蒿 | *Artemisia vulgaris* 'Variegate'

植株挺拔，株高达120cm。叶片羽状深裂，黄绿相间，在阳光下十分醒目，芳香。宜作花境背景材料。环湖景区、城区花境中有应用。

64 高山紫菀

Aster alpinus

/ 菊科紫菀属 /

形态特征　多年生草本。株高60～150cm，茎丛生，分枝多。基生叶长椭圆形，缘有锯齿；茎生叶线状披针形，全缘，基部略抱茎。头状花序，径4～5cm，密集成伞房状；舌状花40～60枚，蓝紫色、白色及桃红等。花期9～10月。

分布习性　原产欧洲高山区、亚洲中西部、北美西部，我国有栽培。喜阳光充足、通风良好的环境，耐寒，耐旱，夏季忌干燥。适应性强。

繁殖栽培　播种、扦插或分株繁殖。

园林应用　株型紧凑，花艳丽，色彩丰富。布置花境主景，也可片植作阳性地被植物。曲院风荷有应用。

同属中可布置花境的有：

荷兰菊 | *Aster novi-belgii*

多年生草本。株高50～100cm。叶有疏锯齿，基部略抱茎。头状花序，径约2.5cm；舌状花15～25枚，蓝紫色、白色及桃红等。花期8～10月。

原产北美。环湖景区、城区花境中有应用。

微糙三脉紫菀 | *Aster ageratoides var. scaberulus*

多年生草本。株高40～80cm，茎直立，被柔毛。叶卵状披针形，叶面密被微糙毛，叶背被短柔毛，具较密的腺点。总苞片被柔毛和短缘毛，先端紫红色。花果期6～11月。

我国长江以南各地有分布。喜光，耐寒，耐旱，不择土壤。

西溪湿地有应用。

65 大金鸡菊

Coreopsis lanceolata

/ 菊科金鸡菊属 /

形态特征 多年生常绿草本。株高50～90cm，茎上部有分枝，全株疏生细毛。基生叶簇生，匙形或倒披针形，先端钝，全缘或基部每侧有1～2小裂片；茎生叶向上渐小，3～5深裂。头状花序，舌状花和管状花均为黄色。4月现蕾，盛花期5～6月，可零星开放至11月上旬。6月中旬种子陆续成熟。

分布习性 原产北美，我国南北各地有栽培，也有逸为野生。喜温暖、阳光充足的环境。稍耐阴，耐寒，耐旱，耐瘠薄，不择土壤。自播能力强。

繁殖栽培 播种或分株繁殖。

园林应用 植株丛生，叶四季常绿，花黄色，花期长。布置花坛、花境，片植于草地、绿篱、疏林边缘、阳坡、路旁、湖畔。曲院风荷、茅家埠、乌龟潭、浴鹄湾、西溪湿地都有成片种植。

栽培变种有：

重瓣大金鸡菊 | *Coreopsis lanceolata* 'Double Sunburst'

花重瓣。其他与大金鸡菊相似。

太子湾、西溪湿地等有应用。

66 菊花

Dendranthema morifolium

/ 菊科菊属 /

形态特征 多年生草本。株高30～90cm。单叶互生，卵圆至长圆形，边缘有缺刻及锯齿。头状花序顶生或腋生，一朵或数朵簇生；舌状花为雌花，筒状花为两性花，舌状花分为平、匙、管、畸四类，色彩丰富，有红、黄、白、墨、紫、绿、橙、粉、棕、雪青、淡绿等，筒状花发展成为具各种色彩的“托桂瓣”，花色有红、黄、白、紫、绿、粉红、复色、间色等色系。花序大小和形状各有不同，单瓣，重瓣；扁形，球形；长絮，短絮，平絮和卷絮；空心和实心；挺直的和下垂的，式样繁多，品种复杂。根据花期的不同，早菊9月开放，秋菊10～11月，晚菊12月至翌年1月。根据花径大小，花径10cm以上为大菊，花径在10～6cm为中菊，花径6cm以下为小菊。根据瓣型可分为平瓣、管瓣、匙瓣3大类10多个型。

分布习性 原产我国，后传遍全球。喜凉爽气候，喜光，耐旱，较耐寒，忌涝。在疏松肥沃、排水良好的微酸性至微碱性土壤中均能生长，pH6.2～6.7生长最好。短日照植物。

繁殖栽培 扦插、分株或嫁接繁殖。

园林应用 千姿百态的花朵，姹紫嫣红的色彩和清隽高雅的香气，在百花枯萎的秋冬季节，傲霜怒放，具有独特的观赏价值，为中国十大名花之一。每年在杭州植物园举行的菊花展览，是杭城一睹菊花芳容的好去处。

同属中常见栽培应用的有：

野菊 | *Dendranthema indicum*

多年生草本。株高25～90cm，茎直立，基部常匍匐，上部分枝，全株被细柔毛。叶互生；基生叶花期脱落；中部的茎生叶卵形，羽状深裂；上部茎生叶渐小；叶深绿色，背面灰绿色，基部渐成有翅叶柄。头状花序在枝端密集呈不规则的伞房状或伞房圆锥花序；缘花舌状，黄色，雌性；盘花管状，两性。瘦果黑色。花期9～11月。

我国各地有分布。喜光，耐寒，耐旱，耐热。在肥沃、湿润、疏松的土壤上生长好。

布置花坛、花境，片植于道路两侧、疏林下或林缘。茅家埠、西溪湿地等有成片种植。

67 紫松果菊

Echinacea purpurea

/ 菊科松果菊属 /

形态特征 多年生草本。株高60～120cm，全株具糙毛。叶卵形或卵状披针形，边缘具疏浅锯齿；基生叶叶柄长约30cm；茎生叶卵状披针形，叶柄基部略抱茎。头状花序单生于枝顶或多数聚生，花径约10cm；舌状花一轮，淡粉、红色至紫红色；管状花具光泽，深褐色，盛开时橙黄色。花期6～10月。

分布习性 原产北美，我国南北各地有栽培应用。喜光，稍耐寒，耐旱，在深厚肥沃的土壤中生长良好。自播繁衍。

繁殖栽培 播种或分株繁殖。

园林应用 花繁多，色彩艳丽，花期长。布置花境、花坛，也可片植于林缘作地被植物。西溪湿地有成片种植。

68 大吴风草

Farfugium japonicum

/ 菊科大吴风草属 /

形态特征 多年生常绿草本。株高40～70cm，根状茎粗壮。叶多为基生，革质，肾形，先端圆形，基部心形，有光泽，叶片较大；茎生叶1～3片，长圆形或线状披针形。头状花序排列呈松散伞房状；缘花舌状，黄色；盘花管状，黄色，多数。花期7～11月。

分布习性 我国东部地区有分布，长三角地区有应用。耐阴，耐湿，耐旱，耐盐碱，忌阳光暴晒，不择土壤。

繁殖栽培 分株或播种繁殖。

园林应用 叶四季常绿有光泽，花黄色。布置庇荫处花坛、花境，群植林下、建筑物背阴处、高架桥下空地。曲院风荷、茅家埠、浴鹄湾、花港观鱼、太子湾等有种植。

栽培变种：

黄斑大吴风草 | *Farfugium japonicum* 'Aureo-maculatum'

叶片上有大小不等的黄白色斑点。施氮肥过多可使新叶上的色斑变小，甚至完全变绿色。

花圃、花港观鱼等有种植。

69 大花天人菊
Gaillardia* × *grandiflora

/ 菊科天人菊属 /

形态特征 多年生草本。株高60～90cm，全株密被粗硬毛。基部叶长椭圆形或匙形，全缘至羽裂；上部叶披针形，全缘。头状花序单生，直径7～10cm；舌状花黄色，基部紫色，三齿裂；管状花紫红色。花期5～10月。

分布习性 原产北美西部，我国广泛栽培。喜光，耐干旱炎热，耐寒。在排水良好的壤土或沙壤土中生长较好。

繁殖栽培 播种或分株繁殖。

园林应用 花色艳丽，花繁多，花期长。布置庭院、花境主景，片植于林缘、草地等。西溪湿地有成片应用。

70 大滨菊
Leucanthemum* × *maximum

/ 菊科滨菊属 /

形态特征 多年生草本。株高40～70cm，全株无毛。基生叶簇生，匙形，长达30cm，具长柄，叶缘具粗齿；茎生叶较小，披针形。头状花序单生，花径7～11cm，芳香；舌状花白色，管状花黄色。花期5～7月。

分布习性 原产西欧，我国各地广为栽培。喜光，耐干旱，耐瘠薄，极耐寒。适应性强。

繁殖栽培 分株或扦插繁殖。

园林应用 植株挺拔，花枝繁茂，花洁白芳香，花期长。布置庭院、花坛、花境或片植于林缘、草坪等。杭州花圃、西溪湿地等有应用。

71 苦味堆心菊
Helenium amarum

/ 菊科堆心菊属 /

形态特征 多年生草本。株高30～60cm。叶互生，线形。头状花序单生茎顶或伞房状着生，花径3～5cm；舌状花黄色，花瓣阔，先端有缺刻；管状花密集呈半球形，黄色。花期6～9月。

分布习性 原产美国、加拿大，近年来杭州地区应用较多。喜温暖、阳光充足的环境，耐寒，耐旱。

繁殖栽培 播种或分株繁殖。

园林应用 叶片细腻，花朵繁密，花色艳丽。布置花境前景，搭配色块和花带，也可大面积种植作地被。环湖景区花境中有应用。

72 赛菊芋

Heliopsis helianthoides

/ 菊科赛菊芋属 /

形态特征　多年生草本。株高60～150cm，全株被硬毛，茎多分枝。叶对生，长卵圆形，3出脉，缘有粗齿。头状花序集生呈伞房状，花径3～6cm，舌状花1层，黄色。花期6～9月。

分布习性　原产北美。喜光，耐半阴，耐热，耐寒，耐旱，耐贫瘠，不择土壤。适应性强。

繁殖栽培　分株或播种繁殖。

园林应用　植株丰满，花黄色，花期长。作花境背景材料，布置野生花卉园或岩石园等。杭州花圃、苏堤等有应用。

73 黑心菊

Rudbeckia hirta

/ 菊科金光菊属 /

形态特征　多年生草本。株高约1m，茎直立，不分枝或上部分枝，被粗刺毛。叶互生；下部叶长卵圆形，边缘具细锯齿，三出脉；上部叶片长圆状披针形，全缘或具锯齿。头状花序，缘花舌状，鲜黄色；盘花管状，暗紫色或暗褐色。花果期6～10月。

分布习性　原产北美，我国各地有栽培。喜向阳通风环境，耐寒，耐旱，不择土壤。适应性强。能自播繁衍。

繁殖栽培　播种、扦插或分株繁殖。

园林应用　花色艳丽，花繁多，花期长。布置花坛、花境、庭院、草地、路边，也可作林缘地被植物。曲院风荷、西溪湿地等有种植。

74 大丽花

Dahlia pinnata

/ 菊科大丽花属 /

形态特征　多年生球根花卉。株高0.5～2m，地下具肥大的纺锤形肉质块根，茎多分枝，中空。叶对生，1～2回羽状全裂，锯齿粗钝。头状花序大，花径可达30多厘米，具长总梗，常下垂；品种甚多，花型可分为单瓣型、托桂型、牡丹花型、球型、仙人掌型等；花色有白、红、橙、黄、紫、复色等。花期6～11月。

分布习性　原产墨西哥，现世界各地广为栽培。喜凉爽和昼夜温差大的环境，喜光，不耐高温和严寒，忌积水和干旱。在疏松富含腐殖质排水良好的沙壤土中生长良好。

繁殖栽培　分根或扦插繁殖。

园林应用　品种繁多，花色丰富艳丽，花朵硕大，花期长。布置花境主景，丛植于庭院、绿地，亦可盆栽观赏。花展中常见应用。

75 亚菊
Ajania pacifica

/ 菊科亚菊属 /

形态特征　常绿亚灌木。株高40～50cm，茎丛生。叶互生，卵形，长5～6cm，羽裂片2～3，长约2cm，叶面绿色，无毛或有极稀疏的短柔毛，叶背密被白毛，边缘银白色。头状花序多数或少数在茎顶或分枝顶端排成疏松或紧密的复伞房花序，总苞片无毛或被微毛，花黄色。花期9月。

分布习性　我国东北、陕西、山西、甘肃等地有分布。喜干燥阳光充足的环境，喜光，不耐阴，耐旱，耐寒，不耐高温高湿，忌积水。在疏松肥沃、排水良好的土壤中生长最佳，土壤板结生长不良。

繁殖栽培　分株或扦插繁殖。不宜在林下、林缘种植，叶片上有雨滴，易得灰霉病，严重时成片枯死。

园林用途　株型紧凑，叶片四季灰绿色，花色艳丽，花期长。布置花坛、花境、岩石园、假山，成片种植于空旷地、坡地、草坪等。西湖景区花境中常见应用，西溪湿地也有种植。

76 梳黄菊
Euryops pectinatus

/ 菊科尤利菊属 /

形态特征　常绿亚灌木。株高达50～100cm；全株银白色。叶互生，羽状深裂，密被灰毛，灰绿色。头状花序顶生；缘花舌状，金黄色，1轮，舌片平展，顶端稍凹；盘花管状，金黄色，多数；苞片银白色；总花梗长。花期11月至翌年春季。

分布习性　原产南非，我国引进栽培。喜干燥凉爽的环境，喜光，耐寒，耐旱，忌高温高湿，不择土壤。耐修剪。

繁殖栽培　扦插繁殖。

园林用途　株形丰满，叶片银灰色，花朵鲜艳，花期长。布置花境、庭院、岩石园，也可组合盆栽、切花或用于沿海绿化。西湖风景区花境中常见应用，茅家埠有成片种植。

园艺品种：

黄金菊 | *Euryops pectinatus* 'Viridis'

常绿亚灌木。叶绿色。花金黄色。
环湖公园花境中常见应用。

77 花叶燕麦草

Arrhenatherum elatius var. *bulbosum* 'Variegatum'

/ 禾本科燕麦草属 /

形态特征 多年生常绿草本。株高25～30cm，地上茎簇生，细长而光滑。叶丛生，线形，中肋绿色，两侧呈乳白色，夏季两侧由乳白色转为乳黄色。圆锥花序狭长，不结实。花期6～7月。

分布习性 原产欧洲，我国有引进栽培。喜凉爽湿润气候，喜光亦耐阴，不耐高温干旱，忌水湿。

栽培繁殖 分株繁殖。杭州地区白绢病发生较严重，应注意防治。

园林应用 植株丛生呈半球形，叶片两侧乳白色或乳黄色。布置花境、花坛和大型绿地。近年来由于白绢病发生严重，应用逐渐减少。杭州花圃、植物园等曾有应用。

78 蓝羊茅‘伊利亚蓝’

Festuca glauca 'Elijah Blue'

/ 禾本科羊茅属 /

形态特征 多年生常绿草本。株高30～40cm，植株具鞘内分枝；秆丛密，较细弱，蓬茎25～30cm。叶细线形，蓝绿色，长7～20cm。圆锥花序狭窄。花期5～6月。

分布习性 近年从国外引进，长三角地区广为应用。喜阳光充足、凉爽湿润气候，耐寒，耐旱，耐贫瘠，忌涝。

繁殖栽培 分株繁殖。

园林应用 植株丛生呈半球形，叶四季蓝绿色。布置庭院、花境、岩石园，也可成片种植于林缘作地被植物。西湖南线花境曾经应用，但因高温、土壤板结等原因，多数在夏季枯死。

79 血草

Imperata cylindrica 'Rubra'

/ 禾本科白茅属 /

形态特征 多年生草本。株高50cm，秆丛生，直立。叶丛生，剑形，深血红色。圆锥花序圆柱状，小穗银白色，无芒。花期夏末。

分布习性 近年从国外引进，长三角地区广为栽培。喜光，耐旱、耐热。在湿润及排水良好的土壤中生长较好。

繁殖栽培 分株繁殖。

园林应用 植株丛生，叶片剑形，多数深血红色。布置花境、庭院，也可片植于林缘作地被植物。西湖景区花境曾有应用。

80 斑茅
Saccharum arundinaceum

/ 禾本科甘蔗属 /

形态特征　多年生草本。株高2～4m，秆粗壮，直径达2cm。叶互生，叶鞘长于节间，叶舌短，叶片线状披针形，叶面基部密生柔毛，边缘小刺状粗糙。圆锥花序大型，稠密，长30～60cm；基盘的毛或颖和小穗柄的毛均长于小穗。花果期8～11月。

分布习性　我国华东、华南、西南及陕西南部有分布。喜光，耐旱，耐湿，耐瘠薄。适应性强。

繁殖栽培　分株繁殖。

园林应用　丛植、片植于溪河边。茅家埠有应用。

81 五节芒
Miscanthus floridulus

/ 禾本科芒属 /

形态特征　多年生草本。秆高2～4m。叶鞘长于其节间，或上部稍短于其节间；叶舌长1～2mm；叶片披针状线形，长25～60cm，宽1.5～3cm，边缘粗糙。圆锥花序大型，长30～50cm，小穗卵状披针形，淡黄色，基盘具较长于小穗的丝状柔毛。花果期5～10月。

分布习性　我国江苏、浙江、福建、台湾、广东、海南、广西等有分布。喜光，耐旱，耐湿，耐瘠薄。适应性强。

繁殖栽培　分株繁殖。

园林应用　丛植、片植于溪河边。茅家埠、花圃、乌龟潭、浴鹄湾、西溪湿地等地有种植。

同属中有应用的有：

‘斑叶’芒 | ***Miscanthus sinensis* ‘Zebrinus’**

茎秆密集。叶片有不规则的横斑纹。茅家埠曾有种植。

82 玉带草

Phalaris arundinacea var. *picta*

/ 禾本科虉草属 /

形态特征 多年生草。株30～60cm，茎较短，丛生。叶扁平线形，密布银白色条纹或淡红色条纹。圆锥花序分枝细长，梢部下垂。花期夏季。

分布习性 原产温带地区，我国各地有栽培。喜光，耐半阴，耐湿，耐寒，耐旱，耐热，不择土壤。适应性强。

繁殖栽培 分株繁殖。花后修剪，留茬10～15cm，秋季萌发新株，以提高观赏价值。

园林应用 植株丛生，叶具银白色条纹。布置花境，片植于河岸边、林缘作地被植物。太子湾、运河沿线等有种植。

83 棕叶狗尾草

Setaria palmifolia

/ 禾本科狗尾草属 /

形态特征 多年生草本。株高1～1.5m，秆直立。叶宽披针形，具纵深皱褶，长2～6cm，宽2～7cm；叶鞘常被粗疣基毛。圆锥花序疏松，开展呈塔形，长20～40cm，小穗卵状披针形，长3.5～4mm，刚毛长5～15mm，第一颖卵形，具3～5脉；第二颖具5～7脉；第一外稃与小穗等长；第二外稃皱纹不明显。

分布习性 我国浙南、华南、西南有分布。喜温暖湿润的环境，耐旱，耐寒，不择土壤。

繁殖栽培 播种或分株繁殖。

园林应用 布置花境，片植于阴湿地作地被植物，亦可种植于溪边、河岸。曲院风荷、湖滨、茅家埠、华家池等有种植。

84 细茎针芒

Stipa tenuissima

/ 禾本科针茅属 /

形态特征 多年生常绿草本。株高30～50cm，植株密集丛生，茎秆细弱柔软。叶片细长如丝状。花序柔软下垂，银白色。花期6~9月。

分布习性 原产美洲，我国引进栽培，长三角地区常见应用。喜凉爽气候，喜光，耐半阴，耐旱，夏季高温时休眠。

繁殖栽培 分株或播种繁殖。

园林应用 株丛优美，花序白色，叶片细长如丝状。布置花境，点缀假山、岩石园，片植于空旷地、林缘、路旁。曲院风荷曾有应用。

85 狼尾草

Pennisetum alopecuroides

/ 禾本科狼尾草属 /

形态特征 多年生草本。秆直立，丛生，株高30～120cm。叶片线形，长10～80cm，宽3～8mm，先端长渐尖，基部有疣毛；叶鞘光滑，两侧压扁，主脉呈脊，秆上部者长于节间；叶舌具纤毛。圆锥花序直立，长5～25cm，宽1.5～3.5cm，刚毛状小枝常呈紫色，主轴密生柔毛；小穗常单生，偶有双生，线状披针形，长5～8mm。颖果长圆形，长约3.5mm。花果期夏秋季。

分布习性 我国东北、华北、华东、中南及西南各省区有分布；生于海拔50～3200m的荒地、道旁、小山坡上、田岸边等。喜光亦耐半阴，耐旱、耐湿、抗寒性强。抗逆性强。

繁殖栽培 播种或分株繁殖。

园林应用 片植于阴湿地作地被植物，亦可种植于河岸固堤防沙植物。曲院风荷、茅家埠、乌龟潭等曾有应用。

86 金叶苔草

Carex oshimensis 'Evergold'

/ 莎草科苔草属 /

形态特征 多年生常绿草本。株高20～30cm，蓬径25～30cm。叶披针形，中间有黄色条纹，两侧为绿色。花单性，穗状花序。花期4～5月。

分布习性 近年从国外引进，杭州、上海等地有栽培。喜光，耐半阴，耐湿，耐干旱。适应性较强。

繁殖栽培 分株繁殖。

园林应用 植株丛生，叶色美丽。布置花境、空旷地，点缀庭院、假山、岩石园，片植于林缘作色块，亦可在河岸边种植。湖滨、南线、花圃等有应用。

同属中有应用的有：

青绿苔草 | *Carex breviculmis*

叶片蓝绿色，质感细腻。原产欧洲、北非和北美。曲院风荷有应用。

橘红苔草 | *Carex testacea*

多年生常绿草本。植株丛生呈半球状。叶橘红色。春、秋、冬色彩尤为亮丽。原产新西兰。茅家埠有应用。

87 ‘金叶’金钱蒲

Acorus gramineus ‘Ogon’

/ 天南星科菖蒲属 /

形态特征 多年生常绿草本。株高20～25cm，根状茎地下匍匐横走。叶基生；金黄色叶片有绿色条纹，基部折生呈鞘状，抱茎，边缘膜质，中肋不明显，有多条直出平行脉。肉穗花序长约6cm，叶状佛焰苞与花序等长或稍长于花序。花期5～7月。

分布习性 近年从国外引进，长三角地区大量应用。喜湿润阳光充足环境，耐半阴，耐寒，忌干旱，不择土壤。

繁殖栽培 分株繁殖。

园林应用 植株丛生，叶片色彩明亮。作花境、花径、花坛的镶边材料，亦可丛植于池边、溪边、岩石旁，片植于空旷地、林缘作地被植物。花圃有种植。

‘花叶’金钱蒲 | *Acorus gramineus* ‘Variegatus’

叶片上有奶白色或淡黄色条纹。花期3～5月。花圃、太子湾等有成片种植。

原种：金钱蒲 | *Acorus gramineus*

多年生草本。根状茎直径3～7mm。叶片线形，宽不到6mm，先端长渐尖，无中肋，平行脉多数。叶状佛焰苞长3～9cm，为肉穗花序的1～2倍。花果期5～8月。

我国长江以南地区有分布。

成片种植于水岸边。曲院风荷作地被应用。

88 海芋

Alocasia macrorrhiza

/ 天南星科海芋属 /

形态特征 多年生常绿草本。株高3m，具肉质根茎，茎粗壮。叶多数，聚生茎顶，箭状卵形，亚革质，边缘波状；叶柄长达1.5m。佛焰苞黄绿色，舟状；肉穗花序似棍棒状，白色，芳香，雌花序与能育雄花序中间有不育雄花序；附属器淡绿色，圆锥状。浆果熟时红色。条件适宜时可四季开花，密林下常不开花。

分布习性 我国江西、福建、台湾、湖南有分布。喜温暖湿润、半阴环境，畏夏季烈日，不耐寒，不择土壤。

繁殖栽培 分株繁殖。生长季节将块茎基部萌发的小植株分栽即可。

园林应用 美丽的大型观叶植物。丛植、片植于河岸边。浴鹄湾有应用。

89 大野芋
Colocasia gigantea

/天南星科芋属/

形态特征 多年生草本。株高约1m，根状茎直立。叶丛生，叶片长卵状心形，长达1.3m，边缘波状；叶柄被白粉，长达1.5m。佛焰苞长12～24cm，檐部舟状，白色；肉穗花序奶黄色，附属器极短。花期4～6月；果成熟9月。

分布习性 我国江西、福建、广西、广东、云南有分布，长三角地区有栽培。喜高温高湿的半阴环境，不耐寒，要求土壤疏松、肥沃和排水良好。

繁殖栽培 分株或播种繁殖。

园林应用 叶片硕大，花白色。丛植、片植于溪畔、河岸边。曲院风荷有应用。

90 无毛紫露草
Tradescantia virginiana

/鸭跖草科紫露草属/

形态特征 多年生半常绿草本。株高40～60cm，茎直立。单叶互生；叶线形，具叶鞘。伞形花序顶生，数朵花簇生于枝顶；花径约3cm，花瓣3。花清晨开放，中午闭合，次日重开。园艺品种众多，花色有蓝、淡蓝、红、白等。盛花期4～6月。

分布习性 原产北美，近年我国引进栽培。喜凉爽湿润气候，喜光，稍耐阴，耐寒，耐贫瘠，忌涝。庇荫处生长易倒伏。

繁殖栽培 扦插或分株繁殖。开花前多施磷钾肥，防止植株徒长倒伏。

园林应用 植株丛生，花色丰富，花期长。布置花境中景或作填充材料，片植空旷地、疏林下、林缘作地被植物。浴鹄湾、花港观鱼、太子湾、西溪湿地等有应用。

同属中可常见栽培应用的有：

紫竹梅 | *Tradescantia pallida*

全株紫红色，茎下部匍匐。叶长圆形。聚伞花序短缩呈头状花序，总苞片2枚，舟状，花瓣淡紫色。花期6～11月。

原产墨西哥，杭州地区广泛应用。喜温暖湿润的环境，喜光，耐旱，不耐寒。

作花坛、花境的镶边材料，或用于配置色块。杭州花圃、茅家埠、太子湾及其环湖一带的花坛和花境中有应用。

吊竹梅 | ***Tradescantia zebrina***

多年生草本。茎匍匐，多生枝。叶长卵形，具灰白色条纹，叶背紫色。花簇生于2枚叶状苞片内，花红色。花期夏季。

原产墨西哥，杭州地区有栽培。喜阴湿环境。

布置花坛、花境，成片种植于林缘。西湖南线曾有应用。

91 宽叶韭 *Allium hookeri*

/ 百合科葱属 /

形态特征 多年生常绿草本。株高25～30cm，鳞茎圆柱形。叶基生，多数，条形，宽约2cm，中脉明显，白色。花葶近圆柱状，高20～30cm；伞形花序圆球状，花白绿色，花被片6，披针形至线形。春秋两季开花。

分布习性 原产中国西南地区。喜温暖湿润半阴的环境，耐湿，耐旱，耐寒，耐旱，不择土壤。阳光直晒处生长矮小，叶片发黄。杭州地区植株可开花，但不结实。

繁殖栽培 分株繁殖。

园林应用 植株丛生，叶片四季翠绿，花序白色圆球形。布置花境，片植于林下、建筑物背阴面。西湖南线、花港观鱼等有种植。

薤头 | ***Allium chinense***

多年生草本。株高25～30cm，鳞茎数枚聚生。叶2～5枚，具3～5棱的圆柱状，中空。花葶侧生，与叶等长；伞形花序近半球形，较松散，有小花15～20朵，小花梗向下弯曲，花玫瑰红，花瓣6；花丝远长于花被片。花期10～11月。

我国长江流域和以南各省区广泛栽培，也有野生。喜光，耐半阴，耐湿，忌高温。杭州地区露地栽培，夏天地上部分枯萎，9月初重新萌发。

观花观叶地被植物，布置花坛，花境或片植于林下或林缘。植物园分类区曾经有成片应用。

92 蜘蛛抱蛋 *Aspidistra elatior*

/ 百合科蜘蛛抱蛋属 /

形态特征 多年生常绿草本。根状茎横生。叶单生于根状茎的各节，近革质，叶片近椭圆形至长圆状披针形，先端急尖，基部楔形，两面绿色，叶柄粗壮。总花梗从根状茎中抽出，花梗短；花与地面接近，紫色，肉质，钟状。花期5～6月。

分布习性 我国北方地区为温室花卉，长江以南地区可露地种植。喜凉爽的环境，极耐阴，稍耐湿，耐干旱，耐寒。在疏松、肥沃的沙壤土中生长较好。

繁殖栽培 分株繁殖。

园林应用 植株丛生，姿态优美，叶色浓绿光亮。丛植、散植于庭院、树荫下，成片种植于林下、建筑物背阴面，亦可作插花材料。湖滨、柳浪闻莺等有成片种植。

栽培变种：

洒金蜘蛛抱蛋 | *Aspidistra elatior* var. *punctata*

多年生常绿草本。株高20～60cm。叶基生，长椭圆状披针形，长约50cm，叶面有多数淡黄色斑点。花紫色，单生于短梗上，紧附地面，不显著。

喜湿润半阴环境。西湖景区花境中有应用。

93 羊齿天门冬 *Asparagus filicinus*

/ 百合科天门冬属 /

形态特征 多年生草本。株高50～70cm，茎直立，多分枝，小枝特化呈刚毛状、近圆柱状、宽线状或镰刀状的叶状枝，5～8枚簇生。叶退化呈鳞片状，主茎上的鳞片状叶基部无刺状距。雌雄异株；花小，淡绿色，1～2朵腋生。浆果圆球形，成熟时近黑色。花期5～7月；果期8～9月。

分布习性 我国甘肃南部、山西西南部、陕西秦岭以南、河南、湖北、湖南、浙江、四川、贵州、云南中部至西北部有分布。喜阴湿环境。

繁殖栽培 分株或播种繁殖。

园林应用 林下耐阴湿地被植物。花港观鱼有种植。

94 萱草 *Hemerocallis fulva*

/ 百合科萱草属 /

形态特征 多年生草本。株高40～100cm。叶基生，二列，宽线形。花葶从叶丛中抽出，高约60～100cm，圆锥花序顶生，有花10余朵，花橘红色或橘黄色。每朵花朝开暮合。蒴果椭圆形。花期5～8月。

分布习性 我国秦岭以南各省有分布，各地有栽培。喜温暖向阳环境，稍耐阴，耐寒，耐旱。

繁殖栽培 分株繁殖。

园林应用 植株丛生，花朵橘黄色。布置花坛、花境，点缀小品、路边或溪边，片植于林缘作地被植物。曲院风荷、学士公园、柳浪闻莺、花圃、太子湾、浴鹄湾、乌龟潭等均有种植。

变种：

重瓣萱草 | *Hemerocallis fulva* var. *kwanso*

多年生草本。株高60～100cm。花葶自叶丛中抽出，高于叶面，花被裂片多数，雌蕊、雄蕊发育不全，花重瓣。花期6～7月。杭州花圃、植物园等有应用。

同属中常见栽培应用的有：

大花萱草 | *Hemerocallis* × *middendorfii*

多年生草。花葶粗壮，高40~60cm，花数朵簇生于花葶顶端。伞房花序顶生，花喇叭状，常见栽培有大红、粉红、黄、白、复色等。花期6~7月。杭州花圃、花港观鱼、湖滨等有种植。

常绿萱草 | *Hemerocallis fulva* var. *aurantiaca*

多年生常绿草本。株高50~80cm。叶线状披针形。花黄色。花期7~10月。

杭州城区绿化中应用较多。杭州花圃、植物园等有成片种植。

95 紫萼
Hosta ventricosa

/ 百合科玉簪属 /

形态特征 多年生草本。株高30~50cm。叶丛生，叶片心状卵形、卵形至卵圆形，长与宽相等或稍长，基部心形或近截形。总状花序，着花10朵以上，花蓝色或紫色。蒴果筒状。花期6~7月；果期8月。

分布习性 我国东北南部、华东、中南、西南各省有分布。喜温暖湿润的环境，喜阴，忌阳光长期直晒，耐寒，不择土壤。

繁殖栽培 分株繁殖。

园林应用 植株挺拔，花蓝色或紫色，花开时幽香四溢。布置阴湿处花坛或花境，片植于林下或建筑物庇荫处。花圃、曲院风荷、茅家埠、太子湾等有成片种植。

玉簪 | *Hosta plantaginea*

多年生草本。叶卵状心形，长16~30cm，侧脉约10对。总状花序顶生，长9~12cm，白色，芳香。蒴果黄褐色，长约4.5cm。花期6~7月；果期8~9月。

我国长江流域有分布。喜阴湿环境，耐寒，忌阳光直射，不择土壤，但在排水良好、肥沃湿润的沙质土壤中生长最佳。

植株清秀挺拔，花苞娇莹如玉状似头簪，花白色，幽香四溢。花期7~9月。杭州植物园百草园有种植。

玉簪类园艺品种 | *Hosta* spp.

园艺品种较多，杭州园林中应用普遍。曲院风荷、湖滨、花港观鱼、花圃等有成片种植。

96 火炬花

Kniphofia uvaria

/ 百合科火把莲属 /

形态特征　多年生草本。株高80～120cm，茎直立。基生叶线形，稍被白粉。花葶高出叶丛，约长120cm，总状花序着生有多数筒状小花，下部黄色，上部橘红色。蒴果黄褐色。花期6～7月；果期9月。

分布习性　原产南非，我国各地广泛栽培应用。喜温暖向阳环境，忌雨涝积水。在腐殖质丰富、排水良好的轻黏质壤土中生长较好。

繁殖栽培　分株繁殖。

园林应用　植株丛生，挺拔花序似火炬。布置花坛、花境，点缀假山、岩石园，成片种植于林缘、草地。西湖南线、茅家埠曾有应用。

97 阔叶山麦冬

Liriope muscari

/ 百合科山麦冬属 /

形态特征　多年生常绿草本。株高约30cm，根状茎粗壮，多分枝，局部膨大呈纺锤形或圆矩形小块根。叶丛生，革质，宽线形，宽5～20mm。花葶粗壮，高于叶丛；总状花序顶生，长25～40cm，花多数，4～8朵簇生于苞片腋内，花紫色。种子球形，初期绿色，成熟后黑紫色。花期7～8月；果期9～10月。

分布习性　我国长江以南各省有分布。喜阴湿环境，耐阴，忌阳光直晒，耐寒，耐旱，耐湿，不择土壤。强光下生长较差。

繁殖栽培　分株或播种繁殖。

园林应用　植株丛生，叶片四季常绿，花序紫色，花期较长。布置岩石园、树穴，片植于边坡、林下、林缘。曲院风荷、花圃、茅家埠等有种植。

‘金边’阔叶山麦冬 | *Liriope muscari* 'Variegata'

多年生常绿草本。株高约30cm，根细长，分枝多，有时局部膨大呈纺锤形小肉块根，具匍匐茎。叶宽线形，革质，边缘金黄色，内侧具银白色与翠绿色相间的竖向条纹。花茎高出叶丛，花紫红色，4～5朵簇生于苞腋，排列成细长的总状花序。种子球形，初期绿色，成熟时紫黑色。花期6～9月。

近年从国外引进，长三角地区广泛栽培。喜光，耐半阴，耐旱，耐涝，不择土壤。

布置花境、假山、台地、树穴，片植于林缘、草坪边缘作色块。夏秋季观赏效果较好，霜后叶色晦暗，观赏效果降低。柳浪闻莺、花圃、西湖南线花境中有种植。

山麦冬 | *Liriope spicata*

多年生常绿草本。株高约30cm，纺锤形肉质块根，根状茎短粗，具地下横生茎。叶线形、丛生，稍革质，基部渐狭并具褐色膜质鞘。花葶自叶丛中抽出，总状花序，花淡紫色或近白色。浆果圆形，蓝黑色。花期6～10月。

我国除东北、内蒙古、新疆、青海、西藏外，其他地区广泛分布。喜阴湿环境，忌阳光直射，不择土壤，但在湿润肥沃的土壤中生长最佳。杭州园林中应用普遍。

异叶山麦冬 | *Lriope cymbidiomorpha*

多年生常绿草本。株高约30cm。叶比阔叶山麦冬稍窄。

植株紧凑，花序多而长，整体效果极佳。西湖景区应用普遍。

98 沿阶草 *Ophiopogon japonicus*

/ 百合科沿阶草属 /

形态特征 多年生草本。株高约30cm，须根中部或近末端常膨大呈椭圆形或纺锤形的小块根，根状茎粗短，具地下走茎，茎不明显。叶基生，线形，边缘具细锯齿。总状花序稍下弯，花葶短于叶丛，花淡紫色或紫色。种子圆球形，成熟时暗蓝色。花期6～7月；果期7～8月。

分布习性 我国长江以南各省有分布。喜阴湿环境，忌阳光暴晒，不耐盐碱和干旱，耐寒，不择土壤。

繁殖栽培 播种或分株繁殖。

园林应用 作道路和台阶两侧的镶边材料，布置树穴，点缀假山、岩石园，成片种植于林下阴湿处。杭州各公园绿地都有种植。

园艺品种：

矮生沿阶草 | *Ophiopogon japonicus* 'Nanus'

多年生草本。株高5～10cm。叶丛生，革质，窄线形，墨绿色。总状花序埋生于株丛中，花淡蓝色。浆果蓝色。花期6～7月。

原产亚洲东部和南部，长三角地区有栽培。喜光，耐半阴，不择土壤。

布置树穴、边坡，点缀假山、岩石园，庭院、别墅中常见成片种植成观赏草坪。浴鹄湾、太子湾、西溪湿地等有应用。

银边沿阶草 | *Ophiopogon intermedius* 'Argenteo-marginatus'

多年生草本。株高约30cm，具匍匐的根状茎。叶基生，条形或披针形，宽约1cm，深绿色的叶片上有多数宽窄不同的纵向白条纹。花白色。花期6～7月。

我国华南地区栽培应用广泛，近年来长三角地区大量引进应用。喜温暖湿润的环境，喜光，耐半阴，不耐寒。

布置花境、色块，片植于林缘作观叶地被植物。杭州花圃、植物园灵峰探梅景点有应用。

阔叶沿阶草 | *Ophiopogon jaburan*

多年生常绿草本。株高40～50cm。叶基生，条形，较沿阶草长而宽。花白色。花期6～7月。

原产亚洲东南部，杭州植物园引进多年，近年来长三角地区多有应用。喜温暖湿润环境，喜光，耐半阴。

杭州植物园百草园有种植。

银边阔叶沿阶草 | *Ophiopogon jaburan* 'Argenteo-marginatus'

多年生常绿草本。深绿色的叶片上有许多宽窄不同的纵向白条纹。杭州植物园百草园有种植。

99 深裂竹根七 *Disporopsis pernyi*

/ 百合科竹根七属 /

形态特征　多年生常绿草本。株高20～50cm，根状茎圆柱形。叶互生；披针形，长圆状披针形或卵形，深绿色。伞形花序具2花，腋生，花被白色或顶端黄绿色，裂片近圆形，合生呈钟形。浆果熟时暗紫色。花期5～6月；果期8～9月。

分布习性　我国东北、华北、华东、华中、西南地区有分布。喜阴湿环境，耐寒。

繁殖栽培　分株或播种繁殖。

园林应用　叶片四季常绿，茎叶挺拔，花形别致。布置庭院阴湿处，成片种植于林缘、林下或建筑物阴面。杭州植物园有种植。

100 吉祥草

Reineckea carnea

/ 百合科吉祥草属 /

形态特征 多年生常绿草本。株高15～25cm，根状茎细长，横生于浅土中或露出地面呈匍匐状。叶簇生，每簇3～8枚，条形至披针形，深绿色，具叶鞘。穗状花序；花紫红色或淡红色，芳香；花葶侧生，短于叶丛。浆果球形，成熟时红色。花期9～11月；果期12月至翌年5月。

分布习性 我国陕西南部、河南及长江以南各省有分布。喜温暖湿润环境，喜阴，稍耐寒， 不耐干旱，不择土壤。

繁殖栽培 分株繁殖。

园林应用 植株丛生，覆盖性好，叶片秀丽四季常绿，成片种植效果极佳。极耐阴湿的野生地被植物。片植于郁闭度较高的常绿树林下，亦可在水边种植。杭州地区园林绿化中常见应用。

101 万年青

Rohdea japonica

/ 百合科万年青属 /

形态特征 多年生常绿草本。株高40～50cm，根茎短粗。叶丛生，倒阔披针形，全缘，先端急尖，基部渐狭，叶脉突出，叶缘波状。穗状花序，花葶短于叶丛，花小密集，球状钟形，花淡绿白色。浆果球形，鲜红色，经久不凋。花期6～7月。

分布习性 我国长江中下游地区及山东省有分布。喜温暖、半阴及湿润环境，稍耐寒，忌强光照射。

繁殖栽培 分株繁殖。

园林应用 耐阴湿观叶地被植物。曲院风荷、湖滨等有种植。

102 白穗花

Speirantha gardenii

/ 百合科白穗花属 /

形态特征 多年生常绿草本。株高15～25cm，根状茎圆柱形，节上有少数细长的地下走茎。叶基生，披针形、倒披针形或长椭圆形，4～8枚。花葶侧生，短于叶簇，总状花序长4～6cm，有花12～18朵；花白色。花期4～5月。

分布习性 我国华东地区有分布。喜凉爽、湿润、半阴的环境，耐寒，忌阳光暴晒。

繁殖栽培 分株繁殖。

园林应用 叶片翠绿，花白色美丽，极喜阴湿环境。布置庭院阴湿处，片植于林下、林缘、建筑物背面阴湿处。曲院风荷、杭州植物园灵峰探梅景点有成片种植。

103 郁金香
Tulipa gesneriana

/ 百合科郁金香属 /

形态特征 多年生草本。株高30～40cm，鳞茎扁圆锥形或扁卵圆形，外被淡黄色纤维状膜。叶3～5片，长椭圆状披针形或卵状披针形；基生叶2～3枚，较宽大，茎生叶1～2枚。花茎高6～10cm，花单生茎顶，花瓣6片，倒卵形，鲜黄色或紫红色，具黄色条纹和斑点；有杯形、碗形、卵形、球形、钟形、漏斗形、百合花形等，单瓣或重瓣；有白、粉红、洋红、紫、褐、黄、橙等，单色或复色；有早、中、晚之别。花期3～5月。

分布习性 原产地中海南北沿岸、中亚细亚、伊朗、土耳其、我国东北地区等，我国各地有栽培。喜冬暖湿润、夏凉干燥的气候，喜光，耐寒，忌酷暑。在疏松肥沃、富含腐殖质、排水良好的微酸性沙质壤土中生长最佳。

繁殖栽培 播种或分球繁殖。

园林应用 花色繁多，色彩艳丽。点缀庭院，布置花坛，片植于草坪边缘，也可盆栽观赏。一年一度的太子湾郁金香展是杭城一道亮丽的风景线。

104 风信子
Hyacinthus orientalis

/ 百合科风信子属 /

形态特征 多年生草本。株高约40cm，鳞茎球形，有膜质外皮。叶4～8枚，带状披针形，肉质，绿色有光泽。花葶高15～45cm，略高于叶丛；总状花序有花5～20朵；小花漏斗形，裂片长圆形，反卷；花有紫、白、红、黄、粉、蓝等色。花期4～5月。

分布习性 原产地中海东部沿岸及小亚细亚一带，我国各地有栽培。喜温暖湿润气候，喜光，不耐寒，在疏松肥沃、排水良好的土壤中生长较好。

栽培繁殖 分球繁殖为主。

园林应用 植株低矮整齐，花序美丽，花色丰富。布置花坛、花境和花槽，也可作切花、盆栽或水养观赏。太子湾、茅家埠、龙井山园等有成片种植。

105 葡萄风信子
Muscari botryoides

/ 百合科蓝壶花属 /

形态特征 多年生草本。株高15～30cm，小鳞茎卵圆形。叶基生，线状披针形，暗绿色，边缘常向内卷，长约20cm。总状花序，花葶自叶丛抽出，高15～25cm，有花10～20朵，花蓝色、淡蓝、白色。花期3～5月。

分布习性 原产法国、德国及波兰南部，我国引进栽培。喜温暖凉爽气候，喜光，耐半阴，耐寒，在疏松、肥沃、排水良好的沙质壤土上生长较好。

繁殖栽培 播种或分鳞茎繁殖。

园林应用 株丛低矮，花色美丽，花期长。点缀岩石园，布置花坛、花境，在林缘、草坪中成片、带状与镶边种植，亦可盆栽观赏。太子湾、茅家埠等有应用。

106 石蒜
Lycoris × radiata

/ 石蒜科石蒜属 /

形态特征 多年生球根花卉。鳞茎宽椭圆形或近球形，径2～4cm。叶深绿色，中间有粉绿色带，叶狭带状，宽约0.5cm，钝头；秋季抽叶。伞形花序，5～7朵；花葶高30～60cm；花鲜红色，花被管短，裂片狭倒披针形，边缘皱缩，反卷；雄蕊比花被长1倍左右。花期8～9月。

分布习性 我国江苏、浙江、安徽等有分布。喜光，耐阴，耐湿，耐旱，耐寒，耐轻度盐碱。不择土壤。

繁殖栽培 分鳞茎繁殖为主。

园林应用 秋冬赏叶，夏秋赏花。布置花境或用作林下地被，也可片植于草坪、林缘、路旁等。开花前后一段时间为观赏空白期，尽量与其他地被植物混合种植，避免“黄土露天”。杭州植物园、花圃、曲院风荷、太子湾、花港观鱼、柳浪闻莺等公园有应用。

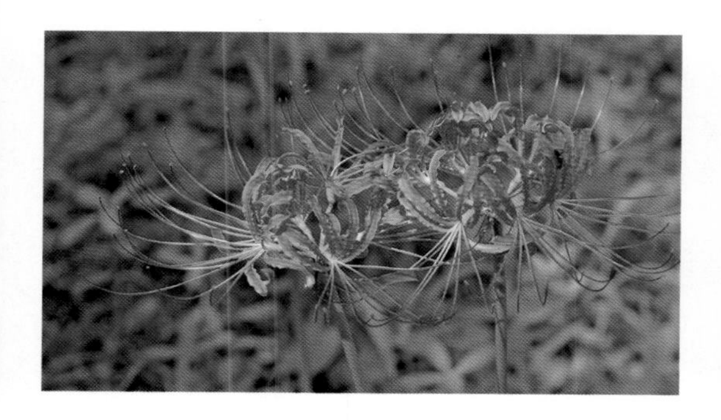

同属中常见应用的有：

玫瑰石蒜 | *Lycoris rosea*

秋季抽叶。叶片带状，长约20cm，宽约1cm，先端圆钝，淡绿色，中间有淡色带。伞形花序有花5朵，花玫瑰红色，花被管长约1cm，裂片中度反卷和皱缩；雄蕊比花被长1/6左右。

杭州植物园有应用。

红蓝石蒜 | *Lycoris haywardii*

秋季抽叶。叶长25～30cm，宽约1cm，叶顶端圆形。伞形花序着花5～7朵；花玫瑰红色，先端蓝色；花被不反曲，边缘稍有皱缩。花期7～9月。

红蓝石蒜花叶都有较高的观赏价值，繁殖也比较容易。建议在园林绿化中大力推广应用。杭州植物园、太子湾等有应用。

忽地笑 | *Lycoris aurea*

秋季抽叶。叶粉绿色，带状，宽约2.5cm，先端渐尖，下部渐狭。伞形花序着花4～7朵；花大，鲜黄色或橘黄色，裂片倒披针形，边缘较皱缩和反卷，花被筒长1.2～1.5cm；雄蕊比花被长1/6左右。花期8～9月。

杭州植物园有应用。

中国石蒜 | *Lycoris chinensis*

早春抽叶。叶宽约2cm，先端圆钝，绿色，中间淡色带明显。花葶高约60cm；伞形花序着花5～6朵；花鲜黄色或橘黄色，花被片强度反卷和皱缩，花被筒长1.7～2.5cm；雄蕊与花被近等长。花期7～8月。

杭州植物园、曲院风荷、花圃等有成片种植。

长筒石蒜 | *Lycoris longituba*

早春抽叶。叶宽达2～4cm。花葶高60～80cm，伞形花序着花4～7朵，花喇叭状，白色；花被片腹面具淡红色条纹，顶端稍反卷，边缘不皱缩，花被管长4～6cm。长筒石蒜的花被片及花被管的色彩可以发生比较大的变异，如淡黄色、黄色、淡紫色等。花期8～9月。

杭州植物园、花港观鱼等有种植。

换锦花 | *Lycoris sprengeri*

早春抽叶。叶片带状，长约30cm，宽约1cm，叶浓绿色，先端钝。伞形花序着花5～8朵花，花喇叭状，淡紫红色，花瓣顶端带蓝色，花被片不皱缩，花被管长0.6～1.5cm；雄蕊和花被近等长。花期7～9月。

杭州植物园、曲院风荷、花圃、柳浪闻莺、湖滨等有种植。

鹿葱 | *Lycoris squamigera*

秋季抽叶，冬季枯萎，翌年早春再抽出。叶片带状，宽约2cm，淡绿色，先端圆钝。花葶高60cm；伞形花序有花4～8朵；花为喇叭状，淡紫红色，裂片倒披针形，基部边缘微皱缩，花被管约2cm；雄蕊与花被近等长。花期8月。

杭州植物园、花圃等有种植。

稻草石蒜 | *Lycoris straminea*

秋季抽叶。叶片带状，宽约1.5cm，绿色，中间的淡色带明显，先端钝。伞形花序有花5～7朵；花葶高约35cm；花稻草黄色，花被管长0.5～1cm，裂片线状长圆形，宽5～6mm，有淡红色条纹和斑点，上部强度反卷，边缘波状；雄蕊伸出花被外，比花被长1/3左右。

杭州植物园有种植。

江苏石蒜 | *Lycoris houdyshelii*

秋季抽叶。叶带状，长约30cm，宽约1.2 cm，先端钝圆，深绿色，中间淡色带明显。花葶高30cm，伞形花序有花4～7朵；花白色；花被裂片背面具绿色中肋，倒披针形，强度反卷和皱缩，雄蕊比花被长1/3，花丝乳白色；花柱上端粉红色。花期9月。

杭州植物园、花圃有种植。

乳白石蒜 | *Lycoris albiflora*

春季抽叶。叶宽达2cm。伞形花序着花6～8朵；花蕾桃红色，初为奶黄色，渐变为乳白色；花被片腹面散生粉红色条纹，背面具红色中肋，中度反卷和皱缩，花被筒长2cm；雄蕊与花被片近等长。花期8～9月。

杭州植物园有种植。

短蕊石蒜 | *Lycoris caldwellii*

早春抽叶。叶片带状，长约30cm，宽约1.5cm，中间淡色带不明显。伞状花序有花5～6朵；花蕾粉红色，开放后为乳黄色，后变成乳白色，稍皱缩；花被管长约2cm；雄蕊比花被短。花期9月。

杭州植物园有种植。

香石蒜 | *Lycoris incarnata*

早春抽叶。叶带状，长约50cm，宽约1.2cm，中间淡色带不明显。花蕾白色，具红色中肋；花被裂片腹面散生红色条纹，背面有紫红色中肋，边缘微皱缩；雄蕊与花被近等长，花丝紫红色；雌蕊略伸出花被外，花柱紫红色。花期9月。

我国湖北、云南等省有分布。杭州植物园有种植。

107 水鬼蕉 *Hymenocallis littoralis*

/ 石蒜科水鬼蕉属 /

形态特征 多年生草本。株高50～80cm，鳞茎近球形。叶基生，阔带形。伞形花序顶生，花被裂片线形，基部合生呈筒状，花形如蜘蛛，白色，芳香。花期7～8月。

分布习性 原产美洲，我国长江以南地区有栽培。喜温暖湿润、阳光充足的环境，耐半阴，耐旱，稍耐寒。在肥沃湿润的土壤中生长良好。

繁殖栽培 分株繁殖。

园林应用 布置花坛、花境、假山、岩石园，成片种植于林缘、路旁、溪河畔。曲院风荷、茅家埠、乌龟潭、浴鹄湾、花港观鱼等有应用。

108 喇叭水仙 *Narcissus pseudonarcissus*

/ 石蒜科水仙属 /

形态特征 多年生草本。株高20～30cm，鳞茎卵圆形。基生叶4～6枚，宽带形，灰绿色，先端钝。花葶有棱；花径约5cm；副冠钟状或喇叭状，与花被等长或稍长，边缘皱褶或波状；同为鲜黄色，或花被白色，副冠黄色。花期3～4月。

分布习性 原产法国、英国、西班牙、葡萄牙等地，我国广泛栽培应用。喜温暖、湿润、阳光充足的环境。耐旱、较耐阴、耐瘠薄，不耐高温。在肥沃、湿润、排水良好的中性或微酸性疏松的土壤中生长较好。杭州地区5月后地上部分逐渐枯萎，11月萌发生长，翌春开花。

繁殖栽培 分球繁殖为主。

园林应用 植株婀娜多姿，花娇艳美丽。布置花坛、花境，点缀岩石园，带状种植于林缘、路旁。茅家埠、太子湾、柳浪闻莺等有种植。

同属中常见应用的有：

中国水仙 | ***Narcissus tazetta* var. *chinensis***

多年生草本。鳞茎肥大，卵球形。叶4～6枚丛生，线形，扁平，背面粉绿色。伞形花序着花4～8朵，小花梗不等长；花被筒白色，三棱状，芳香；副冠黄色，碗状，明显短于花被片。花期1～3月。

我国上海、浙江、福建、湖北、湖南等地有分布。喜温暖、湿润、阳光充足的环境。在排水良好，疏松肥沃的沙壤土中生长较好。阴处栽种叶茂不开花。

布置花坛、花境，或林缘片植，也水培观赏。茅家埠、花圃、太子湾等地有种植。

109 葱兰

Zephyranthes candida

/ 石蒜科葱莲属 /

形态特征　多年生常绿草本。株高15～20cm，鳞茎卵形，颈部细长。叶基生，叶片线形，暗绿色。花葶自叶丛一侧抽出，花单生，花被片6，椭圆状披针形，白色或外侧略带淡红色，花梗藏于佛焰苞状总苞片内。花期8～11月。

分布习性　原产南美，我国各地有栽培应用。喜光照充足，温暖湿润的环境。耐半阴，稍耐寒，在肥沃、排水良好的沙壤土中生长最佳。

繁殖栽培　分株繁殖。

园林应用　植株低矮，叶片四季常绿，花朵繁多，花期长。布置花坛、花境，点缀岩石园，带状种植于分车带、林缘、路旁。杭州园林中应用普遍。

同属植物中常见应用的有：

韭兰 | ***Zephyranthes carinata***

多年生草本。株高15～25cm，有地下鳞茎。叶较长，线形，扁平。花漏斗状，筒部显著，粉红色或玫瑰红色。花期5～9月。

原产南非，我国各地有栽培。耐寒性稍差，其他与葱兰相似。

布置花坛、花境，点缀岩石园。少年宫及省政府周围的一些花坛常见应用。

110 疏花仙茅

Curculigo gracilis / 石蒜科仙茅属 /

形态特征 多年生常绿草本。株高30～70cm，根状茎圆柱状直立，肉质。叶基生，3～6枚，披针形，先端渐尖，基部近无柄，两面被毛。花葶从叶腋抽出，低于叶丛，总状花序伞房状，有花4～6朵，花黄色。花期4～6月。

分布习性 我国长江以南地区有分布。喜温暖湿润的环境，耐寒，耐旱，在深厚、肥沃、排水良好的土壤中生长最佳。

繁殖栽培 分株繁殖。

园林用途 耐阴湿观叶地被植物。西湖南线有应用。

111 番红花

Crocus sativus / 鸢尾科番红花属 /

形态特征 多年生球根草本。球茎扁圆球形，外有黄褐色的膜质包被。叶基生，9～15枚，条形，灰绿色，边缘反卷；叶丛基部有4～5片膜质鞘状叶。花茎短，不伸出地面；花1～2朵，有淡紫色、白、黄、红、蓝色等花色，芳香；日开夜闭。蒴果椭圆形。有春、秋季开花两种，春季花期2～3月，秋季花期10月下旬至11月中旬，春季开花者居多。

分布习性 原产欧洲南部，我国各地有栽培。喜冷凉湿润和半阴环境，耐寒，在排水良好、腐殖质丰富的沙壤土中生长最佳。夏季休眠。

繁殖栽培 分球茎繁殖为主。

园林应用 花朵娇柔，花色丰富，芳香。布置花坛，点缀岩石园，也可室内盆栽或水养观赏。太子湾、花圃、龙井山园等有应用。

112 射干

Belamcanda chinensis / 鸢尾科射干属 /

形态特征 多年生草本。株高80～100cm，根状茎粗壮，鲜黄色，地上茎直立。叶互生，两列，剑形，基部鞘状抱茎，无中脉。聚伞花序顶生，由10～20朵花组成，分枝及花梗基部有膜质苞片，花橙红色，花被片6，散生暗红色斑点。蒴果倒卵形或长椭圆形。花期6～8月；果期7～9月。

分布习性 原产中国和日本。喜阳光充足，温暖的环境，耐旱，耐寒，忌积水。

繁殖栽培 分株或播种繁殖。

园林应用 叶片剑形，花色艳丽，花型飘逸。布置花坛、花境，点缀假山、岩石园，片植于林缘。茅家埠有应用。

113 火星花

Crocosmia ×crocosmiiflora

/ 鸢尾科雄黄兰属 /

形态特征 多年生球根花卉。株高50～60cm，有地下球茎和匍匐茎，球茎扁圆形。叶剑形。圆锥花序，着花数十朵，花漏斗形，火红色。花期7～8月。

分布习性 原产南非，我国长三角地区有栽培。喜光，不耐阴，在阴处开花少或不开花，耐湿，耐寒，不择土壤。

繁殖栽培 分株繁殖。夏季高温时注意防止红蜘蛛危害。

园林应用 花朵繁多，花色鲜艳夺目，群体效果极佳。布置花境、地角、沟边、空旷地、坡地、草坪、林缘，也可在溪河边成片种植。花后剪取地上部分可重新萌发新叶，提高观赏效果。茅家埠、柳浪闻莺、西溪湿地等有成片种植。

114 鸢尾

Iris tectorum

/ 鸢尾科鸢尾属 /

形态特征 多年生草本。株高30～50cm，根状茎粗壮圆柱形，匍匐多节，地上茎不明显。叶基生，淡绿色，宽剑形。总状花序，1～3朵组成；花蝶形，蓝紫色，外轮花被内面中脉上具鸡冠状白色带紫纹突起的附属物。蒴果长椭圆形或倒卵形，具6条明显的肋。花期4～5月；果期5～6月。

分布习性 我国西藏、陕西、甘肃及长江以南各省有分布。喜光，耐半阴，耐干旱，耐寒。

繁殖栽培 分株或播种繁殖。

园林应用 叶片宽剑形，花蓝紫色，宛若翩翩彩蝶，花色丰富。布置花坛，花境，或在林缘或草地上带状种植，也可种植于溪、河、池边。湖滨、柳浪闻莺、茅家埠、西溪湿地等有应用。

同属中常见应用的有：

蝴蝶花 | *Iris japonica*

多年生常绿草本。根状茎纤细横走或直立扁圆形。叶基生，长30～80cm，宽2.5～5cm，剑形，中脉不明显。花茎分枝，高于基生叶，花多数，排列成总状聚伞花序，花被片上部淡蓝紫色，下部淡黄色，外花被中脉上有黄色鸡冠状附属物。花期3～4月；果期5～6月。

我国陕西、甘肃及长江以南各省有分布，长三角地区常有栽培。喜温暖湿润、半阴环境，忌阳光暴晒。

布置阴湿处花坛、花境，片植于林下作耐阴湿地被植物。杭州园林绿地中普遍应用。

白蝴蝶花 | *Iris japonica f. pallescens*

与原种的区别：花被片白色。杭州园林绿地中普遍应用。

小花鸢尾 | *Iris speculatrix*

多年生常绿草本。根状茎粗壮，少分枝或二歧分枝。基生叶剑形或线形，纵脉3～5条，茎生叶1～2枚。花茎高20～25cm，花蓝紫色或淡蓝色；花被管粗短，外轮垂瓣匙形，有深紫色环形斑纹，中脉上有黄色鸡冠状附属物，内轮旗瓣狭披针形；苞片2～3枚，狭披针形；果梗弯曲成90°。花期5月；果期7～8月。

我国长江以南各省有分布。喜光，耐阴，耐湿。

布置花坛、花境，片植草坪上、林缘或溪河边。曲院风荷曾有成片种植，效果良好。

德国鸢尾 | *Iris germanica*

多年生草本。根状茎粗壮肥厚，须根肉质。基生叶剑形，中脉不明显。花茎高60～100cm，上部有分枝，下部和中部有茎生叶1～3枚；苞片3枚，宽卵形或卵圆形，内有花1～2朵；花大，淡紫色、蓝紫色、深紫色或白色，有香味；花被管喇叭形，外轮垂瓣倒卵形或椭圆形，中脉上有黄色须毛状附属物，内轮旗瓣直立。花期4～5月；果期6～8月。

原产欧洲，我国各地有栽培。喜光，稍耐阴，耐干旱，忌积水。

布置花坛、花境。茅家埠有应用。

西班牙鸢尾 | *Iris xiphium*

鳞茎卵圆形，被褐色皮膜。叶线形，粉绿色，具深沟。花茎粗壮，高45～60cm，着花1～2朵，花有蓝紫、淡黄、白色。花期4～5月。

原产西班牙邻近地区至北非。喜光，稍耐阴，耐干燥，忌积水。

布置花坛、花境。茅家埠有应用。

马蔺 | *Iris lactea*

多年生草本。株高30～60cm，根茎粗短发达。叶丛生，条形，基部具纤维状老叶鞘，叶下部带紫色，灰绿色。花茎与叶近等高，分枝，着花1～3朵；花被片6枚，花淡蓝紫色，外轮垂瓣稍大，中脉上无附属物，内轮旗瓣直立，花柱3歧呈花瓣状，端2裂。花期5月。

原产我国东北地区。喜光，耐半阴，耐湿，耐寒，耐旱，耐盐碱，耐践踏。不择土壤。适应性强。

布置花境，片植于林缘、道路两侧绿化隔离带，也可用于水土保持、固土护坡或盐碱地改良。西湖风景区花境中有应用。

115 芭蕉

Musa basjoo

/ 芭蕉科芭蕉属 /

形态特征　多年生高大草本。株高3～4m，植株丛生，由叶包围成的假茎粗壮。叶长椭圆形，长达3m，宽约40cm，主脉粗大，两侧有平行脉，叶面浅绿色，叶背粉白色。穗状花序，淡黄色的大型花朵从叶丛中抽出。杭州地区可结果，但不能成熟。

分布习性　原产于热带，济南以南可作多年生宿根植物栽培。喜湿润，耐半阴，不耐寒，在土层深厚、疏松肥沃、排水良好的土壤中生长较好。

繁殖栽培　分株繁殖。

园林应用　丛植于庭院一角、窗前、墙边、湖岸边。西湖景区各公园有种植。

116 姜花
Hedychium coronarium

/ 姜科姜花属 /

形态特征 多年生草本。株高1～2m，有根状茎、直立茎之分。叶互生，长圆状披针形，具叶舌，叶背有细柔毛，无柄。穗状花序顶生，苞片4～6枚，覆瓦状排列，每片内着花2～3朵；花白色，芳香，花冠筒细长，裂片披针形，后部1枚花被兜状；退化雄蕊侧生花瓣状。花期8～11月。

分布习性 我国长江以南各省有分布。喜温暖湿润环境，耐阴，不耐寒，在肥沃的微酸性土壤中生长较好。杭州地区可露地越冬，翌年4月中下旬萌发，花期一直可延续至霜降。

繁殖栽培 分株繁殖。

园林应用 丛植于庭院一角，窗前，墙边，湖边。有一定的保健功能，可在居民区多种植。曲院风荷、花圃、茅家埠、乌龟潭、浴鹄湾等有应用。

117 山姜
Alpinia japonica

/ 姜科山姜属 /

形态特征 多年生半常绿草本。株高40～80cm，茎直立，丛生。叶互生，二列状，宽披针形或长椭圆形倒披针形，基部渐窄。总状花序生于茎顶；苞片披针形，开花时脱落；花白色带红，成对着生于密被绒毛的花序轴上。果实宽椭圆形，成熟时红色。花期5～6月。

分布习性 我国长江以南地区有分布。喜温暖湿润的环境，耐半阴，在肥沃的土壤中生长较好。

繁殖栽培 分株繁殖。

园林应用 布置花境、庭院，点缀岩石园，成片种植于林下、林缘、建筑物阴面。杭州植物园分类区有种植。

118 美人蕉
Canna indica

/ 美人蕉科美人蕉属 /

形态特征 多年生草本，地下部分有粗壮的肉质根状茎。叶长圆形。总状花序自茎顶抽出，着花10余朵；总苞片绿色，苞片绿白色，宽卵形，花单生或孪生于苞片内；萼片披针形，长1～2cm，绿色或暗红色，呈苞片状；花瓣3枚，红色。花期夏秋季。

分布习性 原产美洲热带、亚洲热带，我国各地广泛栽培。喜阳光充足，温暖湿润环境。耐阴，耐寒。适应性强。在肥沃的沙质土壤中生长较好。对氯、汞等有害气体有较强的吸收作用。

繁殖栽培 分株繁殖为主。

园林应用 布置花坛、花境，丛植庭院，成片种植于空旷地、林缘、湖边。杭州应用普遍。

常见应用的有：

紫叶美人蕉 | *Canna warszewiczii*

植株较矮。叶片大，阔椭圆形。花紫红色。曲院风荷、花圃、杨公堤等地有种植。

大花美人蕉 | *Canna generalis*

花大，鲜红色。湖滨、花圃、茅家埠有成片种植。

金脉大花美人蕉 | *Canna generalis* 'Striatus'

叶片具黄、绿、红相间的细条纹。花橘黄色。曲院风荷、茅家埠、浴鹄湾等有成片种植。

柔瓣美人蕉 | *Canna flaccida*

花黄色，花期夏秋季。湖滨、茅家埠、杨公堤等有种植。

119 白芨
Bletilla striata

/ 兰科白芨属 /

形态特征　多年生草本。株高20～60cm，球茎扁圆形，有荸荠状环纹。叶披针形或阔披针形，先端渐尖，基部鞘状抱茎，多平行纵褶。花茎自叶丛中抽出，总状花序顶生，着花4～10朵；淡红色或淡紫色。花期4～5月；果期10～11月。

分布习性　我国中南、西南、长江流域有分布。喜温暖湿润的环境，耐半阴，忌强光直晒，耐寒。在富含腐殖质的沙质壤土中生长好。

繁殖栽培　分株繁殖为主。

园林应用　布置花坛、花境，片植于林缘或疏林下。杭州地区观赏佳期为3～6月，夏季高温至秋季观赏价值降低，霜后地上部分很快枯萎。花港观鱼、花圃曾有成片种植。

（三）草坪草

1 早熟禾 *Poa annua*

/ 禾本科早熟禾属 /

形态特征 一年生或多年生草本。株高6～30cm，秆直立或基部稍倾斜。叶片扁平柔软，长2～12cm，宽1～4mm，生长季或冬季为浅绿色。具小而疏松的圆锥花序。花期4～5月；果期6～7月。

分布习性 我国南北各省有分布。喜光，耐阴，耐旱，耐热性较差，不耐水湿，不择土壤，在中性至微酸性、排水良好的土壤中生长最佳。

繁殖栽培 种子繁殖，播种量8～10g/m²，有一定自播能力。宜与其他草混播建坪。需管理水平精细，修剪高度0.5cm时，能形成高质量草坪，修剪次数少或修剪高度不够低时，易形成芜枝层。干旱时易枯黄，炎热天的中午需短期喷水降温。

园林应用 布置林荫下、花坛内作观赏草坪。苏堤、白堤、曲院风荷等景点有应用。

同属中可栽培应用的有：

草地早熟禾 | *Poa pratensis*

株高30～60cm。叶片线性，扁平或内卷，长6～25cm，宽3～5mm。具疏松的圆锥花序。

常与黑麦草混播建植运动草坪或观赏草坪。植物园分类区草坪。

2 多年生黑麦草 *Lolium perenne*

/ 禾本科黑麦草属 /

形态特征 多年生草本。株高30～90cm，具细弱根茎，秆丛生。叶片线形，扁平，长10～20cm，宽3～6mm，深绿色，近轴面有脊，具光泽，有龙骨。具无芒小穗的扁穗花序。花期5月；果期6～7月。

分布习性 原产于西南欧、北非及亚洲西南，我国长江流域生长最好。喜湿润凉爽的环境，喜光，不耐阴，耐湿，不耐旱，不耐贫瘠，耐践踏。在肥沃、排水良好的黏土中生长较好。夏季休眠，春秋两季生长较好。

繁殖栽培 种子繁殖，播种量15～30g/m²。常用于建立混合草坪，混合播种时不超过10%～20%，否则将威胁其他草种的生存。修剪留茬高度3～5cm。

园林应用 冷季型混播草坪先锋草种，与草地早熟禾混用建植耐践踏足球场草坪，亦可作狗牙根等暖季型草坪的补播和交播材料，使其冬季保持绿色。太子湾公园、断桥景点曾有应用。

3 高羊茅
Festuca arundinacea

/ 禾本科羊茅属 /

形态特征 多年生草本。株高40~80cm，疏丛型，茎秆直立、粗壮。叶片线形，质地粗糙，长15~35cm，宽4~8mm，叶鞘基部红色。具收缩的圆锥花序。花果期5~7月。

分布习性 原产欧亚大陆，我国东北和新疆地区有分布。喜光，耐半阴，耐热，耐旱，耐湿，耐践踏，耐寒性较差。不耐低修剪。不择土壤。适应性强。

繁殖栽培 播种建坪，播种量20~40g/m^2，成坪速度较快。单播、混播均可，混播时所占比例不应低于70%。修剪高度4.3~5.6cm。

园林应用 华东地区唯一四季常绿草坪。大量应用于广场、公园、公共绿地、空旷地、坡地、道路、住宅区及运动场草坪（高尔夫球场、赛马场和机场草坪）和防护草坪。三潭印月、圣塘景区、柳浪公园、学士公园、湖滨等景点有种植。

4 匍茎剪股颖
Agrostis stolonifera

/ 禾本科剪股颖属 /

形态特征 多年生草本。株高约20cm，茎秆基部偃卧地面，具8cm左右的匍匐枝，节上有不定根。叶片扁平，宽2~3mm。具收缩的圆锥花序，灰白或紫色。花果期6~8月。

分布习性 我国甘肃、河南、河北、浙江、江西等地有分布。喜冷凉湿润气候，喜光亦耐阴，耐热，耐践踏，耐寒性略差。不择土壤，但在湿润肥沃的土壤中生长最好。耐低修剪（3~5mm）。

繁殖栽培 播种或播茎繁殖，播种量3~5g/m^2。需高水平集约管理，修剪留茬高度0.5~1.25cm。

园林应用 匍匐枝迅速覆盖地面形成密度较高的草坪，是高尔夫球场果岭草最好的品种之一，广泛用于高尔夫球场果岭球道、足球场、保龄球场等。植物园有应用。

5 地毯草
Axonopus compressus

/ 禾本科地毯草属 /

形态特征 多年生草本。株高8~60cm，具长匍匐枝，茎秆压扁，节密生灰白色柔毛。叶片扁平，质地柔薄，长5~10cm，宽6~12mm。总状花序2~5枚。

分布习性 原产热带美洲，我国台湾、广东、广西、云南等地有分布。喜光，耐阴，不耐旱，不耐寒，不耐涝，耐践踏。在pH4.5~5.5的肥沃沙质壤土中生长较好。春季返青早。

繁殖栽培 种子繁殖或无性繁殖，结实率、萌发率均高。耐低水平养护。适宜留茬高度2.5~5.0cm。

园林应用 布置游憩草坪和固土护坡，亦可与其他草种混播布置运动场。苏堤、浙江大学玉泉校区等有应用。

6 狗牙根
Cynodon dactylon

/ 禾本科狗牙根属 /

形态特征 多年生草本。株高10～30cm，具根状茎，匍匐茎平铺地面或埋入土中，节上生不定根和分枝。叶片扁平，宽1.5～4mm。花序具4～5个穗状分枝。花果期5～10月。

分布习性 我国黄河流域以南各地有分布，华北、西北、西南、长江中下游地区应用广泛。喜温暖湿润气候，喜光亦耐阴，较抗寒，极耐践踏，在排水良好的肥沃土壤生长最佳，在轻度盐碱的土壤中也能生长。

繁殖栽培 分根繁殖，种子少且不易采收。繁殖在春、夏季进行。养护管理较粗放。

园林应用 覆盖能力强，成坪速度极快，是我国栽培应用较广泛的优良草种之一。单种或与其他暖季型及冷草型草坪草混合铺设各类运动场、机场跑道、公园绿地、河岸堤坝。亦可作护坡材料。大量应用于西湖风景区及小区、庭院绿化。

同属中可栽培应用的有：

矮生百慕大 | *Cynodon dactylon × transvadlensis*

叶片质地细腻，根系发达。草坪低矮平整，密度适中，颜色中等深绿。

适应性强，对水肥条件要求不严，耐粗放管理。最突出的优点是耐低矮修剪（3～5mm）。

南方地区最好的高尔夫果岭用草种之一，广泛应用于杭州各楼盘的庭院绿化，如坤和·和家园。环湖景区、曲院风荷、花圃、花港观鱼、太子湾、湖滨、柳浪闻莺等有应用。

7 钝叶草
Stenotaphrum helferi

/ 禾本科钝叶草属 /

形态特征 多年生草本。植株低矮，具匍匐茎，蔓延生长。叶片带状，扁平，长5～17cm，宽5～11mm，略白，黄绿相间。穗状花序嵌于主轴的凹穴内。花果期秋季。

分布习性 我国广东、广西、云南等地有分布。喜光亦耐阴，耐湿，耐热，耐盐碱。耐寒能力较差，低温下褪色，冬天呈休眠状态。在肥沃、湿润、排水良好的沙质土壤中生长最好。耐践踏。宜在冬天暖和的沿海地区应用。

繁殖栽培 无性繁殖为主，种子量少且活力低。极易形成芜枝层，修剪高度3.8～7.6cm，低于2.5cm杂草易侵入。施硫酸铁防治缺铁病症。

园林应用 布置不要求细质地的草坪，亦可用于商品草皮的生产。杭州植物园有少量种植。

8 沟叶结缕草
Zoysia matrella

形态特征　多年生草本。株高5~20cm，具横走根茎和匍匐茎，秆细弱。叶质硬，扁平或内卷，叶面具纵沟，长3~4cm，宽1.5~2.5mm。总状花序，短小。颖果长卵形，棕褐色，长约1.5mm。花果期7~10月。

分布习性　我国福建、广东、广西等地有分布。喜温暖潮湿环境，耐阴，耐旱，耐热，较耐寒，耐盐碱，耐践踏，忌积水。在排水良好的土壤中生长较好。适应性强。

繁殖栽培　无性繁殖为主，生长迅速，成坪较快。种子繁殖出苗率低。养护管理粗放，与杂草竞争力强。

园林应用　铺建庭院绿地、公共绿地和运动场，也是良好的固土护坡材料。杭州园林中多有应用。

同属中可栽培应用的有：

细叶结缕草 | *Zoysia pacifica*

株高5~10cm，植株具细而密的根状茎和节间极短的匍匐枝，秆纤细。

喜光、不耐阴。抗杂草力强，容易感染锈病。易出现“垛状”和“枯死层”，需及时修剪。

曾广泛用于杭州城市园林绿化，近年来种植面积逐渐减少。浙江大学玉泉校区有应用。

松南结缕草 | *Zoysia japonica* 'Songnan'

株高10~15cm。叶长5~8cm，宽2~3mm，翠绿。草坪整齐美观，柔软富有弹性。

修剪高度3~5cm。

铺建运动型及观赏性草坪的优良草种之一。杭州植物园桃花源草坪、白堤有大面积种植。

兰引 3 号结缕草 | *Zoysia japonica* 'Lanyin No.3'

植株低矮直立，茎叶密集。叶革质，长3cm，宽4~6mm，嫩绿。

宜在长江以南种植。成坪快、耐高温、耐践踏、抗逆性强。

广泛用于足球场等运动型草坪。杭州黄龙体育中心主体育场足球场有种植。

中华结缕草 | *Zoysia sinica*

多年生草本。株高13～30cm，具横走根茎，秆直立，茎部常具宿存枯萎叶鞘。叶长达10cm，宽4～5mm，质硬。颖果棕褐色，长椭圆形，长约3mm。

耐践踏。宜铺建球场草坪。白堤、太子湾等有种植。

9 假俭草 *Eremochloa ophiuroides*

/ 禾本科假俭草属 /

形态特征 多年生草本。株高约20cm，具强壮的匍匐茎，秆斜升。叶条形，顶端钝，长3～8cm，宽2～4mm，顶生叶退化。总状花序顶生。花果期夏秋季。

分布习性 我国江苏、浙江、安徽、湖北、湖南、福建、台湾、广东、广西、贵州等地有分布。喜光，较耐阴湿，耐寒，耐贫瘠。在微酸性、潮湿、中度肥力的沙壤土中生长较好。宜重度修剪。

繁殖栽培 移植草块或埋植匍匐茎建植，亦可用种子直播建坪。一般每平方米草皮可建成6～8m^2草坪。

园林应用 平整美观，绿期长，扩展能力强，广泛用于庭院草坪、运动场、操场和高频度使用的草坪，也可保土护堤。杭州植物园有少量种植。

五 水生植物

（一）沉水植物

1 金鱼藻
Ceratophyllum demersum

/ 金鱼藻科金鱼藻属 /

形态特征　多年生沉水草本，有时微露出水面。茎长40～150cm，具短分枝。叶4～12枚轮生，无柄，1～2回二歧分叉，裂片线形。花小，单性，雌雄同株，1～3朵生于节部叶腋。坚果椭圆形，具3长刺。花果期6～9月。

分布习性　世界广布种，我国南北各地有分布；生于池塘、湖泊、沟渠、农田等，在水深50cm左右的清水中生长良好，较耐浑水。

繁殖栽培　分株或播种繁殖。分株繁殖时，将植株剪成8～10cm，投入水中可形成新植株。自播能力强。

园林应用　在其他水生植物边缘适量种植，有一定观赏作用。学士公园、曲院风荷、茅家埠、乌龟潭、西溪湿地等有应用。

2 大茨藻
Najas marina

/ 茨藻科茨藻属 /

形态特征　沉水草本。茎粗壮，多分枝，具稀疏皮刺。叶片线形，先端钝而有刺状齿，边缘各有4～10粗锯齿，叶背脉上有稀疏的皮刺；叶鞘圆形，全缘。花雌雄异株；雄花具长3～4mm的佛焰苞，佛焰苞先端2裂；雌花无佛焰苞。小坚果椭圆形。种皮厚，表皮细胞多边形，排列不规则。花果期7～10月。

分布习性　我国华东及长江以北各省、区有分布。常群聚成丛，生长于水深0.5～3m处。

园林应用　池塘、湖泊和缓流河水中成片种植，净化水质。曲院风荷、茅家埠、乌龟潭等有应用。

3 穗花狐尾藻
Myriophyllum spicatum

/ 小二仙草科狐尾藻属 /

形态特征　多年生沉水草本。根状茎生于泥中，节部生根。茎圆柱形，长达1～2m，多分枝。叶常4片轮生，无柄，羽状全裂，裂片丝状。穗状花序顶生，挺出水面，长5～10cm，花两性或单性，雌雄同株，常4朵轮生。果实卵圆形。花果期4～9月。

分布习性　世界广布种，我国南北均有分布；生于湖泊、池塘、沼泽、河沟等地。

繁殖栽培　分株或播种繁殖。

园林应用　布置园林水景，也可用于水质净化。杭州花圃、茅家埠、浴鹄湾等有应用。

4 黄花狸藻

Utricularia aurea

/ 狸藻科狸藻属 /

形态特征 一年生沉水草本。茎浮水，圆柱形，细长，具分枝。叶全部沉水，第一回羽状深裂，第2～4回二叉状细裂，裂片细发状，第二回分叉的下方着生卵球形的捕虫囊。花序直立，挺出水面，长6～20cm，花序梗无鳞片，着花3～7朵，花冠唇形有距，黄色，喉部具橙红色条纹。花期6～9月。

分布习性 我国华东、华南、四川等地有分布；多生于略带酸性的静水或缓慢水流中。

栽培繁殖 分株繁殖。

园林应用 夏季开花，花序挺出水面，花黄色。布置水质清洁处园林水景。也是一种食虫植物。花圃、太子湾等有应用。

5 菹草

Potamogeton crispus

/ 眼子菜科眼子菜属 /

形态特征 多年生沉水草本。根状茎细长，茎多分枝，分枝顶端常有芽苞。叶互生，无柄，条形，长4～7cm，叶缘浅波状褶皱，有细齿，中脉明显。穗状花序顶生，挺出水面；总花梗粗壮，长2～5cm，穗长1.2～2cm。花果期4～7月。

分布习性 全世界广布，我国南北各地有分布；生于水体呈微酸性至中性的静水池塘、缓流河及稻田中。

繁殖栽培 分株或扦插繁殖。

园林应用 布置静水的池塘、湖泊，也可用于水流较急的水体。由于繁殖迅速，植株极易覆盖整个水面，要定期去除部分植物体。杭州植物园竹类区河流中有应用。

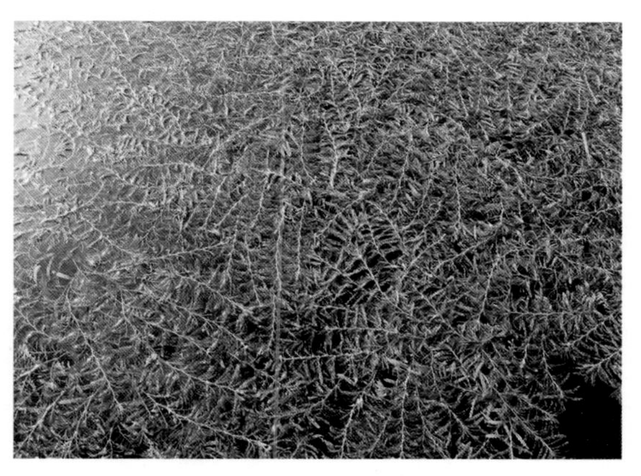

同属中常见栽培应用的有：

尖叶眼子菜 | *Potamogeton oxyphyllus*

茎细长，近圆形，分枝多。叶线形，顶端渐尖，全缘；托叶膜质，顶端钝圆。穗状花序腋生或顶生，花较密，总花梗长2~5cm，与茎同粗或略粗于茎。花果期6~10月。

我国华东地区有分布；生于呈微酸性的池塘、溪沟中。杭州植物园灵峰探梅小池塘中有种植。

6 黑藻
Hydrilla verticillata

/ 水鳖科黑藻属 /

形态特征　多年生沉水草本。茎圆柱形，长达2m，小枝顶端有越冬冬芽。叶3~8枚轮生，线形，无柄，中脉明显。雌雄异株或同株；雄花白色或淡粉红色，开花时伸出水面，成熟后脱离母体浮于水面散布花粉；雌花单生于叶腋，成熟后子房延伸突出于苞片外，浮于水面开淡紫色花。花果期6~9月。

分布习性　我国南北各地有分布；生长在池塘、湖泊、沟渠及稻田中。

繁殖栽培　播种或分株繁殖。

园林应用　布置静水池塘和湖泊为主。杭州学士公园、花圃、乌龟潭、浴鹄湾等有应用。

7 苦草
Vallisneria natans

/ 水鳖科苦草属 /

形态特征　多年生沉水草本。具匍匐枝。叶基生；无柄，线形，纵脉5~7条，长20~200cm，宽0.5~2cm，叶的大小随水深而异；叶片绿色，半透明，全缘或先端具细锯齿。雌雄异株，雄花多数，极小，开花时伸出苞片外，浮在水面传粉；雌花单生，花梗细长，受精后卷曲将子房拖入水中结果。花果期6~10月。

分布习性　我国长江流域有分布；生于水深0.5~2m的池塘、河流、湖泊及溪沟中。

繁殖栽培　扦插或分株繁殖。5~9月将植株剪成6~8cm的茎段，扦插密度5×5cm，20天左右生根。分株于4~8月切去地下茎进行分株繁殖。

园林应用　布置水流较急的水体，叶片顺水流飘动似绿色飘带，景观颇具独特。太子湾有应用。

（二）漂浮植物

1 槐叶蘋
Salvinia natans

/ 槐叶蘋科槐叶蘋属 /

形态特征 小型水生蕨类。无根，茎细长横卧。3叶轮生，二枚漂浮水面，在茎两侧紧密排列，形如槐叶，矩圆形，中脉明显；其余一枚悬垂水中，细裂如丝，形成假根。孢子果4～8个成串生于沉水叶的基部。

分布习性 我国各地有分布。生于池塘、水田和静水沟内。喜温暖、光照充足的环境。

繁殖栽培 孢子繁殖或植株断体繁殖。

园林应用 叶型奇特，植株美丽。布置水面景观，也可用于净化轻度富营养化的水体。茅家埠有种植。

2 满江红
Azolla imbricata

/ 满江红科满江红属 /

形态特征 小型水生蕨类。根状茎横走，水下生须根。叶互生，覆瓦状排成两行，常分裂成上下两片；上裂片肉质，春夏时绿色，秋后变紫红色，下面有空腔，胶质和蓝藻共生；下裂片沉于水中，膜质透明。孢子果成对生于分枝基部的下裂片上。

分布习性 我国长江以南各省区有分布。生于水田和池塘及水流缓慢的河流中。喜光，较耐寒。

繁殖栽培 分侧枝营养繁殖。

园林应用 秋叶红色，水面好像铺了一层红地毯，蔚为壮观。满江红繁殖迅速，应慎重使用。宜布置小水塘。茅家埠、杭州植物园等有应用。

3 野菱
Trapa incisa

/ 菱科菱属 /

形态特征 一年生漂浮草本。茎细长。叶二型：浮水叶有海绵质气囊，长纺锤形或披针形，叶三角状菱形，上部边缘具锐齿，基部边缘宽楔形，全缘，叶面深绿色，有光泽；沉水叶羽状细裂。花白色，腋生。坚果小，三角形，四角有尖锐的刺，绿色，上方两刺向上伸长，下方两刺朝下。花期7～8月；果熟期10月。

分布习性 我国南北各地广泛分布。生于河道、池塘、湖泊等。喜光，抗寒。

繁殖栽培 播种或分株繁殖。播种繁殖，于春季将催芽后的菱果均匀撒播于水深1～2m的湖泊、池塘中。分株繁殖，直接折茎枝于水中即可。幼苗期追施1～2次肥料，生长旺盛期2～3周追肥一次。生长期及时清除杂草。

园林应用 叶片镶嵌排列整齐，菱茎细长柔软，水中随风漂浮，具有较高的观赏价值。成片布置水面，形成美丽别致的景观。也可与其他挺水植物搭配应用。花圃、茅家埠、学士公园、乌龟潭等地有种植。

4 轮伞天胡荽
Hydrocotyle verticillata

/ 伞形科天胡荽属 /

形态特征 多年生挺水或湿生草本，水位过高可呈漂浮状态。株高15～30cm，匍匐茎发达，节上常生根。叶圆形，直径2～4cm，缘有粗锯齿，叶柄细长，盾状着生。轮伞花序，花黄绿色。花期6～8月。

分布习性 原产美国密苏里州至南美洲，近年从国外引进。喜高温、高湿及阳光充足的环境，不耐寒，在浅水的肥沃土壤中生长良好，也可在湿润的土壤中种植。对水质要求不严，水体pH值6.5～7.0，水温20～25℃处生长较好。

繁殖栽培 分株或扦插繁殖。

园林应用 植株清秀可爱，叶型独特，生长迅速，成形快。成片栽植于水体岸边，也可盆栽观赏。曲院风荷、花圃等有应用。

5 水鳖
Hydrocharis dubia

/ 水鳖科水鳖属 /

形态特征 多年生漂浮草本。具匍匐茎，末端生芽，并可产生越冬芽。叶簇生，漂浮，有时伸出水面；叶心状圆形，先端圆，基部心形，背面有一海绵质的贮气组织。雌花单生于佛焰苞内，花瓣3，白色，花时挺出水面，结实后沉入水中；雄花2～3朵同生于佛焰苞内。果实球形至倒卵形。花果期8～10月。

分布习性 我国南北各地有分布；生于静水池塘、湖泊及水沟中。喜温暖，喜光，稍耐寒，耐半阴。

繁殖栽培 分株或播种繁殖。

园林应用 株型奇特，叶片清秀。布置小水面，也可在较大的水面成片种植，但生长季节应用竹竿等做有效隔离。曲院风荷、花圃、茅家埠、乌龟潭等地有种植。

6 水禾
Hygroryza aristata

/ 禾本科水禾属 /

形态特征 多年生漂浮草本。根状茎细弱，节上具轮生的羽状须根；秆挺出水面10～20cm。叶片卵状披针形，长3～8cm，顶端钝，基部圆形且收缩为短柄，叶表面常成对着生紫斑；叶鞘肿胀，长于节间。圆锥花序疏散，长4～7cm，小穗披针形。花果期8～11月。

分布习性 我国江西、福建、广东、海南等地有分布；生于池塘，湖泊及小溪流中。

繁殖栽培 分株或扦插繁殖。7～8月以带须根的茎节扦插，保持土壤湿润或控制水位3～5m。

园林应用 点缀水体边缘、岸边湿地。西溪湿地有种植。

7 大薸

Pistia stratiotes

/ 天南星科大薸属 /

形态特征 多年生漂浮草本。白色须根发达、长而悬垂。具匍匐茎，茎端发出新植株。叶簇生呈莲座状，叶片倒卵状楔形，长2～8cm，两面被茸毛，顶端钝圆而呈微波状，叶脉扇状伸展。肉穗花序腋生，佛焰苞白色，小花单性同序。浆果。花期6～7月。

分布习性 我国长江以南各地也有分布。生于池塘、沟渠等水质肥沃的静水面。喜高温多湿，不耐寒。

繁殖栽培 分株繁殖，将匍匐茎先端长出的新植物另行栽种。繁殖能力极强。

园林应用 叶形奇特，叶色翠绿，秋叶变黄。宜布置小水面，大水面绿化时应在边缘设隔离。亦可用于净化水体，发达的根系能直接从污水中吸收有害物质和过剩营养物质。西溪湿地有种植。

8 浮萍

Lemna minor

/ 浮萍科浮萍属 /

形态特征 多年生漂浮小草本。根仅1条，长3～4cm。叶状体扁平，椭圆形或近圆形，全缘，两面绿色。花单性，雌雄同株，着生于叶状体边缘开裂处。花期6～7月。

分布习性 世界广布种，我国南北各地有分布。生于水田、池沼、湖泊或水沟中。喜光，耐寒，耐热，抗逆性强。

繁殖栽培 叶状体背面一侧具囊，新叶状体于囊内形成，可产生新植株，易繁殖栽培。

园林应用 布置水体浅水区或不流动水域。布置小水池时，成片绿色似草坪；大水面布置，应在边缘设隔离。亦可和其他水生植物配置应用。杨公堤水域有种植。

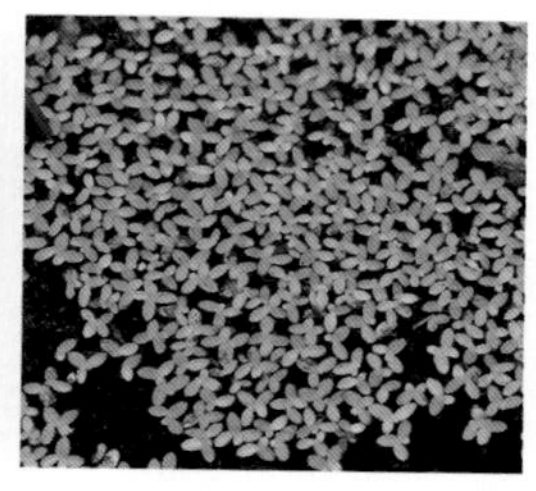

9 凤眼莲

Eichhornia crassipes

/ 雨久花科凤眼莲属 /

形态特征 多年生漂浮草本，常作一年生栽培。浅水处根生于泥中，须根发达。具匍匐茎，茎端发出新植株。叶丛生呈莲座状，叶柄中部膨大呈葫芦状气囊。穗状花序有花6～12朵，花被6裂，蓝紫色，上方一枚具周围深蓝色中央鲜黄色的斑块；雄蕊3长3短。花期7～9月。

分布习性 原产南美洲热带和亚热带，我国长江流域、黄河流域及华南各省有栽培或逸生。喜生长在温暖向阳、富含有机质的静水中。

繁殖栽培 分株繁殖。分离匍匐茎端的新植株，投入水中即可。繁殖力极强。

园林应用 叶柄奇特，花朵艳丽，花期长。布置池塘、湖泊，也可盆栽或缸养。大面积绿化时应在边缘设隔离，具有很强的净化能力，可用于净化水体，可吸收水中的重金属和放射性污染物。霜后叶片枯萎腐烂，易造成二次污染，应及时打捞销毁。茅家埠、西溪湿地、运河等有应用。

（三）浮叶植物

1 蘋
Marsilea quadrifolia

/ 蘋科蘋属 /

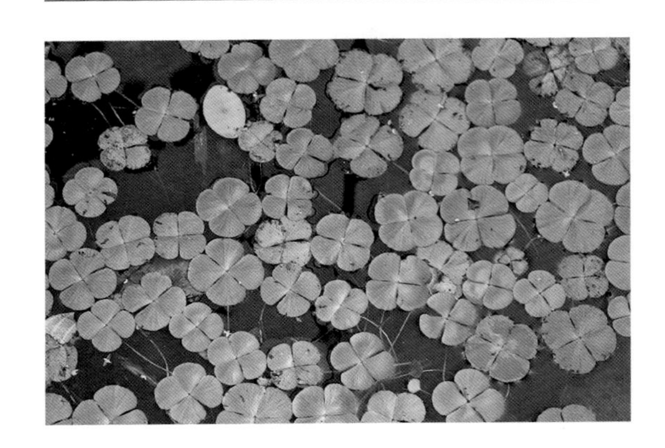

形态特征　浮叶小型蕨类，偶生于泥沼地。株高5～20cm。根状茎细长而横走，茎节远离，节上生根，向上发出1至数枚叶片。小叶4枚，呈十字形排列，倒三角形，叶脉扇形分叉。孢子果生于叶柄基部。

分布习性　世界广布种，我国南北均产，生于水田、池塘或沼泽中。

繁殖栽培　孢子果繁殖。也可将根茎切成段，另行栽植，繁殖极快。

园林应用　成片种植于水体浅水处，也可与其他挺水植物配置。茅家埠、浴鹄湾等有应用。

2 睡莲
Nymphaea tetragona

/ 睡莲科睡莲属 /

形态特征　多年生浮叶草本。叶心状卵形，直径6～11cm，全缘波状，叶背带红色，两面无毛；花单生，直径3～5cm，朝开暮合；萼片4，宽披针形，长2～3cm，宿存；花瓣8～15；雄蕊多数；柱头盘状，辐射状裂片6～8；花有白、黄、粉红、红、紫和蓝等色。花期6～8月。

分布习性　热带至寒冷地区有分布，我国南北各地有栽培。喜光，越冬温度约0～5℃。宜在河泥肥沃，水质清洁的静水中生长，适生水深25～30cm。

繁殖栽培　分株或播种繁殖。分株于春季将根茎切割成块，每块2～3个芽眼，栽入河泥中。播种于春季取出水藏的种子催芽，每天换水，两周后可发芽。种植2～3年后应重新栽植。

园林应用　花朵美丽，品种繁多，花期长。丛植点缀喷泉、庭院，片植于池塘水面，亦可用于净化水体，其根能吸收水中的汞、铅、苯酚等有毒物质。曲院风荷、柳浪闻莺、花圃、茅家埠、乌龟潭、浴鹄湾等有应用。

热带睡莲 | *Nymphaea lotus*

叶片较大，边缘锯齿状或波浪形。花大，常高出水面20～30cm，品种甚多，花色有蓝、红、粉、橙、白，热带地区常年开花，每朵花可开3～4天。

热带、南亚热带地区露地栽培，越冬温度需在10℃以上。杭州花圃有应用。

3 莼菜

Brasenia schreberi

/ 睡莲科莼菜属 /

形态特征 多年生浮叶草本。嫩茎、叶及花梗有胶质物。根状茎横卧于水底泥中，水中茎细长，分枝多，随水位上涨不断伸长，长50～100cm。叶浮于水面，椭圆状矩圆形，背面紫色，全缘，光滑，叶柄长25～40cm，盾状着生。花单生叶腋，暗紫色；萼片、花瓣条形。坚果矩圆卵形。花果期6～11月。

分布习性 我国黄河以南沼泽地、池塘有分布。喜温暖阳光充足的环境，稍耐寒。水深30～60cm，富含腐殖质，水质清洁微流的浅水中生长较好。

繁殖栽培 分株繁殖。春季挖取根状茎和粗壮的水中茎，切割分段，每段2～3节，扦插于浅水淤泥中。繁殖材料随挖随种。

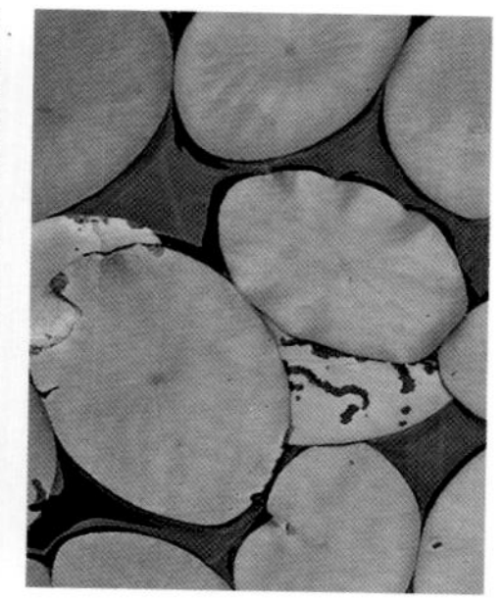

园林应用 成片种植于水深70～100cm的水质清洁的静水区，也可在睡莲或莲边缘种植。国家一级重点保护野生植物。茅家埠、西溪湿地等有应用。

4 芡实

Euryale ferox

/ 睡莲科芡实属 /

形态特征 一年生大型浮水草本。初生叶沉水，箭形，无刺；后生叶浮水，圆形，革质，直径10～130cm，背面紫色，叶脉分叉处有硬刺，叶柄和花梗粗壮，多刺。花单生，部分露出水面，紫红色。浆果球形，密被刺。花果期7～9月。

分布习性 我国南北有分布；野生或栽培于池塘、湖泊及沟溪中。喜温暖气候，喜光，耐寒。在水深80～120cm处生长较好。

繁殖栽培 播种繁殖。春季浸种催芽，约15d发芽，后撒播于河泥中，灌水。

园林应用 叶大，形状奇特，浓绿皱褶。丛植点缀水面，也可与莲、睡莲、香蒲等植物配植。曲院风荷、西溪湿地等有应用。

5 中华萍蓬草

Nuphar pumila subsp. *sinensis*

/ 睡莲科萍蓬草属 /

形态特征 多年生浮水草本。叶纸质，心脏卵形，背面紫红色，密被柔毛。花单生，梗挺出水面20cm左右，花黄色，直径5～6cm；萼片花瓣状，宿存；花瓣雄蕊状，狭楔形；雄蕊多数；柱头盘状，8～10浅裂，红色。花期5～7月。

分布习性 我国江西、湖南、贵州、浙江等地有分布。喜光，耐热，耐寒，水深不宜超过1m，在水深30～60cm肥沃的河泥中生长较好。

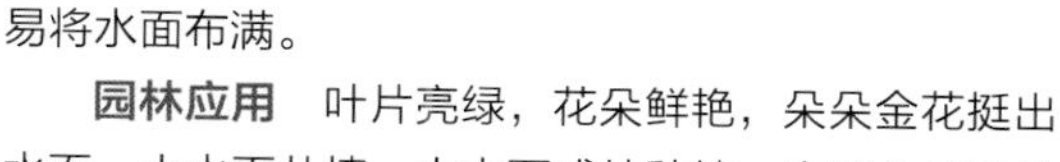

繁殖栽培 分株或播种繁殖。繁殖速度很快，极易将水面布满。

园林应用 叶片亮绿，花朵鲜艳，朵朵金花挺出水面。小水面丛植，大水面成片种植，也可丛植于角隅或点缀缓流溪流中。不宜与其他浮叶植物混种，应与莲等挺水植物配置，形成高低错落的景致。亦可用作净化水体。曲院风荷、柳浪闻莺、花圃、茅家埠、乌龟潭、浴鹄湾等有应用。

6 黄花水龙
Ludwigia peploides subsp. *stipulacea*

/ 柳叶菜科丁香蓼属 /

形态特征 多年生浮水或上升草本。浮水茎长达3m，节上常生海绵质贮气的根状浮器，上升茎花时高达60cm。叶互生，椭圆形，先端锐尖，托叶大。花单生于上部叶腋；萼片5；花瓣5，黄色，先端钝圆或微凹；雄蕊10。蒴果圆柱形。花期6～9月。

分布习性 我国浙江、安徽、福建和广东等地有分布。生于静水或水流缓慢的池塘和沟渠。

繁殖栽培 分割匍匐茎繁殖。

园林应用 叶片翠绿，花朵鲜黄色。片植于池塘或水流缓慢的溪沟边，能有效修复富营养化水体。茅家埠、西溪湿地等有应用。

7 粉绿狐尾藻
Myriophyllum aquaticum

/ 小二仙草科狐尾藻属 /

形态特征 多年生浮水植物。茎中空，上部匍匐水面或直立生长。叶5～7枚轮生，羽状深裂，粉绿色；沉水叶丝状，朱红色。雌雄异株，花单生叶腋，白色，较小。花期3～5月。

分布习性 原产南美洲，我国各地有引种栽培。喜温暖，阳光充足环境，不耐寒。宜生于肥沃、有机质含量丰富的土壤中，并要求种植的水体有一定的流动性。

繁殖培育 扦插繁殖。选择7～9cm长的茎尖作为插穗。繁殖力极强，成形快。

园林应用 羽毛状叶片美丽，群体效果极好。布置小水面，片植于水体中央或边缘；也可用于河道净化水质。学士公园、九溪的水沟边、西溪湿地等有应用。

8 荇菜
Nymphoides peltata

/ 龙胆科荇菜属 /

形态特征 多年生浮叶草本。根状茎匍匐，水中茎细长而多分枝，节上生根。叶近圆形，质厚，边缘微波状，叶背带紫色。花簇生于叶腋，花径2.5～3cm，金黄色，花冠漏斗状，5深裂，边缘流苏状。

花果期6～10月。

分布习性 我国南北各地广为分布。常生于池塘的浅水处或水流缓慢的溪沟中。喜光，耐寒，耐热。能自播繁衍。

繁殖栽培 分株、扦插或播种繁殖。春夏季将根状茎分株另行栽植，也可将水中茎分段，扦插在浅水中。

园林应用 黄花、绿叶浮于水面，花期长，开花时颇为壮观。荇菜所居，清水缭绕，污秽之地，荇菜无痕。成片种植于水深约40cm、水流缓慢的清洁水体中，亦可与其他挺水植物混合种植。西溪湿地、茅家埠、花圃等有应用。

9 蕹菜

Ipomoea aquatica

/ 旋花科番薯属 /

形态特征 一年生浮水草本，也可旱生。全株光滑，茎匍匐，中空，节上生根。叶长卵形，长6～15cm，全缘或波状，具长柄。聚伞花序腋生，花冠漏斗状，白色或淡紫红色，顶端5浅裂；雄蕊与花柱内藏。花果期8～11月。

分布习性 原产我国，南方各省常见栽培，亦有逸为野生；常生于水田、河沟。喜温暖湿润环境，喜光，耐旱，耐高温，不耐寒，不择土壤。

繁殖栽培 播种或扦插繁殖。

园林应用 成片种植于浅水处。西溪湿地有应用。

10 眼子菜

Potamogeton distinctus

/ 眼子菜科眼子菜属 /

形态特征 多年生浮叶草本。浮水叶矩圆形或椭圆形，长4～8cm，宽1.5～3cm；沉水叶披针形。穗状花序粗壮。

分布习性 我国各地有分布；生于池塘、水沟或池沼中。

繁殖栽培 分株繁殖，切取地下茎上的萌芽种植。生长期及时加深水位，以免浮于水面的植株顶芽被光照灼伤。

园林应用 丛植、片植于静水池塘或水流缓慢的溪沟。绿城桃花源的水系中有应用。

11 水金英

Hydrocleys nymphoides

/ 花蔺科水金英属 /

形态特征 多年生浮水草本。叶片近圆形，直径约5cm，叶背有长条形海绵质贮气组织，叶柄有横隔。花单生，挺出水面，杯状，花瓣3，黄色。花期6～9月。

分布习性 原产南美洲的巴西、委内瑞拉及中美洲，我国有引种栽培应用。喜光，不耐寒，宜在缓水中生长。

繁殖栽培 分株繁殖。繁殖力极强。

园林应用 叶片清秀有光泽，花亮丽。布置于小水面的浅水处。郭庄有应用。

（四）挺水植物

1 水蕨
Ceratopteris thalictroides

/ 水蕨科水蕨属 /

形态特征 多年生挺水蕨类。株高30～80cm，根状茎短而直立。叶簇生，二型：不育叶叶柄长10～40cm，直立或幼时漂浮，2～4回羽裂，裂片5～8对，斜向上，下部1～2对羽片较大，卵形至阔卵形，小羽片2～5对；能育叶长圆形或卵状三角形，先端渐尖，边缘薄而透明，强度反卷到达中脉。主脉两侧小脉呈网状，网眼狭五角形。孢子囊群沿网脉疏生，幼时为反卷的叶片覆盖，成熟后稍有张开。

分布习性 我国华东、华南、西南等地有分布。喜温暖、阴湿环境，不耐旱，不耐寒。

繁殖栽培 分株繁殖或孢子繁殖。

园林应用 叶形美丽，色泽鲜绿。布置盆景园、假山石、岩石园。花圃、乌龟潭等有种植。

2 木贼
Equisetum hyemale

/ 木贼科木贼属 /

形态特征 多年生挺水蕨类。株高1m以上，根茎长而横走，地上茎丛生，直立不分枝，圆筒形，中空有腔，具关节状节。叶退化呈鳞片状，基部合生呈筒状鞘，棕褐色。孢子囊穗生于茎顶，长圆形。

分布习性 我国东北、华北等地有分布。生于山坡林下阴湿处、河岸湿地或溪河边。喜阴湿环境。

繁殖栽培 孢子繁殖或分株繁殖。

园林应用 水缘绿化材料。西溪湿地有应用。

3 三白草
Saururus chinensis

/ 三白草科三白草属 /

形态特征 多年生挺水植物。株高30～100cm，根状茎白色粗壮，地上茎直立，基部匍匐，节处可生根。叶互生，卵形，基部心状耳形，基出脉5，茎顶端2～3枚叶片在花期为白色。总状花序与叶对生，下垂，花小，无花被。花期4～6月；果期7～9月。

分布习性 我国长江流域及以南各省区有分布；生于溪沟旁、水塘边、沼泽地等低湿处。喜光，耐半阴。富含腐殖质的肥沃土壤中生长较好。

繁殖栽培 分株或扦插繁殖。

园林应用 花期茎顶端2～3枚叶片白色，花序长，春夏季观赏效果好。布置水缘浅水处，陆地种植时保持土壤湿润。杨公堤一带曾有成片种植。

同属中可栽培应用的有：

美洲三白草 | ***Saururus cernuus***

与三白草的区别是：株高60～150cm。总状花序下垂，苞片绿色。原产北美。西溪湿地有应用。

4 红莲子草
Alternanthera bettzickiana

/ 苋科莲子草属 /

形态特征 一年生草本。株高10～45cm，茎细长，上升或匍匐，有两行纵列的白色柔毛，节上密被柔毛。叶对生，红色，椭圆状披针形，全缘。头状花序腋生，无总花梗，花密生，苞片及花被片白色。花期5～7月；果期7～9月。

分布习性 原产巴西，现全国各地有栽培。喜湿润、阳光充足的环境。

繁殖栽培 扦插繁殖。

园林应用 成片种植用于水缘，也可作耐湿地被植物。西溪湿地有应用。

5 荷花
Nelumbo nucifera

/ 睡莲科莲属 /

形态特征 多年生挺水草本。株高1～2m，根状茎肥厚，有通气孔道，节部缢缩。叶圆形，直径25～90cm，盾状着生于带小刺的叶柄，波状全缘，叶脉放射状。花单生，有白、粉、深红、淡紫色或间色，花瓣多数，有单瓣、复瓣、重瓣等，芳香，花托表面具多数散生蜂窝状孔洞，花后膨大成莲蓬。花期6～9月。

分布习性 我国南北各地有栽培，生于水深0.3～1.2m静水中，在富含腐殖质的肥沃黏土中生长最佳。喜光，忌阴，耐高温，不耐干旱。

繁殖栽培 分株或播种繁殖。

园林应用 我国十大名花之一，栽培历史悠久，有深远的文化内涵。点缀池塘、湖泊，带状种植于水缘，或在宽阔水域成片种植形成“接天莲叶无穷碧”的壮丽景观，亦可盆栽观赏。杭州应用普遍，以曲院风荷的荷花最为著名。

6 千屈菜
Lythrum salicaria

/ 千屈菜科千屈菜属 /

形态特征 多年生挺水草本。株高40～100cm，根茎粗壮，地上茎四棱，直立多分枝。叶常对生，披针形，全缘，无柄有时稍抱茎。穗状花序顶生，小而多的花朵生于叶状苞腋；花瓣红紫色或淡紫色。花期6～9月；果期9～10月。

分布习性 我国各地有分布。喜阳光充足、土壤湿润、通风良好的环境，耐寒，在富含腐殖质的土壤中生长较好。浅水中生长最好，也可旱地栽种。

繁殖栽培 播种、分株或扦插繁殖。

园林应用 花色艳丽，花繁叶茂，花期长，群体效果极佳。可在湿地、湖畔、溪沟边成片种植。应用普遍。

7 水芹
Oenanthe javanica

/ 伞形科水芹属 /

形态特征 多年生挺水或湿生草本。株高20～80cm，茎中空，基部匍匐，节上生根。叶互生，1～2回羽状分裂，末回裂片菱状披针形，缘有不整齐锯齿。复伞形花序顶生，花序梗长2～16cm，无总苞；花瓣白色，倒卵形。花期6～7月；果期8～9月。

分布习性 全国各地及东南亚有分布。生于低湿地及水沟浅水中。喜湿润凉爽环境，耐阴，忌炎热干旱，在土层深厚、富含腐殖质的黏质土壤中生长较好。

繁殖栽培 分株繁殖。

园林应用 冬季常绿，覆盖性好。片植于水缘、浅水区或岸边阴湿处。也可作水体净化材料，据报道在污水中栽培7d，氨氮去除率高达98%。花圃、花港观鱼等有应用。

8 水烛
Typha angustifolia

/ 香蒲科香蒲属 /

形态特征 多年生挺水或沼生草本。株高1～2.5m。叶狭线形，宽0.5～0.8cm，叶背中部以下突起，横切面呈半圆形，海绵质。穗状花序圆柱形，雌雄花序远离，间隔2～10cm；雄花序在上，长20～30cm；雌花序在下，长6～24cm。花果期6～9月。

分布习性 我国各地有分布，成片生于池塘、湖泊、河滩等浅水处及沼泽地。喜光，较耐寒，在富含有机质10～20cm深的浅水塘泥中生长最佳。

繁殖栽培 分株繁殖。繁殖力极强。

园林应用 叶片修长，花序奇特，植株挺拔。点缀桥头、岩石园、木栈道旁，片植于宽阔水面边缘。越冬前清除枯死枝叶以免影响景观。杭州水域常见应用。

同属中可栽培应用的有：

香蒲 | ***Typha orientalis***

多年生挺水或沼生草本。株高约1m。叶宽0.5～0.8cm。雌雄花序相连。我国东北、华北、华中、华东、华南等地有分布。茅家埠有应用。

‘花叶’宽叶香蒲 | ***Typha latifolia* ‘Variegata’**

多年生挺水或沼生草本。株高0.5～1m。叶片宽0.5～1.5cm，有乳白色条纹。雌雄花序相连。花果期5～8月。西溪湿地有应用。

9 泽泻

Alisma plantago-aquatica

/ 泽泻科泽泻属 /

形态特征　多年生挺水草本。株高100cm，块茎近球形。叶基生，长椭圆形至广卵形，基部近圆形或浅心形，长3～18cm；叶脉5～7条。大型圆锥状聚伞花序，花小，内轮花被片白色，边缘波状。花期6～8月。

分布习性　我国南北各地有分布。生于湖泊、河流、水塘、沼泽等。喜温暖、阳光充足的环境。

繁殖栽培　播种或分株繁殖。能自播繁衍。

园林应用　叶片浓绿，小花稠密。浅水区布景植物，整体观赏效果好。西溪湿地有应用。

10 大花皇冠草

Echinodorus grandiflorus

/ 泽泻科皇冠属 /

形态特征　多年生挺水或沼生草本。株高约50cm。叶近圆形，基部心形有耳，长40cm，宽35cm，末梢尖，有5～7条明显的叶脉，叶柄粗壮，有刺；水中叶椭圆形，长15cm，宽8cm。花径约3.5cm，花瓣3枚，雌蕊24个。花期6～10月。

分布习性　原产中美洲至巴西南部，我国有引种栽培。喜温暖、通风良好的环境，沼泽地和长期积水的环境都能生长。

繁殖栽培　分株或压条繁殖。

园林应用　浅水区布景植物。学士公园有应用。

11 大慈姑
Sagittaria montevidensis

/ 泽泻科慈姑属 /

形态特征 多年生挺水草本。株高达1m，根状茎末端常膨大成球茎。叶片宽大肥厚，侧裂片与顶裂片等长，先端钝圆，叶柄粗壮。圆锥花序，上部雄花，下部雌花，花瓣白色，基部具紫斑。花期5～9月。

分布习性 原产北美、墨西哥、南美，我国有栽培应用。喜阳光充足、温暖湿润、通风良好的环境。在土层肥沃的浅水中生长最佳。

繁殖栽培 分球茎繁殖。

园林应用 丛植、片植于水体边缘，也可与其他水生植物混合种植。曲院风荷、花圃、茅家埠、浴鹄湾等有应用。

同属中可栽培应用的有：

慈姑 | *Sagittaria trifolia* var. *sinensis*

多年生挺水草本。株高50～100cm，球茎显著膨大。叶片宽大肥厚，顶裂片先端钝圆，广卵形。

我国长江流域以南广泛栽培作蔬菜。

片植于水体边缘、木栈道旁，亦作蔬菜栽培。乌龟潭有应用。

泽泻慈姑 | *Sagittaria lancifolia*

多年生挺水或沼生草本。叶片长椭圆形，长6～45cm，宽1～5cm。花葶高60cm，花白色。花果期5～10月。

原产中美洲和南美洲北部，我国有栽培应用。学士公园有应用。

12 芦竹
Arundo donax

/ 禾本科芦竹属 /

形态特征 多年生挺水草本。株高2～6m，具粗而多节的根状茎，秆粗壮近木质，直径1～1.5cm。叶互生，斜出，排成二列，扁平弯曲，披针形，叶基鞘状而抱茎。圆锥花序直立，长30～60cm。颖果。花期9～10月；果期9～11月。

分布习性 我国江苏、浙江、湖南、广东、广西、四川、云南等省有分布。喜温暖湿润气候，喜光，较耐寒，耐湿，耐旱。

繁殖栽培 分株或扦插繁殖。

园林应用 丛植、片植于河岸、湖边低洼处、桥头、亭旁，点缀石景，亦可固坡护堤。曲院风荷、太子湾、学士公园、花圃、茅家埠、乌龟潭、柳浪闻莺、浴鹄湾、西溪湿地等有应用。

同属中可栽培应用的有：

花叶芦竹 | ***Arundo donax* var. *versicolor***

多年生挺水草本。叶片具白色或黄色纵条纹，嫩叶黄色。圆锥花序长10～40cm，初花时带红色，后转白色。

原产地中海一带，我国广泛栽培应用。

丛植、片植于河岸、湖边。也可与其他挺水植物搭配应用。学士公园、浴鹄湾等有应用。

13 蒲苇 *Cortaderia selloana*

/ 禾本科蒲苇属 /

形态特征 多年生草本。株高2.5m，茎丛生。叶多聚生于基部，极狭，长约1m，宽约2cm，下垂，边缘具细齿，呈灰绿色，被短毛。雌雄异株；圆锥花序大，雌花穗银白色，具光泽，小穗轴节处密生绢丝状毛，小穗由2～3花组成；雄穗为宽塔形，疏弱。花期9～10月。

分布习性 我国华北、华中、华南、华东及东北等地有分布。喜温暖、阳光充足及湿润气候，耐寒，不择土壤。

繁殖栽培 分株繁殖。

园林应用 株丛挺拔，花穗美丽。丛植、片植于湖岸边。曲院风荷、杭州花圃、长桥公园、西溪湿地等地有种植。

14 芒 *Miscanthus sinensis*

/ 禾本科芒属 /

形态特征 多年生草本。株高1～2m，丛生状。叶多数基生；叶片线形，扁平。圆锥花序呈扇形，长15～40cm，白色，小穗上有成束的丝状毛。花期7～9月。

分布习性 我国各地有分布。喜阳光充足的环境，耐寒，耐旱。在湿润的沙壤土中生长最佳。

繁殖栽培 播种或分株繁殖。

园林应用 片植、丛植于河岸边，亦可丛植于草坪或作花境的背景。茅家埠、乌龟潭等有应用。

15 芦苇
Phragmites australis

/ 禾本科芦苇属 /

形态特征 多年生挺水草本。株高1～3m，根状茎粗壮，秆细长木质化，直径0.2～1cm，节下常被白粉。叶带状披针形，长15～45cm，叶鞘圆筒形。圆锥花序长10～40cm，微下垂，下部分枝的腋间具白柔毛；小穗含4～7小花。花果期7～11月。

分布习性 我国各地有分布，成片生于海滩、湖沼和沟渠沿岸并形成群落，在干旱的沙丘地也能生长。喜光，耐盐碱，耐酸。

繁殖栽培 分株繁殖。

园林应用 植株挺拔，花序雪白，秋季荻花蔚为壮观，颇具野趣。成片布置大水面。花圃、茅家埠、乌龟潭、浴鹄湾、太子湾、西溪湿地等有应用。

栽培品种有：

'花叶'芦苇 | *Phragmites australis* 'Variegatus'

多年生挺水草本。叶片绿白相间。学士公园、曲院风荷、柳浪闻莺等有应用。

16 菰
Zizania latifolia

/ 禾本科菰属 /

形态特征 多年生挺水草本。株高80～180cm。具根状茎，秆基由于真菌寄生而变肥厚。叶片带状披针形，长30～100cm，中脉明显；叶鞘肥厚，长于节间。圆锥花序，白色，多分枝，上部为雌小穗，下部为雄小穗。颖果圆柱形。花期7～9月；果期8～10月。

分布习性 我国各地有分布，生于池塘、湖沼及水田中。喜温暖、阳光充足的环境。在富含有机质的微酸性壤土中生长最佳。

繁殖栽培 分株繁殖。

园林应用 片植于池畔湖边，丛植于桥头、建筑旁，也常见在木栈道旁成片种植。杭州地区应用广泛。

17 风车草
Cyperus involucratus

/ 莎草科莎草属 /

形态特征 多年生挺水草本。株高40～150cm，具短粗的地下茎，秆丛生，粗壮，近圆柱形。叶退化呈鞘状，包裹茎基部。叶状苞片，约20枚，近等长，呈螺旋状排列，向四周展开。聚伞花序疏散，辐射枝发达。花期5～7月；果期7～10月。

分布习性 原产非洲，我国南北各地有栽培应用。喜温暖、阴湿环境。不耐寒，生长适宜温度为20～25℃。对土壤的要求不严格，但喜腐殖质丰富、保水力强的黏性土壤。

繁殖栽培 分株或扦插繁殖。

园林应用 株丛繁茂，苞片奇特。带状布置湖畔浅水处，也可丛植于山石旁。曲院风荷有种植。

18 荸荠
Eleocharis dulcis

/ 莎草科荸荠属 /

形态特征 多年生挺水草本。株高60～100cm；根状茎匍匐细长，末端膨大成球茎，即为食用荸荠；秆丛生，圆柱状，具多数节状横隔膜。无叶片，仅秆基有管状叶鞘。小穗顶生，圆柱状，淡绿色。花果期5～10月。

分布习性 原产印度，我国华东和华南等地常见栽培。生于湿地或水田中。喜温暖气候及阳光充足的环境，不耐寒，浅水中生长较好。

繁殖栽培 分球茎繁殖，4～5月进行，在浅水中种植，栽植时芽顶露出泥面。地栽3年后，重新分株。

园林应用 株丛紧密挺拔，有较好的竖线条。宜在水缘成片种植。茅家埠有应用。

19 水葱
Schoenoplectus tabernaemontani

/ 莎草科藨草属 /

形态特征 多年生挺水草本。株高1～2m，根状茎匍匐、粗壮，秆散生，圆柱形。叶常退化成鞘，仅最上1个鞘具叶片；苞片1，为秆的延长，常短于花序。聚伞花序假侧生，辐射枝多。花果期6～9月。

分布习性 我国除华南外，各省区均有分布，日本、朝鲜、澳洲、美洲也有。生于池塘和湖泊的浅水处或湿地草丛中。喜光，耐寒。

繁殖栽培 分株繁殖，初春进行，将卧茎切割分成2～3芽，小丛栽植。栽培管理粗放，入冬时需剪除地上部分的枯枝落叶。

园林应用 秆挺拔翠绿，有很好的竖线条效果。片植于水缘，丛植点缀桥头、建筑。长桥公园、花圃、茅家埠、浴鹄湾等有应用。

同属中可栽培应用的有：

花叶水葱 | *Schoenoplectus tabernaemontani* 'Zebrinus'

多年生挺水草本。植株较小，秆绿白相间。

近年从国外引进，华东地区有大量的栽培应用。喜光，光照不足则花纹不明显，不耐寒。花圃、茅家埠、浴鹄湾等有种植。

水毛花 | *Schoenoplectus mucronatus* subsp. *robustus*

多年生挺水草本。株高50～120cm。秆丛生，锐三棱形。叶鞘管状，无叶片；苞片1，长2～9cm。花序无辐射枝，小穗聚集于秆顶呈头状。花果期5～8月。

我国除新疆、西藏外，各省区均有分布，亚洲其他国家及欧洲也有分布。生于池塘、湖沼、溪沟等浅水处及沼泽地，常与慈姑、莲混生。学士公园、茅家埠等有应用。

20 菖蒲
Acorus calamus

/ 天南星科菖蒲属 /

形态特征 多年生挺水草本。株高90～150cm，全株具香气，根状茎横走粗壮。叶基生，剑状线形，宽1～3cm，叶基鞘状，对折抱茎；具中肋。叶状佛焰苞长20～40cm，肉穗花序圆柱形，花黄绿色。浆果红色。花期6～9月。

分布习性 世界温带、亚热带广泛分布，我国南北各地均有分布。生于池塘、河流、湖泊的浅水处。耐寒，喜光。

繁殖栽培 分株繁殖。早春将根状茎挖出，去除老根，切成数块，每块保留3～4个芽，另行栽植。养护管理简单粗放。

园林应用 植株挺拔，叶形如剑，全株有香气。宜带状植于岸边浅水处。杭州园林中应用普遍。

21 野芋
Colocasia antiquorum

/ 天南星科芋属 /

形态特征 多年生湿生或挺水草本。株高达1.2m，块茎球形，基部常生匍匐茎，具小球茎。叶基生，叶片盾状卵形，长达50cm以上，基部心形，后裂片彼此合生1/2以上。佛焰苞黄色，长15~25cm，肉穗花序短于佛焰苞，附属器长4~8cm。花期8月。

分布习性 我国长江以南各省有分布，生于林下阴湿处。喜高温高湿环境，较耐阴，不耐旱，整个生长期要求充足水分，土壤适应性广，但在肥沃深厚、保水力强的黏质土中生长最好。

繁殖栽培 播种或分株繁殖。

园林应用 丛植或片植于溪河边、高大建筑物背面阴湿处，布置花境、岩石园，亦可作林下或林缘地被植物。长桥公园、赵公堤、西溪湿地等有应用。

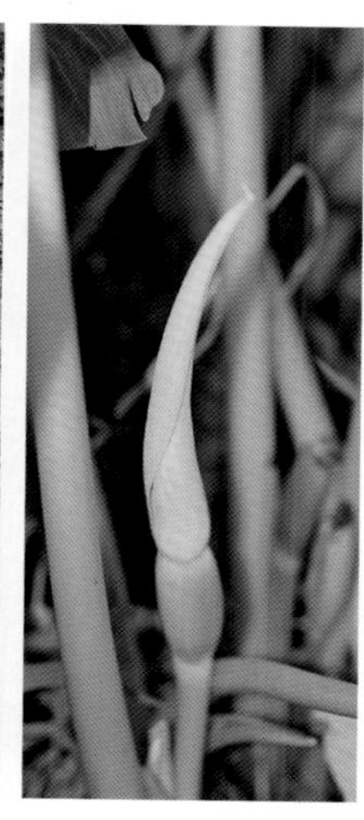

同属中可栽培应用的有：

紫秆芋 | *Colocasia tonoimo*

多年生湿生草本。株高1.2m，地下有球茎。叶柄及叶脉紫黑色。花为佛焰苞花序。

原产中国，日本也有分布。喜光，喜高温，耐荫湿，耐湿。性强健。

分株繁殖。

水缘观叶植物。曲院风荷、长桥湿地公园等有应用。

22 梭鱼草
Pontederia cordata

/ 雨久花科梭鱼草属 /

形态特征 多年生挺水草本。株高60~100cm，根状茎长。叶基生；叶片椭圆状披针形；叶柄横切面海绵质。穗状花序顶生，长5~20cm，小花密集，达200朵以上，花被6裂，蓝紫色，上方1枚具黄斑。花果期5~10月。

分布习性 原产南北美洲，我国长江流域及华南地区有栽培应用。喜光亦耐阴，耐高温，不耐寒。在偏碱性的水体中也可生长。

繁殖栽培 分株繁殖。春季将根状茎挖出，切成块状，每块留2~4个芽，后种植。3年后应重新分株。

园林应用 株型紧凑，叶形美丽，花序超出叶丛，小花密集，花期长。片植、丛植池塘、湖沼等浅水处。杭州园林中应用广泛。

栽培品种有：

白花梭鱼草 | *Pontederia cordata* 'Alba'

多年生挺水草本。叶丛生，叶片箭头状或三角披针形，顶端锐尖，光滑。花白色。浴鹄湾有应用。

23 鸭舌草
Monochoria vaginalis

/ 雨久花科雨久花属 /

形态特征　多年生挺水草本。株高12～35cm，根状茎极短，茎直立或斜上。叶基生和茎生；叶片卵形或卵状披针形，长2～6cm，叶柄基部扩大成鞘。总状花序花期直立，果期下弯；花通常3～5朵，花被片6，蓝色。花期8～9月。

分布习性　产自我国南北各省区。生于稻田、沟旁、浅水池塘等水湿处。

繁殖栽培　分株繁殖。3～5月将根状茎挖起，切段后另行栽植。保持水深10～20cm。

园林应用　叶色翠绿光亮素雅。常沿着水体边缘成片种植。乌龟潭、西溪湿地等有应用。

24 灯心草
Juncus effusus

/ 灯心草科灯心草属 /

形态特征　多年生草本。株高40～100cm，根茎粗壮，横走，秆直立丛生，圆柱形，直径1.5～4mm。无叶，下部有数个鳞片状鞘状叶，基部叶鞘紫褐色或淡褐色，叶鞘先端常具芒尖。花序假侧生，疏散为复伞花序；花小、绿色。蒴果三棱状倒锥形，淡黄褐色。花期3～4月；果期4～7月。

分布习性　我国大部分地区有分布。生于水沟边或较潮湿处。

繁殖栽培　分株繁殖。

园林应用　丛植或片植于水缘。花圃、乌龟潭等有种植。

25 黄菖蒲
Iris pseudacorus

形态特征 多年生挺水草本。株高60~120cm，根状茎粗壮，有明显节结。叶灰绿色，排成二列，宽剑形，中脉明显。花茎有分枝数个，着花3~5朵，黄色，外轮花被片中脉上无附属物，有黑褐色条纹，内轮花被片较小，直立。蒴果长椭圆形。花期5~6月；果期7~9月。

分布习性 原产欧洲，我国各地常见栽培。生于水畔或浅水中。喜光、稍耐阴，耐热，耐旱，极耐寒。生态适应性广。

繁殖栽培 播种或分株繁殖。播种在春秋季进行，秋季种子成熟随采随播于疏松的土壤中，播后覆土1cm，后盖覆盖物，防止被雨水冲刷，20天后可萌发。也可将种子冷藏于春天播种。春季分株，将老株分开栽植即可。

园林应用 叶形如剑，花大色艳，开花时颇为壮观，春季观赏效果最好。常片植于湖畔浅水处。杭州水域广泛应用。

栽培品种有：

‘花叶’黄菖蒲 | *Iris pseudacorus* ‘Variegata’

春季叶上有黄绿色条纹，开花前变成绿色。西溪湿地有应用。

同属中可栽培应用的有：

‘路易斯安那’鸢尾 | *Iris hybrids* ‘Louisiana’

多年生常绿挺水草本。叶片剑形，无中脉，外轮花被片中央无附属物，有亮黄色斑块。由美国多个亲本杂交而成，园艺品种甚多，花色丰富。花期5~6月。

近年来华东地区应用广泛。丛植或片植于水缘、沼泽地，旱地也能栽培。花港观鱼、柳浪闻莺、浴鹄湾等有种植。

花菖蒲 | *Iris ensata* var. *hortensis*

多年生挺水草本。叶宽1～1.8cm，中脉明显。花茎稍高出叶片，着花2朵，花大，外轮垂瓣下垂，内轮旗瓣较小，色浅，园艺品种甚多，花色丰富，单瓣或重瓣，花瓣中斑点和花纹因品种不同变化较大。花期5～6月。不同品种花期有前后之分，不同的年份也略有迟早，6月上中旬为盛花期，有的品种可延续至7月初。一个品种的花期约为10天左右。

原产我国东北。喜光，庇荫处生长纤弱，耐寒。在湿润富含腐殖质的微酸性土壤中生长较好。

春秋分株繁殖。开花期需大量水分，应及时浇水防干旱。

布置花境、花坛，也可植于沼泽地、林缘、溪畔、河边成片种植。柳浪闻莺有应用。

玉蝉花 | *Iris ensata*

多年生挺水草本。株高40～100cm。叶片线形，宽0.5～1.2cm，中脉明显。花茎着花2朵，深紫色，直径9～10cm，外轮花被片中脉上无附属物，基部有黄色斑纹，花期6～7月。

我国东北、山东及浙江有分布。生于沼泽地或湿草地。喜阳，耐半阴。

可用于净化河道。柳浪闻莺、浴鹄湾等有应用。

溪荪 | *Iris sanguinea*

多年生挺水草本。株高40～60cm。叶线形，宽0.5～1.3cm，中脉不明显。花茎与叶等高，不分枝，着花约4朵；苞片有红晕；花紫色，外轮花被片中脉上无附属物，基部有黑褐色网纹及黄色斑纹，内轮旗瓣稍短，色较浅，花期5～6月。

我国东北有分布，朝鲜和日本亦有。喜温暖湿润，稍耐阴，耐寒。

宜丛植、片植于沼泽地、浅水，也可旱地布置花境或林缘种植。茅家埠有种植。

26 再力花
Thalia dealbata

/ 竹芋科再力花属 /

形态特征　多年生挺水草本。株高1～2m，全株被白粉。叶片卵形，灰绿色，边缘紫色，长50cm，宽25cm，具长柄。复总状花序，花紫色，苞片粉白色。花期5～8月。

分布习性　原产美国南部和墨西哥，我国长江以南地区广泛栽培应用。喜光照充足及温暖的环境，不耐寒。

繁殖栽培　分株或播种繁殖。

园林应用　株形美观洒脱，花叶俱佳。可丛植于角隅，亦可丛植或带状种植于水缘。西湖风景区广泛种植。

六 竹类

1 孝顺竹
Bambusa multiplex

/ 禾本科簕竹属 /

形态特征 地下茎合轴型，秆高3～6m，直径1～2cm，幼秆被白粉及刺毛。箨鞘厚纸质，硬脆，先端左右高低不齐，绿色至淡棕色，外面无毛，内面光滑；箨耳缺如或微弱；箨片直立被刺毛，基部宽度与箨鞘圆形先端相等。末级小枝具叶5～10枚，叶片披针形，质薄，长4～14cm，宽0.5～2cm，笋期6～9月。

分布习性 我国长江以南各省区有分布。喜温暖湿润气候，喜光，耐寒。

繁殖栽培 移植母竹整丛或分兜栽植。

园林用途 竹秆丛生，姿态秀美。植于庭院角隅、建筑物旁、山石旁，于道路两旁列植或入口处对植，或散植于宽阔的草坪，也可大片栽植成竹林或竹径。苏堤、黄龙洞、湖滨、曲院风荷、花港观鱼、柳浪闻莺等有应用。

变种：

花孝顺竹 | *Bambusa multiplex* f. *alphonsekarri*

与原种区别：秆金黄色，间有绿色纵条纹。

我国长江以南地区栽培生长较好。喜温暖湿润气候，不耐寒。

竹秆美丽，为著名观赏竹种。宜与山石、水面、建筑及植物等配置成各种景观。杭州植物园、黄龙洞景区有应用。

园艺品种：

凤尾竹 | *Bambusa multiplex* 'Fernleaf'

地下茎合轴型，秆高1～2m，直径0.5～1cm，具叶小枝下垂，每小枝有叶9～13枚，排生于枝的两侧，似羽状；叶片小型，线状披针形至披针形，长3～6.5cm，宽0.5～0.7cm，笋期6～9月。

我国华南地区有分布。喜温暖湿润气候，耐寒，忌积水，在肥沃、疏松和排水良好的壤土中生长良好。

布置庭院，作矮绿篱，也可用于制作盆景。茅家埠、乌龟潭、运河、郭庄等有应用。

2 菲白竹

Sasa fortunei

/ 禾本科赤竹属 /

形态特性 地下茎复轴型，秆高30～50cm，径0.2～0.3cm，节间无毛，圆筒形，每节1分枝，小枝上有4～7枚叶；秆箨宿存，无毛；箨鞘两肩具白色缝毛；箨叶具白色条纹。叶片上镶嵌白色或淡黄色条纹，叶卵状披针形，长5～9cm，宽0.7～1.0cm。笋期5～6月。

分布习性 原产日本，我国江苏、浙江、上海等地有栽培应用。喜温暖湿润环境，喜光，稍耐阴，耐旱，耐寒，耐高温，不择土壤，但在富含腐殖质，疏松、微酸性土壤中生长良好。适应性强。

繁殖栽培 分株或用鞭根繁殖。

园林用途 茎秆低矮匍匐，覆盖性好，竹叶绿白相间。布置花坛、花镜，点缀岩石园、假山、山石，也可大面积种植作地被植物。北方地区可室内盆栽观赏。曲院风荷、花圃、花港观鱼等有应用。

同属中常见栽培应用的有：

菲黄竹 | *Sasa auricoma*

地下茎复轴型，秆高20～50cm，径0.1～0.2cm，节间，秆箨，叶鞘均被柔毛。叶披针形，长7～13cm，宽1.0～1.5cm；初时黄绿相间，老叶黄色纵条纹不明显。笋期5月。

原产日本，我国长三角地区有栽培应用。喜温暖湿润环境，喜光，稍耐阴，耐旱，耐寒，耐高温，不择土壤，但在富含腐殖质、疏松、微酸性土壤中生长良好。适应性强。

茎秆低矮匍匐，嫩叶黄绿相间。布置花坛，花镜，点缀山石，也可成片种植作地被植物。曲院风荷有应用。

翠竹 | *Sasa pygmaea*

特小型竹种。地下茎复轴型，高0.2～0.4m，胸径0.2cm，分枝与主秆同粗。箨短于节间，无箨耳，箨叶抱茎，三角状卵形；叶片披针形，质厚细长，长4～7cm，宽仅0.7～1cm，成两列排列，每列4～5叶。笋期5月。

原产日本，长三角地区有栽培应用。喜湿润肥沃土壤，喜光，耐阴，耐寒，耐旱，不择土壤。发笋能力较弱。

点缀岩石园、山石、边角，成片种植作地被植物，也可制作盆景或盆栽观赏。茅家埠曾有种植。

3 鹅毛竹
Shibataea chinensis

/ 禾本科倭竹属 /

形态特征 地下茎复轴型，秆高0.6～1m，淡绿色带紫色，直径0.2～0.3cm；箨鞘膜质，无毛；无箨耳縫毛；箨叶针状；每节分枝3～6枚，每小枝具叶1枚，叶片厚纸质，卵状披针形，先端枯黄色，长4～6cm，宽1.2～2.0cm。笋期5月。

分布习性 我国浙江、江苏、安徽、江西、福建等省有分布。喜温暖湿润环境。喜光也耐阴，耐干旱，耐贫瘠。适应性强。

繁殖栽培 母竹分株移植繁殖。

园林用途 点缀庭院、山石，片植林缘作地被，也可盆栽观赏。杭州植物园玉泉景点有应用。

五叶笹竹 | *Shibataea kumasasa*

地下茎复轴型，秆高0.4～0.7m，胸径0.3～0.4cm；节间较短5～8cm；每节分枝3～5，每小枝具叶1枚，稀有2枚，叶色墨绿，叶片圆卵形，长5～12cm，宽1.2～2.5cm；笋期5～6月。

原产日本，杭州有引种栽培。较耐阴，喜土层深厚。

母竹分株移植，也可用地下鞭根繁殖。

叶色翠绿，枝叶茂密，宜点缀庭院、山石，也可片植于林下作地被，也可盆栽观赏。植物园竹类区有种植。

狭叶倭竹 | *Shibataea lanceifolia*

地下茎复轴型，秆高0.6～1m，直径0.3～0.5cm。节间较短3～5cm。每节分枝3～5，每小枝具叶1枚，稀有2枚，箨鞘纸质，光滑无毛，无箨耳縫毛；箨叶细小呈钻状；叶片长10～12cm，宽0.8～1.5cm。笋期4～5月。

我国浙江、福建有分布。耐阴湿，耐贫瘠土壤。

丛植点缀庭院、山石，片植用作林下地被植物或绿篱，也可盆栽观赏。

4 阔叶箬竹
Indocalamus latifolius

形态特征 秆高1m，直径0.5～0.7cm，节间长12～25cm，节下具淡黄色粉质毛环。秆箨宿存，质坚硬；箨鞘外面具棕色小刺毛；箨舌截平；无箨耳，鞘口有长纤毛，箨叶细小，条状披针形；叶片大圆形，长10～30cm，宽2～7cm，下面近基部有粗毛。圆锥花序顶生。笋期4～5月。

分布习性 我国山东、江苏、浙江、安徽、湖南及广东等地有分布。生于山谷、荒坡或林下。喜阳光充足、温暖湿润的环境。喜光，耐半阴，较耐寒，耐旱，耐贫瘠。不择土壤，在轻度盐碱土中能正常生长。

繁殖栽培 移栽母竹或鞭根繁殖。

园林用途 秆丛状密生、叶大翠绿，姿态雅丽。成片种植于疏林下、林缘、坡地作地被植物，也可点缀岩石园、假山、石阶左右。灵隐飞来峰景区有成片分布。

同属中常见栽培应用的有：

箬竹 | *Indocalamus tessellatus*

地下茎复轴型，秆高1～2m，直径0.5～0.8cm，节间长20～35cm，几近实心，初灰绿色，被白色绒毛，节平；箨舌弧形；箨鞘棕黄色，质脆，被薄白粉，有棕褐色刺毛，或无毛，无箨耳縫毛，箨叶狭三角形，直立；叶片长椭圆形至宽披针形，长30～45cm，宽6～10cm，下面散生直立细柔毛，沿中脉一边有一行毡毛。笋期5月。

我国浙江、江西、福建有分布，生于海拔300～1400m的山坡、溪流、小河岸边。喜光，耐半阴，耐湿，耐干旱，耐瘠薄。

秆丛状密生、叶大翠绿。成片植于林缘、坡地、山崖形成自然景色，也可作绿篱栽植。灵隐飞来峰景区有分布。

小叶箬竹 | *Indocalamus victorialis*

地下茎复轴型，秆高1～1.5m，直径0.5～0.8cm，节间长15～24cm，平滑，节下被黄色绒毛，节内长0.5cm。秆环略隆起，秆箨木栓质；箨鞘远短于节间，近革质，下部生白色柔毛，无箨耳与縫毛；箨叶长披针形，无毛；叶片宽披针形，长14～23cm，宽2～4cm，两面无毛；笋期5 月。

我国浙江、四川有分布，多生于山谷、荒坡或林下。

秆丛状密生，叶色翠绿，姿态雅丽。成片种植于疏林下、林缘、坡地、山崖边，或列植作绿篱。花港观鱼、灵峰景区有种植。

5 矢竹

Pseudosasa japonica

/ 禾本科茶秆竹属 /

形态特征 地下茎复轴型，秆高2～5m，胸径1～2cm。秆圆筒形，幼秆绿色无毛，秆环平不突起。箨环上有箨鞘基部宿存的残留物。分枝高，中下部分枝少，常仅一枚，上部分枝多为三枚，贴秆上举。箨鞘宿存，质脆，初灰绿色，后黄棕色，中上部被刺毛，箨耳缺如；箨叶直立或反转，粗糙；每小枝具叶5～9枚，叶片狭长披针形，长可达30cm，宽1～4cm。笋期5月。

分布习性 原产日本，江浙沪及中国台湾有栽培。喜湿润肥沃土壤，较耐阴。黄龙洞有应用。

繁殖栽培 母竹分株移植。

园林用途 竹秆光洁挺拔，竹叶长而优美。点缀庭院、山石，成片种植作竹林。黄龙洞有种植。

茶秆竹 | *Pseudosasa amabilis*

地下茎复轴型，秆高5～9m，胸径2～4cm，节间长秆20～30cm，老秆被灰褐色蜡粉；分枝贴秆上举，通常三分枝，下部分枝1～2。箨鞘革质棕黄色，无箨耳，箨片长三角形，直立。叶片厚，长披针形，长30～40cm，宽1～4cm。笋期4～5月。

我国浙江、江西、福建、广东、广西有栽培。喜湿润肥沃土壤，较耐阴湿，耐寒。

母竹分株移植，或用地下竹蔸繁殖。

竹秆挺拔，竹枝上举，呈现刚劲向上的姿态，片植于庭院山石周围，形成独特的竹林景观，也可列植作为隔景障景材料。杭州植物园竹类区有种植。

6 大明竹

Pleioblastus gramineus

/ 禾本科苦竹属 /

形态特征 地下茎复轴型，秆密集成丛，高1～3m，胸径0.5～2cm。新秆绿色，老秆暗绿色。虽为混生竹却呈丛生状态，分枝多枚，先端下垂，秆环稍隆起，箨环平；箨鞘绿至黄绿色，箨耳缺如；叶片线状披针形，质厚细长，长15～25cm，宽仅0.5～1.6cm。笋期5～6月。

分布习性 原产日本，我国上海、南京、台湾有栽培。耐瘠薄，也可耐高温干旱。适应性强。

繁殖栽培 母竹分株繁殖。

园林用途 枝叶茂密下垂，叶片细长优美。丛植于亭台楼榭周围，成片种植作竹径。灵峰探梅景区有种植。

苦竹 | *Pleioblastus amarus*

地下茎复轴型，秆高3～6m，胸径2～3cm。节间长达30cm。每节分枝5～7，幼秆绿色，老秆灰绿色，秆环隆起高于箨环，箨环上有突起木栓质残留物。箨鞘先端渐尖，深绿色，无油光，基部密生刺毛；箨耳不明显；叶片披针形，长14～20cm，宽2.4～3cm。笋期5～6月。

我国长江以南各省有分布。适于生长山坡丘陵环境，喜土壤疏松土层深厚，较耐阴。

秆型高大挺拔，枝叶茂密。成片种植作河道景观绿化，也可作绿墙竹径材料。灵峰探梅景点、运河绿化带、浙江图书馆等有应用。

长叶苦竹 | *Pleioblastus simonii*

地下茎复轴型，秆高3～4m，胸径1.5～2cm。节间长16～27cm。每节分枝5～7，幼秆绿黄色，有白色稀疏微毛；老秆灰绿色，被黑粉与糙毛，秆环隆起高于箨环，节内较长0.3cm；箨鞘有突起木栓质残留物。叶片披针形，长14～20cm，宽2.4～3cm。笋期5～6月。

原产日本，杭州有栽培。耐水肥，适应范围广。

母竹分株移栽。

叶片细长繁茂，竹秆色泽多变，紫绿色至橄榄绿色，竹丛密集。可丛植点缀山石、建筑、角隅，片植作河道景观绿化，或作绿墙竹径材料。植物园竹类区有种植。

7 大黄苦竹

Oligostachyum sulcatum

/ 禾本科少穗竹属 /

形态特征 地下茎单轴或复轴型，较大型竹种，高可达10m以上，胸径6～8cm，节间较长可达40cm。新秆绿色带紫，老杆绿黄色。分枝3，层次分明，箨鞘革质，密生棕色刺毛，外面无斑点；箨耳縫毛无；箨叶紫绿色基部收缩，直立或反转；叶片披针形，质地较薄，长9～15cm，宽0.8～1.5cm。笋期5月。

分布习性 我国浙江、江西、福建、云南有分布。喜光，较耐阴。在疏松肥沃土壤中生长良好。

繁殖栽培 分株繁殖。

园林用途 植株大型，分枝明显，叶翠绿茂密。宜在亭台楼阁周围丛植或成片种植。花港观鱼望山亭下有种植。

同属中常见栽培应用的有：

四季竹 | *Oligostachyum lubricum*

地下茎复轴型，秆高3～5m，胸径2～3cm，节间长可达30cm。秆绿色。一般三分枝，但第一档分枝常见单分枝。分枝之节间半圆筒形或扁平。箨鞘初绿色疏生黄白色刺毛，边缘带紫色；箨耳紫色，镰刀形，具紫色缝毛；箨叶绿色带紫色，宽披针形，基部收缩；叶片披针形，长10～15cm，宽仅1.5～2cm。笋期较长，5～10月都有发生。

我国浙江、福建、江西等省有分布。喜湿润肥沃环境，喜光，耐阴湿。

成片栽植作竹径或绿篱。郭庄、六公园等有应用。

8 方竹

Chimonobambusa quadrangularis

/ 方竹属 /

形态特征 秆高4～6m，胸径2～4cm；粗大的竹秆节间呈方形，节具刺；秆深绿色，粗糙，中下部节具刺瘤状气根；秆箨早落；箨鞘纸质外面无毛，具紫色小斑点；箨片、箨耳、箨舌不明显，箨鞘箨叶似为一体。叶片薄纸质，狭披针形，长10～20cm，宽1.5～2.5cm。笋期秋冬季。

分布习性 我国长江以南地区有栽培，自然分布于山崖边阴湿地带。喜阴湿凉爽环境，冬季寒冷或夏季炎热的环境会导致植株死亡。

繁殖栽培 移植母竹繁殖，也可鞭根繁殖。

园林用途 竹秆四方别具一格，既具人文内涵也带宗教色彩，有独特的园林效果。于溪旁、崖边小片栽植，与庭院、景点配置成景，亦可成片种植作竹林。黄龙洞、植物园玉泉观鱼景区有应用。

9 毛竹

Phyllostachys edulis

/ 禾本科刚竹属 /

形态特征 地下茎单轴型，秆高可达20m，胸径6～14cm，新秆绿色，密被细毛和白粉，分枝以下秆环不明显，秆每节分2枝，分枝常一大一小，分枝较主干细，且与秆作一定的夹角而向上斜举，箨环略突起，无箨鞘基部残留物；箨鞘外面密生棕褐色毛及斑点，具发达的箨耳和缝毛，箨叶带状，远较箨舌为狭，向外反转下被一圈厚白粉，叶较小，披针形，长4～10cm，宽0.5～1.5cm。笋期3月下旬至4月中下旬。

分布习性 我国秦岭至长江流域以南有分布，海拔1000m以下的酸性土山地可生长。喜温暖湿润气候，在深厚肥沃、湿润、排水良好的酸性土壤中生长良好，忌排水不良的低洼地。

繁殖栽培 分株繁殖为主。

园林用途 株型高大美观。宜营造大面积竹林景观和竹径，也可与高大建筑，庭院，山石等配置成景。云栖竹径、黄龙洞、花圃、植物园灵峰等有分布和应用。

龟甲竹 | *Phyllostachys edulis* 'Heterocycla'

与毛竹的区别：秆下部竹节歪斜，相互交错呈龟甲状，愈基部的节愈明显。

龟甲竹遗传性状不稳定，栽植后应不断去除非龟甲形状的新竹。点缀庭院，也可盆栽观赏。浙江图书馆、黄龙洞、湖滨、植物园等有种植。

花毛竹 | *Phyllostachys heterocycla* 'Tao Kiang'

与毛竹区别：秆的节间有不规则相互间隔的绿色条纹。

竹秆挺拔，枝叶秀丽，有很高的观赏价值。点缀庭院、绿地，也可成片种植作竹林。黄龙洞、植物园等有应用。

同属中常见栽培应用的有：

斑竹 | *Phyllostachys reticulata* 'Lacrima-deae'

地下茎单轴型，秆高5～10m，径3～5cm，秆青绿色具泪滴状紫褐色或淡褐色的斑点；秆环及箨环中度隆起；箨鞘黄褐色，有紫褐色斑点与斑块；箨耳变化大，镰刀形或倒卵形，有长而弯曲的缝毛；箨叶下垂，中间绿色，两侧淡紫红色，边缘橘黄色。叶片披针形，长6～15cm，宽1.2～2.5cm。笋期5月中下旬。

我国长江流域及河南有分布。喜温暖湿润环境，稍耐寒，较耐干旱，不耐水湿。在肥沃疏松、排水良好的酸性沙壤土中生长良好。

秆上泪状斑点十分独特，又名湘妃竹。可与山石亭廊配置成小品景观。黄龙洞、湖滨等有应用。

黄杆乌哺鸡竹 | *Phyllostachys vivax* f. *aureocaulis*

地下茎单轴型，秆高10～15m，胸径4～8cm秆黄色，中下部偶有几个节间具绿色纵条纹；秆环较箨环略隆起，多少不对称；箨鞘褐色，密被黑褐色斑点及斑块；箨耳无，箨舌两侧下延；箨叶浓绿色，强烈皱褶，反转下垂。叶片披针形，长12～16cm，宽1～2cm；笋期4月中下旬。

我国河南、浙江、江苏有分布。

竹秆色彩艳丽，竹叶簇状下垂。宜营造较大范围的竹林景观，可于庭院阁楼周围丛植，道路两旁成片种植形成竹径景观。花圃、湖滨、玉泉、城北体育公园及街头绿地常见应用。

金镶玉竹 | *Phyllostachys aureosulcata* 'Spectabilis'

地下茎单轴型，秆高3～7m，胸径1～2.5cm，节间长13～31cm，秆金黄色，节间纵沟绿色。箨鞘淡灰绿色，薄纸质，无斑、无毛；箨耳发达，卵状至镰刀状；箨叶披针形翻转；叶片披针形，长8～14cm，宽1～1.5cm。笋期4～5月。

我国北京、江苏、浙江有分布。耐寒，耐干旱，抗盐碱，适应性强。萌发力强。

植株姿态独特，竹秆黄绿相间，基部常有"之"字形弯曲，竹笋美观。宜营造小面积竹林，或丛植于山石、水体、亭台周围。曲院风荷、玉泉、花圃、浙江图书馆等常见应用。

紫竹 | *Phyllostachys nigra*

地下茎单轴型，秆高7～8m，胸径2～5cm。新秆绿色，当年秋冬即逐渐呈现黑色斑点，以后全秆变为紫黑色；秆环隆起；箨鞘淡棕色，无斑点，密生褐色毛，箨耳发达镰刀形，紫色而具缝毛；箨叶绿色，直立，有皱褶；叶片小，窄披针形，长4～6cm，宽0.6～1.2cm。笋期4月中下旬。

我国秦岭以南各省、区有分布。耐半阴，较耐寒，在肥沃湿润的土壤中生长良好。

成片种植营造竹林景观，也可丛植于庭院、山石、厅堂周围。茅家埠、浴鹄湾、黄龙洞、柳浪闻莺、郭庄、西溪湿地等有应用。

罗汉竹 | *Phyllostachys aurea*

地下茎单轴型，秆高5～9m，胸径2～4cm，节间长13～26cm；新秆绿色，有白粉节下有厚白粉；秆基部或中部以下数节间通常呈不规则不对称的短缩和肿胀；箨鞘淡紫色至黄绿色，有褐色斑点，边缘枯焦色，无箨耳和縫毛；缺如；箨叶直立，略有皱褶；叶片长6～12cm，宽1.2～2cm。笋期5月上中旬。

我国河南、江苏、浙北地区、安徽、江西、福建等地有分布。耐阴，耐寒。

竹秆畸形奇特，具特殊观赏效果。宜与山石、花坛、亭台等配置成景，也可制作盆景或盆栽观赏。杭州植物园山外山有应用。

红壳竹 | *Phyllostachys iridescens*

地下茎单轴型，秆高6～12m，胸径5～8cm。秆绿色，常有黄绿色纵条纹，节间长15～25cm，秆环箨环较隆起；笋箨紫红色或红褐色，边缘红褐色，无箨耳；叶片质较薄，深绿色长10～17cm，宽1.2～2.1cm。笋期4月。

我国江、浙、沪、皖等省有分布。萌发力强。发鞭发笋能力较强，耐贫瘠土壤。

竹秆翠绿挺拔，竹笋色红优美，观竹观笋皆宜。于亭台、山石配置成景。杭州植物园玉泉观鱼有应用。

刚竹 | *Phyllostachys sulphurea var. viridis*

地下茎单轴型，秆高5～10m，胸径4～8cm。秆淡绿色，秆节下有较宽的白粉环，宽度0.3～0.5 cm，老秆之白粉环变黑。节间长20～30cm，分枝以下箨环不明显；箨鞘光滑，密布酱褐色斑点或斑块，无箨耳縫毛；箨叶长披针形或带形，中间绿色，边缘黄白色；每小枝具叶2～6枚，叶片披针形，长可达6～15cm，宽1～2cm。笋期4～5月。

我国河南、山东、江苏、浙江等有分布。多生于平坦的河滩及山地丘陵等土壤深厚肥沃的环境。喜光，稍耐阴，耐湿，耐干旱。

成片种植营造竹林景观。植物园、宝石山、运河堤岸等都有应用。本种在杭州地区长势比较差，叶子时有发黄，易感丛枝病，观赏效果一般，园林中不宜多用。

早园竹 | *Phyllostachys propinqua*

地下茎单轴型，秆高5～10m，胸径3～5cm。秆绿色光滑，节间长17～35cm。秆环与箨环同高。箨鞘淡绿色，具黄褐色光泽，两肩呈枯焦状，无箨耳；箨叶披针形至带状下翻，不皱褶；叶片披针形，长7～16cm，宽1～1.5cm。笋期4月。

我国河南、江苏、浙江、安徽等有分布。喜光，稍耐阴，耐湿。

丛植于建筑周围，成片种植于道路两侧、水体边缘。植物园竹类区有种植，杭州河道沿线及道路绿化多有应用。

黄纹竹 | ***Phyllostachys vivax* 'Huanwenzhu'**

地下茎单轴型，秆高6～12m，胸径3～6cm。秆绿色，沟槽金黄色，秆环隆起稍高于箨环；箨鞘绿色密被黑褐色斑点及斑块，无箨耳縫毛；箨舌紫色中部拱起，两侧下延。叶片披针形，长可达9～18cm，宽1～2cm，顶梢叶呈簇状下垂，形态优美。笋期4月。

我国河南、浙江、江苏有分布。生于平坦肥沃的立地环境，耐寒性好。

点缀建筑、庭院、绿地，片植于道路两侧。浙江图书馆有应用。

早竹 | ***Phyllostachys violascens***

地下茎单轴型，秆高7～10m，胸径3～6cm。秆绿色，新秆略带紫色，被较多白粉。节间较短15～20cm，秆环与箨环中度隆起。箨鞘褐绿色，被酱色斑点，无箨耳和縫毛；叶片长披针形，长可达6～18cm，宽0.8～2.2cm。出笋早，笋期3月中旬至4月中旬。

我国浙江、江苏、安徽等有分布。较耐寒。在肥沃湿润的土壤中生长良好。

秆色透绿，叶形优美。点缀庭院、绿地，亦可大面积营造竹林景观。湖滨、浙江图书馆、运河及余杭塘河沿线有应用。

黄条早竹 | ***Phyllostachys Praecox* 'Notata'**

地下茎单轴型，秆高7～10m，胸径3～6cm。秆绿色，新秆略带紫色，节间分枝沟槽黄色。早竹的变型，观感优美。出笋早，笋期3月中旬至4月中旬。

原产杭州、德清一带。适生于肥沃湿润的土壤条件，较耐寒。

秆色绿间黄色条纹，颇具特色。点缀庭院、绿地。运河沿线、植物园玉泉观鱼有应用。

推荐可应用于杭州的竹种：

黄鳝竹 | *Phyllostachys nigra f. nigropunctata*

地下茎单轴型，秆高7～8m，胸径2～5cm。新竹绿色，老秆黄绿色密生酱紫色斑点。秆环较隆起。箨耳发达镰刀形，紫色。叶片窄披针形，先端渐长尖，长4～8cm，宽0.6～1.2cm。笋期4月中下旬。

我国浙江富阳有分布。喜光，稍耐阴，较耐寒适生于肥沃湿润的土壤条件，较耐寒。

分株繁殖，也可埋鞭根繁殖。

竹秆别具特色，点缀庭院、山石、庭院、厅堂，成片种植于道路两旁或空旷地。植物园竹类区有种植。

台湾桂竹 | *Phyllostachys makinoi*

地下茎单轴型，秆高8～15m，胸径3～9cm，新秆绿色，微被白粉，老秆绿灰色；秆环隆突，箨环较平。箨鞘革质无毛，绿色疏生紫褐色小斑点。箨片披针形，两侧边缘金黄色中间绿色。叶片披针形，长12～17cm，宽1.1～2.0cm。笋期4～5月。

我国浙江丽水、遂昌、福建、台湾有分布。宜湿润环境，山地、坡地、河滩均可生长。

笋期箨片金黄色与绿色相间。片植营造竹林景色。植物园竹类区有种植。

红壳雷竹 | *Phyllostachys incarnata*

地下茎单轴型，秆高5～7m，胸径2～4cm，节间长12～22cm；新秆被白粉，淡蓝绿色，老秆绿色。秆环甚为隆起，高度为箨环两倍以上；箨鞘红棕色，无毛，具稀疏褐色细斑点。箨耳发达，紫褐色，镰刀形或卵形，边缘具屈曲状缝毛；箨片绿色；叶片披针形，长7～10cm，宽1～1.4cm。笋期4月中旬至5月上旬。

我国浙江省丽水、遂昌、云和、松阳、龙泉等地有分布。在湿润肥沃土壤中生长良好。

新秆初时淡蓝绿色，笋体肥壮，色彩独特。小片栽植点缀山石、亭台。杭州植物园竹类区有种植。

桂竹 | *Phyllostachys bambusoides*

地下茎单轴型，秆高6～12m，胸径3～10cm，节间长16～36cm；新秆无白粉，绿色光亮，老秆绿色。箨鞘质厚，黄褐色，有紫褐细斑点与板块。箨耳小，紫褐色，有时一枚，镰刀形或长倒卵形，具流苏状缝毛；箨片平直或微皱，中间绿色，两侧淡紫红色，边缘橘黄色；叶片长6～15cm，宽1.2～2.5cm。笋期5月下旬。

我国长江流域及珠江流域各省区有分布。耐旱，耐寒，耐瘠薄。

形态优美，枝叶茂盛，大片栽植成竹林或竹径。杭州植物园竹类区有种植。

篌竹 | *Phyllostachys nidularia*

地下茎单轴型，秆高6～8m，胸径3～4cm，秆深绿色；秆环箨环显著突隆起，两环先端均细尖。箨鞘淡黄绿色，有白色纵条纹，无斑点，被白粉，基部被棕色刺毛。箨片长三角形基部延伸成大而紧抱竹秆的假箨耳；末级小枝常具一叶；叶片长矩形，先端急尖略呈钩状，长4～10cm，宽1～1.5cm。笋期4月下旬。

我国浙江、福建、广东、广西等地有分布，生于溪滩山谷。喜光，稍耐阴，耐湿，耐寒，耐旱。

竹叶繁茂，竹笋假箨耳形状奇特，出笋期笋如刀枪林立，煞是壮观。宜小片栽植点缀庭院绿地，也可成片种植作河堤景观绿化带。杭州植物园竹类区有种植。

浙江金竹 | *Phyllostachys parvifolia*

地下茎单轴型，秆高5～8m，胸径3～5cm，节间长18～30cm；秆初时绿色，被白粉，节下尤密；秆环隆起。箨鞘淡褐色或淡紫色，无斑点，无毛，箨片三角形或长三角形，绿色，边缘或上部带紫红色，皱褶，直立，上部箨鞘的箨片基部延伸成假箨耳；末级小枝具1～2叶；叶片小，披针形，长3～8cm，宽0.7～1.5cm。笋期5月上旬。

我国浙江省安吉、余姚及安徽省有分布。喜肥沃湿润土壤，在干燥贫瘠土壤中生长不良。

竹叶细小雅致，竹笋紫红色，观赏价值高。宜小片栽植与水体山石配置成景，也可成片种植形成河堤景观绿化带。杭州植物园竹类区有种植。

水胖竹 | *Phyllostachys rubicunda*

地下茎单轴型，秆高5～8m，胸径2～5cm，节间长15～27cm；展枝角度大于45度；秆绿色，无毛，节下被白粉，节下尤密；秆环隆起；箨鞘青绿色，无斑点，光滑无毛；箨耳无或仅具数枚纤弱的繸毛；箨片三角形，绿色，直立；叶片披针形，长7～16cm，宽1～1.8cm。笋期4月下旬。

我国黄河流域以南及浙江省有分布，生于河滩溪谷等湿润环境。喜光，稍耐阴，耐湿。生于河滩溪谷湿润土壤环境。

叶形雅致，竹秆修长，发枝角度大，竹笋青绿色，观赏效果好。宜与水体山石配置成景；也可成片种植于河堤岸形成景观绿化带；也可用于湿地公园的绿化。杭州植物园竹类区有种植。

漫竹 | *Phyllostachys stimulosa*

地下茎单轴型，秆高5～8m，胸径2～3.5cm，节间长20～32cm；秆绿色光滑，秆环与箨环等高，不隆起；箨鞘绿色，边缘黄褐色，带白色纵条纹；箨片三角形或狭三角形，绿紫色，直立；叶片质厚，深绿色，叶背灰白色，长6～16cm，宽1～2cm。笋期5月上旬。

我国浙江杭州、湖州、台州、宁波、丽水、衢州等地有分布。较耐阴，耐湿，喜湿润土壤环境。

竹株姿态潇洒雅致，竹笋绿色带白色纵条纹，观赏效果好。宜与水体山石配置成景，也可用于湿地公园的绿化。杭州植物园竹类区有种植。

高节竹 | *Phyllostachys prominens*

地下茎单轴型，较大型竹种，秆高7～10m，胸径4～7cm，新秆深绿色，无白粉；老秆绿色；光滑，秆环强烈隆起，箨环也隆起；箨鞘淡褐黄色，或略带淡红色，边缘褐色，密生黑褐色斑点，顶部尤密；箨耳发达，镰刀形，紫黑色；箨片带状披针形，强烈皱褶，翻转，橘红色或绿色，边缘橘黄色、绿紫色；叶片带状披针形，长8～18cm，宽1.3～2.2cm。笋期4月下旬。

浙江杭州、湖州、嘉兴、台州等地有分布。喜肥沃疏松的土壤环境。

竹体高大，枝叶繁茂，笋期箨片色彩美观，可大片栽植营造竹林及竹径。杭州植物园竹类区有种植。

黄槽毛竹 | *Phyllostachys edulis* 'Luteosulcata'

地下茎单轴型，秆高可达15m，胸径6～12cm，秆绿色，节间沟槽为黄色，密被细毛和白粉，分枝以下秆环不明显，箨环略突起；箨鞘外面密生棕褐色毛及斑点，具发达的箨耳和繸毛，箨叶带状，远较箨舌为狭，向外反转下被一圈厚白粉，叶较小，披针形，长4～10cm，宽0.5～1.5cm；笋期3月下旬至4月中下旬。

原产湖南。喜温暖湿润环境，在深厚肥沃、湿润、排水良好的酸性土壤上生长良好，忌排水不良的低洼地。

竹株高大，美观，具传奇色彩。适宜营造大面积竹林景观和竹径，也可与高大建筑、庭院、山石配置。杭州植物园竹类区有种植。

美竹 | *Phyllostachys mannii*

地下茎单轴型，秆高5～8m，胸径2.5～3.5cm，新秆绿色，有稀疏短毛，老秆黄绿色，无毛；秆环稍隆起与箨环同高；箨鞘革质，淡紫绿色或淡紫黄色，有乳黄色纵条纹和稀疏褐色小斑点，边缘于先端紫红色；箨耳紫色，狭镰刀形，有紫色流苏状繸毛；箨片三角形至带状；叶片深绿色较厚，长8～16cm，宽1.3～2.2cm。笋期5月上旬。

浙江杭州、湖州、绍兴、金华等地有分布。喜肥沃疏松的土壤环境。

竹体姿态潇洒，笋箨色彩美观。宜小面积片植营造竹林、竹径、障景等，也可与山石、建筑等配置。杭州植物园竹类区有种植。

石绿竹 | *Phyllostachys arcana*

地下茎单轴型，秆高4～9m，胸径2～3cm，新秆无毛，绿色，有白粉和紫色斑纹，节带紫色，老秆淡绿色；秆环隆起高于箨环；箨鞘淡灰绿色带紫色，下部有褐色斑点斑块；箨耳缺如；箨叶绿色，带状，不皱褶；叶片长11～15cm，宽1～2cm。笋期4月上中旬。

我国江苏、浙江北部地区、安徽、四川等地有分布。耐湿，耐寒性较强。

竹秆细长，竹叶浓密，宜点缀山石，亭台等，也可片植布置河道景观绿化。杭州植物园竹类区有种植。

石竹 | *Phyllostachys nuda*

地下茎单轴型，秆高6～8m，胸径2～3cm，新秆绿色，有白粉，箨环下被一圈厚白粉，节带紫红色，老秆灰绿色，部分秆的基部呈“之”字形；秆环隆起显著高于箨环；箨鞘淡红褐色，被白粉或白粉块，下部具黑褐色斑块或云斑；无箨耳和縫毛；箨叶狭三角形至披针形，淡红褐色至绿色，反转，皱褶；叶片披针形，长8～12cm，宽1.2～1.5cm；笋期4月中下旬。

我国江苏、浙江、安徽、江西、湖南等地有分布。耐干旱瘠薄土壤。

竹叶浓密，竹秆细长，基部常呈“之”字形，宜营造小面积竹林景观。杭州植物园竹类区有种植。

黄古竹 | *Phyllostachys angusta*

地下茎单轴型，秆高5～7m，胸径3～4cm，新秆绿色，有少量白粉，节下粉圈明显；老秆灰绿色，秆环较箨环略隆起；箨鞘乳白色或淡黄绿色，具黄色，灰绿或淡紫色条纹和稀疏的褐色斑点；无箨耳和縫毛；箨叶带状，淡绿色，边缘乳黄色有时带紫色；叶片较狭，长8～17cm，宽1.2～2cm；笋期5月中旬。

我国河南、江苏、浙江北部等有分布。较耐寒。在中性微碱性土壤也可生长。

宜营造小面积的竹林景观，可成片种植于河道堤岸及园路两侧。杭州植物园竹类区有种植。

10 橄榄竹

Indosasa gigantea

/ 禾本科酸竹属 /

形态特征 地下茎单轴型，秆高8～15m，胸径5～10cm，新秆粉绿色，被白粉，节下尤密并有猪皮状凹孔；老秆黄绿色，秆环隆起。箨鞘革质，金黄色至淡棕红色，被白粉和紫褐色硬刺毛；箨耳卵状，黄褐色，具縫毛；箨叶绿色长三角形；叶片披针形，长8～13cm，宽1.4～2cm。笋期4～5月。

分布习性 我国浙江、福建有分布。喜温暖湿润气候，喜光，稍耐阴，耐干旱贫瘠。在深厚肥沃、湿润、排水良好的土壤上生长良好。

繁殖栽培 分株繁殖。

园林用途 株型高耸挺拔，姿态秀丽，枝叶翠绿繁茂。大面积片植形成竹林，路两旁大量种植形成竹径，也可在池畔、庭院一隅配置成景。杭州植物园竹类区有种植。

黄甜竹 | *Acidosasa edulis*

地下茎复轴型，秆高6～12m，胸径3～6cm，秆绿色，每节分枝三，分枝一侧秆扁平；节下具白粉并有猪皮状凹孔；箨鞘绿色边缘带紫色，被褐色刺毛，基部密生棕色髯毛；箨耳狭镰刀状，具缕毛；箨叶绿色带紫色，狭披针形；叶片披针形，长11～18cm，宽1.7～2.8cm；笋期5月。

我国浙江、江西、福建等省有分布。

枝叶繁茂、郁闭度高，可用作绿篱或制作障景；也可点缀山石、亭台。杭州植物园竹类区有种植。

11 短穗竹

Brachystachyum densiflorum

/ 禾本科短穗竹属 /

形态特征 地下茎复轴型，秆高3～4m，胸径1～2cm，新秆微被白粉；节间圆筒形，分枝一侧具沟槽；箨鞘绿色至黄绿色，具极显著白色条纹，无斑点；箨耳发达，镰刀形，具缕毛；叶片宽披针形，长5～18cm，宽1～2cm。笋期4～5月。

分布习性 我国江苏南部、浙江北部及安徽南部丘陵及平原有分布。在疏松的土壤中生长良好。

繁殖栽培 分株繁殖。

园林用途 竹体纤细，枝短叶茂。点缀山石、厅堂，丛植于建筑周围，也可作绿篱。杭州植物园竹类区有种植。

12 肿节竹

Clavinodum oedogonatum

/ 禾本科肿节竹属 /

形态特征 地下茎复轴型，秆高1.5～3m，胸径0.5～1.5cm。节间长25～30cm。新秆暗绿色或绿紫色，老秆灰绿色带紫色；秆环隆起呈肿胀状，箨环平；箨鞘迟落，初带淡紫色，箨耳卵形或镰刀形；叶片披针形至狭披针形，长10～20cm，宽1～2.5cm；笋期5～6月。

分布习性 我国浙江南部、江西、福建有分布。较耐阴，喜疏松湿润土壤。

繁殖栽培 分株繁殖，也可用地下鞭根繁殖。

园林用途 秆绿带紫色，节隆肿起颇具特色，竹株多呈弯伏状。宜丛植点缀山石、水体，也可用于乔木下层绿化。杭州植物园竹类区有种植。

附　表

乔木植物名录　附表 1

序号	科名	属名	种名	拉丁名	性状	观赏特点	种植点
1	苏铁科	苏铁属	苏铁	*Cycas revoluta*	常绿乔木	观树形	湖滨、花圃等
2	银杏科	银杏属	银杏	*Ginkgo biloba*	落叶乔木	观树形，观叶（秋叶黄色）	湖滨、柳浪闻莺、花港观鱼、太子湾、茅家埠、学士公园、植物园等
3	松科	松属	白皮松	*Pinus bungeana*	常绿乔木	观树形、观树干	花港观鱼、花圃、茅家埠、植物园等
4			日本五针松	*Pinus parviflora*	常绿乔木	观树形	花圃、湖滨、太子湾、花港观鱼、植物园等
5			马尾松	*Pinus massoniana*	常绿乔木	观树形	曲院风荷、太子湾、乌龟潭、花圃、植物园等
6			黑松	*Pinus thunbergii*	常绿乔木	观树形	曲院风荷、柳浪闻莺、花圃、花港观鱼、植物园等
7			湿地松	*Pinus elliottii*	常绿乔木	观树形	曲院风荷、湖滨、花圃、花港观鱼、太子湾、植物园、西溪湿地公园等
8			长叶松	*Pinus palustris*	常绿乔木	观树形	植物园
9			乔松	*Pinus wallichiana*	常绿乔木	观树形	植物园
10		雪松属	雪松	*Cedrus deodara*	常绿乔木	观树形	花港观鱼、柳浪闻莺、曲院风荷、植物园等
11		金钱松属	金钱松	*Pseudolarix amabilis*	落叶乔木	观树形，观叶（秋叶黄色）	曲院风荷、花圃、植物园等
12		油杉属	江南油杉	*Keteleeria fortunei* var.*cyclolepis*	常绿乔木	观树形	曲院风荷、太子湾、植物园等
13		冷杉属	日本冷杉	*Abies firma*	常绿乔木	观树形	曲院风荷、浴鹄湾、植物园等
14	杉科	杉属	水杉	*Metasequoia glyptostroboides*	落叶乔木	观树形，观叶（秋叶红棕色）	曲院风荷、湖滨、柳浪闻莺、花圃、茅家埠、浴鹄湾、花港观鱼、太子湾、植物园等
15		水松属	水松	*Glyptostrobus pensilis*	半常绿乔木	观树形，观叶（秋叶黄褐色）	植物园
16		柳杉属	柳杉	*Cryptomeria japonica* var. *sinensis*	常绿乔木	观树形	花圃、太子湾、曲院风荷、学士公园、植物园等
17		落羽杉属	池杉	*Taxodium distichum* var. *imbricarium*	落叶乔木	观树形，观叶（秋叶赭黄色）	柳浪闻莺、曲院风荷、花圃、茅家埠、浴鹄湾、太子湾、植物园等
18			落羽杉	*Taxodium distichum*	落叶乔木	观树形，观叶（秋叶古铜色）	长桥公园、植物园等
19		北美红杉属	北美红杉	*Sequoia sempervirens*	常绿乔木	观树形	花港观鱼、植物园等
20		杉木属	杉木	*Cunninghamia lanceolata*	常绿乔木	观树形	花港观鱼、植物园等
21	柏科	福建柏属	福建柏	*Fokienia hodginsii*	常绿乔木	观树形	植物园
22		圆柏属	圆柏	*Juniperus chinensis*	常绿乔木	观树形	花圃、曲院风荷、乌龟潭、花港观鱼等
23			龙柏	*Juniperus chinensis* 'Kaizuka'	常绿乔木	观树形	湖滨、柳浪闻莺、曲院风荷、花圃、茅家埠、浴鹄湾、植物园、花港观鱼等
24			蜀桧	*Juniperus komarovii*	常绿乔木	观树形	柳浪闻莺、花圃等
25		柏木属	柏木	*Cupressus funebris*	常绿乔木	观树形	曲院风荷、乌龟潭、植物园、学士公园等
26	罗汉松科	竹柏属	竹柏	*Nageia nagi*	常绿乔木	观树形，观叶	花圃、花港观鱼、植物园等
27			长叶竹柏	*Nageia fleuryi*	常绿乔木	观树形，观叶	柳浪闻莺，植物园等
28		罗汉松属	罗汉松	*Podocarpus macrophyllus*	常绿乔木	观树形，观果实（种熟期 8~9 月）	植物园、花圃等
29			短叶罗汉松	*Podocarpus macrophyllus* var. *mairei*	常绿乔木	观树形，观果实（种熟期 8~9 月）	曲院风荷、湖滨、柳浪闻莺、花圃、乌龟潭、浴鹄湾、花港观鱼、植物园等
30	红豆杉科	红豆杉属	南方红豆杉	*Taxus wallichiana* var. *mairei*	常绿乔木	观树形，观果实（果期 9~11 月）	植物园、乌龟潭等
31		榧树属	榧树	*Torreya grandis*	常绿乔木	观树形	植物园、花港观鱼等

续表

序号	科名	属名	种名	拉丁名	性状	观赏特点	种植点
32	杨柳科	杨属	加拿大杨	*Populus×canadensis*	落叶乔木	观树形	乌龟潭、城东公园等
33		柳属	垂柳	*Salix babylonica*	落叶乔木	观树形，观叶（早春淡黄色，秋叶黄色）	柳浪闻莺、苏堤、白堤、花圃、茅家埠、乌龟潭、浴鹄湾、花港观鱼等
34			南川柳	*Salix rosthornii*	落叶乔木	观树形，观叶（春叶淡黄色）	柳浪闻莺、花圃、茅家埠、乌龟潭、浴鹄湾、花港观鱼、太子湾等
35			旱柳	*Salix matsudana*	落叶乔木	观树形	花圃、乌龟潭、浴鹄湾、花港观鱼等
36			‘垂枝’黄花柳	*Salix caprea* ‘Kilmarnock’	落叶乔木	观树形，观花序（4月下旬至5月上旬）	花圃
37	杨梅科	杨梅属	杨梅	*Myrica rubra*	常绿乔木	观树形，观果实（6~7月）	植物园、曲院风荷、柳浪闻莺、花圃、茅家埠、浴鹄湾等
38	胡桃科	枫杨属	枫杨	*Pterocarya stenoptera*	落叶乔木	观树形，观花序（4~5月）	曲院风荷、花圃、植物园、茅家埠、乌龟潭、浴鹄湾、花港观鱼、学士公园等
39		山核桃属	薄壳山核桃	*Carya illinoinensis*	落叶乔木	观树形，观叶（秋叶黄色）	柳浪闻莺、茅家埠、乌龟潭、浴鹄湾、太子湾、花港观鱼、植物园等
40		核桃属	华东野核桃	*Juglans cathayensis* var.*formosana*	落叶乔木	观树形	植物园
41		化香属	化香树	*Platycarya strobilacea*	落叶乔木	观花序（5~6月），观果序（8~10月）	植物园
42	桦木科	桦木属	亮叶桦	*Betula luminifera*	落叶乔木	观树形，观树皮，观花序（3~4月）	植物园
43		鹅耳枥属	短尾鹅耳枥	*Carpinus londoniana*	落叶乔木	观树形，观花序（3~4月）	植物园
44	壳斗科	栎属	麻栎	*Quercus acutissima*	落叶乔木	观树形，观叶（秋叶橙褐色）	花圃、乌龟潭、浴鹄湾、花港观鱼、太子湾、植物园等
45			白栎	*Quercus fabrei*	落叶乔木	观树形，观花序（5月）	花圃、茅家埠、乌龟潭、浴鹄湾、花港观鱼、太子湾、植物园等
46		栗属	板栗	*Castanea mollissima*	落叶乔木	观树形，观花序（6~7月）	植物园
47		栲属	苦槠	*Castanopsis sclerophylla*	常绿乔木	观树形，观花序（4~5月）	花圃、茅家埠、乌龟潭、浴鹄湾、花港观鱼、太子湾、植物园等
48			米槠	*Castanopsis carlesii*	常绿乔木	观树形，观花序（3~5月）	植物园
49			钩栗	*Castanopsis tibetana*	常绿乔木	观树形，观花序（4~5月）	植物园
50			尖齿栲	*Castanopsis jucunda*	常绿乔木	观树形，观花序（4~5月）	植物园
51			栲树	*Castanopsis fargesii*	常绿乔木	观树形，观花序（4~5月）	植物园
52		水青冈属	亮叶水青冈	*Fagus lucida*	落叶乔木	观树形，观叶（秋叶金黄色）	植物园
53		青冈属	青冈	*Cyclobalanopsis glauca*	常绿乔木	观树形	植物园、茅家埠、学士公园、花港观鱼、太子湾等
54			云山青冈	*Cyclobalanopsis sessilifolia*	常绿乔木	观树形	植物园
55		石栎属	石栎	*Lithocarpus glaber*	常绿乔木	观树形，观花序（9~10月）	茅家埠、浴鹄湾、乌龟潭、太子湾、植物园等
56	榆科	朴属	朴树	*Celtis sinensis*	落叶乔木	观树形，观叶（秋叶黄色）	曲院风荷、花圃、茅家埠、乌龟潭、浴鹄湾、花港观鱼、太子湾等
57			珊瑚朴	*Celtis julianae*	落叶乔木	观树形，观叶（秋叶黄色）	花圃、茅家埠、乌龟潭、浴鹄湾、花港观鱼、太子湾、学士公园、植物园等
58		榆属	榔榆	*Ulmus parvifolia*	落叶乔木	观树形，观叶（秋叶黄色）	曲院风荷、茅家埠、花圃、浴鹄湾、乌龟潭、花港观鱼、植物园等
59			榆树	*Ulmus pumila*	落叶乔木	观树形	浴鹄湾、植物园、西溪湿地等
60			琅琊榆	*Ulmus chenmoui*	落叶乔木	观树形，观花（3月）	植物园
61		青檀属	青檀	*Pteroceltis tatarinowii*	落叶乔木	观树形，观叶（秋叶黄色）	植物园
62		糙叶树属	糙叶树	*Aphananthe aspera*	落叶乔木	观树形	茅家埠、植物园等
63		榉属	榉树	*Zelkova schneideriana*	落叶乔木	观树形，观叶（红褐色）	学士公园、茅家埠、乌龟潭、浴鹄湾等
64	桑科	构树属	构树	*Broussonetia papyrifera*	落叶乔木	观叶（秋叶金黄色），观果（6~7月）	学士公园、柳浪闻莺、花圃、茅家埠、乌龟潭、植物园等
65		桑属	桑树	*Morus alba*	常绿乔木	观果（5~6月）	曲院风荷、花圃、茅家埠、浴鹄湾、太子湾、植物园等

续表

序号	科名	属名	种名	拉丁名	性状	观赏特点	种植点
66	桑科	柘属	柘	*Maclura tricuspidata*	落叶乔木	观果（9~10 月）	花港观鱼、植物园等
67	连香树科	连香树属	连香树	*Cercidiphyllum japonicum*	落叶乔木	观树形，观叶（秋叶黄色）	黄龙洞
68	木兰科	八角属	披针叶红茴香	*Illicium lanceolatum*	常绿乔木	观树形，观花（5~6 月）	学士公园、曲院风荷、湖滨、柳浪闻莺、花圃、茅家埠、花港观鱼、太子湾、植物园等
69		鹅掌楸属	鹅掌楸	*Liriodendron chinense*	落叶乔木	观树形，观叶（叶片奇特，秋叶黄色），观花（5 月）	植物园、太子湾、柳浪闻莺、花圃等
70			杂交鹅掌楸	*Liriodendron chinense × tulipifera*	落叶乔木	观树形，观叶（叶片奇特，秋叶黄色），观花（5 月）	湖滨、花圃、花港观鱼、太子湾、植物园等
71			北美鹅掌楸	*Liriodendron tulipifera*	落叶乔木	观树形，观叶（叶片奇特，秋叶黄色），观花（5 月）	植物园
72		木兰属	广玉兰	*magnolia grandiflora*	常绿乔木	观树形，观花（5~7 月），观果实（9~10 月种子红色裸露）	曲院风荷、湖滨、柳浪闻莺、花圃、茅家埠、乌龟潭、浴鹄湾、花港观鱼、植物园等
73			玉兰	*Magnolia denudata*	落叶乔木	观花（3 月），观果实（8~9 月种子红色裸露）	曲院风荷、湖滨、柳浪闻莺、花圃、茅家埠、乌龟潭、浴鹄湾、花港观鱼、太子湾、植物园等
74			飞黄玉兰	*Magnolia denudata* 'Fei Huang'	落叶乔木	观花（4 月）	湖滨、花圃等
75			二乔木兰	*Magnolia × soulangeana*	落叶乔木	观花（2~3 月）	学士公园、湖滨、柳浪闻莺、花圃、茅家埠、太子湾、植物园等
76			厚朴	*Magnolia officinalis*	落叶乔木	观树形，观花（4~5 月），观果实（9~10 月种子红色裸露）	植物园
77			凹叶厚朴	*Magnolia officinalis* subsp. *biloba*	落叶乔木	观树形，观花（4~5 月），观果实（9~10 月种子红色裸露）	植物园
78			望春木兰	*Magnolia biondii*	落叶乔木	观花（3 月）	湖滨
79			天目木兰	*Magnolia amoena*	落叶乔木	观花（4 月）	植物园
80			黄山木兰	*Magnolia cylindrica*	落叶乔木	观花（4~5 月），观果实（8~9 月种子红色裸露）	植物园
81		木莲属	乳源木莲	*Manglietia yuyuanensis*	常绿乔木	观树形，观花（5~6 月）	曲院风荷、花圃、植物园等
82		含笑属	乐昌含笑	*Michelia chapensis*	常绿乔木	观树形，观花（3~4 月）	曲院风荷、湖滨、柳浪闻莺、花圃、茅家埠、乌龟潭、浴鹄湾、花港观鱼、太子湾、植物园等
83			深山含笑	*Michelia maudiae*	常绿乔木	观树形，观花（2~3 月）	湖滨、茅家埠、乌龟潭、浴鹄湾、太子湾、植物园等
84			川含笑	*Michelia wilsonii* subsp. *szechuanica*	常绿乔木	观树形，观花（4 月）	花港观鱼、太子湾、植物园等
85			醉香含笑	*Michelia macclurei*	常绿乔木	观树形，观花（3~4 月）	花圃
86			金叶含笑	*Michelia foveolata*	常绿乔木	观树形，观花（3~5 月）	花圃、植物园、花港观鱼等
87			灰毛金叶含笑	*Michelia foveolata* var. *cinerascens*	常绿乔木	观树形，观花（4~5 月）	学士公园、植物园、柳浪闻莺等
88			亮叶含笑	*Michelia fulgens*	常绿乔木	观树形，观花（3~4 月）	花港观鱼、太子湾、植物园等
89			阔瓣含笑	*Michelia cavaleriei* var. *platypetala*	常绿乔木	观树形，观花（3~4 月）	太子湾
90			平伐含笑	*Michelia cavaleriei*	常绿乔木	观树形，观花（2 月）	植物园
91		拟单性木兰属	乐东拟单性木兰	*Parakmeria lotungensis*	常绿乔木	观树形，观花（5 月），观叶（早春新叶深红色），观果（10~11 月）	太子湾、植物园等

续表

序号	科名	属名	种名	拉丁名	性状	观赏特点	种植点
92	樟科	樟属	香樟	*Cinnamomum camphora*	常绿乔木	观树形	曲院风荷、湖滨、柳浪闻莺、花圃、茅家埠、乌龟潭、浴鹄湾、花港观鱼、太子湾、植物园等
93			浙江樟	*Cinnamomum japonicum* var. *chekiangense*	常绿乔木	观树形	学士公园、曲院风荷、花圃、乌龟潭、花港观鱼、太子湾、植物园等
94		润楠属	红楠	*Machilus thunbergii*	常绿乔木	观树形，观叶（新叶色彩变化），观果梗（6~7 月）	曲院风荷、湖滨、植物园、浴鹄湾
95			薄叶润楠	*Machilus leptophylla*	常绿乔木	观树形，观果梗（7 月）	曲院风荷、植物园、柳浪闻莺等
96		楠属	紫楠	*Phoebe sheareri*	常绿乔木	观树形	学士公园、植物园、曲院风荷、柳浪闻莺、花圃、浴鹄湾、花港观鱼等
97			浙江楠	*Phoebe chekiangensis*	常绿乔木	观树形	曲院风荷、柳浪闻莺、花圃、茅家埠、花港观鱼、植物园等
98		檫木属	檫木	*Sassafras tzumu*	落叶乔木	观树形，观花（2~3 月），观叶（深秋叶红色）	茅家埠、植物园、西湖山区等
99		木姜子属	豹皮樟	*Litsea coreana* var. *sinensis*	常绿乔木	观树干，观果（翌年 5 月）	植物园
100		新木姜子属	舟山新木姜子	*Neolitsea sericea*	常绿乔木	观叶（早春新梢和嫩叶被金黄色绢毛），观果	植物园
101			浙江新木姜子	*Neolitsea aurata* var. *chekiangensis*	常绿乔木	观果	植物园
102		月桂属	月桂	*Laurus nobilis*	常绿小乔木	全株芳香，观树形，观花（4 月）	植物园、城东公园等
103	钟萼木科	钟萼木属	钟萼木	*Bretschneidera sinensis*	落叶乔木	观花（4~6 月），观果（9~10 月）	植物园、园林苗圃等
104	金缕梅科	枫香属	枫香	*Liquidambar formosana*	落叶乔木	观树形，观叶（秋叶金黄色）	曲院风荷、柳浪闻莺、花圃、茅家埠、乌龟潭、浴鹄湾、花港观鱼、太子湾、植物园等
105		蕈树属	细柄蕈树	*Altingia gracilipes*	常绿乔木	观树形，观叶（早春新叶红色）	植物园
106		金缕梅属	金缕梅	*Hamamelis mollis*	落叶乔木	观花（2~3 月）	植物园
107		水丝梨属	水丝梨	*Sycopsis sinensis*	常绿乔木	观花（4~5 月）	植物园
108	杜仲科	杜仲属	杜仲	*Eucommia ulmoides*	落叶乔木	观树形	花圃、茅家埠、花港观鱼、植物园等
109	悬铃木科	悬铃木属	二球悬铃木	*Platanus hispanica*	落叶乔木	观树形，观叶（秋叶金黄色）	曲院风荷、湖滨、柳浪闻莺、花圃、茅家埠、浴鹄湾、花港观鱼、太子湾等
110	蔷薇科	苹果属	垂丝海棠	*Malus halliana*	落叶乔木	观花（3~4 月）	曲院风荷、湖滨、柳浪闻莺、花圃、茅家埠、乌龟潭、浴鹄湾、花港观鱼、太子湾、植物园等
111			西府海棠	*Malus × micromalus*	落叶乔木	观花（4~5 月）	学士公园、湖滨、乌龟潭、花港观鱼、植物园等
112			海棠花	*Malus spectabilis*	落叶乔木	观花（4~5 月）	学士公园、湖滨、花圃、乌龟潭、花港观鱼、植物园、西溪湿地等
113			三叶海棠	*Malus sieboldii*	落叶乔木	观花（4~5 月）	曲院风荷、花圃、乌龟潭、植物园等
114			北美海棠	*Malus micromalus* ‘American’	落叶乔木	观花（4~5 月）	曲院风荷
115		木瓜属	木瓜	*Chaenomeles sinensis*	落叶乔木	观花（4 月）	花圃、乌龟潭、花港观鱼、植物园等
116		枇杷属	枇杷	*Eriobotrya japonica*	常绿乔木	观果（翌年 5~6 月）	学士公园、曲院风荷、茅家埠、乌龟潭、浴鹄湾、花港观鱼、植物园等
117		李属	梅花	*Prunus mume*	落叶乔木	观树形，观花（2~3 月）	曲院风荷、植物园、湖滨、柳浪闻莺、花圃、茅家埠、乌龟潭、浴鹄湾、花港观鱼、太子湾等
118			‘垂枝’梅	*Armeniaca mume* ‘Pendula’	落叶乔木	观树形，观花（2~3 月）	植物园
119			‘美人’梅	*Prunus × blireana* ‘Meiren’	落叶乔木	观叶（色叶），观花（3~4 月）	植物园、玉古路分车带等
120			杏	*Prunus armeniaca*	落叶乔木	观花（3~4 月），观果（6~7 月）	学士公园，孤山等
121			红叶李	*Prunus cerasifera* ‘Newportii’	落叶乔木	观叶（色叶），观花（3~4 月）	曲院风荷、湖滨、柳浪闻莺、花圃、茅家埠、乌龟潭、浴鹄湾、花港观鱼、植物园等
122			李	*Prunus salicina*	落叶乔木	观花（3~4 月），观果（7 月）	花圃、植物园等

续表

序号	科名	属名	种名	拉丁名	性状	观赏特点	种植点
123	蔷薇科	李属	桃	*Prunus persica*	落叶乔木	观花（3~4 月），观果（6~9 月）	湖滨、柳浪闻莺、花圃、茅家埠、浴鹄湾、花港观鱼、植物园等
124			碧桃	*Prunus persica* 'Duplex'	落叶乔木	观花（3~4 月）	学士公园、湖滨、柳浪闻莺、花圃、茅家埠、浴鹄湾、花港观鱼、太子湾、植物园等
125			洒金碧桃	*Prunus persica* f. *versicolor*	落叶乔木	观花（3~4 月）	白堤、苏堤等
126			白花碧桃	*Prunus persica* 'Alba'	落叶乔木	观花（3~4 月）	花圃、居民小区等
127			绯桃	*Prunus persica* 'Magnifica'	落叶乔木	观花（3~4 月）	苏堤、花港观鱼等
128			紫叶桃	*Prunus persica* 'Atropurpurea'	落叶乔木	观花（3~4 月）	茅家埠、浴鹄湾、花港观鱼、西溪湿地等
129			菊花桃	*Prunus persica* 'Kikumomo'	落叶乔木	观花（3~4 月）	柳浪闻莺、西溪湿地等
130			寿星桃	*Prunus persica* 'Densa'	落叶乔木	观花（3~4 月）	曲院风荷、柳浪闻莺等
131			日本樱花	*Prunus yedoensis*	落叶乔木	观树形，观花（4 月）	曲院风荷、湖滨、柳浪闻莺、花圃、茅家埠、乌龟潭、浴鹄湾、花港观鱼、太子湾、植物园等
132			山樱花	*Prunus serrulata*	落叶乔木	观花（4~5 月）	湖滨、曲院风荷、乌龟潭、太子湾、植物园等
133			日本晚樱	*Prunus serrulata* var. *lannesiana*	落叶乔木	观花（4 月）	太子湾公园、花圃、植物园、西溪湿地等
134			樱桃	*Prunus pseudocerasus*	落叶乔木	观花（3~4 月），观果（5~6 月）	柳浪闻莺、曲院风荷、植物园、西溪湿地等
135			迎春樱	*Prunus discoidea*	落叶乔木	观花（3~4 月），观果（5 月）	太子湾、植物园等
136			福建山樱花	*Prunus campanulata*	落叶乔木	观花（2~3 月），观果（4~5 月）	太子湾、植物园等
137			琉球寒绯樱	*Prunus campanulata* 'Ryukyu-hizakura'	落叶乔木	观花（3~4 月），观果（4~5 月）	太子湾、植物园等
138			垂枝樱	*Prunus subhirtella* 'Pendula'	落叶乔木	观花（3~4 月）	植物园
139			大叶早樱	*Prunus subhirtella*	落叶乔木	观花（4 月）	植物园
140			绢毛稠李	*Prunus sericea*	落叶乔木	观花（4~5 月）	植物园
141		梨属	豆梨	*Pyrus calleryana*	落叶乔木	观花（4 月）	茅家埠、乌龟潭、植物园等
142			沙梨	*Pyrus pyrifolia*	落叶乔木	观花（4 月）	学士公园、茅家埠、乌龟潭等
143		山楂属	山楂	*Crataegus pinnatifida*	落叶乔木	观花（5~6 月），观果（9~10 月）	植物园、西溪湿地等
144		石楠属	绵毛石楠	*Photinia lanuginosa*	常绿乔木	观花（4 月），观果（10~12 月）	植物园
145			光叶石楠	*Photinia glabra*	常绿乔木	观花 (4~5 月)，观果 (10~12 月)	植物园
146			桃叶石楠	*Photinia prunifolia*	常绿乔木	观花 (3~4 月)，观果 (10~12 月)	植物园
147	豆科	合欢属	合欢	*Albizia julibrissin*	落叶乔木	观树形，观花 (6~7 月)	学士公园、植物园、曲院风荷、花圃、茅家埠、浴鹄湾、花港观鱼、太子湾等
148		金合欢属	银荆	*Acacia dealbata*	常绿乔木	观花（1~4 月），观叶	花圃、湖滨等
149		肥皂荚属	肥皂荚	*Gymnocladus chinensis*	落叶乔木	观花（4~5 月），观叶	植物园
150		红豆属	花榈木	*Ormosia henryi*	常绿乔木	观树形，观果实（果期 10~11 月，红色种子裸露）	柳浪闻莺、太子湾、植物园等
151			红豆树	*Ormosia hosiei*	常绿乔木	观树形，观果实（果期 9~10 月，红色种子裸露）	植物园
152		槐属	槐树	*Sophora japonica*	落叶乔木	观花（7~9 月）	学士公园、柳浪闻莺、茅家埠、湖滨、乌龟潭、浴鹄湾、花港观鱼、植物园等
153			龙爪槐	*Sophora japonica* 'Pendula'	落叶乔木	观树形，观花（7~9 月）	花圃、茅家埠、植物园、楼外楼等
154			金枝槐	*Sophora japonica* 'Chrysoclada'	落叶乔木	观枝条	乌龟潭、浙大紫金港校区等
155		刺槐属	红花刺槐	*Robinia × ambigua* 'Idahoensis'	落叶乔木	观花（4~5 月）	茅家埠、西溪湿地等
156			刺槐	*Robinia pseudoacacia*	落叶乔木	观花（4~5 月）	植物园
157		黄檀属	黄檀	*Dalbergia hupeana*	落叶乔木	观花（5~6 月）	花圃、浴鹄湾、乌龟潭、花港观鱼、植物园、太子湾公园等

续表

序号	科名	属名	种名	拉丁名	性状	观赏特点	种植点
158	豆科	黄檀属	南岭黄檀	*Dalbergia balansae*	落叶乔木	观树形，观花（6 月）	植物园
159		紫荆属	巨紫荆	*Cercis glabra*	落叶乔木	观花（4~5 月）	植物园
160	芸香科	柑橘属	柚	*Citrus maxima*	常绿乔木	观花（4~5 月），观果（9~10 月）	湖滨、学士公园、浴鹄湾、乌龟潭、花港观鱼、茅家埠、花圃等
161			柑橘	*Citrus reticulata*	常绿乔木	观花（4~5 月），观果（10~12 月）	茅家埠、乌龟潭等
162			甜橙	*Citrus sinensis*	常绿乔木	观花（4~5 月），观果（9~10 月）	花圃
163	苦木科	臭椿属	臭椿	*Ailanthus altissima*	落叶乔木	观树形，观果实（8~10 月）	曲院风荷、太子湾、植物园等
164	楝科	楝属	楝树	*Melia azedarach*	落叶乔木	观树形，观花（5~6 月）	学士公园、曲院风荷、湖滨、花圃、茅家埠、浴鹄湾、植物园、西溪湿地等
165			川楝	*Melia toosendan*	落叶乔木	观树形，观花（5~6 月）	植物园
166		香椿属	香椿	*Toona sinensis*	落叶乔木	观叶（新叶红色）	植物园、居民小区等
167	大戟科	重阳木属	重阳木	*Bischofia polycarpa*	落叶乔木	观叶（秋叶红色）	苏堤、茅家埠、浴鹄湾、植物园等
168		乌桕属	乌桕	*Sapium sebiferum*	落叶乔木	观树形，观叶（秋叶红色）	学士公园、曲院风荷、柳浪闻莺、茅家埠、乌龟潭、浴鹄湾、太子湾、植物园等
169		油桐属	油桐	*Vernicia fordii*	落叶乔木	观树形，观花（4~5 月）	植物园
170			木油桐	*Vernicia montana*	落叶乔木	观花（5~6 月）	植物园
171	漆树科	南酸枣属	南酸枣	*Choerospondias axillaris*	落叶乔木	观树形，观果（9~11 月）	茅家埠、植物园等
172		黄连木属	黄连木	*Pistacia chinensis*	落叶乔木	观树形，观叶（秋叶红色），观果（9~11 月）	曲院风荷、乌龟潭、浴鹄湾、太子湾、植物园等
173		漆树属	野漆	*Toxicodendron succedaneum*	落叶乔木	观叶（秋叶红色）	植物园、浙大紫金港校区等
174	冬青科	冬青属	冬青	*Ilex chinensis*	常绿乔木	观果（11~12 月）	湖滨、柳浪闻莺、花圃、茅家埠、乌龟潭、浴鹄湾、花港观鱼、太子湾、植物园等
175			大叶冬青	*Ilex latifolia*	常绿乔木	观树形，观果（6~11 月）	柳浪闻莺、花港观鱼、植物园等
176			铁冬青	*Ilex rotunda*	常绿乔木	观果（翌年 2~3 月）	茅家埠、植物园等
177			大果冬青	*Ilex macrocarpa*	落叶乔木	观果（7~8 月）	植物园
178			浙江冬青	*Ilex zhejiangensis*	常绿乔木	观果（8~10 月）	植物园
179	卫矛科	卫矛属	白杜	*Euonymus maackii*	落叶乔木	观叶（秋叶红色），观果（8~10 月）	曲院风荷、植物园等
180			西南卫矛	*Euonymus hamiltonianus*	落叶乔木	观叶（秋叶红色），观果（9~10 月）	花圃、乌龟潭、浴鹄湾、太子湾、植物园等
181			肉花卫矛	*Euonymus carnosus*	落叶乔木	观叶（秋叶红色），观果（7~9 月）	植物园
182	槭树科	槭属	鸡爪槭	*Acer palmatum*	落叶乔木	观树形，观叶（秋叶红色）	学士公园、湖滨、花圃、植物园等
183			小鸡爪槭	*Acer palmatum* var. *thunbergii*	落叶乔木	观树形，观叶（秋叶红色）	曲院风荷、柳浪闻莺、花圃、茅家埠、乌龟潭、浴鹄湾、花港观鱼、太子湾、植物园等
184			红枫	*Acer palmatum* 'Atropurpureum'	落叶乔木	观树形，观叶（生长期叶红色）	曲院风荷、湖滨、柳浪闻莺、花圃、茅家埠、乌龟潭、浴鹄湾、花港观鱼、太子湾等
185			羽毛枫	*Acer palmatum* 'Dissectum'	落叶乔木	观树形，观叶（秋叶红色）	曲院风荷、柳浪闻莺、花圃、茅家埠、浴鹄湾、花港观鱼、太子湾等
186			红羽毛枫	*Acer palmatum* 'Dissectum Ornatum'	落叶乔木	观树形，观叶（生长期叶红色）	花港观鱼、花圃等
187			三角枫	*Acer buergerianum*	落叶乔木	观树形，观叶（秋叶红色）	曲院风荷、湖滨、柳浪闻莺、花圃、茅家埠、浴鹄湾、花港观鱼、太子湾、植物园等
188			樟叶槭	*Acer cinnamomifolium*	常绿乔木	观树形	花港观鱼、植物园等
189			花叶复叶槭	*Acer negundo* 'Variegatum'	落叶乔木	观树形，观叶（叶有黄、白、绿色相间的斑块）	赵工堤、湖滨等
190			秀丽槭	*Acer elegantulum*	落叶乔木	观叶（秋叶橙红色）	植物园

序号	科名	属名	种名	拉丁名	性状	观赏特点	种植点
191	槭树科	槭属	元宝槭	*Acer truncatum*	落叶乔木	观树形，观叶（秋叶鲜黄色）	植物园
192			建始槭	*Acer henryi*	落叶乔木	观叶（秋叶红黄色）	植物园
193	七叶树科	七叶树属	七叶树	*Aesculus chinensis*	落叶乔木	观树形，观花（5月）	花圃、乌龟潭、花港观鱼、柳浪闻莺、植物园等
194	无患子科	无患子属	无患子	*Sapindus mukorossi*	落叶乔木	观树形，观叶（秋叶金黄）	曲院风荷、柳浪闻莺、花圃、茅家埠、乌龟潭、浴鹄湾、花港观鱼、太子湾、植物园等
195		栾树属	黄山栾树	*Koelreuteria bipinnata* var. *integrifoliola*	落叶乔木	观树形，观叶（秋叶金黄），观花（8~9月），观果（10~11月）	曲院风荷、花圃、茅家埠、浴鹄湾、太子湾、植物园等
196	清风藤科	泡花树属	细花泡花树	*Meliosma parviflora*	落叶乔木	观果（9~10月）	学士公园、植物园等
197			多花泡花树	*Meliosma myriantha*	落叶乔木	观果（5~9月）	植物园
198			柔毛泡花树	*Meliosma Parviflora* var. *pilosa*	落叶乔木	观果（9~10月）	植物园
199	鼠李科	枣属	枣	*Ziziphus jujuba*	落叶乔木	观果（8~9月）	花圃、太子湾、花港观鱼、植物园等
200		枳椇属	枳椇	*Hovenia acerba*	落叶乔木	观树形	曲院风荷、柳浪闻莺、浴鹄湾、太子湾、乌龟潭、植物园等
201	杜英科	杜英属	秃瓣杜英	*Elaeocarpus glabripetalus*	常绿乔木	观树形，观叶（秋冬季节部分叶片绯红）	曲院风荷、湖滨、柳浪闻莺、花圃、茅家埠、乌龟潭、浴鹄湾、花港观鱼、太子湾、植物园等
202			华杜英	*Elaeocarpus chinensis*	常绿乔木	观树形	植物园
203			薯豆	*Elaeocarpus japonicus*	常绿乔木	观树形	植物园
204		猴欢喜属	猴欢喜	*Sloanea sinensis*	常绿乔木	观树形，观果实（9~10月）	植物园
205	梧桐科	梧桐属	梧桐	*Firmiana simplex*	落叶乔木	观树形	曲院风荷、花圃、茅家埠、乌龟潭、浴鹄湾、太子湾、植物园等
206	山茶科	山茶属	山茶	*Camellia japonica*	常绿乔木	观花（12月至翌年3~4月）	曲院风荷、湖滨、柳浪闻莺、花圃、乌龟潭、茅家埠、浴鹄湾、花港观鱼、太子湾、植物园等
207			单体红山茶	*Camellia uraku*	常绿乔木	观花（12月至翌年4月）	曲院风荷、湖滨、花圃、花港观鱼、太子湾、植物园等
208			红皮糙果茶	*Camellia crapnelliana*	常绿乔木	观花（9月）	花港观鱼公园、花圃、植物园等
209			博白大果油茶	*Camellia gigantocarpa*	常绿乔木	观花（12月至翌年3月）	植物园
210			浙江红山茶	*Camellia chekiangoleosa*	常绿乔木	观花（10月至翌年4月）	花圃、花港观鱼、曲院风荷、动物园、植物园等
211			越南油茶	*Camellia vietnamensis*	常绿乔木	观花（12月上旬至翌年1月下旬）	花圃、曲院风荷、植物园等
212			宛田红花油茶	*Camellia polyodonta*	常绿乔木	观花（1月中下旬至3月中下旬）	植物园、花圃等
213		木荷属	木荷	*Schima superba*	常绿乔木	观花（6~7月）	乌龟潭、太子湾、花港观鱼、植物园等
214		厚皮香属	日本厚皮香	*Ternstroemia japonica*	常绿乔木	观树形，观叶，观花（6~7月），观果实（9~10月）	曲院风荷、柳浪闻莺、花圃、花港观鱼、太子湾、植物园等
215		紫茎属	紫茎	*Stewartia sinensis*	落叶乔木	观叶（秋叶红色），观花（5~6月）	植物园
216	大风子科	柞木属	柞木	*Xylosma congesta*	常绿小乔木或灌木	观树形	花圃、花港观鱼、植物园等
217	千屈菜科	紫薇属	紫薇	*Lagerstroemia indica*	落叶乔木	观花（6~9月）	曲院风荷、湖滨、柳浪闻莺、花圃、茅家埠、乌龟潭、浴鹄湾、花港观鱼、太子湾、植物园等
218			福建紫薇	*Lagerstroemia limii*	落叶乔木	观花（6~9月）	花圃、植物园、运河沿线等
219	安石榴科	石榴属	石榴	*Punica granatum*	落叶小乔木或灌木	观花（5~7月），观果（9~10月）	学士公园、曲院风荷、湖滨、柳浪闻莺、茅家埠、乌龟潭、浴鹄湾、花港观鱼、植物园等

续表

序号	科名	属名	种名	拉丁名	性状	观赏特点	种植点
220	安石榴科	石榴属	重瓣红石榴	*Punica granatum* 'Pleniflora'	落叶小乔木或灌木	观花（5~7 月）	学士公园、小区绿化等
221	蓝果树科	蓝果树属	蓝果树	*Nyssa sinensis*	落叶乔木	观树形，观叶（春季新叶红色，秋叶绯红色）	植物园
222		喜树属	喜树	*Camptotheca acuminata*	落叶乔木	观树形	柳浪闻莺、花圃等
223		珙桐属	珙桐	*Davidia involucrata*	落叶乔木	观花	植物园、黄龙洞等
224	八角枫科	八角枫属	八角枫	*Alangium chinense*	落叶乔木或灌木	观花（5~7 月），观叶（秋叶黄色）	浴鹄湾、植物园等
225			光皮梾木	*Cornus wilsoniana*	落叶乔木	观花（5~6 月中旬）	柳浪闻莺、植物园等
226			灯台树	*Cornus controversa*	落叶乔木	观树形，观花（5~6 月）	植物园
227		四照花属	秀丽四照花	*Cornus hongkongensis* subsp. *elegans*	常绿乔木	观树形，观叶（秋叶红色），观花（5~6 月），观果实（10 月）	学士公园、西湖博物馆、苏堤、西溪湿地、植物园等
228			四照花	*Cornus kousa* subsp. *chinensis*	常绿乔木	观树形，观叶（秋叶红色），观花（5~6 月），观果实（8~9 月）	植物园
229	柿树科	柿树属	柿	*Diospyros kaki*	落叶乔木	观果（9~10 月）	学士公园、花圃、浴鹄湾、花港观鱼、植物园、西溪湿地公园等
230			野柿	*Diospyros kaki* var.*silvestris*	落叶乔木	观果（9~10 月）	植物园
231			华东油柿	*Diospyros oleifera*	落叶乔木	观果（10~11 月）	茅家埠、植物园等
232			浙江柿	*Diospyros glaucifolia*	落叶乔木	观果（8~10 月）	植物园、城区绿化等
233	山矾科	山矾属	棱角山矾	*Symplocos tetragona*	常绿乔木	观树形	植物园
234			白檀	*Symplocos paniculata*	落叶小乔木	观花（5~6 月）	植物园
235			老鼠矢	*Symplocos stellaris*	常绿小乔木	观叶（新梢和新叶的叶柄红色）	西湖山区
236			四川山矾	*Symplocos setchuensis*	常绿小乔木	观树形	植物园
237	安息香科	银钟花属	银钟花	*Halesia macgregorii*	落叶乔木	观花（3~4 月）	植物园
238		陀螺果属	陀螺果	*Melliodendron xylocarpum*	落叶乔木	观花（3 月）	植物园
239		白辛树属	小叶白辛树	*Pterostyrax corymbosus*	落叶小乔木	观花（4~5 月）	植物园
240		秤锤树属	秤锤树	*Sinojackia xylocarpa*	落叶小乔木	观花（4 月下旬），观果（8~10 月）	花港观鱼、植物园等
241		安息香属	赛山梅	*Styrax confusus*	落叶小乔木或灌木	观花（5~6 月）	植物园
242			郁香安息香	*Styrax odoratissimus*	落叶小乔木或灌木	观花（4~5 月）	植物园
243	木犀科	女贞属	女贞	*Ligustrum lucidum*	常绿小乔木	观树形，观花（6~7 月），观果（10~11 月）	曲院风荷、湖滨、柳浪闻莺、花圃、茅家埠、乌龟潭、浴鹄湾、花港观鱼、太子湾、植物园等
244		木犀属	桂花	*Osmanthus fragrans*	常绿乔木	赏花香（9~10 月）	曲院风荷、湖滨、柳浪闻莺花圃、茅家埠、乌龟潭、浴鹄湾、花港观鱼、太子湾、植物园等
245			齿叶木犀	*Osmanthus* × *fortunei*	常绿小乔木	赏花香（9~10 月）	植物园
246			柊树	*Osmanthus heterophyllus*	常绿小乔木或灌木	观花（11~12 月）	植物园
247			花叶柊树	*Osmanthus heterophyllus* 'Aureomarginatus'	常绿小乔木或灌木	观花（11~12 月）	环湖花境

续表

序号	科名	属名	种名	拉丁名	性状	观赏特点	种植点
248	木犀科	丁香属	紫丁香	*Syringa oblata*	落叶乔木	观花（4 月）	乌龟潭、浴鹄湾、钱王祠等
249			白丁香	*Syringa oblata* var. *alba*	落叶乔木	观花（4~5 月）	乌龟潭、浴鹄湾、钱王祠、世纪新城等
250	紫草科	厚壳树属	厚壳树	*Ehretia acuminata*	落叶乔木	观花（6 月），观果（7~8 月）	植物园
251	玄参科	泡桐属	毛泡桐	*Paulownia tomentosa*	落叶乔木	观花（3~4 月）	茅家埠
252			兰考泡桐	*Paulownia elongata*	落叶乔木	观花（4~5 月）	花圃、茅家埠等
253			白花泡桐	*Paulownia fortunei*	落叶乔木	观花（4~5 月）	曲院风荷、浴鹄湾、花港观鱼、古荡广场、植物园等
254	紫葳科	梓树属	梓树	*Catalpa ovata*	落叶乔木	观花（5~6 月），观果（8~9 月）	植物园、曲院风荷、植物园、浙大玉泉校区等
255			楸树	*Catalpa bungei*	落叶乔木	观花（4~6 月），观果（6~10 月）	曲院风荷、植物园、城区绿化等
256			黄金树	*Catalpa speciosa*	落叶乔木	观花（5 月）	植物园
257	棕榈科	棕榈属	棕榈	*Trachycarpus fortunei*	常绿乔木	观树形，观叶	曲院风荷、湖滨、柳浪闻莺、植物园、花圃、茅家埠、乌龟潭、浴鹄湾、花港观鱼等
258		刺葵属	加拿利海枣	*Phoenix canariensis*	常绿乔木	观树形	花圃、浣沙路及居住区等
259		蒲葵属	蒲葵	*Livistona chinensis*	常绿乔木	观树形	小区绿化
260		布迪椰子属	布迪椰子	*Butia capitata*	常绿乔木	观树形	小区绿化

灌木植物名录　附表 2

序号	科名	属名	种名	拉丁名	性状	观赏特点	种植点
1	柏科	圆柏属	铺地柏	*Juniperus procumbens*	常绿匍匐状小灌木	观叶	曲院风荷、花圃、乌龟潭、湖滨、植物园等
2			花叶铺地柏	*Juniperusprocumbens cv.*	常绿匍匐状小灌木	观叶	花圃
3		柏木属	金冠柏	*Cupressus macrocarpa* 'Glodcrest'	常绿彩色灌木或小乔木	观形，观叶	茶叶博物馆、西湖南线花境等
4			蓝冰柏	*Cupressus arizonica* var. *glabra* 'Blue Ice'	常绿彩色灌木或小乔木	观形，观叶	西湖南线花境
5		侧柏属	千头柏	*Platycladus orientalis* 'Sieboldii'	常绿灌木	观形，观叶	植物园、茅家埠等
6			金叶千头柏	*Platycladus orientalis* 'Semperaurescens'	常绿彩叶灌木	观形，观叶	植物园、南线花境等
7	杨柳科	柳属	‘彩页’杞柳	*Salix integra*'Hakuro Nishiki'	落叶灌木	观叶	西湖博物馆、湖滨、西溪湿地等
8	桑科	榕属	无花果	*Ficus carica*	落叶灌木	观叶，观果（7~8 月）	居民小区
9	蓼科	千叶兰属	千叶兰	*Muehlenbeckia complexa*	常绿匍匐状小灌木	观叶	南线花境
10	毛茛科	芍药属	牡丹	*Paeonia suffruticosa*	落叶灌木	观花（4~5 月）	花港观鱼、植物园等
11	小檗科	小檗属	紫叶小檗	*Berberis thunbergii* 'Atropurpurea'	落叶灌木	观叶	湖滨、曲院风荷等
12			小檗	*Berberis thunbergii*	落叶灌木	观叶	曲院风荷、湖滨、花圃、花港观鱼、植物园等
13			金叶小檗	*Berberis thunbergii* 'Aurea'	落叶灌木	观叶	赵公堤、湖滨等
14			长柱小檗	*Berberis lempergiana*	常绿灌木	观叶	曲院风荷、湖滨、花圃、浴鹄湾、花港观鱼、植物园等
15		十大功劳属	安坪十大功劳	*Mahonia eurybracteata* subsp. *ganpinensis*	常绿灌木	观叶，观花（9~10 月），观果（11~12 月）	曲院风荷、浴鹄湾、花港观鱼、植物园等
16			阔叶十大功劳	*Mahonia bealei*	常绿灌木	观叶，观花（9 月至翌年 1 月），观果（3~5 月）	孤山、曲院风荷、植物园等
17			十大功劳	*Mahonia fortunei*	常绿灌木	观叶，观花（7~9 月），观果（9~11 月）	曲院风荷、湖滨、花圃、茅家埠、植物园等
18			小果十大功劳	*Mahonia bodinieri*	常绿灌木	观叶，观花（6~9 月），观果（8~10 月）	曲院风荷、柳浪闻莺、植物园等
19		南天竹属	南天竹	*Nandina domestica*	常绿灌木	观叶，观花（5~7 月），观果（10~11 月）	曲院风荷、柳浪闻莺、花圃、浴鹄湾、花港观鱼、太子湾、植物园等
20			火焰南天竹	*Nandina domestica* 'Firepower'	常绿灌木	观叶，观花（5~7 月），观果（10~11 月）	西湖景区花境
21	木兰科	木兰属	紫玉兰	*Magnolia liliiflora*	落叶灌木	观花（3 月）	植物园、曲院风荷、花圃、茅家埠、花港观鱼、浴鹄湾、太子湾等
22		含笑属	含笑	*Michelia figo*	常绿灌木	观叶，观花（3~5 月）	曲院风荷、柳浪闻莺、花圃、茅家埠、浴鹄湾、花港观鱼、太子湾、植物园等
23			紫花含笑	*Mtchelia crassipes*	常绿灌木	观叶，观花（3~5 月）	植物园
24	蜡梅科	蜡梅属	蜡梅	*Chimonanthus praecox*	落叶灌木	观花（12 月至翌年 2 月）	曲院风荷、湖滨、柳浪闻莺、花圃、花港观鱼、太子湾、植物园等
25			山蜡梅	*Chimonanthus nitens*	常绿灌木	观花（9 月至翌年 2 月）	植物园
26			柳叶蜡梅	*Chimonanthus salicifolius*	落叶灌木	观花（8~10 月）	植物园
27		夏蜡梅属	夏蜡梅	*Calycanthus chinensis*	落叶灌木	观花（5 月）	植物园
28	樟科	山胡椒属	山橿	*Lindera reflexa*	落叶灌木或小乔木	观果（8 月）	植物园
29			山胡椒	*Lindera glauca*	落叶灌木或小乔木	观叶（秋叶橙红色）	植物园

序号	科名	属名	种名	拉丁名	性状	观赏特点	种植点
30	樟科	山胡椒属	红果钓樟	*Lindera erythrocarpa*	落叶灌木或小乔木	观果（9~10 月）	植物园
31	虎耳草科	溲疏属	齿叶溲疏	*Deutzia crenata*	落叶灌木	观花（5~6 月）	植物园
32			白花重瓣齿叶溲疏	*Deutzia crenata* var. *candidissima*	落叶灌木	观花（5~6 月）	花圃、浴鹄湾等
33			细梗溲疏	*Deutzia gracilis*	落叶灌木	观花（5~6 月）	花圃、浴鹄湾等
34			‘雪球’细梗溲疏	*Deutzia gracilis* ‘Nikko’	落叶灌木	观花（5 月）	植物园
35			宁波溲疏	*Deutzia ningpoensis*	落叶灌木	观花（ 4~5 月）	植物园、西湖南线花境等
36			黄山溲疏	*Deutzia glauca*	落叶灌木	观花（5~6 月）	花港观鱼、植物园等
37		绣球属	八仙花	*Hydrangea macrophylla*	落叶灌木	观花（5~6 月）	植物园
38			银边八仙花	*Hydrangea macrophylla* var. *maculata*	落叶灌木	观花（6~7 月）	曲院风荷、湖滨、柳浪闻莺、花圃、茅家埠、浴鹄湾、花港观鱼、植物园等
39			泽八仙	*Hydrangea serrata* f. *acuminata*	落叶灌木	观叶，观花（6~7 月）	湖滨、茅家埠、植物园、南线花境等
40			圆锥绣球	*Hydrangea paniculata*	落叶灌木	观花（5~6 月）	浴鹄湾、花港观鱼、植物园等
41		山梅花属	浙江山梅花	*Philadelphus zhejiangensis*	落叶灌木	观花（6~10 月）	茶叶博物馆
42		茶藨子属	华蔓茶藨子	*Ribes fasciculatum* var. *chinense*	落叶灌木	观花（5~6 月）	植物园、花港观鱼等
43		常山属	常山	*Dichroa febrifuga*	落叶灌木	观果（5~9 月）	植物园
44	海桐花科	海桐花属	海桐	*Pittosporum tobira*	落叶灌木	观花（6~7 月）	植物园
45			海金子	*Pittosporum illicioides*	常绿灌木或小乔木	观叶，观花（4-6月），观果（9~12 月）	曲院风荷、湖滨、柳浪闻莺、花圃、茅家埠、花港观鱼、太子湾、植物园等
46	金缕梅科	蚊母树属	小叶蚊母树	*Distylium buxifolium*	常绿灌木	观叶，观花（4-5月），观果（6~10 月）	浴鹄湾
47			蚊母树	*Distylium racemosum*	常绿灌木	观叶，观花（2~4 月）	曲院风荷、花圃、乌龟潭、茅家埠等
48		蜡瓣花属	蜡瓣花	*Corylopsis sinensis*	落叶灌木或小乔木	观叶，观花（3~4 月）	花港观鱼、植物园等
49		檵木属	红花檵木	*Loropetalum chinense* var. *rubrum*	常绿灌木	观花（3 月）	植物园
50			檵木	*Loropetalum chinense*	常绿灌木	观叶，观花（4~5 月）	曲院风荷、花圃、茅家埠、乌龟潭、浴鹄湾、花港观鱼、太子湾、植物园等
51	蔷薇科	木瓜属	日本海棠	*Chaenomeles japonica*	落叶灌木	观花（4~5 月）	植物园、花圃等
52			贴梗海棠	*Chaenomeles speciosa*	落叶灌木	观花 (3~5 月)，观果（8~10 月）	花港观鱼、花圃、湖滨公园、植物园等
53			白花贴梗海棠	*Chaenomeles speciosa* ‘Alba’	落叶灌木	观花（3~4 月），观果（10 月）	曲院风荷、花圃、花港观鱼、太子湾、植物园等
54			红花贴梗海棠	*Chaenomeles speciosa* ‘Rubra’	落叶灌木	观花（3~4 月），观果（10 月）	花圃、花港观鱼、植物园等
55			木桃	*Chaenomeles cathayensis*	落叶灌木	观花（3~4 月），观果（10 月）	花港观鱼、花圃、植物园等
56		山楂属	野山楂	*Crataegus cuneata*	落叶灌木	观花（3~4 月），观果（9~10 月）	湖滨、花圃、植物园等
57		白鹃梅属	白鹃梅	*Exochorda racemosa*	落叶灌木	观花（5~6 月），观果（6~11 月）	花圃、植物园等
58		棣棠属	棣棠	*Kerria japonica*	落叶灌木	观花（4~5 月）	植物园
59			重瓣棣棠	*Kerria japonica* f. *pleniflora*	落叶灌木	观花（4~6 月），观枝条（冬季）	浴鹄湾、花港观鱼、太子湾、植物园等
60		石楠属	石楠	*Photinia serrulata*	常绿灌木	观叶，观花（4~5 月），观果（10 月）	花港观鱼、学士公园、曲院风荷、柳浪闻莺、茅家埠、乌龟潭、植物园等

续表

序号	科名	属名	种名	拉丁名	性状	观赏特点	种植点
61	蔷薇科	石楠属	红叶石楠	*Photinia×fraseri*	常绿灌木	观叶	曲院风荷、湖滨、柳浪闻莺、花圃、茅家埠、乌龟潭、浴鹄湾等
62			倒卵叶石楠	*Photinia lasiogyna*	常绿灌木	观叶，观花（5~6 月），观果（8~11 月）	花圃、浴鹄湾、植物园等
63		李属	粉红重瓣麦李	*Prunus glandulosa* 'Sinensis'	落叶灌木	观花（3~4 月）	花圃、花港观鱼、植物园等
64		火棘属	火棘	*Pyracantha fortuneana*	常绿灌木	观叶，观花（4~5 月），观果（10 月至翌年 3 月）	曲院风荷、柳浪闻莺、花圃、茅家埠、乌龟潭、花港观鱼、太子湾、植物园等
65			‘小丑’火棘	*Pyracantha fortuneana* 'Harlequin'	常绿灌木	观叶	苏堤、南线花境等
66		蔷薇属	月季	*Rosa chinensis*	落叶灌木	观花（4~10 月）	曲院风荷、太子湾、湖滨、西溪湿地等
67			微型月季	*Rosa chinensis* var. *minima*	落叶灌木	观花（4~11 月）	南线花境
68			缫丝花	*Rosa roxburghii*	落叶灌木	观花（5~7 月），观果（8~10 月）	植物园
69			重瓣缫丝花	*Rosa roxburghii* 'Plena'	落叶灌木	观花（5~7 月）	花港观鱼
70			玫瑰	*Rosa rugosa*	落叶灌木	观花（4~5 月）	湖滨、植物园等
71			硕苞蔷薇	*Rosa bracteata*	常绿蔓性灌木	观花（5~7 月），观果（8~11 月）	植物园
72		悬钩子属	蓬蘽	*Rubus hirsutus*	半常绿灌木	观花（4~5 月），观果（5~7 月）	花港观鱼、曲院风荷、茅家埠等
73			寒莓	*Rubus buergeri*	常绿小灌木	观叶	植物园
74		绣线菊属	菱叶绣线菊	*Spiraea × vanhouttei*	落叶灌木	观花（4~5 月）	曲院风荷、花圃、茅家埠、植物园等
75			单瓣李叶绣线菊	*Spiraea prunifolia* var. *simpliciflora*	落叶灌木	观花（3~4 月）	曲院风荷、花圃、乌龟潭、花港观鱼、植物园等
76			珍珠绣线菊	*Spiraea thunbergii*	落叶灌木	观花（4~5 月）	花圃、植物园等
77			粉花绣线菊	*Spiraea japonica*	落叶灌木	观花（6~7 月）	曲院风荷、湖滨、花圃、茅家埠、花港观鱼、植物园等
78			‘金焰’绣线菊	*Spiraea × bumalda* 'Gold Flame'	落叶小灌木	观叶，观花（5~10 月）	植物园、乌龟潭、运河等
79			‘金山’绣线菊	*Spiraea × bumalda* 'Gold Mound'	落叶小灌木	观叶，观花（5~10 月）	曲院风荷、柳浪闻莺、植物园等
80			‘布什’绣线菊	*Spiraea × bumalda* 'Bush'	落叶小灌木	观花（5~10 月）	乌龟潭、花圃等
81			绣球绣线菊	*Spiraea blumei*	落叶灌木	观花（4~6 月）	曲院风荷、植物园等
82			中华绣线菊	*Spiraea chinensis*	落叶灌木	观花（4~6 月）	植物园
83	豆科	紫荆属	紫荆	*Cercis chinensis*	落叶灌木	观花（4~5 月）	曲院风荷、湖滨、花圃、乌龟潭、花港观鱼、太子湾、植物园等
84			黄山紫荆	*Cercis chingii*	落叶灌木	观花（4~5 月）	植物园
85		锦鸡儿属	锦鸡儿	*Caragana sinica*	落叶灌木	观花（4~5 月）	湖滨、植物园等
86		金雀儿属	金雀儿	*Cytisus scoparius*	落叶灌木	观叶，观花（6~8 月）	花境、花展等
87		番泻决明属	多花决明	*Senna floribunda*	常绿或半常绿灌木	观花（8~11 月）	长桥公园、曲院风荷、茅家埠、乌龟潭、运河、西溪湿地等
88		木蓝属	光叶木蓝	*Indigofera neoglabra*	落叶灌木	观叶，观花（5 月）	植物园
89			马棘	*Indigofera pseudotinctoria*	落叶灌木	观叶，观花（7~9 月）	杨公堤、植物园等
90	芸香科	金橘属	金柑	*Citrus japonica*	常绿灌木	观花（4~5 月），观果（11 月 ~ 翌年 2 月）	学士公园、茅家埠、浴鹄湾等
91	大戟科	山麻杆属	山麻杆	*Alchornea davidii*	落叶灌木	观叶	西溪湿地

序号	科名	属名	种名	拉丁名	性状	观赏特点	种植点
92	大戟科	算盘子属	算盘子	*Glochidion puberum*	落叶灌木	观果（8~9 月）	花圃
93		黄杨属	黄杨	*Buxus sinica*	常绿灌木	观叶	曲院风荷、学士公园、湖滨、花圃等
94			雀舌黄杨	*Buxus bodinieri*	常绿灌木	观叶	湖滨、居民小区等
95	冬青科	冬青属	枸骨	*Ilex cornuta*	常绿灌木	观叶，观果（9 月）	学士公园、曲院风荷、湖滨、花圃、茅家埠、浴鹄湾、花港观鱼、太子湾等
96			无刺枸骨	*Ilex cornuta* 'Fortunei'	常绿灌木	观叶，观果（9 月）	学士公园、曲院风荷、湖滨、花圃、茅家埠、乌龟潭、浴鹄湾、花港观鱼、太子湾等
97			毛冬青	*Ilex pubescens*	常绿灌木	观果（7~8 月）	植物园
98			龟甲冬青	*Ilex crenata* 'Convexa'	常绿灌木	观叶	曲院风荷、湖滨、花圃、浴鹄湾等
99			钝齿冬青	*Ilex crenata*	常绿灌木	观叶	植物园
100			'金宝石'钝齿冬青	*Ilex crenata* 'Golden Gem'	常绿灌木	观叶	曲院风荷、景区花境等
101	卫矛科	卫矛属	卫矛	*Euonymus alatus*	落叶灌木	观叶（秋叶红色），观果（9~10 月）	植物园
102			冬青卫矛	*Euonymus japonicus*	常绿灌木	观叶，观果（9~10 月）	学士公园、曲院风荷、湖滨、柳浪闻莺、花圃、茅家埠等
103			'银边'冬青卫矛	*Euonymus japonicus* 'Albo-marginatus'	常绿灌木	观叶	学士公园、曲院风荷、湖滨、柳浪闻莺、花圃、茅家埠等
104			'金边'冬青卫矛	*Euonymus japonicus* 'Ovatus Aureus'	常绿灌木	观叶	曲院风荷、湖滨、茅家埠等
105			'金心'冬青卫矛	*Euonymus japonicus* 'Aureus'	常绿灌木	观叶	曲院风荷、湖滨、茅家埠等
106	省沽油科	野鸦椿属	野鸦椿	*Euscaphis japonica*	落叶灌木或小乔木	观叶（秋叶红色），观果（6~9 月）	植物园
107	鼠李科	鼠李属	圆叶鼠李	*Rhamnus globosa*	落叶灌木	观果（6~10 月）	花港观鱼、植物园等
108		美洲茶属	'玛丽西蒙'美洲茶	*Ceanothus* 'Marie Simon'	落叶灌木	观花（6~9 月）	茅家埠
109	锦葵科	木槿属	木芙蓉	*Hibiscus mutabilis*	落叶灌木	观花（8~10 月）	曲院风荷、茅家埠、花圃、浴鹄湾、花港观鱼、太子湾等
110			木槿	*Hibiscus syriacus*	落叶灌木	观花（6~9 月）	学士公园、曲院风荷、湖滨、花圃、茅家埠、浴鹄湾、花港观鱼、太子湾等
111			海滨木槿	*Hibiscus hamabo*	落叶灌木	观叶（秋叶橘黄色），观花（6~8 月）	街心绿地、学士公园、曲院风荷、植物园等
112	山茶科	山茶属	茶梅	*Camellia sasanqua*	常绿灌木	观叶，观花（11 月下旬至翌年 4 月）	曲院风荷、湖滨、花圃、乌龟潭、浴鹄湾、花港观鱼、太子湾等
113			茶	*Camellia sinensis*	常绿灌木	观叶，观花（10~11 月）	学士公园、花圃、浴鹄湾等
114			油茶	*Camellia oleifera*	常绿灌木	观叶，观花（10~12 月）	少儿公园、花圃、九溪、沿山河绿地公园等
115			毛花连蕊茶	*Camellia fraterna*	常绿灌木	观叶，观花（2~3 月）	植物园
116			尖连蕊茶	*Camellia cuspidata*	常绿灌木	观叶，观花（3~7 月）	花圃、植物园等
117			红花短柱茶	*Camellia brevistyla* f. *rubida*	常绿灌木	观叶，观花（11 月至翌年 2 月）	植物园
118			杜鹃红山茶	*Camellia azalea*	常绿灌木	观叶，观花（6~11 月）	植物园
119			粉红短柱茶	*Camellia puniceiflora*	常绿灌木	观叶，观花（10 月下旬～翌年 2 月）	植物园
120			长瓣短柱茶	*Camellia grijsii*	常绿灌木	观叶，观花（2~3 月）	植物园、花圃等
121	藤黄科	金丝桃属	金丝桃	*Hypericum monogynum*	常绿灌木	观叶，观花（6~7 月）	曲院风荷、湖滨、柳浪闻莺、花圃、花港观鱼、太子湾等
122			'红果'金丝桃	*Hypericum inodorum* 'Excellent Flair'	常绿灌木	观叶，观花（6~8 月），观果（9~12 月）	茅家埠

续表

序号	科名	属名	种名	拉丁名	性状	观赏特点	种植点
123	藤黄科	金丝桃属	‘黄果’金丝桃	*Hypericum inodorum* ‘Rheingold’	常绿灌木	观叶，观花（6-8月），观果（9-12月）	茅家埠
124			金丝梅	*Hypericum patulum*	常绿灌木	观花（5~6月）	茅家埠
125	瑞香科	结香属	结香	*Edgeworthia chrysantha*	落叶灌木	观叶，观花（3~4月）	湖滨、花圃、浴鹄湾等
126		瑞香属	毛瑞香	*Daphne kiusiana* var. *atrocaulis*	常绿灌木	观叶，观花（3~4月）	灵隐
127			金边瑞香	*Daphne odora* f. *marginata*	常绿灌木	观叶，观花（3~4月）	柳浪闻莺
128	胡颓子科	胡颓子属	胡颓子	*Elaeagnus pungens*	常绿灌木	观花（9~12月），观果（翌年4~6月）	曲院风荷、花港观鱼等
129			金边胡颓子	*Elaeagnus pungens* ‘Aurea’	常绿灌木	观叶	曲院风荷、湖滨、柳浪闻莺、花圃、茅家埠、太子湾、植物园等
130			佘山羊奶子	*Elaeagnus argyi*	常绿灌木	观花（1~3月），观果（4~5月）	浴鹄湾、花港观鱼等
131			牛奶子	*Elaeagnus umbellata*	落叶灌木	观花（4~5月），观果（7~8月）	植物园
132	千屈菜科	千屈菜属	矮紫薇	*Lagerstroemia indica* ‘Petite pinxie’	落叶灌木	观花（7~9月）	曲院风荷、柳浪闻莺、花圃、茅家埠、乌龟潭、浴鹄湾、花港观鱼等
133		萼距花属	紫萼距花	*Cuphea articulata*	常绿小灌木	观叶，观花（6~9月）	花展、花境、花坛等
134	桃金娘科	赤楠属	轮叶蒲桃	*Syzygium grijsii*	常绿灌木	观叶，观花（5~6月），观果（10~11月）	花圃、植物园等
135		红千层属	红千层	*Callistemon rigidus*	常绿灌木或小乔木	观花（5~8月）	湖滨、茅家埠等
136		白千层属	千层金	*Melaleuca bracteata* ‘Revolution Gold’	常绿灌木	观叶	城区绿化、西湖景区花境
137		南美稔属	菲油果	*Acca sellowiana*	常绿灌木	观花（5~6月）	浙大紫金港校区，植物园等
138	五加科	八角金盘属	八角金盘	*Fatsia japonica*	常绿灌木	观叶	曲院风荷、湖滨、柳浪闻莺、花圃、茅家埠、乌龟潭、浴鹄湾、太子湾等
139		熊掌木属	熊掌木	*Fatshedera lizei*	常绿灌木	观叶	曲院风荷、花圃、茅家埠等
140	山茱萸科	梾木属	红瑞木	*Cornus alba*	落叶灌木	观叶（秋季红色），观茎（冬季红色）	赵公堤、湖滨、茅家埠等
141		桃叶珊瑚属	洒金珊瑚	*Aucuba japonica* ‘Variegata’	常绿灌木	观叶	曲院风荷、湖滨、柳浪闻莺、茅家埠、浴鹄湾、花港观鱼、太子湾等
142	杜鹃花科	马醉木属	马醉木	*Pieris japonica*	常绿灌木	观叶（新叶红色），观花（1~3月）	植物园
143		杜鹃花属	毛白杜鹃	*Rhododendron mucronatum*	半常绿灌木	观花（4~5月）	曲院风荷、湖滨、柳浪闻莺、花圃、茅家埠、浴鹄湾、花港观鱼、太子湾等
144			锦绣杜鹃	*Rhododendron pulchrum*	半常绿灌木	观花（4~5月）	曲院风荷、湖滨、柳浪闻莺、花圃、茅家埠、浴鹄湾、花港观鱼、太子湾等
145			皋月杜鹃	*Rhododendron indicum*	常绿灌木	观花（5~6月）	湖滨、花圃、苏堤、曲院风荷、太子湾等
146			鹿角杜鹃	*Rhododendron latoucheae*	常绿灌木	观花（4~5月）	植物园
147			马银花	*Rhododendron ovatum*	常绿灌木	观花（4~5月）	植物园
148			映山红	*Rhododendron simsii*	落叶或半常绿灌木	观花（4~5月）	植物园、西溪湿地等
149			满山红	*Rhododendron mariesii*	落叶灌木	观花（3~4月）	植物园
150			羊踯躅	*Rhododendron molle*	落叶灌木	观花（4~5月）	植物园
151			刺毛杜鹃	*Rhododendron championae*	常绿灌木或小乔木	观花（4~5月）	植物园
152		乌饭树属	江南越橘	*Vaccinium mandarinorum*	常绿灌木至小乔木	观花（4~6月）	植物园

续表

序号	科名	属名	种名	拉丁名	性状	观赏特点	种植点
153	杜鹃花科	乌饭树属	乌饭树	*Vaccinium bracteatum*	常绿灌木	观花（6~7月），观果（10~11月）	植物园
154	紫金牛科	紫金牛属	紫金牛	*Ardisia japonica*	常绿小灌木	观叶，观果（11~12月）	柳浪闻莺、浴鹄湾、太子湾、花港观鱼公园等
155			朱砂根	*Ardisia crenata*	常绿小灌木	观果（7~10月）	湖滨公园、法云古村等
156		杜茎山属	杜茎山	*Maesa japonica*	常绿灌木	观果（10月）	植物园
157	柿树科	柿属	老鸦柿	*Diospyros rhombifolia*	落叶灌木	观果（7~10月）	曲院风荷、花圃、花港观鱼、植物园等
158			乌柿	*Diospyros cathayensis*	落叶灌木	观果（8~10月）	柳浪闻莺、花港观鱼、植物园等
159	木犀科	连翘属	金钟花	*Forsythia viridissima*	落叶灌木	观花（3~4月）	曲院风荷、湖滨、柳浪闻莺、花圃、茅家埠、浴鹄湾、花港观鱼、太子湾等
160			连翘	*Forsythia suspensa*	落叶灌木	观花（3~4月）	花圃
161		素馨属	云南黄馨	*Jasminum mesnyi*	常绿灌木	观花（4月）	曲院风荷、湖滨、柳浪闻莺、花圃、茅家埠、浴鹄湾、花港观鱼、西溪湿地等
162			迎春花	*Jasminum nudiflorum*	落叶灌木	观花（2~4月），观枝	太子湾、城区河道等
163			探春	*Jasminum floridum*	常绿灌木	观叶，观花（5~9月）	植物园、小区绿化等
164		木犀属	金叶女贞	*Ligustrum × vicaryi*	半常绿灌木	观叶	曲院风荷、湖滨、柳浪闻莺等
165			金森女贞	*Ligustrum japonicum* 'Howardii'	常绿小灌木	观叶	曲院风荷、湖滨、花圃、浴鹄湾等
166			小蜡	*Ligustrum sinense*	落叶小灌木	观花（4~6月），观果（9~10月）	曲院风荷、花港观鱼等
167			银姬小蜡	*Ligustrum sinense* 'Variegatum'	半常绿灌木	观叶	曲院风荷、植物园等
168	马钱科	醉鱼草属	大叶醉鱼草	*Buddleja davidii*	半常绿灌木	观花（6~9月）	湖滨、浴鹄湾、茶叶博物馆、花圃等
169			醉鱼草	*Buddleja lindleyana*	落叶灌木	观花（4~10月）	茅家埠、植物园等
170	夹竹桃科	夹竹桃属	夹竹桃	*Nerium oleander*	常绿灌木	观叶，观花（6~8月）	曲院风荷、湖滨、花圃、茅家埠、浴鹄湾、花港观鱼等
171			白花夹竹桃	*Nerium indicum* 'Paihua'	常绿灌木	观叶，观花（6~8月）	曲院风荷、湖滨、花圃、茅家埠、浴鹄湾、花港观鱼等
172	马鞭草科	大青属	尖齿臭茉莉	*Clerodendrum lindleyi*	落叶灌木	观花（6~7月）	植物园、花港观鱼、吴山等
173			海州常山	*Clerodendrum trichotomum*	落叶灌木	观花（7~10月），观果（9~11月）	西溪湿地
174		紫珠属	华紫珠	*Callicarpa cathayana*	落叶灌木	观果（8~11月）	花港观鱼、浴鹄湾、街头绿地等
175			白棠子树	*Callicarpa dichotoma*	落叶灌木	观果（9~11月）	浴鹄湾、花港观鱼等
176			老鸦糊	*Callicarpa giraldii*	落叶灌木	观果（10~11月）	植物园
177		牡荆属	牡荆	*Vitex negundo* var. *cannabifolia*	落叶灌木	观花（4~6月）	植物园
178	唇形科	香科科属	灌丛石蚕	*Teucrium fruticans*	常绿灌木	观叶，观花（4月）	花圃、西湖南线等
179	茄科	枸杞属	枸杞	*Lycium chinense*	半常绿灌木	观果（6~11月）	小区绿化
180	茜草科	水团花属	细叶水团花	*Adina rubella*	落叶灌木	观花（6~7月）	曲院风荷、湖滨、柳浪闻莺、学士公园等
181		栀子属	栀子	*Gardenia jasminoides*	常绿灌木	观花（5~7月）	植物园、西溪湿地等
182			大花栀子	*Gardenia jasminoides* var. *grandiflora*	常绿灌木	观花（5~7月）	曲院风荷、湖滨、茅家埠、浴鹄湾等
183			水栀子	*Gardenia jasminoides* 'Radicans'	常绿灌木	观花（5~7月）	浴鹄湾、植物园、城区绿化、西溪湿地等
184		六月雪属	六月雪	*Serissa japonica*	常绿灌木	观叶	柳浪闻莺、植物园等

续表

序号	科名	属名	种名	拉丁名	性状	观赏特点	种植点
185	茜草科	六月雪属	金边六月雪	*Serissa japonica* 'Aureomarginata'	常绿灌木	观叶	曲院风荷、柳浪闻莺、花圃、茅家埠等
186			重瓣六月雪	*Serissa japonica* 'Pleniflora'	常绿灌木	观叶	曲院风荷、柳浪闻莺、花圃、茅家埠等
187		玉叶金花属	大叶白纸扇	*Mussaenda shikokiana*	落叶灌木	观叶，观花（6~7 月）	植物园
188	忍冬科	六道木属	大花六道木	*Abelia* × *grandiflora*	常绿灌木	观叶，观花（6~11 月）	学士公园、曲院风荷、湖滨、柳浪闻莺、花圃、茅家埠、浴鹄湾等
189			金叶大花六道木	*Abelia grandiflora* 'Francis Mason'	常绿灌木	观叶，观花（6~11 月）	学士公园、曲院风荷、柳浪闻莺、茅家埠、花圃、浴鹄湾、西溪湿地等
190			糯米条	*Abelia chinensis*	半常绿灌木	观花（6~11 月）	植物园
191		忍冬属	郁香忍冬	*Lonicera fragrantissima*	落叶灌木	观花（12 月至翌年 4 月底）	孤山、乌龟潭、花港观鱼、三潭印月、太子湾、植物园等
192			匍枝亮绿忍冬	*Lonicera ligustrina* 'Maigrun'	常绿灌木	观叶	湖滨、学士公园、花圃、浴鹄湾、三潭印月、植物园等
193			'金叶'亮绿忍冬	*Lonicera ligustrina* 'Baggesens Gold'	常绿灌木	观叶	湖滨、西湖南线等
194			'扎布利'新疆忍冬	*Lonicera tatarica* 'Zabelii'	落叶灌木	观花（4~5 月），观果（9~10 月）	西湖南线
195			金银木	*Lonicera maackii*	落叶灌木	观花（4~6 月），观果（8~10 月）	花港观鱼
196		接骨木属	'金边'西洋接骨木	*Sambucus nigra* 'Aureomarginata'	落叶灌木	观叶，观花 (4~6 月)	西湖南线
197			西洋接骨木	*Sambucus nigra*	落叶灌木	观花 (4~5 月)	西湖南线
198		荚蒾属	绣球荚蒾	*Viburnum macrocephalum*	半常绿灌木	观花（4~5 月）	花圃、柳浪闻莺、太子湾、植物园等
199			琼花荚蒾	*Viburnum macrocephalum* f. *keteleeri*	半常绿灌木	观花（4~5 月），观果（10~11 月）	花圃、太子湾、曲院风荷、植物园等
200			日本珊瑚树	*Viburnum odoratissimum* var. *awabuki*	常绿灌木	观叶，观花（5~6 月），观果（9~11 月）	曲院风荷、湖滨、柳浪闻莺、花圃、茅家埠、乌龟潭、浴鹄湾、花港观鱼等
201			珊瑚树	*Viburnum odoratissimum*	常绿灌木	观叶，观花（5~6 月），观果（9~11 月）	吴山、南宋御街等
202			地中海荚蒾	*Viburnum tinus*	常绿灌木	观花 (11 月至翌年 4 月)	西湖南线、城区道路等
203			粉团荚蒾	*Viburnum plicatum*	落叶灌木	观花（4~5 月）	植物园
204			茶荚蒾	*Viburnum setigerum*	落叶灌木	观花 (4~5) 月，观果 (9~10 月)	植物园
205			黑果荚蒾	*Viburnum melanocarpum*	落叶灌木	观花 (4~5 月)，观果 (9~10 月)	植物园
206			天目琼花	*Viburnum opulus* subsp. *calvescens*	落叶灌木	观花 (5~6 月），观果（9~10 月）	植物园
207		锦带花属	海仙花	*Weigela coraeensis*	落叶灌木	观花（5~6 月）	曲院风荷、柳浪闻莺、花圃、茅家埠、浴鹄湾、花港观鱼、植物园等
208			路边花	*Weigela floribunda*	落叶灌木	观花（4~5 月）	植物园
209			花叶锦带花	*Weigela florida* 'Variegata'	落叶灌木	观叶，观花（4~5 月）	湖滨、花圃等
210			金叶锦带花	*Weigela florida* 'Aurea'	落叶灌木	观叶，观花（4~5 月）	曲院风荷、花圃等
211			红王子锦带	*Weigela florida* 'Red Prince'	落叶灌木	观花（4~5 月）	植物园、西溪湿地等
212	百合科	丝兰属	凤尾兰	*Yucca gloriosa*	常绿灌木	观叶，观花（9~11 月）	曲院风荷、湖滨、花圃、茅家埠、苏堤等

藤木植物名录　附表 3

序号	科名	属名	种名	拉丁名	性状	观赏特点	种植点
1	胡椒科	胡椒属	山蒟	*Piper hancei*	常绿木质藤本	观叶	*
2	桑科	榕属	薜荔	*Ficus pumila*	常绿木质藤本	观叶，观果（9~10 月）（多为自然分布）	岳坟、孤山、动物园等
3			珍珠莲	*Ficus sarmentosa* var. *henryi*	常绿木质藤本	观叶	*
4	马兜铃科	马兜铃属	马兜铃	*Aristolochia debilis*	多年生草质藤本	观花（6~7 月），观果（9~10 月）	*
5			绵毛马兜铃	*Aristolochia mollissima*	多年生草质藤本	观叶，观花（6~7 月）	植物园
6	蓼科	何首乌属	何首乌	*Fallopia multiflora*	多年生草质藤本	观叶	孤山、植物园等
7	毛茛科	铁线莲属	铁线莲属植物	*Clemaris* spp.	多年生草质或木质藤本	观花	花展
8			柱果铁线莲	*Clematis uncinata*	常绿木质藤本	观花（6~7 月）	*
9			女萎	*Clematis apiifolia*	木质藤本	观花（7~9 月）	植物园
10			山木通	*Clematis finetiana*	半常绿木质藤本	观花（4~6 月）	*
11	木通科	木通属	木通	*Akebia quinata*	落叶木质藤本	观叶、观花（4~5 月）	*
12			三叶木通	*Akebia trifoliata*	落叶木质藤本	观叶、观花（4 月）	*
13		大血藤属	大血藤	*Sargentodoxa cuneata*	落叶木质藤本	观叶、观花（4~5 月），观果（9~10 月）	*
14		八月瓜属	鹰爪枫	*Holboellia coriacea*	常绿木质藤本	观果（8~9 月）	*
15		野木瓜属	尾叶那藤	*Stauntonia obovatifoliola* subsp. *urophylla*	常绿木质藤本	观叶、观花（4 月）、观果（6~7 月）	植物园
16	防己科	木防己属	木防己	*Cocculus orbiculatus*	落叶木质藤本	观叶	植物园
17		汉防己属	汉防己	*Sinomenium acutum*	落叶木质藤本	观叶	*
18		蝙蝠葛属	蝙蝠葛	*Menispermum dauricum*	落叶木质藤本	观叶	植物园
19		千金藤属	千金藤	*Stephania japonica*	落叶木质藤本	观叶	*
20			金线吊乌龟	*Stephania cephalantha*	多年生缠绕藤本	观叶	植物园
21			石蟾蜍	*Stephania tetrandra*	多年生缠绕藤本	观叶、观果（7~9 月）	西湖景区
22	木兰科	南五味子属	南五味子	*Kadsura japonica*	常绿木质藤本	观花（6~9 月），观果（9~12 月）	植物园
23			黑老虎	*Kadsura coccinea*	常绿木质藤本	观花（4~7 月），观果（7~11 月）	植物园
24		五味子属	翼梗五味子	*Schisandra henryi*	落叶木质藤本	观花（5~6 月），观果（7~9 月）	*
25	虎耳草科	冠盖藤属	冠盖藤	*Pileostegia viburnoides*	常绿木质藤本	观叶，观花（5~7 月）	*
26	大戟科	野桐属	石岩枫	*Mallotus repandus*	常绿木质藤本	观叶，观花（5~6 月）	*
27	蔷薇科	蔷薇属	木香	*Rosa banksiae*	半常绿木质藤本	观花（4~5 月）	花圃、湖滨等
28			黄木香	*Rosa banksiae* f. *lutea*	半常绿木质藤本	观花（4~5 月）	花港观鱼、花圃、美术学院等
29			野蔷薇	*Rosa multiflora*	落叶攀缘植物	观花（4~6 月）	茅家埠、曲院风荷、浴鹄湾、西溪湿地等
30			七姊妹	*Rosa multiflora* var. *carnea*	落叶攀缘灌木	观花（4~6 月）	太子湾、西溪湿地等
31			小果蔷薇	*Rosa cymosa*	常绿攀缘植物	观花（5~6 月）	植物园
32			金樱子	*Rosa laevigata*	常绿攀缘植物	观花（4~6 月）	植物园

续表

序号	科名	属名	种名	拉丁名	性状	观赏特点	种植点
33	蔷薇科	蔷薇属	藤本月季	*Rosa hybrida*	落叶攀缘木质藤本	观花（5~6 月）	湖滨、花圃、市民中心等
34		紫藤属	紫藤	*Wisteria sinensis*	落叶木质藤本	观花（4 月）	曲院风荷、花圃、花港观鱼、太子湾、花圃、楼外楼等
35			白花紫藤	*Wisteria sinensis* f. *alba*	落叶木质藤本	观花（4 月）	植物园、花港观鱼等
36		崖豆藤属	香花崖豆藤	*Millettia dielsiana*	常绿木质藤本	观花（6~7 月）	植物园
37		油麻藤属	常春油麻藤	*Mucuna sempervirens*	常绿木质藤本	观花（4~5 月）、观果（9~11 月）	曲院风荷、太子湾、植物园等
38	豆科	云实属	云实	*Caesalpinia decapetala*	落叶木质藤本	观花（4~5 月）	植物园
39			春云实	*Caesalpinia vernalis*	常绿木质藤本	观叶	长桥湿地公园、西溪湿地等
40		黄檀属	香港黄檀	*Dalbergia millettii*	落叶木质藤本	观叶	*
41		羊蹄甲属	龙须藤	*Bauhinia championii*	常绿木质藤本	观叶，观花（6~9 月）	植物园
42	卫矛科	南蛇藤属	腺萼南蛇藤	*Celastrus punctatus*	落叶木质藤本	观叶	湖滨
43		卫矛属	扶芳藤	*Euonymus fortunei*	落叶木质藤本	观叶，观果（10 月）	曲院风荷、茅家埠、浴鹄湾、花港观鱼、杨公堤等
44			小叶扶芳藤	*Euonymus fortunei* var. *radicans*	常绿木质藤本	观叶	曲院风荷、柳浪闻莺、花圃、茅家埠、浴鹄湾、太子湾等
45			‘金边’扶芳藤	*Euonymus fortunei* ‘Emerald Gold’	常绿木质藤本	观叶	湖滨
46			‘金心’扶芳藤	*Euonymus fortunei* ‘Sunpot’	常绿木质藤本	观叶	湖滨
47			‘银边’扶芳藤	*Euonymus fortunei* ‘Emerald Gaiety’	常绿木质藤本	观叶	湖滨
48			‘银心’扶芳藤	*Euonymus fortunei* ‘Variegatus’	常绿木质藤本	观叶	湖滨
49			速铺扶芳藤	*Euonymus fortunei* 'Dart's Blanket'	常绿木质藤本	观叶	植物园
50	清风藤科	清风藤属	清风藤	*Sabia japonica*	落叶木质藤本	观花（2~3 月）	植物园
51	葡萄科	爬山虎属	爬山虎	*Parthenocissus tricuspidata*	落叶木质藤本	观叶	曲院风荷、茅家埠、浴鹄湾、花港观鱼、西溪湿地等
52			绿叶爬山虎	*Parthenocissus laetevirens*	落叶木质藤本	观叶	吴山天风、孤山、九溪、植物园等
53			五叶地锦	*Parthenocissus quinquefolia*	落叶木质藤本	观叶	吴山城隍阁
54			川鄂爬山虎	*Parthenocissus henryane*	落叶木质藤本	观叶	*
55			异叶爬山虎	*Parthenocissus dalzielii*	落叶木质藤本	观叶	*
56		葡萄属	葡萄	*Vitis vinifera*	落叶木质藤本	观果（8~10 月）	居民小区、西溪湿地等
57		蛇葡萄属	白蔹	*Ampelopsis japonica*	落叶木质藤本	观果（9~10 月）	*
58	猕猴桃科	猕猴桃属	大籽猕猴桃	*Actinidia macrosperma*	落叶木质藤本	观花（5 月），观果（9~10 月）	植物园
59			中华猕猴桃	*Actinidia chinensis*	落叶木质藤本	观花（5 月），观果（8~9 月）	*
60			异色猕猴桃	*Actinidia callosa* var. *discolor*	落叶木质藤本	观花（5~6 月），观果（10~11 月）	植物园
61			黑蕊猕猴桃	*Actinidia melanandra*	落叶木质藤本	观花（5~6 月），观果（9 月）	*
62			葛枣猕猴桃	*Actinidia polygama*	落叶木质藤本	观花（6~7 月），观果（9~10 月）	*
63			小叶猕猴桃	*Actinidia lanceolata*	落叶木质藤本	观花（5~6 月），观果（10 月）	*

序号	科名	属名	种名	拉丁名	性状	观赏特点	种植点
64	猕猴桃科	猕猴桃属	长叶猕猴桃	*Actinidia hemsleyana*	落叶木质藤本	观花（5~6月），观果（7~9月）	*
65			毛花猕猴桃	*Actinidia eriantha*	落叶木质藤本	观花（5~6月），观果（10~11月）	*
66	五加科	常春藤属	常春藤	*Hedera helix*	常绿攀缘藤本	观叶	曲院风荷、湖滨、花圃、茅家埠、浴鹄湾、花港观鱼、太子湾等
67			花叶常春藤	*Hedera helix* 'Argenteo-variegata'	常绿攀缘藤本	观叶	湖滨
68			加拿利常春藤	*Hedera canariensis*	常绿攀缘藤本	观叶	湖滨
69			花叶加拿利常春藤	*Hedera canariensis* 'Variegata'	常绿攀缘藤本	观叶	湖滨
70			中华常春藤	*Hedera nepalensis* var. *sinensis*	常绿攀缘藤本	观叶	花港观鱼、虎跑等
71	木犀科	素馨属	金叶素方花	*Jasminum officinale* 'Aurea'	缠绕藤本	观叶，观花（6~7月）	*
72	夹竹桃科	络石属	络石	*Trachelospermum jasminoides*	常绿木质藤本	观叶，观花（4~6月）	孤山、动物园、岳庙、湖滨等
73			花叶络石	*Trachelospermum asiaticum* 'Hatuyukikazura'	常绿木质藤本	观叶	学士公园、曲院风荷、湖滨、茅家埠、乌龟潭、曲院风荷等
74			五彩络石	*Trachelospermum asiaticum* 'Variegatum'	常绿木质藤本	观叶	曲院风荷
75			黄金锦络石	*Trachelospermum asiaticum* 'Ougonnishiki'	常绿木质藤本	观叶	西湖景区
76	萝藦科	萝藦属	萝藦	*Metaplexis japonica*	多年生缠绕藤本	观花（7~8月），观果（9~11月）	长桥湿地公园
77	旋花科	番薯属	茑萝	*Ipomoea quamoclit*	一年生草质藤本	观花（7~9月）	小区绿化
78			葵叶茑萝	*Ipomoea × sloteri*	一年生草质藤本	观花（7~9月）	小区绿化
79			橙红茑萝	*Ipomoea cholulensis*	一年生草质藤本	观花（7~9月）	*
80		打碗花属	打碗花	*Calystegia hederacea*	多年生草质藤本	观花（5~8月）	*
81			旋花	*Calystegia sepium*	多年生草质藤本	观花（5~8月）	*
82			长裂旋花	*Calystegia sepium* var. *japonica*	多年生草质藤本	观花（5~8月）	*
83		牵牛属	牵牛花	*Ipomoea nil*	一年生缠绕草本	观花（7~8月）	小区绿化
84			圆叶牵牛	*Ipomoea purpurea*	一年生缠绕草本	观花（7~11月）	小区绿化
85		飞蛾藤属	飞蛾藤	*Dinetus racemosus*	多年生草质藤本	观花（8~9月）	*
86	紫葳科	凌霄属	凌霄	*Campsis grandiflora*	落叶木质藤本	观花（6~8月）	曲院风荷、花圃、小区绿化等
87		黄钟花属	硬骨凌霄	*Tecoma capensis*	常绿蔓生小灌木	观花（春季）	太子湾
88	茜草科	鸡矢藤属	鸡矢藤	*Paederia foetida*	落叶半木质藤本	观花（6~7月）	西湖景区
89	忍冬科	忍冬属	忍冬	*Lonicera japonica*	半常绿木质藤本	观花（4~6月）	小区绿化、西溪湿地等
90			红白忍冬	*Lonicera japonica* var. *chinensis*	半常绿木质藤本	观花（4~6月）	西湖南线
91			黄脉忍冬	*Lonicera japonica* 'Aureo-reticulata'	常绿藤本	观叶	万松林、西湖南线等
92			京红久忍冬	*Lonicera heckrottii*	常绿藤本	花期（5~9月）	西湖南线
93			贯叶忍冬	*Lonicera sempervirens*	常绿藤本	观花（4~6月）	*
94	葫芦科	绞股蓝属	绞股蓝	*Gynostemma pentaphyllum*	多年生草质藤本	观叶	植物园
95	薯蓣科	薯蓣属	黄独	*Dioscorea bulbifera*	多年生缠绕草本	观叶	植物园、灵隐寺等

注：* 表示推荐应用。

草本植物名录　附表 4

序号	科名	属名	种名	拉丁名	性状	观赏特点	种植点
1	卷柏科	卷柏属	翠云草	*Selaginella uncinata*	多年生常绿蕨类	观叶	曲院风荷、柳浪闻莺等
2	凤尾蕨科	凤尾蕨属	井栏边草	*Pteris multifida*	多年生常绿蕨类	观叶	苏堤、花港观鱼等
3			银脉凤尾蕨	*Pteris ensiformis* 'Victoriae'	多年生常绿蕨类	观叶	环湖景区花境
4			蜈蚣草	*Pteris vittata*	多年生常绿蕨类	观叶	花港观鱼、曲院风荷等
5	乌毛蕨科	狗脊属	狗脊	*Woodwardia japonica*	多年生常绿蕨类	观叶	花港观鱼、植物园等
6	水龙骨科	盾蕨属	盾蕨	*Neolepisorus ovatus*	多年生常绿蕨类	观叶	植物园
7		线蕨属	矩圆线蕨	*Colysis henryi*	多年生常绿蕨类	观叶	植物园
8	肾蕨科	肾蕨属	肾蕨	*Nephrolepis auriculata*	多年生常绿蕨类	观叶	环湖景区花境
9	三白草科	蕺菜属	蕺草	*Houttuynia cordata*	多年生草本	观花（5~7 月）	植物园、西溪湿地等
10			花叶蕺草	*Houttuynia cordata* 'Chameleon'	多年生草本	观叶	环湖景区花境
11	荨麻科	楼梯草属	庐山楼梯草	*Elatostema stewardii*	多年生常绿草本	观叶	植物园
12			楼梯草	*Elatostema involucratum*	多年生常绿草本	观叶	植物园
13		赤车属	蔓赤车	*Pellionia scabra*	多年生常绿草本	观叶	植物园
14	蓼科	蓼属	红蓼	*Polygonum orientale*	一年生草本	观花（6~7 月）	茅家埠、浴鹄湾、西溪湿地等
15			'赤龙'小头蓼	*Polygonum microcephalum* 'Red Dragon'	多年生草本	观叶	花圃、茅家埠、花港观鱼、太子湾等
16			头花蓼	*Polygonum capitatum*	多年生草本	观叶，观花（10~12 月）	花展、花境等
17			火炭母	*Polygonum chinense*	多年生草本	观叶	植物园
18		金线草属	金线草	*Antenoron filiforme*	多年生草本	观叶，观花（8~10 月）	花港观鱼
19	藜科	地肤属	细叶扫帚草	*Kochia scoparia* var. *culta*	一年生草本	观叶	环湖景区、城区花坛
20		甜菜属	红叶甜菜	*Beta vulgaris* var. *cicla*	多年生作二年生栽培	观叶	环湖景区、城区花坛
21	苋科	苋属	雁来红	*Amaranthus tricolor*	一年生草本	观叶	环湖景区、城区花坛
22		千日红属	千日红	*Gomphrena globosa*	一年生草本	观花（6~10 月）	环湖景区、城区花坛
23		青葙属	鸡冠花	*Celosia cristata*	一年生草本	观花（夏秋）	环湖景区、城区花坛
24	紫茉莉科	紫茉莉属	紫茉莉	*Mirabilis jalapa*	多年生草本	观花（6~10 月）	曲院风荷、花港观鱼等
25	番杏科	日中花属	龙须海棠	*Lampranthus spectabilis*	多年生作一、二年生栽培	观花（春末夏初）	环湖景区、城区花坛
26	马齿苋科	马齿苋属	大花马齿苋	*Portulaca grandiflora*	一年生或多年生肉质草本	观花（6~10 月）	环湖景区、城区花坛
27			环翅马齿苋	*Portulaca umbraticola*	一年生或多年生肉质草本	观花（6~10 月）	环湖景区、城区花坛
28	石竹科	石竹属	石竹	*Dianthus chinensis*	多年生常作一、二年生栽培	观花（4~10 月）	曲院风荷、茅家埠等
29		石头花属	蔓枝满天星	*Gypsophila repens*	一年生草本	观花（5~10 月）	环湖景区、城区花坛
30			满天星	*Gypsophila elegans*	一年生草本	观花（5~6 月）	西溪湿地

续表

序号	科名	属名	种名	拉丁名	性状	观赏特点	种植点
31	石竹科	蝇子草属	樱雪轮	*Silene coeli-rosa*	一、二年生草本	观花（4~6 月）	茅家埠
32			常夏石竹	*Dianthus plumarius*	多年生常绿草本	观花（5~6 月）	曲院风荷、西湖南线等
33			蓝灰石竹	*Dianthus gratianopolitanus*	多年生常绿草本	观花（5~6 月）	西溪湿地
34		剪秋罗属	剪夏罗	*Lychnis coronata*	多年生草本	观花（6~7 月）	花港观鱼、花圃、西湖南线等
35		肥皂草属	肥皂草	*Saponaria officinalis*	多年生草本	观花（6~8 月）	西溪湿地
36			重瓣肥皂草	*Saponaria officinalis* var. *florepleno*	多年生草本	观花（6~8 月）	西溪湿地
37	毛茛科	翠雀属	穗花翠雀	*Delphinium elatum*	多年生常作一、二年草本栽培	观花（5~7 月）	环湖景区、城区花坛
38		银莲花属	打破碗花花	*Anemone hupehensis*	多年生草本	观花（7~10 月）	花港观鱼
39		耧斗菜属	杂种耧斗菜	*Aquilegia hybrida*	多年生草本	观花（4~7 月）	西溪湿地、西湖南线等
40		毛茛属	花毛茛	*Ranunculus asiaticus*	多年生球根花卉	观花（3~5 月）	太子湾、花港观鱼、花圃等
41			毛茛	*Ranunculus japonicus*	多年生草本	观花（4~5 月）	推荐使用
42		铁筷子属	杂种铁筷子	*Helleborus* × *hybridus*	多年生常绿草本	观花（冬至翌春）	花港观鱼
43		芍药属	芍药	*Paeonia lactiflora*	多年生草本	观花（4~5 月）	花港观鱼、六合塔等
44	罂粟科	花菱草属	花菱草	*Eschscholzia californica*	多年生常作一、二年生栽培	观花（4~8 月）	环湖景区、城区花坛
45		罂粟属	虞美人	*Papaver rhoeas*	一、二年生草本	观花（4~6 月）	环湖景区、城区花坛
46			冰岛罂粟	*Papaver nudicaule*	多年生常作一年生栽培	观花（5~9 月）	环湖景区、城区花坛
47		紫堇属	刻叶紫堇	*Corydalis incisa*	多年生草本	观花（3~4 月）	花港观鱼、孤山、植物园等
48			珠芽尖距紫堇	*Corydalis sheareri* f. *bulbillifera*	多年生草本	观花（3~4 月）	孤山、植物园等
49			紫堇	*Corydalis edulis*	多年生草本	观花（3~4 月）	孤山、植物园等
50		血水草属	血水草	*Eomecon chionantha*	多年生草本	观叶，观花（4~5 月）	植物园
51	白花菜科	白花菜属	醉蝶花	*Cleome hassleriana*	一年生草本	观花（7~10 月）	环湖景区、城区花坛
52	十字花科	庭荠属	香雪球	*Lobularia maritima*	多年生草本作一、二年生栽培	观花（5~10 月）	环湖景区、城区花坛
53		芸薹属	羽衣甘蓝	*Brassica oleracea* var. *acephala*	二年生草本	观叶	环湖景区、城区花坛
54			油菜	*Brassica rapa* var. *oleifera*	一、二年生草本	观花（3~5 月）	西溪湿地
55		紫罗兰属	紫罗兰	*Matthiola incana*	多年生常作一、二年草本栽培	观花（4~5 月）	环湖景区、城区花坛
56		诸葛菜属	诸葛菜	*Orychophragmus violaceus*	二年生草本	观花（3~4 月）	孤山、太子湾、金沙港、浴鹄湾、花港观鱼等
57	景天科	景天属	佛甲草	*Sedum lineare*	多年生常绿肉质草本	观叶，观花（5~6 月）	茅家埠、西溪湿地等
58			‘金叶’佛甲草	*Sedum lineare* ‘Aurea’	多年生常绿肉质草本	观叶，观花（5~6 月）	万松林、长桥公园、西湖南线等
59			垂盆草	*Sedum sarmentosum*	多年生常绿肉质草本	观叶，观花（5~6 月）	茅家埠、浴鹄湾、西溪湿地等

续表

序号	科名	属名	种名	拉丁名	性状	观赏特点	种植点
60	景天科	景天属	‘银边’垂盆草	*Sedum sarmentosum* ‘Variegatum’	多年生常绿肉质草本	观叶，观花（5~6 月）	长桥公园、西湖南线等
61			费菜	*Sedum aizoon*	多年生常绿草本	观叶，观花（6~7 月）	太子湾、西溪湿地、西湖南线等
62			‘胭脂红’景天	*Sedum spurium* ‘Coccineum’	多年生常绿草本	观叶，观花（5~7 月）	植物园
63			松塔景天	*Sedum sediforme*	多年生常绿草本	观叶，观花（6~7 月）	植物园
64		八宝属	长药八宝	*Hylotelephium spectabile*	多年生常绿草本	观叶，观花（8~10 月）	曲院风荷、柳浪闻莺、茅家埠等
65	虎耳草科	虎耳草属	虎耳草	*Saxifraga stolonifera*	多年生常绿草本	观叶，观花（4~5 月）	曲院风荷、茅家埠、湖滨等
66		金腰属	大叶金腰	*Chrysosplenium macrophyllum*	多年生常绿草本	观叶，观花（5~6 月）	植物园
67		矾根属	矾根类	*Heuchera* spp.	多年生常绿草本	观叶	环湖景区、城区花坛
68	蔷薇科	蛇莓属	蛇莓	*Duchesnea indica*	多年生常绿草本	观花(4~5 月),观果(5~6 月)	环湖景区
69		委陵菜属	蛇含委陵菜	*Potentilla sundaica*	多年生草本	观花（4 月）	环湖景区
70			莓叶委陵菜	*Potentilla fragarioides*	多年生草本	观花（3~4 月）	植物园
71			三叶委陵菜	*Potentilla freyniana*	多年生草本	观花（3~6 月）	植物园
72	豆科	羽扇豆属	多叶羽扇豆	*Lupinus polyphyllus*	多年生常作二年草本栽培	观花（5~6 月）	环湖景区、城区花坛和花境
73		黄芪属	紫云英	*Astragalus sinicus*	二年生草本	观花（2~6 月）	西溪湿地
74		车轴草属	白车轴草	*Trifolium repens*	多年生常绿草本	观叶	孤山、山台山，涌金门、花圃、西溪湿地等
75			红车轴草	*Trifolium pratense*	多年生常绿草本	观叶	柳浪闻莺、曲院风荷、西溪湿地等
76			紫叶车轴草	*Trifolium repens* ‘Purpurascens Quadrifolium’	多年生常绿草本	观叶	环湖景区
77	旱金莲科	金莲花属	旱金莲	*Tropaeolum maju*	多年生常作一、二年草本栽培	观花（夏秋）	环湖景区、城区花坛
78	酢浆草科	酢浆草属	红花酢浆草	*Oxalis articulata*	多年生常绿草本	观花（4~11 月）	曲院风荷、柳浪闻莺、茅家埠、花港观鱼等
79			白花酢浆草	*Oxalis articulata* ‘Alba’	多年生常绿草本	观花（4~11 月）	植物园
80			多花酢浆草	*Oxalis corymbosa*	多年生常绿草本	观花（4~12 月）	西湖景区
81			三角紫叶酢浆草	*Oxalis triangularis*	多年生常绿草本	观叶，观花（4~13 月）	曲院风荷、湖滨、柳浪闻莺、茅家埠、运河等
82	大戟科	蓖麻属	‘红芽’蓖麻	*Ricinus communis* ‘Sanguineus’	多年生草本	观茎，观叶	茅家埠、茶叶博物馆等
83	黄杨科	板凳果属	顶花板凳果	*Pachysandra terminalis*	多年生草本	观叶	花港观鱼、长桥公园等
84	凤仙花科	凤仙花属	凤仙花	*Impatiens balsamina*	一年生草本	观花（6~8 月）	小区绿化
85			苏丹凤仙花	*Impatiens walleriana*	多年生作二年生栽培	观花（6~10 月）	环湖景区、城区花坛
86	锦葵科	蜀葵属	蜀葵	*Alcea rosea*	多年生草本作二年生栽培	观花（6~10 月）	花圃、湖滨、花港观鱼、南线花境等
87		锦葵属	锦葵	*Malva sylvestris*	一、二年生或多年生草本	观花（6~10 月）	环湖景区、城区花坛和花境
88		赛葵属	砖红赛葵	*Malvastrum lateritium*	多年生半常绿蔓生草本		虎跑公园、植物园等
89	堇菜科	堇菜属	三色堇	*Viola tricolor*	二年生或多年生草本	观花（3~6 月）	环湖景区、城区花坛

续表

序号	科名	属名	种名	拉丁名	性状	观赏特点	种植点
90	堇菜科	堇菜属	角堇	*Viola cornuta*	多年生草本常做一年生栽培	观花（3~6 月）	环湖景区、城区花坛
91			紫花地丁	*Viola philippica*	多年生草本	观花（3~4 月）	苏堤
92			香堇菜	*Viola odorata*	多年生草本	观花（3~4 月）	曲院风荷
93			白花堇菜	*Viola lactiflora*	多年生草本	观花（3~4 月）	植物园
94	秋海棠科	秋海棠属	四季秋海棠	*Begonia cucullata*	多年生肉质草本常作一年生栽培	观花（4~12 月）	环湖景区、城区花坛
95	柳叶菜科	山桃草属	山桃草	*Gaura lindheimeri*	多年生草本	观花（5~9 月）	茅家埠、西溪湿地、西湖南线等
96			‘红蝴蝶’山桃草	*Gaura lindheimeri* ‘Crimson Butterfly’	多年生草本	观叶，观花（5~9 月）	环湖景区、城区绿化
97		月见草属	美丽月见草	*Oenothera speciosa*	多年生草本	观花（4~7 月）	花圃、赵公堤、西湖南线、西溪湿地等
98	伞形科	鸭儿芹属	鸭儿芹	*Cryptotaenia japonica*	多年生草本	观叶	植物园
99			紫叶鸭儿芹	*Cryptotaenia japonica* ‘Purpule Leaves’	多年生草本	观叶	西湖南线
100	报春花科	珍珠菜属	金叶过路黄	*Lysimachia nummularia* ‘Aurea’	多年生常绿草本	观叶	茅家埠、西湖南线、西溪湿地、运河沿线等
101	蓝雪科	海石竹属	海石竹	*Armeria maritima*	多年生草本	观叶，观花（春季）	环湖景区、城区花坛
102	夹竹桃科	长春花属	长春花	*Catharanthus roseus*	多年生常作一年生栽培	观花（7~10 月）	环湖景区、城区花坛
103		蔓长春花属	蔓长春花	*Vinca major*	多年常绿蔓性草本	花期（4~5 月）	植物园、曲院风荷、花港观鱼等
104			花叶蔓长春花	*Vinca major* ‘Variagata’	多年常绿蔓性草本	花期（4~5 月）	植物园、曲院风荷、花港观鱼等
105	旋花科	马蹄金属	马蹄金	*Dichondra micrantha*	多年生常绿匍匐草本	观叶	浙江图书馆
106		番薯属	观赏番薯	*Ipomoea* spp.	多年生蔓生草本	观叶	环湖景区、城区花坛
107			‘金叶’番薯	*Ipomoea batatas* ‘Chartreuse’	多年生蔓生草本	观叶	环湖景区、城区花坛
108			‘紫叶’番薯	*Ipomoea batatas* ‘Purpurea’	多年生蔓生草本	观叶	环湖景区、城区花坛
109	花荵科	福禄考属	福禄考	*Phlox drummondii*	一、二年生草本	花期（4~7 月）	杨公堤、西湖南线等
110			宿根福禄考	*Phlox paniculata*	多年生草本	观花（6~8 月）	杨公堤、西湖南线花境
111			丛生福禄考	*Phlox subulata*	多年生草本	观花（4~11 月）	西湖南线花境
112	紫草科	蓝蓟属	车前叶蓝蓟	*Echium plantagineum*	一、二年生草本	观花（4~7 月）	环湖景区、城区花坛和花境
113		聚合草属	聚合草	*Symphytum officinale*	多年生草本	观花（4~5 月）	植物园
114	马鞭草科	马鞭草属	美女樱	*Glandularia* × *hybrida*	多年生半常绿草本	观花（4~10 月）	环湖景区、城区花坛和花境
115			羽裂美女樱	*Glandularia bipinnatifida*	多年生半常绿草本	观花（4~10 月）	湖滨、西溪湿地等
116			细叶美女樱	*Glandularia tenera*	多年生半常绿草本	观花（4~10 月）	太子湾、小区绿化、道路绿化等
117			柳叶马鞭草	*Verbena bonariensis*	多年生草本	观花（5~9 月）	环湖景区花境
118	唇形科	鼠尾草属	蓝花鼠尾草	*Salvia farinacea*	多年生常作一、二年生栽培	观花（5~10 月）	环湖景区、城区花坛和花境
119			红花鼠尾草	*Salvia coccinea*	一年生草本	观花（5~10 月）	环湖景区、城区花坛等
120			一串红	*Salvia splendens*	多年生常作一年生栽培	观花（7~10 月）	环湖景区、城区花坛等

续表

序号	科名	属名	种名	拉丁名	性状	观赏特点	种植点
121	唇形科	鞘蕊花属	彩叶草	*Coleus blumei*	多年生常作一、二年生栽培	观叶	环湖景区、城区花坛等
122		霍香属	藿香	*Agastache rugosa*	多年生草本	观花（6~9月）	曲院风荷
123		筋骨草属	匍匐筋骨草	*Ajuga reptans*	多年生常绿草本	观花（4~5月）	柳浪闻莺、曲院风荷、植物园等
124		薰衣草属	羽叶薰衣草	*Lavandula pinnata*	多年生草本	观花（6~8月）	花展
125		活血丹属	花叶欧亚活血丹	*Glechoma hederacea* 'Variegata'	多年生半常绿草本	观叶，观花（5月）	西湖南线、西溪湿地、花港观鱼等
126			活血丹	*Glechoma longituba*	多年生半常绿草本	观叶，观花（5月）	西湖南线、西溪湿地等
127		野芝麻属	花叶野芝麻	*Lamium galeobdolon*	多年生半常绿草本	观叶，观花（5~6月）	西湖南线
128			野芝麻	*Lamium barbatum*	多年生草本	观花（4~5月）	植物园、孤山等
129		美国薄荷属	美国薄荷	*Monarda didyma*	多年生草本	观花（6~7月）	西湖南线
130			'草原之夜'美国薄荷	*Monarda didyma* 'Prarienacht'	多年生草本	观花（6~7月）	西湖南线
131			'柯罗粉'美国薄荷	*Monarda didyma* 'Croftway Pink'	多年生草本	观花（6~7月）	西湖南线
132			柠檬美国薄荷	*Monarda citriodora*	多年生草本	观花（6~7月）	西溪湿地
133		假龙头花属	假龙头花	*Physostegia virginiana*	多年生草本	观花（7~8月）	曲院风荷、花圃等
134		夏枯草属	大花夏枯草	*Prunella grandiflora*	多年生草本	观花（5~6月）	植物园
135		香茶菜属	显脉香茶菜	*Isodon nervosus*	多年生草本	观花（7~10月）	茅家埠、浴鹄湾等
136		鼠尾草属	深蓝鼠尾草	*Salvia guaranitica*	多年生草本	观花（6~10月）	西湖南线、西溪湿地等
137			墨西哥鼠尾草	*Salvia leucantha*	多年生草本	观花（8~11月）	曲院风荷、花圃、茅家埠等
138		水苏属	绵毛水苏	*Stachys byzantina*	多年生草本	观叶，观花（6~7月）	花圃、西湖南线、湖滨等
139		迷迭香属	匍匐迷迭香	*Rosmarinus officinalis* 'Prostratus'	常绿亚灌木	观叶，观花（5~8月）	湖滨
140		百里香属	百里香	*Thymus mongolicus*	常绿亚灌木	观叶	湖滨
141			花叶百里香	*Thymus mongolicus* 'Anderson's Gold'	常绿亚灌木	观叶	湖滨
142	茄科	烟草属	花烟草	*Nicotiana alata*	多年生草本作一年生栽培	观花（6~8月）	环湖景区、城区花坛等
143		碧冬茄属	矮牵牛	*Petunia hybrida*	多年生草本作一年生栽培	观花（4~11月）	环湖景区、城区花坛等
144	玄参科	假面花属	心叶假面花	*Alonsoa meridionalis*	多年生作一年生栽培	观花（5~7月）	环湖景区、城区花坛等
145		金鱼草属	金鱼草	*Antirrhinum majus*	多年生作一、二年生栽培	观花（3~6月）	环湖景区、城区花坛等
146		双距花属	双距花	*Diascia barberae*	一年生草本	观花（5~9月）	环湖景区、城区花坛等
147		毛地黄属	毛地黄	*Digitalis purpurea*	多年生作一、二年生栽培	观花（6~8月）	环湖景区、城区花坛等
148		蝴蝶花属	蓝猪耳	*Torenia fournieri*	一年生草本	观花（5~10月）	环湖景区、城区花坛等
149		婆婆纳属	穗花婆婆纳	*Veronica spicata*	多年生草本	观花（6~8月）	西湖南线、茅家埠等
150		钓钟柳属	毛地黄叶钓钟柳	*Pentstemon digitalis*	多年生常绿草本	观花（7~8月）	花圃、茅家埠等
151			红花钓钟柳	*Penstemon barbatus*	多年生草本	观花（6~9月）	环湖景区
152		地黄属	天目地黄	*Rehmannia chingii*	多年生草本	观花（4~5月）	曲院风荷、植物园等

序号	科名	属名	种名	拉丁名	性状	观赏特点	种植点
153	玄参科	香彩雀属	香彩雀	*Angelonia angustifolia*	多年生草本	观花（5~10月）	环湖景区
154	桔梗科	同瓣草属	腋花同瓣草	*Isotoma axillaris*	一年生草本	观花（4~7月）	环湖景区、城区花坛等
155		半边莲属	六倍利	*Lobelia erinus*	多年生常作一年生栽培	观花（4~6月）	环湖景区、城区花坛和花境等
156	菊科	藿香蓟属	藿香蓟	*Ageratum conyzoides*	多年生常作一年生栽培	观花（7~10月）	环湖景区、城区花坛和花境等
157		蓝目菊属	蓝目菊	*Arctotis venusta*	多年生常作一年生栽培	观花（4~6月）	环湖景区、城区花坛和花境
158			杂交蓝目菊	*Arctotis* 'Harlequin'	多年生常作一年生栽培	观花（4~6月）	环湖景区、城区花坛和花境
159		矢车菊属	矢车菊	*Coreopsis cyanus*	一、二年生草本	观花（4~5月）	环湖景区、城区花坛和花境
160		茼蒿属	白晶菊	*Chrysanthemum paludosum*	一、二年生草本	观花（3~5月）	环湖景区、城区花坛和花境
161			黄晶菊	*Chrysanthemum multicaule*	二年生草本	观花（3~6月）	环湖景区、城区花坛和花境
162			三色菊	*Chrysanthemum carinatum*	一、二年生草本	观花（4~6月）	环湖景区、城区花坛和花境
163		金鸡菊属	两色金鸡菊	*Coreopsis tinctoria*	一、二年生草本	观花（5~8月）	环湖景区
164		秋英属	波斯菊	*Cosmos bipinnatus*	一年生草本	观花（6~10月）	环湖景区、城区花坛
165			硫华菊	*Cosmos sulphureus*	一年生草本	观花（7~10月）	茶叶博物馆
166		向日葵属	向日葵	*Helianthus annuus*	一年生草本	观花（7~9月）	环湖景区花境
167		美兰菊属	黄帝菊	*Melampodium paludosum*	多年生常作一、二年生栽培	观花（6~11月）	环湖景区、城区花坛等
168		千里光属	银叶菊	*Senecio cineraria*	多年生常作一年生栽培	观叶	环湖景区、城区花坛和花境
169			'银粉'银叶菊	*Senecio cineraria* 'Silver Dust'	多年生常作一年生栽培	观叶	环湖景区、城区花坛和花境
170			'卷云'银叶菊	*Senecio cineraria* 'Cirrus'	多年生常作一年生栽培	观叶	环湖景区、城区花坛和花境
171		肿柄菊属	圆叶肿柄菊	*Tithonia rotundifolia*	一年生草本	观花（8~10月）	环湖景区、城区花坛和花境
172		百日草属	百日草	*Zinnia elegans*	一年生草本	观花（6~10月）	环湖景区、城区花坛和花境
173		勋章菊属	勋章菊	*Gazania rigens*	多年生常作一、二年生栽培	观花（4~5月）	环湖景区、城区花坛和花境
174		翠菊属	翠菊	*Callistephus chinensis*	一年生草本	观花（5~10月）	环湖景区、城区花坛和花境
175		雏菊属	雏菊	*Bellis perennis*	多年生常作二年生栽培	观花（3~5月）	环湖景区、城区花坛和花境
176		瓜叶菊属	瓜叶菊	*Pericallis hybrida*	二年生草本	观花（3~7月）	花展
177		金盏菊属	金盏菊	*Calendula officinalis*	一、二年生草本	观花（3~6月）	环湖景区、城区花坛和花境
178		万寿菊属	万寿菊	*Tagetes erecta*	一年生草本	观花（6~9月）	环湖景区、城区花坛和花境
179			孔雀草	*Tagetes patula*	一年生草本	观花（5~10月）	环湖景区、城区花坛和花境
180		蒿属	白苞蒿	*Artemisia lactiflora*	多年生草本	观花（8~12月）	茅家埠

续表

序号	科名	属名	种名	拉丁名	性状	观赏特点	种植点
181	菊科	蒿属	‘矮生’蕨叶蒿	*Artemisia schmidtiana* ‘Nana’	多年生草本	观叶	环湖景区、城区花境
182			‘黄金’艾蒿	*Artemisia vulgaris* ‘Variegate’	多年生草本	观叶	环湖景区、城区花境
183		紫菀属	高山紫菀	*Aster alpinus*	多年生草本	观花（9~10 月）	曲院风荷
184			荷兰菊	*Aster novi-belgii*	多年生草本	观花（8~10 月）	环湖景区、城区花境
185			微糙三脉紫菀	*Aster ageratoides* var. *scaberulus*	多年生草本	观花（6~11 月）	西溪湿地
186		金鸡菊属	大花金鸡菊	*Coreopsis lanceolata*	多年生草本	观花（5~6 月）	曲院风荷、茅家埠、乌龟潭、浴鹄湾、西溪湿地等
187			重瓣大金鸡菊	*Coreopsis lanceolata* ‘Double Sunburst’	多年生草本	观花（5~6 月）	太子湾、西溪湿地等
188		菊属	菊花	*Chrysanthemum morifolium*	多年生草本	观花（9~12 月）	花展
189			野菊	*Chrysanthemum indicum*	多年生草本	观花（9~11 月）	茅家埠、西溪湿地等
190		松果菊属	紫松果菊	*Echinacea purpurea*	多年生草本	观花（6~10 月）	西溪湿地
191		大吴风草属	大吴风草	*Farfugium japonicum*	多年生常绿草本	观叶，观花（7~11 月）	曲院风荷、茅家埠、浴鹄湾、花港观鱼、太子湾等
192			黄斑大吴风草	*Farfugium japonicum* ‘Aurea-maculatum’	多年生常绿草本	观叶，观花（7~11 月）	花圃、花港观鱼等
193		天人菊属	大花天人菊	*Gaillardia* × *grandiflora*	多年生草本	观花（5~10 月）	西溪湿地
194		滨菊属	大滨菊	*Leucanthemum* × *maximum*	多年生草本	观花（5~7 月）	花圃、西溪湿地等
195		堆心菊属	苦味堆心菊	*Helenium amarum*	多年生草本	观花（6~9 月）	环湖景区
196		菊芋属	赛菊芋	*Heliopsis helianthoides*	多年生草本	观花（6~9 月）	花圃、苏堤等
197		金光菊属	黑心菊	*Rudbeckia hirta*	多年生草本	观花（6~10 月）	曲院风荷、西溪湿地等
198		大丽花属	大丽花	*Dahlia pinnata*	多年生草本	观花（6~11 月）	花展
199		亚菊属	亚菊	*Ajania pacifica*	常绿亚灌木	观叶，观花（9 月）	西湖景区、西溪湿地等
200		尤利菊属	梳黄菊	*Euryops pectinatus*	常绿亚灌木	观叶，观花（11 月至翌年春季）	环湖景区
201			黄金菊	*Euryops pectinatus* ‘Viridis’	常绿亚灌木	观叶，观花（11 月至翌年春季）	环湖景区
202	禾本科	薏苡属	薏苡	*Coix lacryma-jobi*	一年生或多年生草本	观叶	曲院风荷、花圃、杨公堤、华家池等
203		燕麦草属	花叶燕麦草	*Arrhenatherum elatius* var. *bulbosum* ‘Variegatum’	多年生常绿草本	观叶	植物园、花圃等
204		羊茅属	蓝羊茅‘伊利亚蓝’	*Festuca glauca* ‘Elijah Blue’	多年生常绿草本	观叶	环湖景区
205		白茅属	血草	*Imperata cylindrica* ‘Red Baron’	多年生草本	观叶	环湖景区
206		甘蔗属	斑茅	*Saccharum arundinaceum*	多年生草本	观花（8~11 月）	茅家埠
207		芒属	五节芒	*Miscanthus floridulus*	多年生草本	观花（5~10 月）	花圃、茅家埠、乌龟潭、浴鹄湾、西溪湿地等
208			‘斑叶’芒	*Miscanthus sinensis* ‘Zebrinus’	多年生草本	观叶	茅家埠
209		虉草属	玉带草	*Phalaris arundinacea* var. *picta*	多年生草本	观叶	太子湾、运河沿线等
210		狗尾草属	棕叶狗尾草	*Setaria palmifolia*	多年生草本	观叶	曲院风荷、湖滨、茅家埠、华家池等
211		针茅属	细茎针芒	*Stipa tenuissima*	多年生草本	观叶	曲院风荷
212		狼尾草属	狼尾草	*Pennisetum alopecuroides*	多年生草本	观叶	曲院风荷、茅家埠、乌龟潭等
213	莎草科	苔草属	金叶苔草	*Carex oshimensis* ‘Evergold’	多年生草本	观叶	湖滨、南线、花圃等

序号	科名	属名	种名	拉丁名	性状	观赏特点	种植点
214	莎草科	苔草属	青绿苔草	*Carex breviculmis*	多年生草本	观叶	曲院风荷
215			橘红苔草	*Carex testacea*	多年生草本	观叶	茅家埠
216	天南星科	菖蒲属	金钱蒲	*Acorus gramineus*	多年生草本	观叶	曲院风荷
217			‘金叶’金钱蒲	*Acorus gramineus* ‘Ogon’	多年生草本	观叶	花圃
218			‘花叶’金钱蒲	*Acorus gramineus* ‘Variegatus’	多年生草本	观叶	花圃、太子湾等
219		海芋属	海芋	*Alocasia macrorrhiza*	多年生草本	观叶，观果	浴鹄湾
220		芋属	大野芋	*Colocasia gigantea*	多年生草本	观叶，观花（4~6月）	曲院风荷
221	鸭跖草科	紫露草属	无毛紫露草	*Tradescantia viriginiana*	多年生草本	观花（4~6月）	浴鹄湾、花港观鱼、太子湾、西溪湿地等
222			紫鸭竹梅	*Tradescantia pallida*	多年生草本	观叶	花圃、茅家埠、太子湾等
223			吊竹梅	*Tradescantia zebrina*	多年生草本	观叶	西湖南线
224	百合科	宽叶韭属	宽叶韭	*Allium hookeri*	多年生常绿草本	观叶	西湖南线、花港观鱼等
225			藠头	*Allium chinense*	多年生草本	观叶	植物园
226		蜘蛛抱蛋属	蜘蛛抱蛋	*Aspidistra elatior*	多年生常绿草本	观叶	湖滨、柳浪闻莺等
227			洒金蜘蛛抱蛋	*Aspidistra elatior* var. ‘punctata’	多年生常绿草本	观叶	西湖景区
228		天门冬属	羊齿天门冬	*Asparagus filicinus*	多年生草本	观叶	花港观鱼
229		萱草属	萱草	*Hemerocallis fulva*	多年生草本	观花（5~8月）	曲院风荷、学士公园、柳浪闻莺、花圃、太子湾、浴鹄湾、乌龟潭等
230			重瓣萱草	*Hemerocallis fulva* var. *kwanso*	多年生草本	观花（6~7月）	花圃、植物园等
231			大花萱草	*Hemerocallis* × *hybrida*	多年生草本	观花（6~7月）	花圃、花港观鱼、湖滨等
232			常绿萱草	*Hemerocallis aurantiaca*	多年生草本	观花（7~10月）	花圃、植物园等
233		玉簪属	紫萼	*Hosta ventricosa*	多年生草本	观叶，观花（6~7月）	花圃、曲院风荷、茅家埠、太子湾等
234			玉簪	*Hosta plantaginea*	多年生草本	观叶，观花（7~9月）	植物园
235			玉簪类园艺品种	*Hosta* spp.	多年生草本	观叶，观花（6~7月）	曲院风荷、湖滨、花港观鱼、花圃等
236		火炬花属	火炬花	*Kniphofia uvaria*	多年生草本	观花（7~9月）	西湖南线、茅家埠等
237		山麦冬属	阔叶山麦冬	*Liriope muscari*	多年生常绿草本	观花（7~8月）	曲院风荷、花圃、茅家埠等
238			金边阔叶山麦冬	*Liriope muscari* ‘Variegata’	多年生常绿草本	观叶，观花（6~9月）	柳浪闻莺、花圃等
239			山麦冬	*Liriope spicata*	多年生常绿草本	观叶，观花（6~10月）	茅家埠、曲院风荷、太子湾、湖滨等
240			异叶山麦冬	*Lriope cymbidiomorpha*	多年生常绿草本	观叶，观花（6~10月）	曲院风荷、湖滨、柳浪闻莺、花圃、花港观鱼、太子湾等
241		沿阶草属	沿阶草	*Ophiopogon japonicus*	多年生常绿草本	观叶	曲院风荷、湖滨、花圃、茅家埠、花港观鱼、太子湾等
242			矮生沿阶草	*Ophiopogon japonicus* ‘Nanus’	多年生常绿草本	观叶	浴鹄湾、太子湾、西溪湿地等
243			银边沿阶草	*Ophiopogon intermedius* ‘Argenteo-marginatus’	多年生常绿草本	观叶	花圃、植物园等
244			阔叶沿阶草	*Ophiopogon jaburan*	多年生常绿草本	观叶	植物园
245			银边阔叶沿阶草	*Ophiopogon jaburan* ‘Argenteo-marginatus’	多年生常绿草本	观叶	植物园
246		竹根七属	深裂竹根七	*Disporopsis pernyi*	多年生常绿草本	观叶	植物园
247		吉祥草属	吉祥草	*Reineckea carnea*	多年生常绿草本	观叶	曲院风荷、湖滨、柳浪闻莺、花圃、茅家埠、花港观鱼、太子湾等
248		万年青属	万年青	*Rohdea japonica*	多年生常绿草本	观叶	曲院风荷、湖滨等

续表

序号	科名	属名	种名	拉丁名	性状	观赏特点	种植点
249	百合科	白穗花属	白穗花	*Speirantha gardenii*	多年生常绿草本	观叶	曲院风荷、植物园等
250		郁金香属	郁金香	*Tulipa gesneriana*	多年生草本	观花（3~5 月）	太子湾、城区绿化等
251		风信子属	风信子	*Hyacinthus orientalis*	多年生草本	观花（4~5 月）	太子湾、茅家埠、龙井山园等
252		蓝壶花属	葡萄风信子	*Muscari botryoides*	多年生草本	观花（3~5 月）	太子湾、茅家埠等
253	石蒜科	石蒜属	石蒜	*Lycoris radiata*	多年生草本	观花（8~9 月）	植物园、花圃、曲院风荷、太子湾、花港观鱼、柳浪闻莺等
254			玫瑰石蒜	*Lycoris × rosea*	多年生草本	观花（8~9 月）	植物园
255			红蓝石蒜	*Lycoris haywardii*	多年生草本	观花（7~9 月）	植物园、太子湾等
256			忽地笑	*Lycoris aurea*	多年生草本	观花（8~9 月）	植物园
257			中国石蒜	*Lycoris chinensis*	多年生草本	观花（7~8 月）	曲院风荷、花圃、植物园等
258			长筒石蒜	*Lycoris longituba*	多年生草本	观花（7~8 月）	植物园、花港观鱼等
259			换锦花	*Lycoris sprengeri*	多年生草本	观花（7~9 月）	植物园、曲院风荷、花圃、柳浪闻莺、湖滨等
260			鹿葱	*Lycoris squamigera*	多年生草本	观花（8~9 月）	植物园、花圃等
261			江苏石蒜	*Lycoris houdyshelii*	多年生草本	观花（8~9 月）	花圃、植物园等
262			稻草石蒜	*Lycoris straminea*	多年生草本	观花（8~9 月）	植物园
263			乳白石蒜	*Lycoris albiflora*	多年生草本	观花（8~9 月）	植物园
264			短蕊石蒜	*Lycoris caldwellii*	多年生草本	观花（8~9 月）	植物园
265			香石蒜	*Lycoris incarnata*	多年生草本	观花（8~9 月）	植物园
266		蜘蛛兰属	水鬼蕉	*Hymenocallis littoralis*	多年生草本	观叶，观花（7~8 月）	曲院风荷、茅家埠、乌龟潭、浴鹄湾、花港观鱼等
267		水仙属	喇叭水仙	*Narcissus pseudonarcissus*	多年生草本	观花（1~3 月）	茅家埠、太子湾、柳浪闻莺等
268			中国水仙	*Narcissus tazetta* var. *chinensis*	多年生草本	观花（1~3 月）	茅家埠、花圃、太子湾等
269		葱兰属	葱兰	*Zephyranthes candida*	多年生草本	观花（8~11 月）	小区绿化，分车带绿化等
270			韭兰	*Zephyranthes carinata*	多年生草本	观花（5~9 月）	少年宫
271		仙茅属	疏花仙茅	*Curculigo gracilis*	多年生常绿草本	观叶	西湖南线
272	鸢尾科	番红花属	番红花	*Crocus sativus*	多年生球根草本	观花（2~3 月）	太子湾、花圃、龙井山园等
273		射干属	射干	*Belamcanda chinensis*	多年生草本	观花（6~8 月）	茅家埠
274		雄黄兰属	火星花	*Crocosmia crocosmiflora*	多年生草本	观花（7~8 月）	茅家埠、柳浪闻莺、西溪湿地等
275		鸢尾属	鸢尾	*Iris tectorum*	多年生草本	观花（4~5 月）	茅家埠、湖滨、柳浪闻莺、西溪湿地等
276			蝴蝶花	*Iris japonica*	多年生常绿草本	观花（3~4 月）	植物园、曲院风荷、花港观鱼、太子湾等
277			白蝴蝶花	*Iris japonica* f. *pallescens*	多年生常绿草本	观花（3~5 月）	植物园、曲院风荷、花港观鱼、太子湾等
278			小花鸢尾	*Iris speculatrix*	多年生常绿草本	观花（5 月）	曲院风荷
279			德国鸢尾	*Iris germanica*	多年生草本	观花（4~5 月）	茅家埠
280			西班牙鸢尾	*Iris xiphium*	多年生草本	观花（4~5 月）	茅家埠
281			马蔺	*Iris lactea*	多年生草本	观花（5 月）	西湖景区
282	芭蕉科	芭蕉属	芭蕉	*Musa basjoo*	多年生草本	观叶	曲院风荷、花圃、茅家埠、乌龟潭、浴鹄湾、花港观鱼、太子湾等
283	姜科	姜花属	姜花	*Hedychium coronarium*	多年生草本	观叶，观花（8~11 月）	曲院风荷、花圃、茅家埠、乌龟潭、浴鹄湾等

续表

序号	科名	属名	种名	拉丁名	性状	观赏特点	种植点
284	姜科	山姜属	山姜	*Alpinia japonica*	多年生常绿草本	观花（5~6月）	植物园
285	美人蕉科	美人蕉属	美人蕉	*Canna indica*	多年生草本	观叶，观花（夏秋）	学士公园、曲院风荷、柳浪闻莺等
286			紫叶美人蕉	*Canna warszewiczii*	多年生草本	观叶，观花（夏秋）	曲院风荷、花圃、杨公堤等
287			金脉大花美人蕉	*Canna generalis* 'Striatus'	多年生草本	观叶，观花（夏秋）	曲院风荷、茅家埠、浴鹄湾等
288			大花美人蕉	*Canna generalis*	多年生草本	观叶，观花（夏秋）	湖滨、花圃、茅家埠等
289			柔瓣美人蕉	*Canna flaccida*	多年生草本	观叶，观花（夏秋）	湖滨、茅家埠、杨工堤等
290	兰科	白芨属	白芨	*Bletilla striata*	多年生草本	观叶，观花（4~5月）	花港观鱼、花圃等
291	禾本科	早熟禾属	早熟禾	*Poa annua*	多年生草本	观叶	苏堤、白堤、曲院风荷等
292			草地早熟禾	*Poa pratensis*	多年生草本	观叶	植物园
293		黑麦草属	多年生黑麦草	*Lolium perenne*	多年生草本	观叶	太子湾、断桥等
294		羊茅属	高羊茅	*Festuca arundinacea*	多年生草本	观叶	三潭印月、圣塘景区、柳浪公园、学士公园、湖滨等
295		剪股颖属	匍茎剪股颖	*Agrostis stolonifera*	多年生草本	观叶	植物园
296		地毯草属	地毯草	*Axonopus compressus*	多年生草本	观叶	苏堤、浙大玉泉校区等
297		狗牙根属	狗牙根	*Cynodon dactylon*	多年生草本	观叶	曲院风荷、花圃、花港观鱼、太子湾等
298			矮生百慕大	*Cynodon dactylon × transvadlensis*	多年生草本	观叶	曲院风荷、花圃、花港观鱼、太子湾、湖滨、柳浪闻莺等
299		钝叶草属	钝叶草	*Stenotaphrum helferi*	多年生草本	观叶	植物园
300		结缕草属	沟叶结缕草	*Zoysia matrella*	多年生草本	观叶	曲院风荷、花圃、花港观鱼、太子湾、湖滨、柳浪闻莺等
301			细叶结缕草	*Zoysia pacifica*	多年生草本	观叶	浙大玉泉校区
302			松南结缕草	*Zoysia japonica* 'Songnan'	多年生草本	观叶	植物园、白堤等
303			兰引3号结缕草	*Zoysia japonica* 'Lanyin No.3'	多年生草本	观叶	黄龙体育中心
304			中华结缕草	*Zoysia sinica*	多年生草本	观叶	白堤、太子湾等
305		假俭草属	假俭草	*Eremochloa ophiuroides*	多年生草本	观叶	植物园

水生植物名录　附表 5

序号	科名	属名	种名	拉丁名	性状	观赏特点	种植点
1	木贼科	木贼属	木贼	*Equisetum hyemale*	多年生挺水蕨类	观叶	西溪湿地
2	水蕨科	水蕨属	水蕨	*Ceratopteris thalictroides*	多年生挺水蕨类	观叶	花圃、乌龟潭等
3	蘋科	蘋属	蘋	*Marsilea quadrifolia*	多年生浮叶蕨类	观叶	茅家埠、浴鹄湾等
4	槐叶蘋科	槐叶蘋属	槐叶蘋	*Salvinia natans*	漂浮蕨类	观叶	茅家埠
5	满江红科	满江红属	满江红	*Azolla imbricata*	漂浮蕨类	观叶	茅家埠、植物园等
6	金鱼藻科	金鱼藻属	金鱼藻	*Ceratophyllum demersum*	多年生沉水草本	观叶	学士公园、曲院风荷、茅家埠、乌龟潭等
7	茨藻科	茨藻属	大茨藻	*Najas marina*	多年生沉水草本	观叶	曲院风荷、茅家埠、乌龟潭等
8	小二仙草科	狐尾藻属	穗花狐尾藻	*Myriophyllum spicatum*	多年生沉水草本	观叶	花圃、茅家埠、浴鹄湾等
9			粉绿狐尾藻	*Myriophyllum aquaticum*	多年生浮水植物	观叶	学士公园、九溪、西溪湿地等
10	狸藻科	狸藻属	黄花狸藻	*Utricularia aurea*	一年生沉水草本	观花（6~9 月）	花圃、太子湾等
11	眼子菜科	眼子菜属	菹草	*Potamogeton crispus*	多年生沉水草本	观叶	植物园
12			尖叶眼子菜	*Potamogeton oxyphyllus*	多年生沉水草本	观叶	植物园
13	水鳖科	黑藻属	黑藻	*Hydrilla verticillata*	多年生沉水草本	观叶	学士公园、花圃、乌龟潭、浴鹄湾等
14		苦草属	苦草	*Vallisneria natans*	多年生沉水草本	观叶	太子湾
15		水鳖属	水鳖	*Hydrocharis dubia*	多年生漂浮草本	观叶	曲院风荷、花圃、茅家埠、乌龟潭等
16	菱科	菱属	野菱	*Trapa incisa*	一年生漂浮植物	观叶	学士公园、花圃、茅家埠、乌龟潭等
17	伞形科	天胡荽属	轮伞天胡荽	*Hydrocotyle verticillata*	多年生挺水或漂浮	观叶	曲院风荷、花圃等
18	禾本科	水禾属	水禾	*Hygroryza aristata*	多年生漂浮草本	观叶	西溪湿地
19	天南星科	大薸属	大薸	*Pistia stratiotes*	多年生漂浮草本	观叶	西溪湿地
20	浮萍科	浮萍属	浮萍	*Lemna minor*	多年生漂浮草本	观叶	杨公堤
21	雨久花科	凤眼莲属	凤眼莲	*Eichhornia crassipes*	多年生漂浮草本	观叶，观花（7~9 月）	茅家埠、西溪湿地、运河等
22	睡莲科	睡莲属	睡莲	*Nymphaea tetragona*	多年生浮叶草本	观花（6~8 月）	曲院风荷、柳浪闻莺、花圃、茅家埠、乌龟潭、浴鹄湾等
23			热带睡莲	*Nymphaea lotus*	多年生浮叶草本	观花（6~10 月）	花圃
24		莼菜属	莼菜	*Brasenia schreberi*	多年生浮叶草本	观叶	茅家埠、西溪湿地等
25		芡实属	芡实	*Euryale ferox*	一年生大型浮水草本	观叶	曲院风荷、西溪湿地等
26		萍蓬草属	中华萍蓬草	*Nuphar pumila* subsp. *sinensis*	多年生浮叶草本	观花（5~7 月）	曲院风荷、柳浪闻莺、花圃、茅家埠、浴鹄湾等
27		莲属	荷花	*Nelumbo nucifera*	多年生挺水草本	观花（6~9 月）	曲院风荷、花圃、茅家埠、浴鹄湾等
28	柳叶菜科	丁香蓼属	黄花水龙	*Ludwigia peploides* subsp. *stipulacea*	多年生浮叶草本	观花（6~9 月）	茅家埠、浴鹄湾等
29	龙胆科	荇菜属	荇菜	*Nymphoides peltata*	多年生浮叶草本	观叶，观花（6~10 月）	西溪湿地、茅家埠、花圃等
30	旋花科	番薯属	蕹菜	*Ipomoea aquatica*	一年生浮水草本	观花（8~11 月）	西溪湿地
31	眼子菜科	眼子菜属	眼子菜	*Potamogeton distinctus*	多年生浮叶草本	观叶	绿城桃花源
32	花蔺科	水金英属	水金英	*Hydrocleys nymphoides*	多年生浮叶草本	观叶，观花（6~9 月）	郭庄
33	三白草科	三白草属	三白草	*Saururus chinensis*	多年生挺水草本	观花（4~6 月）	杨公堤
34			美洲三白草	*Saururus cernuus*	多年生挺水草本	观花（4~6 月）	西溪湿地
35	苋科	莲子草属	红莲子草	*Alternanthera bettzickiana*	多年生挺水草本	观叶	西溪湿地

序号	科名	属名	种名	拉丁名	性状	观赏特点	种植点
36	千屈菜科	千屈菜属	千屈菜	*Lythrum salicaria*	多年生挺水草本	观花（6~9月）	学士公园、曲院风荷、茅家埠、浴鹄湾等
37	伞形科	水芹属	水芹	*Oenanthe javanica*	多年生挺水草本	观叶	花圃、花港观鱼等
38	香蒲科	香蒲属	水烛	*Typha angustifolia*	多年生挺水草本	观叶	茅家埠、乌龟潭、浴鹄湾、西溪湿地等
39			香蒲	*Typha orientalis*	多年生挺水草本	观叶	茅家埠
40			‘花叶’宽叶香蒲	*Typha latifolia* ‘Variegata’	多年生挺水草本	观叶	西溪湿地
41	泽泻科	泽泻属	泽泻	*Alisma plantago-aquatica*	多年生挺水草本	观叶	西溪湿地
42		皇冠属	大花皇冠草	*Echinodorus grandiflorus*	多年生挺水草本	观叶	学士公园
43		慈姑属	大慈姑	*Sagittaria montevidensis*	多年生挺水草本	观叶，观花（5~9月）	曲院风荷、花圃、茅家埠、乌龟潭、浴鹄湾等
44			慈姑	*Sagittaria trifolia* var. *sinensis*	多年生挺水草本	观叶	乌龟潭
45			泽泻慈姑	*Sagittaria lancifolia*	多年生挺水草本	观叶	学士公园
46	禾本科	芦竹属	芦竹	*Arundo donax*	多年生挺水草本	观叶	曲院风荷、茅家埠、乌龟潭、浴鹄湾、西溪湿地等
47			花叶芦竹	*Arundo donax* var. *versicolor*	多年生挺水草本	观叶	学士公园、浴鹄湾等
48		蒲苇属	蒲苇	*Cortaderia selloana*	多年生挺水草本	观花（9~10月）	曲院风荷、花圃、长桥公园、西溪湿地等
49		芒属	芒	*Miscanthus sinensis*	多年生挺水草本	观花（7~9月）	茅家埠、乌龟潭等
50		芦苇属	芦苇	*Phragmites australis*	多年生挺水草本	观花（7~11月）	花圃、茅家埠、乌龟潭、浴鹄湾、太子湾等
51			‘花叶’芦苇	*Phragmites australis* ‘Variegatus’	多年生挺水草本	观叶	学士公园、曲院风荷、柳浪闻莺等
52		菰属	菰	*Zizania latifolia*	多年生挺水草本	观叶	学士公园、茅家埠、乌龟潭、浴鹄湾等
53	莎草科	莎草属	风车草	*Cyperus involucratus*	多年生挺水草本	观叶	曲院风荷
54		荸荠属	荸荠	*Eleocharis dulcis*	多年生挺水草本	观叶	茅家埠
55		水葱属	水葱	*Schoenoplectus tabernaemontani*	多年生挺水草本	观叶	长桥公园、花圃、茅家埠、浴鹄湾等
56			花叶水葱	*Schoenoplectus tabernaemontani* ‘Zebrinus’	多年生挺水草本	观叶	花圃、茅家埠、浴鹄湾等
57	水葱科		水毛花	*Schoenoplectus mucronatus* subsp. *robustus*	多年生挺水草本	观叶	学士公园、茅家埠等
58	天南星科	菖蒲属	菖蒲	*Acorus calamus*	多年生挺水草本	观叶	太子湾、花圃、茅家埠、浴鹄湾、花港观鱼等
59		芋属	野芋	*Colocasia antiquorum*	多年生挺水草本	观叶	长桥公园、赵公堤、西溪湿地等
60			紫秆芋	*Colocasia tonoimo*	多年生挺水草本	观叶	曲院风荷、长桥湿地公园等
61	雨久花科	梭鱼草属	梭鱼草	*Pontederia cordata*	多年生挺水草本	观花（5~10月）	学士公园、曲院风荷、花圃、茅家埠、浴鹄湾等
62			白花梭鱼草	*Pontederia cordata* ‘Alba’	多年生挺水草本	观花（5~10月）	浴鹄湾
63		雨久花属	鸭舌草	*Monochoria vaginalis*	多年生挺水草本	观花（8~9月）	乌龟潭、西溪湿地等
64	灯心草科	灯心草属	灯心草	*Juncus effusus*	多年生挺水草本	观叶	花圃、乌龟潭等
65	鸢尾科	鸢尾属	黄菖蒲	*Iris pseudacorus*	多年生挺水草本	观花（5~6月）	茅家埠、曲院风荷、柳浪闻莺、花圃、太子湾等
66			‘花叶’黄菖蒲	*Iris pseudacorus* ‘Variegata’	多年生挺水草本	观叶，观花（5~6月）	西溪湿地
67			‘路易斯’安娜鸢尾	*Iris hexagona*	多年生挺水草本	观花（5~6月）	柳浪闻莺、浴鹄湾等
68			花菖蒲	*Iris ensata* var. *hortensis*	多年生挺水草本	观花（5~6月）	柳浪闻莺
69			玉蝉花	*Iris ensata*	多年生挺水草本	观花（6~7月）	柳浪闻莺、浴鹄湾等
70			溪荪	*Iris sanguinea*	多年生挺水草本	观花（5~6月）	茅家埠
71	竹芋科	再力花属	再力花	*Thalia dealbata*	多年生挺水草本	观叶，观花（5~8月）	曲院风荷、柳浪闻莺、花圃、茅家埠、浴鹄湾、太子湾等

竹类植物名录　附表 6

序号	属名	种名	拉丁名	性状	笋期	种植点
1	簕竹属	孝顺竹	*Bambusa multiplex*	合轴型	6~9 月	曲院风荷、柳浪闻莺、花圃、茅家埠、花港观鱼、太子湾等
2		花孝顺竹	*Bambusa multiplex f.alphonsekarri*	合轴型	6~9 月	植物园、黄龙洞等
3		凤尾竹	*Bambusa multiplex* 'Fernleaf'	合轴型	6~9 月	茅家埠、乌龟潭、运河、郭庄等
4	赤竹属	菲白竹	*Sasa fortunei*	复轴型	5~6 月	曲院风荷、花圃、花港观鱼等
5		菲黄竹	*Sasa auricoma*	复轴型	5 月	曲院风荷
6		翠竹	*Sasa pygmaea*	复轴型	5 月	茅家埠
7	倭竹属	鹅毛竹	*Shibataea chinensis*	复轴型	5 月	植物园
8		五叶笹竹	*Shibataea kumasasa*	复轴型	5~6 月	植物园
9		狭叶倭竹	*Shibataea lanceifolia*	复轴型	4~5 月	植物园
10	箬竹属	阔叶箬竹	*Indocalamus latifolius*	复轴型	4~5 月	植物园、灵隐飞来峰景区等
11		箬竹	*Indocalamus tessellatus*	复轴型	5 月	灵隐飞来峰景区
12		小叶箬竹	*Indocalamus victorialis*	复轴型	5 月	花港观鱼、灵峰景区等
13	茶秆竹属	矢竹	*Pseudosasa japonica*	复轴型	5 月	黄龙洞
14		茶秆竹	*Pseudosasa amabilis*	复轴型	4~5 月	植物园
15	苦竹属	大明竹	*Pleioblastus gramineus*	复轴型	5~6 月	植物园
16		苦竹	*Pleioblastus amarus*	复轴型	5~6 月	植物园、运河绿化带，浙江图书馆等
17		长叶苦竹	*Pleioblastus simonii*	复轴型	5~6 月	植物园
18	少穗竹属	大黄苦竹	*Oligostachyum sulcatum*	单轴或复轴型	5 月	花港观鱼
19		四季竹	*Oligostachyum lubricum*	复轴型	5~10 月	郭庄、六公园等
20	方竹属	方竹	*Chimonobambusa quadrangularis*	单轴型	秋冬季	黄龙洞、植物园等
21	刚竹属	毛竹	*Phyllostachys edulis*	单轴型	3 月下旬 ~4 月中下旬	云栖竹径、黄龙洞、花圃、植物园等
22		龟甲竹	*Phyllostachys edulis* 'Heterocycla'	单轴型	3 月下旬 ~4 月中下旬	浙江图书馆、黄龙洞、湖滨、植物园等
23		花毛竹	*Phyllostachys heterocycla* 'Tao Kiang'	单轴型	3 月下旬 ~4 月中下旬	黄龙洞、植物园等
24		斑竹	*Phyllostachys reticulata* 'Lacrima-deae'	单轴型	5 月中下旬	湖滨、黄龙洞等
25		黄秆乌哺鸡竹	*Phyllostachys vivax f. aureocaulis*	单轴型	4 月中下旬	花圃、湖滨、玉泉等
26		金镶玉竹	*Phyllostachys aureosulcata* 'Spectabilis'	单轴型	4 月中下旬	曲院风荷、玉泉、花圃、浙江图书馆等
27		紫竹	*Phyllostachys nigra*	单轴型	4 月中下旬	茅家埠、浴鹄湾、黄龙洞、柳浪闻莺、郭庄、西溪湿地等
28		罗汉竹	*Phyllostachys aurea*	单轴型	5 月上中旬	植物园
29		红壳竹	*Phyllostachys iridescens*	单轴型	4 月	植物园
30		刚竹	*Phyllostachys sulphurea* var. *viridis*	单轴型	4~5 月	植物园、宝石山、运河堤岸等
31		早园竹	*Phyllostachys propinqua*	单轴型	4 月	植物园、河道沿线、道路绿化等

续表

序号	属名	种名	拉丁名	性状	笋期	种植点
32	刚竹属	黄纹竹	*Phyllostachys vivax* 'Huanwenzhu'	单轴型	4 月	浙江图书馆
33		早竹	*Phyllostachys violascens*	单轴型	3 月中旬至 4 月中旬	湖滨、浙江图书馆、运河及余杭塘河沿线等
34		黄条早竹	*Phyllostachys violascens* 'Notata'	单轴型	3 月中旬至 4 月中旬	运河沿线、植物园等
35		黄鳝竹	*Phyllostachys nigra* var. *nigropunctata*	单轴型	4 月中下旬	植物园
36		台湾桂竹	*Phyllostachys makinoi*	单轴型	4~5 月	植物园
37		红壳雷竹	*Phyllostachys incarnata*	单轴型	4 月中旬至 5 月上旬	植物园
38		桂竹	*Phyllostachys bambusoides*	单轴型	5 月下旬	植物园
39		篌竹	*Phyllostachys nidularia*	单轴型	4 月下旬	植物园
40		浙江金竹	*Phyllostachys parvifolia*	单轴型	5 月上旬	植物园
41		水胖竹	*Phyllostachys rubicunda*	单轴型	4 月下旬	植物园
42		漫竹	*Phyllostachys stimulosa*	单轴型	5 月上旬	植物园
43		高节竹	*Phyllostachys prominens*	单轴型	4 月下旬	植物园
44		黄槽毛竹	*Phyllostachys edulis* 'Luteosulcata'	单轴型	3 月下旬至 4 月中下旬	植物园
45		美竹	*Phyllostachys mannii*	单轴型	5 月上旬	植物园
46		石绿竹	*Phyllostachys arcana*	单轴型	4 月上中旬	植物园
47		石竹	*Phyllostachys nuda*	单轴型	4 月中下旬	植物园
48		黄古竹	*Phyllostachys angusta*	单轴型	5 月中旬	植物园
49	酸竹属	橄榄竹	*Indosasa gigantea*	单轴型	4~5 月	植物园
50		黄甜竹	*Acidosasa edulis*	复轴型	5 月	植物园
51	短穗竹属	短穗竹	*Semiarundinaria densiflora*	复轴型	4~5 月	植物园
52	肿节竹属	肿节竹	*Clavinodum oedogonatum*	复轴型	5~6 月	植物园

植物拉丁学名索引

D

E

F

G

H

I

J

K

L

M

N

O

P

Q

R

S

T

U

V

W

X

Y

Z

植物中文名称索引

H

J

K

L

参考文献

中国科学院中国植物志编辑委员会. 中国植物志[M]. 北京：科学出版社，1959-2004.

[2] 浙江植物志编辑委员会. 浙江植物志[M]. 杭州：浙江科学技术出版社，1989-1993.

[3] 中国科学院植物研究所. 中国高等植物图鉴[M]. 北京：科学出版社，1975.

[4] 郑朝宗. 浙江种子植物检索鉴定手册[M]. 杭州：浙江科技出版社，2005.

[5] 姚永正. 园林植物及其景观[M]. 北京：农业出版社，1991.

[6] 陈有民. 园林树木学[M]. 北京：中国林业出版社，1990.

[7] 包志毅主译. 世界园林乔灌木[M]. 北京：中国林业出版社，2004.

[8] 王莲英，秦魁杰，等. 花卉学[M]. 北京：中国林业出版社，1990.

[9] 刘建秀，周久亚，等. 草坪 · 地被植物 · 观赏草[M]. 南京：东南大学出版社，2001.

[10] 苏雪痕. 植物造景[M]. 北京：中国林业出版社，2000.

[11] 浙江省林业局. 浙江林业自然资源（湿地卷）[M]. 北京：中国农业科学技术出版社，2002.

[12] 中国科学院武汉植物园. 水生植物187种[M]. 沈阳：辽宁科学技术出版社，2007.

[13] 赵家荣. 水生花卉[M]. 北京：中国林业出版社，2002.

[14] 颜素珠. 中国水生高等植物图说[M]. 北京：科学出版社，1983.

[15] 龙雅宜. 园林植物栽培手册[M]. 北京：中国林业出版社，2004.

[16] 熊济华，唐岱. 藤蔓花卉[M]. 北京：林业出版社，2000.

[17] James Yong. Annuals & Perennials[M]. United States: Laurel Glen Publishing，1999.

[18] James Yong. Trees & Shrubs[M]. United States: Laurel Glen Publishing，1999.

[19] Susan Page. Gardening & Enclopedia[M]. United States: Laurel Glen Publishing，2001.

[20] Graham Rice. Encyclopendia of Perennials[M]. London: Dorling Kingtersley, 2006.